TURING 图灵程序设计丛书

Pro Git，Second Edition

精通Git（第2版）

[美] Scott Chacon　Ben Straub　著

门佳 刘梓懿　译

人民邮电出版社

北京

图书在版编目（ＣＩＰ）数据

精通Git：第2版 /（美）斯科特·查康
（Scott Chacon），（美）本·斯特劳布（Ben Straub）著；
门佳，刘梓懿译. -- 北京：人民邮电出版社，2017.9
（图灵程序设计丛书）
ISBN 978-7-115-46306-7

Ⅰ．①精… Ⅱ．①斯… ②本… ③门… ④刘… Ⅲ.
①软件工具－程序设计 Ⅳ．①TP311.561

中国版本图书馆CIP数据核字(2017)第165692号

内 容 提 要

　　Git 仅用了几年时间就一跃成为了几乎一统商业及开源领域的版本控制系统。本书全面介绍 Git 进行版本管理的基础和进阶知识。全书共 10 章，内容由浅入深，展现了普通程序员和项目经理如何有效利用 Git 提高工作效率，掌握分支概念，灵活地将 Git 用于服务器和分布式工作流，如何将开发项目迁移到 Git，以及如何高效利用 GitHub。

　　本书适合所有软件开发人员阅读。

◆ 著　　　　[美] Scott Chacon　　Ben Straub
　　译　　　　门　佳　刘梓懿
　　责任编辑　谢婷婷
　　执行编辑　赵瑞琳
　　责任印制　彭志环

◆ 人民邮电出版社出版发行　　北京市丰台区成寿寺路11号
　　邮编　100164　电子邮件　315@ptpress.com.cn
　　网址　http://www.ptpress.com.cn
　　北京天宇星印刷厂印刷

◆ 开本：800×1000　1/16
　　印张：26　　　　　　　　　2017年 9 月第 1 版
　　字数：614千字　　　　　　2024 年 10 月北京第 24 次印刷
　　著作权合同登记号　图字：01-2015-1055号

定价：89.00元
读者服务热线：(010)84084456-6009　印装质量热线：(010)81055316
反盗版热线：(010)81055315
广告经营许可证：京东市监广登字 20170147 号

版 权 声 明

致我的爱妻Becky，没有她的支持，我的这次冒险之旅断然无法成行。

——Ben

将本书的此版献给我的爱妻和女儿。致我的爱妻Jessica，感谢你多年来对我的支持；致我的女儿Josephine，感谢你在我落伍得已经不知道周遭变化的时候仍然力挺我。

——Scott

前　　言

欢迎阅读《精通Git（第2版）》。本书第1版出版至今已经4年有余。自那时起，太多的东西都已改变，但很多重要的事情依然如故。由于Git核心团队在保持向后兼容性方面不可思议的表现，大多数核心命令和概念在今天仍旧有效，但Git社区中已经出现了一些重大的变化，注入了新鲜的血液。本书第2版旨在讨论这些变化并更新相关内容，以便能够更好地帮助新用户。

在我编写本书的第1版时，就算是对于黑客中的老手，Git也是一件相对难使的工具，极少有人使用。尽管当时它在一些社区中已经开始迅速发展，但远不像如今这样无处不在。从那之后，几乎所有的开源社区都用起了Git。无论是在Windows操作系统上，还是在各个平台的图形用户界面版本数量、IDE支持方面以及商业应用中，Git都取得了令人不可思议的进步。4年前的《精通Git》可没预料到这些。新版本的主要目标之一就是介绍Git社区中所有这些新潮内容。

采用Git的开源社区也呈爆发之势。我差不多是在5年前（有一些时间用在了第1版的出版上）开始编写这本书的，当时我正在一家名不见经传的公司开发一个叫作GitHub的Git托管网站。网站上线的时候，大概也就几千个用户，工作人员只有我们4个。而在我写这篇前言之时，第1000万个托管项目已经落户在GitHub上了，注册的开发者账户接近500万，雇员超过230人。爱也罢，恨也罢，GitHub已经深深地改变了一大部分开源社区，而这种改变方式是我当初编写本书时难以想象的。

我编写了《精通Git》中关于GitHub的一小节内容，但一直不是特别喜欢Git托管方面的东西。我并不太愿意去写一些我觉得其实就是社区资源的内容，也不愿意在其中谈及自己的公司。尽管我仍旧接受不了这种兴趣上的冲突，但GitHub在Git社区中的重要性是无法视而不见的。因此我不打算再写Git托管了，而是选择在这部分内容中更加深入地讲述GitHub是什么以及如何有效地使用它。如果你打算学习如何使用Git，那么了解GitHub的使用方法有助于你参与到一个庞大的社区中，这才是最有价值的地方。至于你用什么Git主机托管代码，其实并不重要。

自本书上一版出版之后，另一个重大变化就是HTTP协议在Git网络事务方面的应用与发展。书中的大部分例子已经从SSH改为了HTTP，因为后者要简单得多。

目睹Git在几年间从一个相对艰涩难用的版本控制系统发展到基本上一统商业及开源领域，着实令人惊奇。很高兴《精通Git》一书能为读者带来不少帮助，另外这本书还是市场上为数不多的完全开源的技术类畅销书之一，这一点也让我颇感欣慰。

希望你能够喜欢这本《精通Git》的升级版。

——Scott Chacon

本书的第一版让我迷恋上了Git。这是我第一次见识到这种打造软件的方式，比我之前碰到过的都要更自然。那时我已经是一名具有多年从业经验的开发人员了，但就是这次正确的转折，把我带上了一条比以往更有乐趣的道路。

多年之后，如今的我是一个大型Git项目的贡献者，曾供职于全球最大的Git托管公司，曾环游世界各地为人们传授Git的知识。当Scott问我有没有兴趣参与本书第二版的编写工作时，我想都没想就答应了。

能够成为这本书的作者之一，于我而言是莫大的喜悦和荣幸。希望它能够像帮助我那样对你有所裨益。

——Ben Straub

对本书做出贡献的读者

作为一本开源图书，几年来我们收到了一些勘误和义务更新的内容。以下是为开源项目Pro Git的英文版做出贡献的所有人员。感谢为提高本书质量给予过帮助的每一个人。

```
 2  Aaron Schumacher
 4  Aggelos Orfanakos
 4  Alec Clews
 1  Alex Moundalexis
 2  Alexander Harkness
 1  Alexander Kahn
 1  Andrew McCarthy
 1  AntonioK
 1  Benjamin Bergman
 1  Brennon Bortz
 2  Brian P O'Rourke
 1  Bryan Goines
 1  Cameron Wright
 1  Chris Down
 1  Christian Kluge
 1  Christoph Korn
 2  Ciro Santilli
 2  Cor
 1  Dan Croak
 1  Dan Johnson
 1  Daniel Kay
 2  Daniel Rosen
 1  DanielWeber
 1  Dave Dash
10  Davide Fiorentino lo Regio
 2  Dilip M
 1  Dimitar Bonev
 1  Emmanuel Trillaud
 1  Eric-Paul Lecluse
 1  Eugene Serkin
 1  Fernando Dobladez
 2  Gordon McCreight
 1  Helmut K. C. Tessarek
31  Igor Murzov
 1  Ilya Kuznetsov
 1  Jason St. John
 1  Jay Taggart
 1  Jean Jordaan
51  Jean-Noël Avila
```

1	Jean-Noël Rouvignac
1	Jed Hartman
1	Jeffrey Forman
1	John DeStefano
1	Junior
1	Kieran Spear
1	Larry Shatzer, Jr
1	Linquize
1	Markus
7	Matt Deacalion Stevens
1	Matthew McCullough
1	Matthieu Moy
1	Max F. Albrecht
1	Michael Schneider
8	Mike D. Smith
1	Mike Limansky
1	Olivier Trichet
1	Ondrej Novy
6	Ori Avtalion
1	Paul Baumgart
1	Peter Vojtek
1	Philipp Kempgen
2	Philippe Lhoste
1	PowerKiKi
1	Radek Simko
1	Rasmus Abrahamsen
1	Reinhard Holler
1	Ross Light
1	Ryuichi Okumura
1	Sebastian Wiesinger
1	Severyn Kozak
1	Shane
2	Shannen
8	Sitaram Chamarty
5	Soon Van
4	Sven Axelsson
2	Tim Court
1	Tuomas Suutari
1	Vlad Gorodetsky
3	W. Trevor King
1	Wyatt Carss
1	Włodzimierz Gajda
1	Xue Fuqiao
1	Yue Lin Ho
2	adelcambre
1	anaran
1	bdukes
1	burningTyger
1	cor
1	iosias
7	nicesw123
1	onovy
2	pcasaretto
1	sampablokuper

引　言

接下来你将花几小时来了解Git。先来说说我们为你准备了哪些内容。下面是对本书所包含的10章正文以及3个附录的简要总结。

第1章介绍了版本控制系统（Version Control System，VCS）以及Git的基础知识，其中并不涉及技术细节，仅仅讲了Git是什么，为什么在已经有了各种版本控制系统的情况下还会出现Git，Git有哪些不同之处，以及为什么有那么多人使用Git。然后讲解了如何下载Git，如何完成初次使用时的设置。

第2章讲述了Git的基本用法：如何使用Git来处理你最常碰到的80%的工作场景。阅读完这一章之后，你应该能够完成仓库克隆、查看项目历史、修改文件以及贡献变更等操作了。如果学完这一章时这本书开始自燃，那么光是去换本书的工夫就够你熟练掌握Git了。

第3章分析了Git的分支模型，它经常被描绘成Git的杀手级特性。在这一章中，你会明白究竟是什么使得Git与众不同。学完这一章后，你可能需要花点时间好好想想之前没有Git分支的时候自己是怎么过来的。

第4章探讨了Git服务器。这一章的目标读者是那些想在组织内部或是个人服务器上搭建Git以展开协作的用户。如果你倾向于让别人代劳，我们也探究了各种托管做法。

第5章详述了各种分布式工作流以及如何使用Git实现这些流程。读完这一章之后，你应该能够熟练地处理多个远程仓库，利用电子邮件使用Git，以及熟练使用各式远程分支和补丁。

第6章深入叙述了GitHub托管服务以及工具的用法。这一章的内容包括：账户的注册和管理，Git仓库的创建和使用，为项目做贡献和接纳他人贡献的常见工作流，GitHub的可编程接口，以及可以让你的日子过得更轻松的大量小技巧。

第7章涵盖了Git的高级命令。在这里，你会学到多个主题，比如掌握让人提心吊胆的reset命令、利用二分搜索法确定bug、编辑历史记录、修正版本选择的细节等。这一章将为你的Git求知之旅画上一个句号，使你成为真正的高手。

第8章介绍了如何配置自定义的Git环境。主要内容包括编写钩子脚本来强制或推动自定义策略，以及利用环境配置选项建立适合个人的工作方式。另外还讲解了如何建立自己的脚本集，强制实施自定义的提交策略。

第9章探讨了Git以及其他的版本控制系统。内容包括在Subversion（SVN）下使用Git，以及将采用其他版本控制系统的项目转换到Git。很多组织仍旧在使用SVN，也并未打算做出改变，这时你就会发现Git难以置信的威力。如果你不得不使用SVN服务器，那么这一章会向你展示如何应对这种情况。要是你打算说服大家尝试一下Git，我们也讲到了如何从其他系统中导入项目。

第10章深入讲解了晦涩难懂但又充满吸引力的Git内幕。到这个时候，你已经了解了Git的所有内容，能够充分、优雅地使用它了，因而可以学习下列内容了：Git存储对象的方式、对象模型是什么、包文件的细节、服务器协议等。在本书中，我们会提到这一章的各个部分，以便应对你深入了解某个知识点之需。但如果你像我们一样热衷于技术细节，可以先阅读这一章。具体的阅读方法由你自己决定。

在附录A中，我们介绍了Git在各种环境下的一些用例，其中涵盖了各种可以使用Git的GUI和IDE编程环境以及可用的工具。如果你对在shell、Visual Studio或Eclipse中使用Git感兴趣，那么可以阅读这个附录。

在附录B中，我们研究了如何利用Libgit2和JGit这类工具实现Git的脚本化及扩展。如果你对编写复杂高效的自定义工具感兴趣，并且需要对Git执行低层操作，那么你得看看这个附录。

最后，在附录C中，我们列出了所有重要的Git命令，回顾了书中涉及这些命令的章节以及命令的用法。如果你想知道某个命令出现在本书中的哪一部分，可以在这里查找。

好了，让我们开始这段Git学习之旅吧。

目　　录

第 1 章

入　门

1

本章主要介绍Git的入门知识。我们首先会讲述版本控制工具的一些背景，然后介绍如何在你自己的系统上安装、配置和运行Git。学完本章，你将明白Git是怎么来的、为什么需要Git，并掌握使用Git的基础知识。

1.1　关于版本控制

什么是"版本控制"，为什么需要它？版本控制是一套系统，该系统按时间顺序记录某一个或一系列文件的变更，让你可以查看其以前的特定版本。本书以软件源代码文件为例讲解了版本控制的方法，但实际上这种方法对于计算机上几乎所有文件类型都适用。

如果你是一位平面或网页设计师，那么可能（几乎必然）想要保存一幅图片或一个布局的每一个版本，这时使用版本控制系统（VCS）就是非常明智的选择。使用版本控制系统，你可以将文件或整个项目恢复到先前的状态，还可以比对文件随时间的变更，查看什么人最后做出的更改可能会造成麻烦，谁在何时引入了一个问题，等等。使用版本控制系统通常意味着，如果你把事情搞砸了或是弄丢了文件，都可以轻而易举地恢复原状。而且，你要为所有这些福利付出的开销也很低。

1.1.1　本地版本控制系统

很多人控制版本的方法是将文件复制到另一个文件目录下（如果他们够聪明，还会给目录加上时间戳）。这种做法之所以常见，是因为它实现起来非常简单。然而它又非常容易导致错误，你很容易忘记当前所处的目录，不小心写入了错误的文件，或是把不该覆盖的文件给覆盖掉了。

为了解决这个问题，开发人员在很久以前就开发了一些本地版本控制系统，使用简单的数据库来保存文件的所有变更。

RCS是一个常用的VCS工具，至今还部署在很多计算机上。在流行的Mac OS X操作系统中，只要你安装了开发者工具，就会包含一个rcs命令。RCS会在磁盘上以一种特殊的格式保存补丁集（patch set，也就是文件之间的差异）。通过叠加补丁来将文件恢复到某个历史状态。

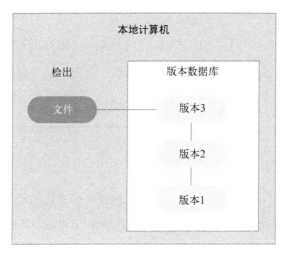

图1-1　本地版本控制

1.1.2　集中式版本控制系统

另一个主要的问题，是不同系统上开发人员之间的协作。为了解决这个难题，集中式版本控制系统（Centralized Version Control System，CVCS）应运而生。像CVS、Subversion以及Perforce这类系统，都有一个包含文件所有修订版本的单一服务器，多个客户端可以从这个中心位置检出文件。多年以来，这已成为版本控制的标准。

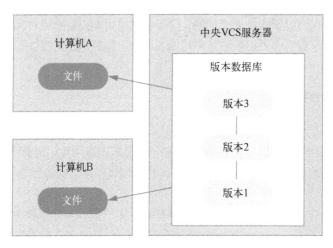

图1-2　集中式版本控制

这种方案有多方面的优势，尤其是与本地版本控制系统相比。例如，所有人都可以在一定程度上掌握其他人在项目中都做了什么，管理员可以精细地控制每个人的权限；同时，维护一个集

1

中式版本控制系统要比在每台客户机上都维护一个数据库简单得多。

　　然而，这种做法也存在一些严重的缺陷。最显著的一点，就是集中式服务器所带来的单点故障。如果服务器宕机一小时，那么在这期间任何人都不能协作或提交更改。如果中央数据库所在的硬盘受损，备份也没保住，那你可就一无所有了：除了人们保存在各自本地机器上的快照，项目的整个历史记录全都没了。本地版本控制系统也会碰到同样的问题，只要你将项目完整的历史记录保存在一个地方，搞不好就会全盘皆无。

1.1.3　分布式版本控制系统

　　分布式版本控制系统（Distributed Version Control System，DVCS）就是为了解决这一问题而出现的。对于一个分布式版本控制系统（比如Git、Mercurial、Bazaar或Darcs）来说，客户端并非仅仅是检出文件的最新快照，而是对代码仓库（repository）进行完整的镜像。这样一来，不管是哪个服务器出现故障，任何一个客户端都可以使用自己的本地镜像来恢复服务器。每一次检出操作实际上都是对数据的一次完整备份。

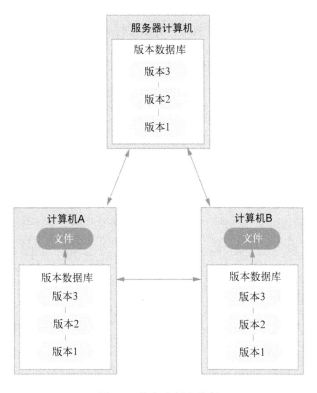

图1-3　分布式版本控制

　　不仅如此，许多分布式版本控制系统可以很好地处理多个远程仓库，因此你可以与不同的人以不同的方式就同一个项目进行协作。如此一来，你就可以设置诸如层次模型等不同类型的工作流，而这在集中式系统中是不可能的。

1.2   Git 简史

　　同许多伟大的事物一样，Git的诞生伴随着些许颠覆式的创新以及激烈的争论。

　　Linux内核是一个超大规模的开源软件项目。在Linux内核大部分的维护时间里（1991~2002），其更新都是通过传递补丁和归档文件来实现的。在2002年，Linux内核项目开始采用一个叫作BitKeeper的专有分布式版本控制系统。

　　2005年，Linux内核开发者社区与BitKeeper的研发公司关系破裂，该公司收回了软件的免费使用权。这促使Linux开发社区（尤其是Linux之父林纳斯·托瓦兹）在汲取BitKeeper使用过程中的经验教训的基础上，开发出了自己的版本控制系统。新系统的一些目标如下：

- ❑ 速度快
- ❑ 设计简洁
- ❑ 对于非线性开发强有力的支持（数以千计的并行分支）
- ❑ 完全的分布式设计
- ❑ 能够有效地处理像Linux内核这种大型项目（速度以及数据量）

　　自2005年诞生以来，Git不断发展，日趋成熟易用，同时仍保留着最初的这些品质。它的速度飞快，处理大型项目时效率极高，有着一套令人惊叹的非线性开发分支系统（见第3章）。

1.3   Git 基础

　　那么，简单来说，Git到底是什么？这是一个非常重要的问题，因为如果你正确理解了Git的基本思想和工作原理，那么就更容易发挥其功效。在学习Git的过程中，试着忘掉你在Subversion和Perforce这类VCS中学到的那些东西，否则容易引起混淆。尽管用户界面相差无几，但是在存储信息与对待信息的方式上，Git与其他版本控制系统大不相同，理解这些差异有助于避免使用中的困惑。

1.3.1   快照，而非差异

　　Git与其他版本控制系统（包括Subversion等）最大的不同在于其对待数据的方式。从概念上来说，其他大多数版本控制系统以文件变化列表的方式存储信息。这类系统（CVS、Subversion、Perforce、Bazaar等）将其存储的信息视为一组文件以及对这些文件随时间所做出的变更。

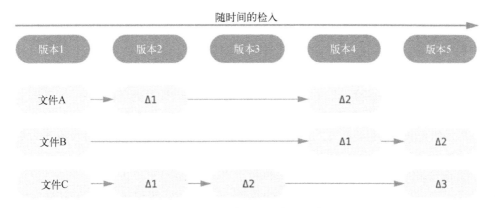

图1-4　存储对每个文件的基础版本所做出的改动

Git并没有采用这种方式对待或存储数据。它更像是将数据视为一个微型文件系统的一组快照。每次提交或在Git中保存项目的状态时，Git基本上会抓取一张所有文件当前状态的快照，然后存储一个指向该快照的引用。出于效率的考虑，如果文件并没有发生变动，Git则不会再重新保存文件，而只是留下一个指向先前已保存过的相同文件的链接。Git更多的是将数据作为一个快照流。

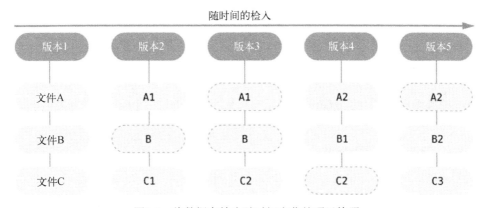

图1-5　将数据存储为随时间变化的项目快照

这是Git与其他绝大部分版本控制系统的一处重要区别。它使得Git对那些沿袭自上一代版本控制系统中的几乎每个方面进行了重新考量。比起单纯的版本控制系统，Git更像是一个微型文件系统，另外还包含了一些建立在该系统之上的强大工具。在第3章讲到Git分支时，我们会探究这种数据思考方式所带来的益处。

1.3.2　几乎所有操作都在本地执行

Git中的大部分操作只需要用到本地文件和资源，一般无需从网络中的其他计算机中获取信息。如果你之前用的是集中式版本控制系统，习惯了多数操作都有网络延时开销，Git的这种特性会让你觉得速度之神赐予了Git不可思议的力量。因为项目完整的历史记录都存放在本地磁盘上，所以绝大多数操作几乎瞬间就能完成。

比如说，浏览项目的历史记录时，Git根本不需要到服务器上获取历史信息然后再展示出来，它只需要直接从本地数据库中读取就行了。这意味着你瞬间就能看到项目历史。如果你比较文件的当前版本与上个月的版本有什么不同，Git可以找到一个月之前的该文件，然后在本地进行差异计算，既不需要麻烦远程服务器，也不需要从远程服务器上将旧版本的文件拉取到本地再进行处理。

这同样意味着即便是处于离线状态或是断掉了VPN，你仍然可以执行几乎所有的操作。要是你在飞机上或者火车上想干点活儿，大可畅快地进行提交操作，等到有了网络连接之后再完成上传就行了。如果你在家没法使用VPN客户端，那也不会影响工作。要想在很多别的版本控制系统中这么做，要么是不可能，要么会让你抓耳挠腮。比如说，在Perforce中如果没有连上服务器，你干不了多少事；在Subversion和CVS中，你可以编辑文件，但是没法向数据库提交变更（因为你的数据库处于离线状态）。这可能看起来也没什么大不了的，但由此引发的巨大差异也许会让你大吃一惊。

1.3.3　Git 的完整性

Git中的所有数据在存储前都会执行校验和计算，随后以校验和来引用对应的数据。这意味着不可能在Git不知情的情况下更改文件或目录的内容。这项功能根植于Git的最底层，是其设计理念中不可或缺的一环。只要有Git在，它就能检测出传输过程中丢失的信息或者受损的文件。

Git所采用的校验和机制叫作SHA-1散列。这是一个由40个十六进制字符（0-9和a-f）所组成的字符串，它是根据文件内容或Git的目录结构计算所得到的。一个SHA-1散列类似于如下的字符串：

```
24b9da6552252987aa493b52f8696cd6d3b00373
```

因为用途极广，你在Git中到处都会看到这种散列值。实际上，Git并不是通过文件名在数据库中存储信息，而是通过信息的散列值。

1.3.4　Git 通常只增加数据

当你在Git中进行处理时，基本上所有的操作都只是向Git数据库中添加数据。很难让系统执行无法撤销的操作或是把数据搞丢。与其他版本控制系统一样，在Git中你有可能会弄丢或弄乱尚未提交的变更，不过一旦向Git提交了快照，那就不大可能会丢失了，尤其是在你还会定期向其他仓库推送数据库时。

这使得使用Git充满了乐趣，因为我们知道自己可以尽情实验，反正不会有搞砸的风险。

1.3.5 三种状态

现在要注意了，如果你希望一帆风顺地完成余下的学习过程，一定要记住下面的内容。在Git中，文件可以处于以下三种状态之一：已提交（committed）、已修改（modified）和已暂存（staged）。已提交表示数据已经被安全地存入本地数据库中。已修改表示已经改动了文件，但尚未提交到数据库。已暂存表示对已修改文件的当前版本做出了标识并将其加入下一次要提交的快照中。

由此便引入了Git项目中三个主要的区域：Git目录、工作目录以及暂存区。

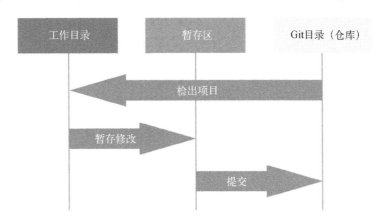

图1-6　工作目录、暂存区以及Git目录

Git目录是Git保存项目元数据和对象数据库的地方。这是Git最重要的部分，也是从其他计算机中克隆仓库时要复制的内容。

工作目录是项目某个版本的单次检出。这些文件从Git目录下的压缩数据库内被提取出，放置在磁盘上以供使用或修改。

暂存区是一个文件，一般位于Git目录中。它保存了下次所要提交内容的相关信息。有时候它也被称为"索引"，不过通常还是叫作暂存区。

Git的基本工作流如下：

(1) 修改工作目录中的文件；

(2) 暂存文件，将这些文件的快照加入暂存区；

(3) 提交暂存区中的文件，将快照永久地保存在Git目录中。

如果一个文件的某个特定版本出现在Git目录中，该版本的文件就被认为处于已提交状态。如果这个文件已被修改，并且已被放入暂存区，那么它就处于已暂存状态。如果在上次检出之后文件发生了变更，但并没有被暂存，则处于已修改状态。在第2章中，你将学到更多与这些状态相关的知识，了解如何利用这些状态，如何完全跳过暂存阶段。

1.4 命令行

从最初的命令行工具到各种功能各异的GUI，Git的使用方法各式各样。在本书中，我们将在命令行中使用Git。一方面是因为命令行是唯一可以执行所有Git命令的地方，大多数GUI出于简化的目的，只实现了Git的部分功能。如果你知道如何使用命令行，那大概也能猜出如何使用GUI；不过，反过来可就不一定了。另一方面，尽管图形化客户端的选择属于个人喜好问题，但命令行工具是所有的Git用户都拥有的。

因此我们假定你知道如何在Mac下打开终端，如何在Windows下打开命令行提示符或Powershell。如果你还不知道这些命令行工具，最好还是先停下来，赶紧补补功课，以便能够跟上本书随后的内容。

1.5 安装 Git

开始使用Git之前，你得先把它安装在计算机上。就算是已经安装过了，也最好更新到最新版。你可以通过软件包或者安装程序来安装，也可以下载源代码自行编译。

注意 本书使用的是Git 2.0.0。尽管我们用到的大部分命令就算在古董级的Git版本中也照样管用，但其中有一些命令可能在旧版本中无法使用或是在表现上略有差异。考虑到Git相当优秀的向后兼容性，2.0之后的版本应该都没有什么问题。

1.5.1 Linux 上的安装方法

如果你想在Linux中通过二进制安装程序来安装Git，通常得借助所使用的发行版中的软件包管理工具。以Fedora为例，你可以使用yum：

```
$ sudo yum install git-all
```

要是你用的是像Ubuntu这种基于Debian的发行版，可以使用apt-get：

```
$ sudo apt-get install git-all
```

要想了解更多的方法，可以到Git的官方网站，那里介绍了在各种Unix版本中安装Git的操作步骤。

1.5.2 Mac 上的安装方法

在Mac中安装Git的方法不止一种。最简单的可能就是安装Xcode命令行工具。对于Mavericks（10.9）或更高版本的操作系统，当你第一次尝试在终端执行git命令时，系统会检查是否已安装Git；如果尚未安装，则会提示你安装它。

如果你希望获得一个更新的版本，也可以通过二进制安装程序进行安装。在Git的网站上就能找到OS X的Git安装程序。

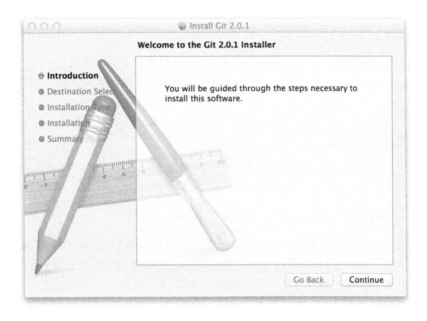

图1-7　OS X的Git安装程序

你还可以将其作为Mac版的GitHub的一部分来安装。图形化Git工具包含了一个安装命令行工具的选项。你可以在Mac版的GitHub网站上进行下载。

1.5.3　Windows 上的安装方法

在Windows中安装Git的方法也有好几种。官方版本可以在Git的网站上下载。只需要进入该网站就会自动开始下载。要注意这是一个叫作Git for Windows的项目，该项目独立于Git。

另一种简单的方法是安装Windows版的GitHub。这个安装程序既包括命令行版本的Git，也包括GUI。它在Powershell下也运行良好，另外还提供了稳定的凭证缓存（credential cache）以及健全的CRLF设置。我们随后会学习有关这些内容的更多细节，现在可以说你需要的东西已经应有尽有了。你可以从Windows版的GitHub网站上进行下载。

1.5.4　从源码安装

有些用户可能会觉得从源码安装Git会更好，因为这样能够获得最新的版本。二进制安装包的版本通常要滞后一些，不过随着Git近些年来的成熟，两者之间的差异其实已经很小了。

要是你打算从源码安装Git的话，首先要安装它所依赖的库：curl、zlib、openssl、expat和libiconv。如果你使用的系统中安装有yum（如Fedora）或apt-get（如基于Debian的系统），可以使用下列命令来满足编译及安装Git二进制文件所需要的最小依赖。

```
$ sudo yum install curl-devel expat-devel gettext-devel \
  openssl-devel perl-devel zlib-devel
$ sudo apt-get install libcurl4-gnutls-dev libexpat1-dev gettext \
  libz-dev libssl-dev
```

为了能够添加各种格式的文档（doc、html、info），还需要另外一些依赖（注意：RHEL以及如CentOS和Scientific Linux这种RHEL衍生版的用户必须**启用EPEL仓库**才能够下载docbook2X软件包），如下所示。

```
$ sudo yum install asciidoc xmlto docbook2X
$ sudo apt-get install asciidoc xmlto docbook2x
```

除此之外，如果你使用的是Fedora/RHEL/RHEL衍生版，由于二进制文件名不同，还需要执行以下命令。

```
$ sudo ln -s /usr/bin/db2x_docbook2texi /usr/bin/docbook2x-texi
```

解决了所有必需的依赖关系之后，就可以从多处获取最新的标记发行版的打包文件了。通过Kernel.org网站或是GitHub网站都可以下载。通常在GitHub的页面能够比较清晰地了解到最新的版本号是多少，但如果你想验证下载内容，Kernel.org页面上也提供了发行版签名。

接下来就该编译、安装了，如下所示。

```
$ tar -zxf git-2.0.0.tar.gz
$ cd git-2.0.0
$ make configure
$ ./configure --prefix=/usr
$ make all doc info
$ sudo make install install-doc install-html install-info
```

安装完成后，后续的更新可以通过Git自身来获得，如下所示。

```
$ git clone git://git.kernel.org/pub/scm/git/git.git
```

1.6 Git 的首次配置

Git现在已经在系统中安家落户了，你接下来需要自定义一下Git环境。这些自定义工作只需要在计算机上执行一次，就算是以后升级，已配置好的环境也会如影随形。你也可以随时执行命令来修改环境设置。

Git包含了一个叫作`git config`的工具，可以用来获取和设置配置变量，这些变量控制着Git外观和操作的方方面面。可以将配置变量存储在三个不同的位置。

(1) /etc/gitconfig文件：包含了系统中所有用户及其仓库的值。如果你向`git config`传入`--system`选项，那么它就会专门从该文件中读写配置变量。

1

（2）~/.gitconfig或~/.config/git/config文件：针对的是你自己。你可以通过传入--global选项使Git专门从该文件中读写配置变量。

（3）当前仓库的Git目录（也就是.git/config）中的config文件：针对单个仓库。

每一级都会覆盖上一级中的设置，因此.git/config中的值要优于/etc/gitconfig中的值。

在Windows系统中，Git会在$HOME目录中（对于多数人来说就是C:\Users\$USER）查找.gitconfig文件。它也查找/etc/gitconfig，不过这是相对于MSys的根目录，该目录是在安装程序运行时你所选择的安装目录。

1.6.1　用户身份

安装好Git后的第一件事就是设置用户名和电子邮件地址。这一步非常重要，因为Git的每一次提交都需要用到这些信息，而且还会被写入到所创建的提交中，不可更改。设置命令如下：

```
$ git config --global user.name "John Doe"
$ git config --global user.email johndoe@example.com
```

如果传入了--global选项，那只需要设置一次就行了，之后不管在系统中执行什么操作，Git都会使用这些已设置好的信息。如果你想在某个项目中使用不同的用户名或电子邮件地址，可以在项目中使用不带--global选项的命令。

很多图形界面工具首次运行的时候都会帮你完成以上设置。

1.6.2　个人编辑器

设置好身份信息之后就可以配置默认的文本编辑器了，当Git需要输入消息的时候会用到这个编辑器。如果没有配置，Git会使用系统默认的编辑器。

如果你想使用不同的文本编辑器，比如Emacs，可以执行以下命令。

```
$ git config --global core.editor emacs
```

在Windows系统中，如果你想使用不同的文本编辑器，例如Notepad++，可以执行下列操作。

在x86系统上：

```
$ git config --global core.editor "'C:/Program Files/Notepad++/notepad++.exe' -multiInst -nosession"
```

在x64系统上：

```
$ git config --global core.editor "'C:/Program Files (x86)/Notepad++/notepad++.exe' -multiInst"
```

注意　Vim、Emacs和Notepad++都是类Unix系统（如Linux和OS X）或Windows系统开发人员常用的文本编辑器。如果你不熟悉这些编辑器，就需要去搜索一下该怎么在Git中设置惯用的编辑器。

注意 你会发现，如果不像这样设置好编辑器，在运行编辑器的时候有可能会陷入一种着实令人困惑的情形。在Windows系统上，这种情形就包括在Git发起编辑操作的时候，操作会被提前终止。

1.6.3　检查个人设置

如果想查看你的设置，可以通过执行`git config --list`命令来列出当前Git可以找到的所有设置，如下所示。

```
$ git config --list
user.name=John Doe
user.email=johndoe@example.com
color.status=auto
color.branch=auto
color.interactive=auto
color.diff=auto
...
```

你可能会多次看到同一个键的输出，这是因为Git会从不同文件（例如/etc/gitconfig和~/.gitconfig）中读取相同的键。这种情况下，Git会使用这个键最后输出的值。

你可以通过键入`git config <key>`来查看Git中当前某个键的值，如下所示。

```
$ git config user.name
John Doe
```

1.7　获取帮助

如果在使用Git的过程中需要帮助，有以下三种方法可以查看Git任何命令的帮助页面。

```
$ git help <verb>
$ git <verb> --help
$ man git-<verb>
```

例如，可以通过执行以下命令获得config命令的帮助信息。

```
$ git help config
```

你可以在任何时候键入以上命令来获取帮助，即使在离线的情况下。如果这些帮助页面和这本书无法提供足够的信息，那么就需要人工帮助，你可以试试Freenode IRC（irc.freenode.net）上的#git或#github频道。这些频道通常都会有数百人，他们都非常熟悉Git且乐于提供帮助。

1.8　小结

现在你已经对Git有了初步的认识，了解了它与其他集中式版本控制系统的不同。同时，你的系统中已经安装好了Git并配置好了身份信息，现在是时候学一些Git基础知识了。

第 2 章

Git基础

如果只让你读一章内容就开始使用Git，那么读这章就对了。本章涵盖了你在使用Git的绝大多数时间里会用到的所有基础命令。学完本章，你应该能够配置并初始化Git仓库、开始或停止跟踪文件、暂存或者提交更改。我们也会讲授如何让Git忽略某些文件和文件模式，如何简单快速地撤销错误操作，如何浏览项目版本历史并查看版本之间的差异，以及如何向远程仓库推送或从中拉取数据。

2.1 获取 Git 仓库

建立Git项目的方法主要有两种。第一种是把现有的项目或者目录导入到Git中，第二种是从服务器上克隆现有的Git仓库。

2.1.1 在现有目录中初始化 Git 仓库

要想在Git中对现有项目进行跟踪管理，只需进入项目目录并输入：

```
$ git init
```

这会创建一个名为.git的子目录。这个子目录包含了构成Git仓库骨架的所有必需文件。但此刻Git尚未跟踪项目中的任何文件。（有关.git目录中具体包含了哪些文件的详细信息，请参看第10章。）

如果你打算着手对现有文件（非空目录）进行版本控制，那么就应该开始跟踪这些文件并进行初次提交。对需要跟踪的文件执行几次git add命令，然后输入git commit命令即可：

```
$ git add *.c
$ git add LICENSE
$ git commit -m 'initial project version'
```

稍后我们会逐一解释这些命令的含义。现在，你的Git仓库已经包含了这些被跟踪的文件并进行了初次提交。

2.1.2 克隆现有仓库

如果需要获取现有仓库的一份副本（比如这是你想参与的一个项目），可以使用git clone命令。如果你熟悉其他版本控制系统（比如Subversion），就会注意到这个命令是"clone"而不是"checkout"。这是一个很重要的差异，因为Git会对服务器仓库的几乎所有数据进行完整复制，而不只是复制当前工作目录。git clone默认会从服务器上把整个项目历史中每个文件的所有历史版本都拉取下来。实际上，如果你的服务器磁盘损坏，你通常可以用任何客户端计算机上的Git仓库副本恢复服务器［如果这样的话，服务器端的钩子设置（server-side hook）也许会丢失，但全部的版本数据都会恢复如初，第4章对此会有详述］。

克隆仓库需要使用git clone [url]命令。例如，要克隆Git的链接库Libgit2，可以像下面这样做：

```
$ git clone https://github.com/libgit2/libgit2
```

这会创建一个名为libgit2的新目录，并在其中初始化.git目录，然后将远程仓库中的所有数据拉取到本地并检出最新版本的可用副本。进入新的libgit2目录中，会看到所有项目文件已经准备就绪。如果想将项目克隆到其他名字的目录中，可以把目录名作为命令行选项传入：

```
$ git clone https://github.com/libgit2/libgit2 mylibgit
```

这一条命令与上一条命令功能相同，只是目标目录的名称变成了mylibgit。

Git可以用几种不同的协议传输数据。上一个例子使用的是https://协议，除此之外也可以使用git://协议或者是SSH传输协议（如user@server:path/to/repo.git）。第4章会讲到可以用来访问Git仓库的所有方法，并分析各自的优劣。

2.2 在 Git 仓库中记录变更

你现在拥有了一个真正的Git仓库并检出了项目文件的可用副本。下一步就是做出一些更改，当项目到达某个需要记录的状态时向仓库提交这些变更的快照。

请记住，工作目录下的每一个文件都处于两种状态之一：已跟踪（tracked）或未跟踪（untracked）。已跟踪的文件是指上一次快照中包含的文件。这些文件又可以分为未修改、已修改或已暂存三种状态。而未跟踪的文件则是工作目录中除去已跟踪文件之外的所有文件，也就是既不在上一次快照中，也不在暂存区中的文件。当你刚刚完成仓库克隆时，所有文件的状态都是已跟踪且未修改的，因为你刚刚把它们检出，而没有做出过任何改动。

如果修改了文件，它们在Git中的状态就会变成已修改，这意味着自从上次提交以来文件已经发生了变化。你接下来要把这些已修改的文件添加到暂存区，提交所有已暂存的变更，随后重复这个过程。

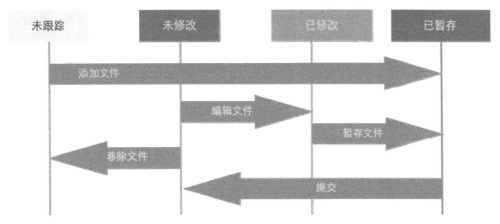

图2-1　文件状态的生命周期

2.2.1 查看当前文件状态

检查文件所处状态的主要工具是git status命令。如果在克隆仓库后立即执行这个命令，就会看到类似下面的输出：

```
$ git status
On branch master
nothing to commit, working directory clean
```

上述输出说明你的项目工作目录是干净的。也就是说，工作目录下没有任何已跟踪的文件被修改过。Git也没有找到任何未跟踪的文件，否则这些文件会被列出。最后，该命令还会显示当前所处的分支，告诉你现在所处的本地分支与服务器上的对应的分支没有出现偏离。就目前而言，我们一直处在默认的master分支。现在不需要担心分支问题，我们会在第3章详细讲述分支和引用。

现在，让我们把一个简单的README文件添加到项目中。如果之前项目中不存在这个文件，那么这次执行git status就会看到这个未跟踪的文件：

```
$ echo 'My Project' > README
$ git status
On branch master
Untracked files:
  (use "git add <file>..." to include in what will be committed)

    README

nothing added to commit but untracked files present (use "git add" to track)
```

可以看到，新的README文件处于未跟踪状态，因为git status输出时把这个文件显示在"Untracked files"（未跟踪的文件）条目下。未跟踪的文件就是Git在上一次快照（提交）中没有发现的文件。Git并不会主动把这些文件包含到下一次提交的文件范围中，除非你明确告诉Git你需要跟踪这些文件。这样做是为了避免你不小心把编译生成的二进制文件或者其他你不想跟踪的文件包含进来。需要让Git跟踪该文件，才能将README加入。

2.2.2　跟踪新文件

可以使用git add命令让Git开始跟踪新的文件。执行以下命令来跟踪README文件：

```
$ git add README
```

此时如果重新执行查看项目状态的命令，就可以看到README文件已处于跟踪状态，并被添加到暂存区等待提交：

```
$ git status
On branch master
Changes to be committed:
  (use "git reset HEAD <file>..." to unstage)

    new file:   README
```

在 "Changes to be commited"（等待提交的更改）标题下列出的就是已暂存的文件。如果现在提交，那么之前执行git add时的文件版本就会被添加到历史快照中。回想一下，在早先执行git init时，你执行的下一个命令就是git add (files)，这条命令就是让Git开始跟踪工作目录下的文件。git add命令接受一个文件或目录的路径名作为参数。如果提供的参数是目录，该命令会递归地添加该目录下的所有文件。

2.2.3　暂存已修改的文件

这次让我们来更改一个已跟踪的文件。假如你更改了之前已经被Git跟踪的CONTRIBUTING.md文件，此时再执行git status命令，会看到类似下面的输出：

```
$ git status
On branch master
Changes to be committed:
  (use "git reset HEAD <file>..." to unstage)

    new file:   README

Changes not staged for commit:
  (use "git add <file>..." to update what will be committed)
  (use "git checkout -- <file>..." to discard changes in working directory)
    modified: CONTRIBUTING.md
```

CONTRIBUTING.md文件会出现在名为 "Changes not staged for commit"（已更改但未添加到暂存区）的区域中，这表示处于跟踪状态的文件在工作目录下已被修改，但尚未被添加到暂存区。要想暂存这些文件，需要执行git add命令。git add是一个多功能命令，既可以用来跟踪新文件，

2

也可以用来暂存文件，它还可以做其他的一些事，比如把存在合并冲突的文件标记为已解决。所以，把git add命令看成"添加内容到下一次提交中"而不是"把这个文件加入到项目中"，更有助于理解该命令。现在让我们执行git add命令，将CONTRIBUTING.md添加到暂存区，然后重新执行git status：

```
$ git add CONTRIBUTING.md
$ git status
On branch master
Changes to be committed:
  (use "git reset HEAD <file>..." to unstage)

    new file:   README
    modified:   CONTRIBUTING.md
```

上面列出的这两个文件都已暂存，并将进入下一个提交中。假设你在这时想起来在提交之前还要再对CONTRIBUTING.md做一个小小的修改。于是你打开文件，做出改动，然后准备提交。不过让我们先来再执行一次git status：

```
$ vim CONTRIBUTING.md
$ git status
On branch master
Changes to be committed:
  (use "git reset HEAD <file>..." to unstage)

    new file:   README
    modified:   CONTRIBUTING.md

Changes not staged for commit:
  (use "git add <file>..." to update what will be committed)
  (use "git checkout -- <file>..." to discard changes in working directory)

    modified:   CONTRIBUTING.md
```

这是怎么回事？现在CONTRIBUTING.md文件竟然同时出现在了已暂存和未暂存的列表中。这怎么可能呢？其实，在暂存一个文件时，Git保存的是你执行git add时文件的样子。如果你现在执行git commit命令进行提交，包含在这次提交中的CONTRIBUTING.md是你上次执行git add命令时的文件版本，而不是现在工作目录中该文件的当前版本。所以，如果在执行了git add之后又对已添加到暂存区的文件做了修改，就需要再一次执行git add将文件的最新版本添加到暂存区：

```
$ git add CONTRIBUTING.md
$ git status
On branch master
Changes to be committed:
  (use "git reset HEAD <file>..." to unstage)

    new file:   README
    modified:   CONTRIBUTING.md
```

2.2.4   显示更简洁的状态信息

虽然git status命令的输出信息很全面，但也着实冗长。对此，Git也提供了一个显示简短状态的命令行选项，使你可以以一种更为紧凑的形式查看变更。执行git status -s或者git status --short就可以看到类似下面的效果。

```
$ git status -s
 M README
MM Rakefile
A  lib/git.rb
M  lib/simplegit.rb
?? LICENSE.txt
```

未被跟踪的新文件旁边会有一个?? 标记，已暂存的新文件会有A标记，而已修改的文件则会有一个M标记，等等。实际上，文件列表旁边的标记是分成两列的，左列标明了文件是否已暂存，而右列表明了文件是否已修改。以上面的命令行输出为例，工作目录下的README文件已被修改，但还没有被暂存。另一个lib/simplegit.rb文件是已修改而且已暂存的状态。而Rakefile文件则是已修改并被添加到暂存区，之后又被修改过，因此暂存区和工作区都包含了该文件的变更。

2.2.5   忽略文件

很多时候，你并不希望某一类文件被Git自动添加，甚至不想这些文件被显示在未跟踪的文件列表下面。这些文件一般是自动生成的文件（比如日志文件）或是由构建系统创建的文件。在这种情况下，可以创建名为.gitignore的文件，在其中列出待匹配文件的模式。下面是一个.gitignore文件的例子：

```
$ cat .gitignore
*.[oa]
*~
```

其中第一行告诉Git忽略所有以.o或.a结尾的文件，这些都是构建代码的过程中所生成的对象和归档文件。第二行则是告诉Git忽略所有以波浪号（~）结尾的文件，Emacs等许多文本编辑器都会将其标记为临时文件。你也可以让Git忽略log目录、tmp目录、pid目录以及自动生成的文档等。最好在开始工作前配置好.gitignore文件，这样你就不会意外地把不想纳入Git仓库的文件提交进来了。

可以写入.gitignore文件中的匹配模式的规则如下：
- ❑ 空行或者以#开始的行会被忽略
- ❑ 支持标准的glob模式
- ❑ 以斜杠（/）开头的模式可用于禁止递归匹配
- ❑ 以斜杠（/）结尾的模式表示目录
- ❑ 以感叹号（!）开始的模式表示取反

glob模式类似于shell所使用的简化版正则表达式。具体来讲，星号（*）匹配零个或更多字符，[abc]匹配方括号内的任意单个字符（在这个例子里是a、b或c），而问号（?）则匹配任意单个字符。在方括号中使用短划线分隔两个字符（例如[0-9]）的模式能够匹配在这两个字符范围内的任何单个字符（在这个例子里是0到9之间的任何数字）。你还可以用两个星号匹配嵌套目录，比如a/**/z能够匹配a/z、a/b/z和a/b/c/z等。

下面是另一个.gitignore文件的例子：

```
*.a          # 忽略.a类型的文件
!lib.a       # 仍然跟踪lib.a，即使上一行指令要忽略.a类型的文件
/TODO        # 只忽略当前目录的TODO文件，而不忽略子目录下的TODO
build/       # 忽略build/目录下的所有文件
doc/*.txt    # 忽略doc/notes.txt，而不忽略doc/server/arch.txt
doc/**/*.pdf # 忽略doc/目录下的所有.pdf文件
```

注意　GitHub维护了一份相当全面的.gitignore参考示例列表，其中的例子都非常不错，涵盖了数十个不同项目和语言，可以作为自己项目的参考。

2.2.6　查看已暂存和未暂存的变更

如果git status命令的输出信息对你来说太过泛泛，你想知道修改的具体内容，而不仅仅是你更改了哪些文件，这时可以使用git diff命令。我们将稍后讲解git diff的细节，现在只需知道它基本上可以用来解决两个问题：哪些变更还没有被暂存？哪些已暂存的变更正待提交？尽管git status也可以通过列举文件名的方式大致回答上述问题，但git diff则会显示出你具体添加和删除了哪些行。换句话说，git diff的输出是补丁（patch）。

假设你又编辑并暂存了README文件，之后更改了CONTRIBUTING.md但没有暂存它。如果你现在执行git status命令，那么又会看到类似下面的输出：

```
$ git status
On branch master
Changes to be committed:
  (use "git reset HEAD <file>..." to unstage)

    new file:   README

Changes not staged for commit:
  (use "git add <file>..." to update what will be committed)
  (use "git checkout -- <file>..." to discard changes in working directory)

    modified:   CONTRIBUTING.md
```

要查看尚未添加到暂存区的变更，直接输入不加参数的git diff命令：

```
$ git diff
diff --git a/CONTRIBUTING.md b/CONTRIBUTING.md
index 8ebb991..643e24f 100644
--- a/CONTRIBUTING.md
```

```
+++ b/CONTRIBUTING.md
@@ -65,7 +65,8 @@ branch directly, things can get messy.
 Please include a nice description of your changes when you submit your PR;
 if we have to read the whole diff to figure out why you're contributing
 in the first place, you're less likely to get feedback and have your change
-merged in.
+merged in. Also, split your changes into comprehensive chunks if your patch is
+longer than a dozen lines.

 If you are starting to work on a particular area, feel free to submit a PR
 that highlights your work in progress (and note in the PR title that it's
```

这条命令会将当前工作目录下的内容与暂存区的内容作对比。对比的结果就显示了有哪些还没有暂存的新变更。

如果你想看看有哪些已暂存的内容会进入下一次提交，可以使用git diff --staged命令[①]。这条命令会将暂存的变更与上一次提交的内容相比较：

```
$ git diff --staged
diff --git a/README b/README
new file mode 100644
index 0000000..03902a1
--- /dev/null
+++ b/README
@@ -0,0 +1 @@
+My Project
```

请注意，执行git diff本身并不会显示出自从上一次提交以来所有的变更，而只会显示出还没有进入暂存区的那些变更。如果你已经把所有变更添加到了暂存区，git diff不会有任何输出，这会让人摸不着头脑。

再看另一个例子，如果暂存了CONTRIBUTING.md之后又对它做出了修改，可以用git diff命令来观察已暂存和未暂存的变更：

```
$ git add CONTRIBUTING.md
$ echo '# test line' >> CONTRIBUTING.md
$ git status
On branch master
Changes to be committed:
  (use "git reset HEAD <file>..." to unstage)

    modified: CONTRIBUTING. md

Changes not staged for commit:
  (use "git add <file>..." to update what will be committed)
  (use "git checkout -- <file>..." to discard changes in working directory)

    modified: CONTRIBUTING.md
```

现在执行git diff命令来查看未暂存的更改：

---

① --staged还可以写成--cached，后一种写法在随后的代码示例中会用到。——译者注

```
$ git diff
diff --git a/CONTRIBUTING.md b/CONTRIBUTING.md
index 643e24f..87f08c8 100644
--- a/CONTRIBUTING.md
+++ b/CONTRIBUTING.md
@@ -119,3 +119,4 @@ at the
 ## Starter Projects

 See our [projects list](https://github.com/libgit2/libgit2/blob/development/PROJECTS.md).
+# test line
```

执行git diff --cached查看当前已暂存的更改（--staged和--cached是同义词），如下所示。

```
$ git diff --cached
diff --git a/CONTRIBUTING.md b/CONTRIBUTING.md
index 8ebb991..643e24f 100644
--- a/CONTRIBUTING.md
+++ b/CONTRIBUTING.md
@@ -65,7 +65,8 @@ branch directly, things can get messy.
 Please include a nice description of your changes when you submit your PR;
 if we have to read the whole diff to figure out why you're contributing
 in the first place, you're less likely to get feedback and have your change
-merged in.
+merged in. Also, split your changes into comprehensive chunks if your patch is
+longer than a dozen lines.
 If you are starting to work on a particular area, feel free to submit a PR
 that highlights your work in progress (and note in the PR title that it's
```

外部工具中的git diff

我们会在本书余下的部分中继续使用各种形式的**git diff**命令。如果你更喜欢图形化或外部的diff查看程序，那么还有另外一种方法可以用来浏览差异结果。执行**git difftool**，这样就能够在如emerge、vimdiff等其他软件（包括商业软件）中查看差异。使用**git difftool --tool-help**可查看系统中可用的diff工具。

2.2.7 提交变更

现在你的暂存区已经准备妥当，可以提交了。请记得所有未暂存的变更都不会进入到提交的内容中，这包括任何在编辑之后没有执行**git add**命令添加到暂存区的新建的或修改过的文件。这些文件在提交后状态并不会发生变化，仍然是已修改的状态。举个例子，假设你上次执行**git status**命令时看到所有变更都已暂存并等待提交。这时最简单的提交方式就是执行**git commit**命令：

```
$ git commit
```

执行这条命令后就会打开你所选择的文本编辑器。（默认会采用shell的环境变量$EDITOR所指定的文本编辑器，通常是Vim或者Emacs。你也可以用第1章中所见到的**git config --global** core.editor命令配置Git使用任何你想要的编辑器。)

文本编辑器会显示以下文本（以Vim为例）：

```
# Please enter the commit message for your changes. Lines starting
# with '#' will be ignored, and an empty message aborts the commit.
# On branch master
# Changes to be committed:
#       new file:    README
#       modified:    CONTRIBUTING.md
#
~
~
~
".git/COMMIT_EDITMSG" 9L, 283C
```

可以看出，默认的提交信息会包括被注释掉的git status命令的最新输出结果，在最上边还有一行是空行。你既可以删掉这些注释并输入自己的提交信息，也可以保留这些注释，以帮助你记住提交的具体内容。（若需要记下更详细的更改记录，可以给git commit加上-v参数。这样会把这次提交的差异比对显示在文本编辑器中，让你可以看到要提交的具体变更。）当你退出编辑器时，Git会移除注释内容和差异比对，把剩下的提交信息记录到所创建的提交中。

完成上述提交还有另一种方式，那就是直接在命令行上键入提交信息。这需要给git commit命令加上-m选项：

```
$ git commit -m "Story 182: Fix benchmarks for speed"
[master 463dc4f] Story 182: Fix benchmarks for speed
 2 files changed, 2 insertions(+)
 create mode 100644 README
```

你终于完成了自己的首次提交！可以看到命令输出中包含了和该提交本身相关的一些信息：提交到哪个分支（master）、提交的SHA-1校验和是多少（463dc4f）、改动了多少个文件以及源文件新增和删除了多少行的统计信息。

请记住，提交时记录的是暂存区中的快照。任何未暂存的内容仍然保持着已修改状态。你可以再次提交这些内容，将其纳入到版本历史记录中。每次提交时，都记录了项目的快照，日后可以用于比对或恢复。

2.2.8　跳过暂存区

在按照你的要求精确地生成提交内容时，暂存区非常有用，但就工作流而言，它有时显得有点过于繁琐了。如果你想要跳过暂存区直接提交，Git为你提供了更快捷的途径。给git commit命令传入-a选项，就能让Git自动把已跟踪的所有文件添加到暂存区，然后再提交，这样你就不用再执行git add了：

```
$ git status
On branch master
Changes not staged for commit:
```

```
(use "git add <file>..." to update what will be committed)
(use "git checkout -- <file>..." to discard changes in working directory)

    modified:   CONTRIBUTING.md

no changes added to commit (use "git add" and/or "git commit -a")
$ git commit -a -m 'added new benchmarks'
[master 83e38c7] added new benchmarks
 1 file changed, 5 insertions(+), 0 deletions(-)
```

注意在上面的例子中，提交前不再需要执行git add来添加CONTRIBUTING.md文件了。

2.2.9 移除文件

要从Git中移除某个文件，你需要把它先从已跟踪文件列表中移除（确切地说，是从暂存区中移除），然后再提交。git rm会帮你完成这些操作，另外该命令还会把文件从工作目录中移除，这样下一次你就不会在未跟踪文件列表中看到这些文件了。

如果你只是简单地把文件从你的工作目录移除，而没有使用git rm，那么在执行git status时会看到文件出现在"Changes not staged for commit"区域（也就是未暂存区域）：

```
$ rm PROJECTS.md
$ git status
On branch master
Your branch is up-to-date with 'origin/master'.
Changes not staged for commit:
  (use "git add/rm <file>..." to update what will be committed)
  (use "git checkout -- <file>..." to discard changes in working directory)

        deleted:    PROJECTS.md

no changes added to commit (use "git add" and/or "git commit -a")
```

如果你这时执行git rm，Git才会把文件的移除状态记录到暂存区：

```
$ git rm PROJECTS.md
rm 'PROJECTS.md'
$ git status
On branch master
Changes to be committed:
  (use "git reset HEAD <file>..." to unstage)

        deleted:    PROJECTS.md
```

下一次提交的时候，这个文件就不存在了，也不会再被Git跟踪管理。如果你更改了某个文件，并已经把它加入到了索引当中（已暂存），要想让Git移除它就必须使用-f选项强制移除。这是为了防止没有被记录到快照中的数据被意外移除而设立的安全特性，因为这样的数据被意外移除后无法由Git恢复。

另一件你可能想做的有用的事情是把文件保留在工作目录，但从暂存区中移除该文件。换句话说，你也许想将文件保留在硬盘上，但不想让Git对其进行跟踪管理。如果你忘了向.gitignore文件中添加相应的规则，不小心把一个很大的日志文件或者一些编译生成的.a文件添加进来，上述做法尤其有用。只需使用--cached选项即可：

```
$ git rm --cached README
```

你可以将文件、目录和文件的glob模式传递给git rm命令。这意味着你可以像下面这样：

```
$ git rm log/\*.log
```

请注意在*前面的反斜杠（\）是必需的，这是因为shell和Git先后都要处理文件名扩展。上述命令会移除log目录中所有扩展名为.log的文件。或者，你也可以像下面这样：

```
$ git rm \*~
```

这条命令会移除所有以~结尾的文件。

2.2.10   移动文件

Git与很多其他版本控制系统不同，它并不会显式跟踪文件的移动。如果你在Git中重命名了文件，仓库的元数据并不会记录这次重命名操作。不过Git非常聪明，它能推断出究竟发生了什么。至于Git究竟如何检测到文件的移动操作，我们稍后再谈。

因此，当你看到Git有一个mv命令时就会有点搞不明白了。在Git中可以执行下面的命令重命名文件：

```
$ git mv file_from file_to
```

结果没有问题。实际上，执行了这条命令后再去查看状态的话，就会发现Git识别出了重命名后的文件：

```
$ git mv README.md README
$ git status
On branch master
Changes to be committed:
  (use "git reset HEAD <file>..." to unstage)

    renamed:    README.md -> README
```

其实这相当于执行了下面的三条命令：

```
$ mv README.md README
$ git rm README.md
$ git add README
```

不管你是用Git的mv命令，还是直接给文件改名，Git都能推断出这是重命名操作。唯一的区别是git mv只需键入一条命令而不是三条命令，所以会比较方便。更重要的是，你可以用任何你喜欢的工具或方法来重命名文件，然后在提交之前再执行Git的add和rm命令。

2.3 查看提交历史

在完成了几次提交，或者克隆了一个已有提交历史的仓库之后，你可能想要看看历史记录。可以使用git log命令来实现，这是最基础却又最强大的一条命令。

下面这些例子要用到一个非常简单的示例项目simplegit。要获取这个项目，请执行：

```
$ git clone https://github.com/schacon/simplegit-progit
```

当你在此项目中执行git log时，会得到以下输出：

```
$ git log
commit ca82a6dff817ec66f44342007202690a93763949
Author: Scott Chacon <schacon@gee-mail.com>
Date: Mon Mar 17 21:52:11 2008 -0700

    changed the version number

commit 085bb3bcb608e1e8451d4b2432f8ecbe6306e7e7
Author: Scott Chacon <schacon@gee-mail.com>
Date:   Sat Mar 15 16:40:33 2008 -0700

    removed unnecessary test

commit a11bef06a3f659402fe7563abf99ad00de2209e6
Author: Scott Chacon <schacon@gee-mail.com>
Date:   Sat Mar 15 10:31:28 2008 -0700

    first commit
```

默认不加参数的情况下，git log会按照时间顺序列出仓库中的所有提交，其中最新的提交显示在最前面。如你所见，和每个提交一同列出的还有它的SHA-1校验和、作者的姓名和邮箱、提交日期以及提交信息。

git log有很多不同的选项，可以直观地展示出所需内容。现在我们来看一些最常用的选项。

最有用的一个选项是-p，它会显示出每次提交所引入的差异。你还可以加上-2参数，只输出最近的两次提交：

```
$ git log -p -2
commit ca82a6dff817ec66f44342007202690a93763949
Author: Scott Chacon <schacon@gee-mail.com>
Date:   Mon Mar 17 21:52:11 2008 -0700

    changed the version number

diff --git a/Rakefile b/Rakefile
index a874b73..8f94139 100644
--- a/Rakefile
+++ b/Rakefile
@@ -5,7 +5,7 @@ require 'rake/gempackagetask'
spec = Gem::Specification.new do |s|
    s.platform  =   Gem::Platform::RUBY
```

```
    s.name      =    "simplegit"
-   s.version   =    "0.1.0"
+   s.version   =    "0.1.1"
    s.author    =    "Scott Chacon"
    s.email     =    "schacon@gee-mail.com"
    s.summary   =    "A simple gem for using Git in Ruby code."

commit 085bb3bcb608e1e8451d4b2432f8ecbe6306e7e7
Author: Scott Chacon <schacon@gee-mail.com>
Date:   Sat Mar 15 16:40:33 2008 -0700

    removed unnecessary test

diff --git a/lib/simplegit.rb b/lib/simplegit.rb
index a0a60ae..47c6340 100644
--- a/lib/simplegit.rb
+++ b/lib/simplegit.rb
@@ -18,8 +18,3 @@ class SimpleGit
     end

  end
-
-if $0 == __FILE__
-  git = SimpleGit.new
-  puts git.show
-end
\ No newline at end of file
```

加上这个选项之后，仍会显示原来的信息，不同之处是每一条提交记录后面都带有 diff 信息。在代码审查或是快速浏览某个项目参与者的一系列提交时，这个选项会非常有用。git log 还提供了一系列的摘要选项。例如，可以用 --stat 选项来查看每个提交的简要统计信息：

```
$ git log --stat
commit ca82a6dff817ec66f44342007202690a93763949
Author: Scott Chacon <schacon@gee-mail.com>
Date:   Mon Mar 17 21:52:11 2008 -0700

    changed the verison number

 Rakefile | 2 +-
 1 file changed, 1 insertion(+), 1 deletion(-)

commit 085bb3bcb608e1e8451d4b2432f8ecbe6306e7e7
Author: Scott Chacon <schacon@gee-mail.com>
Date:   Sat Mar 15 16:40:33 2008 -0700

    removed unnecessary test

 lib/simplegit.rb | 5 -----
 1 file changed, 5 deletions(-)

commit a11bef06a3f659402fe7563abf99ad00de2209e6
Author: Scott Chacon <schacon@gee-mail.com>
```

```
Date:    Sat Mar 15 10:31:28 2008 -0700

    first commit

README          |  6 ++++++
Rakefile        | 23 +++++++++++++++++++++++
lib/simplegit.rb | 25 +++++++++++++++++++++++++
3 files changed, 54 insertions(+)
```

如你所见，--stat选项会在每个提交下面列出如下内容：改动的文件列表、共有多少文件被改动以及文件里有多少新增行和删除行。另外还会在最后输出总计信息。

另外一个颇为有用的选项是--pretty，它可以更改日志输出的默认格式。Git有一些预置的格式可供你选择。例如，在浏览大量提交时，oneline格式选项很有用，它可以在每一行中显示一个提交。除此之外，short、full和fuller格式选项会分别比默认输出减少或增加一些信息：

```
$ git log --pretty=oneline
ca82a6dff817ec66f44342007202690a93763949 changed the verison number
085bb3bcb608e1e8451d4b2432f8ecbe6306e7e7 removed unnecessary test
a11bef06a3f659402fe7563abf99ad00de2209e6 first commit
```

最值得注意的选项是format，它允许你指定自己的输出格式。这样的输出特别有助于机器解析，因为你可以明确指定输出格式，其结果不会随着Git软件版本更新而改变：

```
$ git log --pretty=format:"%h - %an, %ar : %s"
ca82a6d - Scott Chacon, 6 years ago : changed the version number
085bb3b - Scott Chacon, 6 years ago : removed unnecessary test
a11bef0 - Scott Chacon, 6 years ago : first commit
```

表2-1列举了一些有用的格式选项。

表2-1　git log --pretty=format命令的一些有用的选项

格式选项	输出的格式描述
%H	提交对象的散列值[①]
%h	提交对象的简短散列值
%T	树对象的散列值
%t	树对象的简短散列值
%P	父对象的散列值
%p	父对象的简短散列值
%an	作者的名字
%ae	作者的电子邮箱地址
%ad	创作日期（可使用-date=选项指定日期格式）
%ar	相对于当前日期的创作日期
%cn	提交者的名字

① 即校验和。——译者注

（续）

格式选项	输出的格式描述
%ce	提交者的电子邮箱地址
%cd	提交日期
%cr	相对于当前日期的提交日期
%s	提交信息的主题

你可能不太清楚作者（author）和提交者（commiter）的区别是什么。作者是最初开展工作的人，而提交者则是最后将工作成果提交的人。所以，如果你为某个项目提交了补丁，随后项目的一位核心成员应用了该补丁，那么你和这位核心成员都会得到认可：你作为作者，核心成员作为提交者。我们将会在第5章中再细述其中的差别。

oneline和format这两个选项如果与log命令的另一个选项--graph一起使用，就能发挥更大的作用。具体来说，--graph选项会用ASCII字符形式的简单图表来显示Git分支和合并历史，如下所示。

```
$ git log --pretty=format:"%h %s" --graph
* 2d3acf9 ignore errors from SIGCHLD on trap
*   5e3ee11 Merge branch 'master' of git://github.com/dustin/grit
|\
| * 420eac9 Added a method for getting the current branch.
* | 30e367c timeout code and tests
* | 5a09431 add timeout protection to grit
* | e1193f8 support for heads with slashes in them
|/
* d6016bc require time for xmlschema
*   11d191e Merge branch 'defunkt' into local
```

在学习了第3章的Git分支和合并机制之后，再来看以上输出，你会有更进一步的理解。

上面我们只讲解了git log的一些简单的输出格式选项，实际上还有很多其他选项可供使用。表2-2列举出的选项包括了我们已经讲解的和其他一些常用的格式选项及其效果。

表2-2　git log的常用选项

选　　项	描　　述
-p	按补丁格式显示每个提交引入的更改
--stat	显示每个提交中被更改的文件的统计信息
--shortstat	只显示上述--stat输出中包含"已更改/新增/删除"行的统计信息
--name-only	在每个提交信息后显示被更改的文件列表
--name-status	在上一个选项输出基础上还显示出"已更改/新增/删除"统计信息
--abbrev-commit	只显示完整的SHA-1 40位校验和字符串中的前几个字符
--relative-date	显示相对日期（例如"两周前"），而不是完整日期
--graph	在提交历史旁边显示ASCII图表，用于展示分支和合并的历史信息
--pretty	用一种可选格式显示提交。选项有oneline、short、full、fuller和format（用于指定自定义格式）

限制提交历史的输出范围

git log除了有输出格式的选项之外还有其他一些有用的限制选项，这些选项可以只显示出部分提交。你已经见过了其中一个这样的选项，也就是-2选项，它可以只显示最近的两次提交。一般来说，你可以用-<n>显示最新的n次提交，其中n是任意整数。不过这个选项在Git实际应用中并不常用，因为默认情况下Git的所有输出会通过管道机制输入给分页程序（pager），使得一次只显示出一页内容。

与上述选项不同，像--since和--until这样按照时间限制输出的选项是十分有用的。例如，下面的命令会列举出最近两周内的所有提交：

```
$ git log --since=2.weeks
```

这条命令可以使用不同的时间形式，比如使用像“2008-01-15”这样的某个具体日期，或者类似“2 years 1 day 3 minutes ago”（两年零一天零三分钟前）这样的相对时间。

你还可以按照某种搜索条件过滤提交列表。--author选项允许你只查找某位作者的提交，--grep选项则能让你搜索提交信息中的关键字（如果要同时指定author和grep选项，则需要添加--all-match参数，否则Git会列出所有符合任何单一条件的提交）。

另外一个非常有用的过滤条件是-S选项，它后面需要接上一个字符串参数。这个选项只输出那些添加或者删除指定字符串的提交。举个例子，如果你想查找添加或删除了特定函数引用的最近一次提交，可以执行以下命令：

```
$ git log -Sfunction_name
```

最后一个很有用的git log过滤选项是文件路径。如果你指定了一个目录名或者文件名，就可以只输出更改了指定文件的那些提交。这个选项总是作为最后一个命令选项出现，通常需要在之前加两个短横线（--）来将路径和其他选项分隔开。

表2-3列举出上述选项以及一些其他常用选项以供参考。

表2-3 用于限制git log输出范围的选项

选 项	描 述
-(n)	只显示最新的n次提交
--since, --after	只输出指定日期之后的提交
--until, --before	只输出指定日期之前的提交
--author	只输出作者与指定字符串匹配的提交
--committer	只输出提交者与指定字符串匹配的提交
--grep	只输出提交信息包含指定字符串的提交
-S	只输出包含“添加或删除指定字符串”的更改的提交

再举个例子，如果在Git项目历史中查看Junio Hamano在2008年10月发起的哪些提交更改了源代码中的测试文件且没有合并，可以执行以下命令：

```
$ git log --pretty="%h - %s" --author=gitster --since="2008-10-01" \
   --before="2008-11-01" --no-merges -- t/
5610e3b - Fix testcase failure when extended attributes are in use
acd3b9e - Enhance hold_lock_file_for_{update,append}() API
f563754 - demonstrate breakage of detached checkout with symbolic link HEAD
d1a43f2 - reset --hard/read-tree --reset -u: remove unmerged new paths
51a94af - Fix "checkout --track -b newbranch" on detached HEAD
b0ad11e - pull: allow "git pull origin $something:$current_branch" into an unborn branch
```

在Git源代码仓库的近40 000次历史提交中，这条命令只显示出符合上述条件的6次提交。

2.4   撤销操作

在任何时刻，你都有可能想撤销之前的操作。现在让我们来看看撤销更改所用到的几个基本工具。有些撤销操作是不可逆的，所以请务必当心。在Git中，误操作导致彻底丢失工作成果的情景并不多见，而这就是其中之一。

有一种撤销操作的常见使用场景是提交之后才发现自己忘了添加某些文件，或者写错了提交信息。如果这时你想重新尝试提交，可以使用`--amend`选项：

```
$ git commit --amend
```

上述命令会提交暂存区的内容。如果你在上次提交之后并没做出任何改动（比如你在上次提交后立即执行上面的命令），那么你的提交快照就不会有变化，但你可以改动提交信息。

和之前提交时一样，这次也会启动提交信息编辑器，有所不同的是打开的编辑器中会显示上次提交的信息。你可以像之前一样编辑，保存后就会覆盖之前的提交信息。

举一个例子，如果你提交后才意识到忘记了添加某个之前更改过的文件，可以执行类似下面的操作：

```
$ git commit -m 'initial commit'
$ git add forgotten_file
$ git commit --amend
```

最终只是产生了一个提交，因为第二个提交命令修正了第一个提交的结果。

2.4.1   撤销已暂存的文件

接下来的两节内容会演示如何管理暂存区和工作目录的变更。好消息是，我们用来显示上述两个区域状态的命令同样也会告诉我们如何撤销这两个区域的变更。举例来说，假设你更改了两个文件，想要分两次提交，却不小心键入了`git add *`，把这两个文件都添加到了暂存区。这时你该如何把它们从暂存区移出呢？其实`git status`命令会提示你该如何做：

```
$ git add *
$ git status
On branch master
Changes to be committed:
```

```
  (use "git reset HEAD <file>..." to unstage)

    renamed:    README.md -> README
    modified:   CONTRIBUTING.md
```

在"Changes to be committed"正下方显示的提示是"使用git reset HEAD <file>...命令把文件移出暂存区"。所以，我们就用提示的办法把CONTRIBUTING.md文件移出暂存区：

```
$ git reset HEAD CONTRIBUTING.md
Unstaged changes after reset:
M        CONTRIBUTING.md
$ git status
On branch master
Changes to be committed:
  (use "git reset HEAD <file>..." to unstage)

    renamed:    README.md -> README

Changes not staged for commit:
  (use "git add <file>..." to update what will be committed)
  (use "git checkout -- <file>..." to discard changes in working directory)

    modified:   CONTRIBUTING.md
```

这条命令看起来有点奇怪，但是它确实管用。CONTRIBUTING.md又恢复到了已修改但未暂存的状态。

注意 尽管git reset加上--hard参数时很危险，但是如果你使用上述例子中的命令来操作，工作目录中的文件就不会被改动。也就是说，执行不加选项的git reset是安全的，它只更改暂存区。

就现在而言，了解git reset命令的上述用法就足够了。之后我们会在7.7节中详细讲解reset命令的细节，以及如何掌握该命令并用它做一些有意思的事情。

2.4.2　撤销对文件的修改

如果你突然发现，自己不再需要对CONTRIBUTING.md文件所做的更改，这时该怎么办？如何轻松地撤销修改并把文件恢复到上次提交时的状态（或是刚克隆仓库后的状态，或是一开始它在工作目录时的状态）？幸运的是，git status这次也会告诉你该怎么做。在上一个例子的输出内容中，未暂存的工作区如下所示：

```
Changes not staged for commit:
  (use "git add <file>..." to update what will be committed)
  (use "git checkout -- <file>..." to discard changes in working directory)

    modified: CONTRIBUTING.md
```

上述输出很明确地告诉了你如何舍弃对文件的更改。让我们照它说的做：

```
$ git checkout -- CONTRIBUTING.md
$ git status
On branch master
Changes to be committed:
  (use "git reset HEAD <file>..." to unstage)

    renamed:    README.md -> README
```

可以看出，之前所做的修改已经恢复了。

注意　重要的是要了解git checkout -- [file]是一条危险的命令。执行该命令后，任何对[file]
　　　　文件做出的修改都会丢失，因为上述命令用之前版本的文件做了覆盖。除非你确信不再
　　　　需要这些文件，否则不要用这个命令。

如果你仍想保留之前对文件做出的修改，却又需要把更改暂时隐藏一会儿，使它们不影响手
头的工作，这种情况下使用第3章将要讲到的储藏（stash）和分支的机制更好。

请记住，在Git中提交的任何变更几乎总是可以进行恢复。哪怕是在已删除的分支上的提交
或是被--amend覆盖的提交，都可以进行恢复（参见10.7.2节）。但是，任何未提交过的变更一旦
丢失，就很可能再也找不回来了。

2.5　远程仓库的使用

要参与任何一个Git项目的协作，你需要了解如何管理远程仓库。远程仓库是指在互联网或
其他网络上托管的项目版本仓库。你可以拥有多个远程仓库，而对于其中每个仓库，你可能会拥
有只读权限或者读写权限。要同别人协作，就要管理这些远程仓库，在需要分享工作成果时，向
其推送数据，从中拉取数据。管理远程仓库需要知道如何添加远程仓库、移除无效的远程仓库、
管理各种远程分支和设置是否跟踪这些分支，等等。在本节中，我们会讲解上述远程仓库管理技
巧中的一部分。

2.5.1　显示远程仓库

要查看已经设置了哪些远程仓库，请使用git remote命令。该命令会列出每个远程仓库的简
短名称。在克隆某个仓库之后，你至少可以看到名为origin的远程仓库，这是Git给克隆源服务器
取的默认名称。

```
$ git clone https://github.com/schacon/ticgit
Cloning into 'ticgit'...
remote: Reusing existing pack: 1857, done.
remote: Total 1857 (delta 0), reused 0 (delta 0)
Receiving objects: 100% (1857/1857), 374.35 KiB | 268.00 KiB/s, done.
Resolving deltas: 100% (772/772), done.
```

```
Checking connectivity... done.
$ cd ticgit
$ git remote
origin
```

你也可以使用-v参数，这样会显示出Git存储的每个远程仓库对应的URL：

```
$ git remote -v
Origin  https://github.com/schacon/ticgit (fetch)
Origin  https://github.com/schacon/ticgit (push)
```

如果你有不止一个远程仓库，上面的命令会把它们都列出来。例如，为便于同多人协作，一个仓库会拥有多个远程仓库地址，看起来会像下面这样：

```
$ cd grit
$ git remote -v
bakkdoor  https://github.com/bakkdoor/grit (fetch)
bakkdoor  https://github.com/bakkdoor/grit (push)
cho45     https://github.com/cho45/grit (fetch)
cho45     https://github.com/cho45/grit (push)
defunkt   https://github.com/defunkt/grit (fetch)
defunkt   https://github.com/defunkt/grit (push)
koke      git://github.com/koke/grit.git (fetch)
koke      git://github.com/koke/grit.git (push)
origin    git@github.com:mojombo/grit.git (fetch)
origin    git@github.com:mojombo/grit.git (push)
```

这样就可以很容易地拉取上面任何一位协作者贡献的代码。我们可能还会有推送到上述一个或更多仓库的权限，但从上面的输出中看不出来这方面的信息。

我们还注意到上面的远程仓库地址使用了几种不同的协议。我们将在第4章中详细阐述其中的具体细节。

2.5.2　添加远程仓库

我们已经在本书之前的部分提到过如何添加远程仓库，并给出了一些演示。现在我们会讲解如何显式地添加仓库。要添加一个远程仓库，并给它起一个简短名称以便引用，可以执行git remote add [shortname] [url]命令：

```
$ git remote
origin
$ git remote add pb https://github.com/paulboone/ticgit
$ git remote -v
origin  https://github.com/schacon/ticgit (fetch)
origin  https://github.com/schacon/ticgit (push)
pb      https://github.com/paulboone/ticgit (fetch)
pb      https://github.com/paulboone/ticgit (push)
```

现在你可以在命令行中使用pb字符串替代完整的URL。比如，要获取Paul拥有而你还没有的全部数据，可以执行git fetch pb命令：

```
$ git fetch pb
remote: Counting objects: 43, done.
remote: Compressing objects: 100% (36/36), done.
remote: Total 43 (delta 10), reused 31 (delta 5)
Unpacking objects: 100% (43/43), done.
From https://github.com/paulboone/ticgit
 * [new branch]      master      -> pb/master
 * [new branch]      ticgit      -> pb/ticgit
```

现在，你可以在本地用pb/master的名称访问到Paul的master分支，还可以把它和你的一个分支合并，或是检出一个本地分支便于检查其中的更改。（我们将在第3章中详细讲述分支是什么以及如何使用分支。）

2.5.3　从远程仓库获取和拉取数据

正如刚才所见，要从远程项目获取数据，可以执行：

```
$ git fetch [remote-name]
```

这条命令会从远程仓库中获取所有本地仓库没有的数据。在执行上述命令后，你就可以在本地引用远程仓库包含的所有分支，并可以在任何时候合并或检查这些分支。

当你克隆仓库时，克隆命令会自动添加远程仓库的地址并取名为"origin"。当随后执行git fetch origin时，会获取到所有自上一次克隆（或获取）之后被推送到服务器端的新增的变更数据。请注意，git fetch命令只会把数据拉取到本地仓库，然而它并不会自动将这些数据合并到本地的工作成果中，也不会修改当前工作目录下的任何数据。在准备好之后，需要手动将这些数据合并到本地内容中。

如果你有一个跟踪着某个远程分支的本地分支（具体细节参见2.5.4节和第3章），可以使用git pull命令来自动获取远程数据，并将远程分支合并入当前本地分支。这种简单易用的工作流可能会更适合你。而且默认情况下，git clone命令会自动设置你的本地master分支，使其跟踪被克隆的服务器端的master分支（或是叫其他名称的默认远程分支）。这时候，执行git pull就会从被克隆的服务器上获取更新的数据，然后自动尝试将其合并入当前工作目录下的本地数据。

2.5.4　将数据推送到远程仓库

当你的项目进行到某个阶段，需要与他人分享你的工作成果时，就要把变更推送到远程仓库去。用到的命令很简单：git push [remote-name] [branch-name]。如果想把本地的master分支推送到远程的origin服务器上（再说一次，Git克隆操作会自动使用上面两个名称作为默认设置），那么可以执行以下命令，把任意提交推送到服务器端：

```
$ git push origin master
```

上述命令能够正常工作的前提是必须拥有克隆下来的远程仓库的写权限，并且克隆后没有任何其他人向远程仓库推送过数据。如果别人和你都克隆了这个仓库，而他先推送，你后推送，那么你的这次推送会直接被拒绝。你必须先拉取别人的变更,将其整合到你的工作成果中,然后才能推送。有关推送到远程服务器的详细信息,请参见第3章。

2.5.5 检查远程仓库

要查看关于某一远程仓库的更多信息,可使用git remote show [remote-name]命令。如果给该命令提供一个仓库的短名称,比如 origin,就会看到如下输出:

```
$ git remote show origin
* remote origin
  Fetch URL: https://github.com/schacon/ticgit
  Push  URL: https://github.com/schacon/ticgit
  HEAD branch: master
  Remote branches:
    master                                tracked
    dev-branch                            tracked
  Local branch configured for 'git pull':
    master merges with remote master
  Local ref configured for 'git push':
    master pushes to master (up to date)
```

上述命令列出了远程仓库的URL地址以及每个分支的跟踪信息。这条命令会输出一些很有帮助的信息,比如告诉你在master分支上执行git pull会获取到所有的远程引用,然后自动合并入master分支。它还显示了拉取下来的所有远程引用的信息。

上述示例给出的是一种简单的情况。当你大量使用Git时,git remote show可能会给出非常多的信息:

```
$ git remote show origin
* remote origin
  URL: https://github.com/my-org/complex-project
  Fetch URL: https://github.com/my-org/complex-project
  Push  URL: https://github.com/my-org/complex-project
  HEAD branch: master
  Remote branches:
    master                                tracked
    dev-branch                            tracked
    markdown-strip                        tracked
    issue-43                              new (next fetch will store in remotes/origin)
    issue-45                              new (next fetch will store in remotes/origin)
    refs/remotes/origin/issue-11          stale (use 'git remote prune' to remove)
  Local branches configured for 'git pull':
    dev-branch merges with remote dev-branch
    master     merges with remote master
  Local refs configured for 'git push':
    dev-branch                    pushes to dev-branch           (up to date)
    markdown-strip                pushes to markdown-strip       (up to date)
    master                        pushes to master               (up to date)
```

上述输出会告诉你,当在本地某个分支执行git push时,会推送到远程的哪个对应分支上去。

另外，它还会显示服务器上有哪些本地还没有的远程分支，哪些本地分支对应的远程分支已被删除，执行git pull时哪些分支会自动合并最新的变更。

2.5.6 删除和重命名远程仓库

可以用git remote rename来重命名远程仓库。如果想要把pb重命名为paul，可以用git remote rename命令来实现，如下所示。

```
$ git remote rename pb paul
$ git remote
origin
paul
```

值得一提的是，上述操作也会更改远程分支的名称。先前的pb/master分支现在变成了paul/master。

有时出于某种原因，需要删除某个远程仓库地址，比如当你迁移了服务器地址，或是不再使用某一仓库镜像，又或是某个参与者退出协作时，就可以使用git remote rm命令，如下所示。

```
$ git remote rm paul
$ git remote
origin
```

2.6 标记

就像大多数版本控制系统一样，Git可以把特定的历史版本标记为重要版本。其典型应用场景是标出发布版本（v1.0等）。在本节中，你可以学到如何列举所有可用的标签，如何创建新的标签以及不同标签之间的差异。

2.6.1 列举标签

在Git中，列举可用标签的操作很简单，只需键入git tag即可：

```
$ git tag
v0.1
v1.3
```

这条命令会按字母顺序列出所有的标签。列举的顺序先后和标签的重要性无关。

你还可以按照某个特定匹配模式搜索标签。举例来说，Git的源代码仓库包括超过500个标签。如果你只想查看1.8.5系列的标记版本，可以执行以下命令。

```
$ git tag -l "v1.8.5*"
v1.8.5
v1.8.5-rc0
v1.8.5-rc1
v1.8.5-rc2
```

```
v1.8.5-rc3
v1.8.5.1
v1.8.5.2
v1.8.5.3
v1.8.5.4
v1.8.5.5
```

2.6.2 创建标签

Git使用的标记主要有两种类型：轻量（lightweight）标签和注释（annotated）标签。

轻量标签很像是一个不变的分支——它只是一个指向某次提交的指针。

注释标签则会作为完整的对象存储在Git数据库中。Git会计算其校验和，除此之外还包含其他信息，比如标记者（tagger）的名字、邮箱地址和标签的创建时间，还有标记消息（tagging message），另外还可以利用GNU Privacy Guard（GPG）对它们进行签名和验证。一般推荐创建注释标签，这样可以包含上述所有信息。但如果你需要的只是一个临时标签，或者由于某些原因不需要包含那些额外信息，也可以用轻量标签。

2.6.3 注释标签

创建注释标签很简单，只需要执行带有-a选项的tag命令即可：

```
$ git tag -a v1.4 -m "my version 1.4"
$ git tag
v0.1
v1.3
v1.4
```

-m选项指定了标记信息，它会伴随着标签一起被存储。如果你没有为注释标签指定标记消息，Git会打开文本编辑器以便你进行输入。

执行git show命令可以看到标签数据以及对应的提交：

```
$ git show v1.4
tag v1.4
Tagger: Ben Straub <ben@straub.cc>
Date:   Sat May 3 20:19:12 2014 -0700

my version 1.4

commit ca82a6dff817ec66f44342007202690a93763949
Author: Scott Chacon <schacon@gee-mail.com>
Date:   Mon Mar 17 21:52:11 2008 -0700

    changed the verison number
```

上述命令的输出显示了标记者信息、提交被标记的日期以及注释消息，最后是提交信息。

2.6.4   轻量标签

另一种用来标记提交的方法是使用轻量标签。这种标签基本上就是把提交的校验和保存到文件中，除此之外，不包含其他任何信息。创建一个轻量标签时不需要使用-a、-s或-m选项：

```
$ git tag v1.4-lw
$ git tag
v0.1
v1.3
v1.4
v1.4-lw
v1.5
```

如果你现在在这个标签上执行git show，除了提交信息之外，不会看到别的标签信息。

```
$ git show v1.4-lw
commit ca82a6dff817ec66f44342007202690a93763949
Author: Scott Chacon <schacon@gee-mail.com>
Date:   Mon Mar 17 21:52:11 2008 -0700

    changed the verison number
```

2.6.5   补加标签

你还可以随后再给之前的提交添加标签。假设你的提交历史看起来像下面这样：

```
$ git log --pretty=oneline
15027957951b64cf874c3557a0f3547bd83b3ff6 Merge branch 'experiment'
a6b4c97498bd301d84096da251c98a07c7723e65 beginning write support
0d52aaab4479697da7686c15f77a3d64d9165190 one more thing
6d52a271eda8725415634dd79daabbc4d9b6008e Merge branch 'experiment'
0b7434d86859cc7b8c3d5e1dddfed66ff742fcbc added a commit function
4682c3261057305bdd616e23b64b0857d832627b added a todo file
166ae0c4d3f420721acbb115cc33848dfcc2121a started write support
9fceb02d0ae598e95dc970b74767f19372d61af8 updated rakefile
964f16d36dfccde844893cac5b347e7b3d44abbc commit the todo
8a5cbc430f1a9c3d00faaeffd07798508422908a updated readme
```

现在，假如你忘记了给项目添加v1.2版本的标签，而该版本对应的应该是"updated rakefile"这次提交。你仍然可以在这时标记这次提交。只需在命令最后指定提交的校验和（或部分校验和）就可以了：

```
$ git tag -a v1.2 9fceb02
```

这时就可以看到标记过的提交了：

```
$ git tag
v0.1
v1.2
v1.3
```

```
v1.4
v1.4-lw
v1.5

$ git show v1.2
tag v1.2
Tagger: Scott Chacon <schacon@gee-mail.com>
Date:   Mon Feb 9 15:32:16 2009 -0800

version 1.2
commit 9fceb02d0ae598e95dc970b74767f19372d61af8
Author: Magnus Chacon <mchacon@gee-mail.com>
Date:   Sun Apr 27 20:43:35 2008 -0700

    updated rakefile
...
```

2.6.6　共享标签

默认情况下，git push命令不会把标签传输到远程服务器上。在创建了标签之后，你必须明确地将标签推送到共享服务器上。这个过程有点像推送分支，对应的命令是git push origin [tagname]。

```
$ git push origin v1.5
Counting objects: 14, done.
Delta compression using up to 8 threads.
Compressing objects: 100% (12/12), done.
Writing objects: 100% (14/14), 2.05 KiB | 0 bytes/s, done.
Total 14 (delta 3), reused 0 (delta 0)
To git@github.com:schacon/simplegit.git
 * [new tag]         v1.5 -> v1.5
```

如果你有很多标签需要一次性推送，可以使用git push命令的--tags选项。这会把所有服务器上还没有的标记都推送过去。

```
$ git push origin --tags
Counting objects: 1, done.
Writing objects: 100% (1/1), 160 bytes | 0 bytes/s, done.
Total 1 (delta 0), reused 0 (delta 0)
To git@github.com:schacon/simplegit.git
 * [new tag]         v1.4 -> v1.4
 * [new tag]         v1.4-lw -> v1.4-lw
```

执行完上述命令后，如果其他人此时对仓库执行克隆或拉取操作，他们也能够得到所有的标签。

2.6.7　检出标签

你是无法在Git中真正检出一个标签的，这是因为标签无法移动。如果想将某个版本的仓库放入像是标签的工作目录中，可以使用git checkout -b [branchname] [tagname]在特定标签上创建一个新的分支：

```
$ git checkout -b version2 v2.0.0
Switched to a new branch 'version2'
```

如果你执行上面的操作并完成了提交，那么version2分支会和你的v2.0.0标签略有不同，因为它携带了新的变更，所以要小心操作。

2.7 Git 别名

在结束本章的Git基础知识讲解之前，还有一个小技巧要告诉你，它能够使Git更加易用、简单，同时也更容易掌握，这就是别名。本书之后的章节并不会涉及别名，但还是应该了解一下其用法。

如果你键入的Git命令不完整，Git不会自动推断并补全命令。虽然如此，但如果你不想每次都费力地键入完整的Git命令，也可以轻松地通过git config设置每个Git命令的别名。下面是一些你可能想设置的别名：

```
$ git config --global alias.co checkout
$ git config --global alias.br branch
$ git config --global alias.ci commit
$ git config --global alias.st status
```

执行这些命令后，你就可以用git ci来替代git commit了。随着对Git使用的逐渐深入，你也可能经常会用到其他一些Git命令，这时候别忘了创建新的命令别名来简化工作。

这种技巧还可以用来创建那些你认为Git本就该提供，但实际却没有的命令。比如，把文件从暂存区移出这个命令不太好用，因此你可以给这条Git命令取个别名：

```
$ git config --global alias.unstage 'reset HEAD --'
```

执行完上面的命令后，以下两个命令就完全等价了：

```
$ git unstage fileA
$ git reset HEAD --fileA
```

这样看起来会更清晰一点。还有一种常见做法是添加一个能够显示最后一次提交信息的命令别名，就像下面这样：

```
$ git config --global alias.last 'log -1 HEAD'
```

这样一来，就可以很容易地看到最后一次提交的信息了：

```
$ git last
commit 66938dae3329c7aebe598c2246a8e6af90d04646
Author: Josh Goebel <dreamer3@example.com>
Date:   Tue Aug 26 19:48:51 2008 +0800
```

```
test for current head

Signed-off-by: Scott Chacon <schacon@example.com>
```

如你所见，Git只是简单地把新创建的别名替换成原有的Git命令。但有时候你想执行的是外部命令，而不是Git系统的命令。这种情况下要给外部命令前面加上!字符。如果你自己编写了Git仓库的辅助工具，这样的别名就会派上用场了。举例来说，我们可以通过指定git visual别名，让它执行gitk，如下所示。

```
$ git config --global alias.visual '!gitk'
```

2.8　小结

现在你就可以完成所有基本的Git本地操作了：创建或克隆仓库、做出更改、暂存并提交变更，以及查看仓库的变更历史。接下来要讲到的是Git的杀手锏特性：分支模型。

## 第 3 章

Git分支机制

几乎每个版本控制系统都支持某种形式的分支功能。分支意味着偏离开发主线并继续你自己的工作而不影响主线开发。在很多版本控制工具中，这么做存在着较为昂贵的成本，因为常常需要去对整个源代码目录进行一次复制，而对于大型项目，这种复制会耗去很长时间。

有些人把Git的分支模型称为Git的"杀手锏特性"，而这项特性也确实使得Git从众多版本控制系统中脱颖而出。为什么它如此出众呢？实际上，Git的分支功能轻量到了极致，以至于有关分支的操作几乎是即时完成的，并且在不同分支之间切换基本上也同样迅速。与其他版本控制系统不同，Git鼓励在工作流中频繁使用分支与合并操作，甚至可以在一天中多次使用。理解并掌握Git的这一特性，就拥有了一件独一无二的强大工具，它可以彻底改变你的开发方式。

3.1 分支机制简述

要想真正理解Git的分支机制，我们要首先回过头来看一下Git是如何存储数据的。

正如第1章所述，Git并没有采用多个变更集（changeset）或是差异的方式存储数据，而是采用一系列快照的方式。

当你发起提交时，Git存储的是提交对象（commit object），其中包含了指向暂存区快照的指针。提交对象也包括作者姓名和邮箱地址、已输入的提交信息以及指向其父提交的指针。初始提交没有父提交，而一般的提交会有一个父提交；对于两个或更多分支的合并提交来说，存在着多个父提交。

为了把上述内容形象化，让我们假设有一个包含了三个文件的目录，而你把这些文件都加入到了暂存区并进行了提交。暂存操作会为每个文件计算校验和（即第1章提到过的SHA-1散列值），并把文件的当前版本保存到Git仓库中（Git把这些数据叫作blob对象），然后把校验和添加到暂存区：

```
$ git add README test.rb LICENSE
$ git commit -m 'The initial commit of my project'
```

当执行git commit进行提交时，Git会先为每个子目录计算校验和（在本例中只有项目的根目录），然后再把这些树对象（tree object）保存到Git仓库中。Git随后会创建提交对象，其中包括元数据以及指向项目根目录的树对象的指针，以便有需要的时候重新创建这次快照。

现在Git仓库中包含了5个对象：3个blob对象（分别保存了你的3个文件的内容）、1个树对象（记录着目录结构以及blob对象和文件名之间的对应关系）以及1个提交对象（包含着提交的全部元数据和指向根目录树对象的指针）。

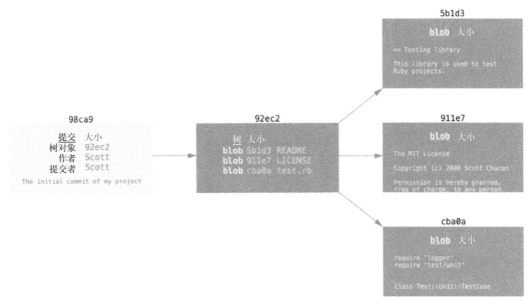

图3-1　一次提交及其树对象

如果你又做了一些更改，并又进行了一次提交，这第二次提交就会保存着指向它的上一次提交的指针。

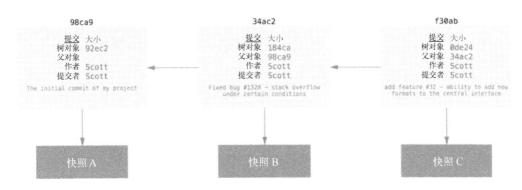

图3-2　多次提交及其父提交

Git的分支只不过是一个指向某次提交的轻量级的可移动指针（movable pointer）。Git默认的分支名称是master。当你发起提交时，就有了一个指向最后一次提交的master分支。每次提交时，它都会自动向前移动。

注意   在Git中，master分支其实并不是一个特殊的分支，它与其他分支没什么区别。几乎每个
         Git仓库都拥有该分支，这只是因为git init命令会默认创建该分支，而大多数人都懒得
         去更改它。

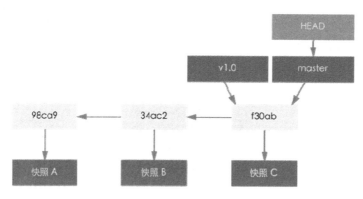

图3-3   分支及其提交历史

3.1.1 创建新分支

当你创建新分支时会发生什么？实际上，Git会创建一个可移动的新指针供你使用。现在假
设你要创建一个名为testing的新分支。这可以通过git branch命令实现：

```
$ git branch testing
```

这会创建一个指向当前提交的新指针。

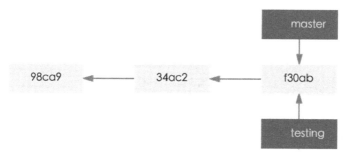

图3-4   指向同一系列提交的两个分支

Git如何知道你当前处在哪一分支上呢？实际上Git维护着一个名为HEAD的特殊指针。请注意，
这里HEAD的概念与你可能了解的其他版本控制系统（例如Subversion或CVS）中的HEAD有着很大
的不同。在Git中，HEAD是一个指向当前所在的本地分支的指针。在上述例子中，你仍然处在master
分支上。这是因为git branch命令只会创建新分支，而不会切换到新的分支上去。

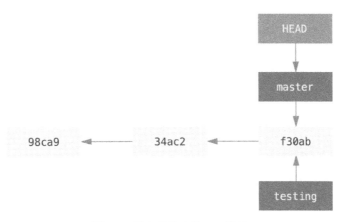

图3-5 指向某分支的HEAD指针

可以简单地通过git log命令查看各个分支当前所指向的对象。这需要用到选项--decorate：

```
$ git log --oneline --decorate
f30ab (HEAD, master, testing) add feature #32 - ability to add new
34ac2 fixed bug #1328 - stack overflow under certain conditions
98ca9 initial commit of my project
```

可以看到，master和testing分支就显示在f30ab提交旁边。

3.1.2　切换分支

要切换到已有的分支，可以执行git checkout命令。现在让我们切换到新建的testing分支上去，如下所示。

```
$ git checkout testing
```

这条命令会改变HEAD指针，使其指向testing分支。

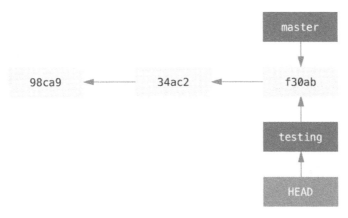

图3-6 指向当前分支的HEAD指针

这么做意义何在？好，现在让我们再提交一次：

```
$ vim test.rb
$ git commit -a -m 'made a change'
```

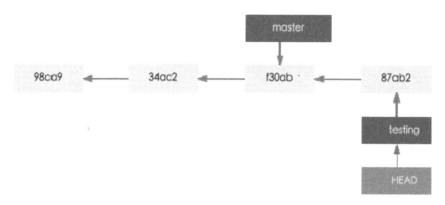

图3-7 当有新的提交时，HEAD指针会向前移动

现在就有意思了：testing分支已经向前移动，然而master分支仍然指向你之前执行git checkout切换分支时所在的提交。让我们再切换到master分支：

```
$ git checkout master
```

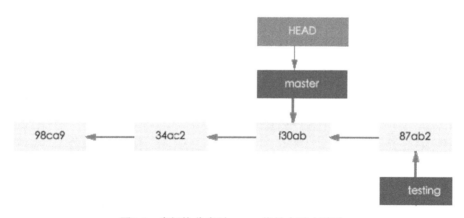

图3-8 当切换分支时，HEAD指针会随之移动

以上命令一共做了两件事。它会把HEAD指针移回到master分支，还会把工作目录的文件恢复到master分支指向的快照的状态。这也就意味着，从这时起，你所做出的修改将基于项目的较老版本。总而言之，上述操作回滚了你在testing分支上所做的工作，使你能向另一个方向进行开发工作。

分支切换会更改工作目录文件

请注意，当你在Git中切换分支时，工作目录的文件会被改变。如果你切换到较旧的分支，工作目录会被恢复到该分支上最后一次提交的状态。如果Git在当前状态下无法干净地完成恢复操作，就不会允许你切换分支。

让我们做出一些改动，再提交一次，如下所示。

```
$ vim test.rb
$ git commit -a -m 'made other changes'
```

现在项目历史已经产生了分叉。你创建并切换到了新的分支，在新分支上做了一次修改，然后又切换回你的主分支并做了另一次修改。这两次修改是在不同的分支上做出的，彼此互相分离。你可以在分支间自由切换，当你准备好了之后就可以合并这些修改。只需使用简单的branch、checkout和commit命令就实现了上述操作。

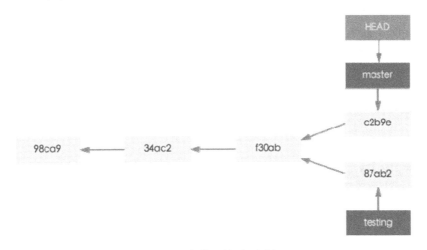

图3-9 有分叉的项目历史

使用git log命令也可以很容易地注意到分叉的历史。git log --oneline --decorate --graph --all命令会输出提交历史，显示出分支的指向以及项目历史的分叉情况。

```
$ git log --oneline --decorate --graph --all
* c2b9e (HEAD, master) made other changes
| * 87ab2 (testing) made a change
|/
* f30ab add feature #32 - ability to add new formats to the
* 34ac2 fixed bug #1328 - stack overflow under certain conditions
* 98ca9 initial commit of my project
```

Git中的分支实际上就是一个简单的文件，其中只包含了该分支所指向提交的长度为40个字符的SHA-1校验和。正因为如此，Git分支创建和删除的成本很低。创建新分支就如同向文件写入

41个字节（40个字符外加一个换行符）一样又简单又快速。

　　这样的效率与其他大多数较老的版本控制系统处理分支的方式形成了鲜明对比。其他系统大多会把整个项目的所有文件复制到一个新的目录中。根据项目的大小，这样的操作会花费几秒钟甚至几分钟的时间。与之相反，在Git中分支操作几乎都是即刻完成的。而且，由于提交时Git保存了父对象的指针，当进行合并操作时Git会自动寻找适当的合并基础，操作起来非常简单。有了上述特性作为保障，Git鼓励开发人员经常创建和使用分支。

　　让我们来看看为什么你应该这样做。

3.2　基本的分支与合并操作

　　现在我们要展示一个简单的分支和合并案例，其中的工作流可供真实项目借鉴。要遵循的步骤如下：

　　(1) 在网站展开工作；

　　(2) 为新需求创建分支；

　　(3) 在新分支上展开工作；

　　这时，你接到一个电话，说项目有一个严重问题需要紧急修复。你随后会这样做：

　　(1) 切换到你的生产环境分支；

　　(2) 创建新的分支来进行此次问题的热修补工作；

　　(3) 通过测试后，合并热修补分支并推送到生产环境中；

　　(4) 切换回之前的需求分支上继续工作。

3.2.1　基本的分支操作

　　首先，假设你在所工作的项目上已经完成了一些提交。

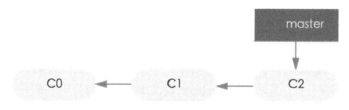

图3-10　简单的提交历史

　　这时，你决定要修复公司所用的问题跟踪系统中的#53问题。可以使用带有-b选项的git checkout命令来创建并切换到新分支上：

```
$ git checkout -b iss53
Switched to a new branch "iss53"
```

　　上面这条命令相当于：

```
$ git branch iss53
$ git checkout iss53
```

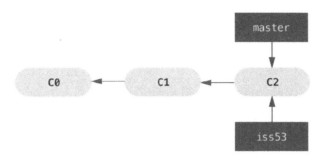

图3-11 创建新的分支指针

接下来继续工作,并又进行了几次提交。这么做会让iss53分支指针向前移动,这是因为你当前检出的就是iss53分支(换句话说,HEAD指针当前指向该分支):

```
$ vim index.html
$ git commit -a -m 'added a new footer [issue 53]'
```

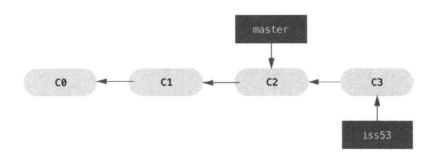

图3-12 iss53分支指针会随着工作进展而向前移动

现在,你接到一个电话,说网站有个问题需要立即修复。如果没有Git的帮助,你要么把你的修复补丁和iss53的变更一起部署,要么就花费大量精力去恢复之前针对iss53所做的工作,好让你制作的修复补丁单独上线。如今你要做的就是切换回master分支即可。

但先别急,在你切换分支之前要注意的是,如果你的工作目录或者暂存区存在着未提交的更改,并且这些更改与你要切换到的分支冲突,Git就不允许你切换分支。在切换分支时,最好是保持一个干净的工作区域。稍后我们会介绍几种绕过这个问题的办法:储藏和修订提交。就现在而言,让我们假定你已经提交了所有修改,这样你就可以切换回master分支了:

```
$ git checkout master
Switched to branch 'master'
```

　　此时项目的工作目录就与你开始处理#53问题之前的状态一模一样了，你就可以集中精力制作热补丁了。这里有一点需要强调：当你切换分支时，Git会把工作目录恢复到你切换到的分支上最后一次提交时的状态。

　　接下来需要制作热补丁。让我们创建hotfix分支并在这个分支上展开修复工作：

```
$ git checkout -b hotfix
Switched to a new branch 'hotfix'
$ vim index.html
$ git commit -a -m 'fixed the broken email address'
[hotfix 1fb7853] fixed the broken email address
 1 file changed, 2 insertions(+)
```

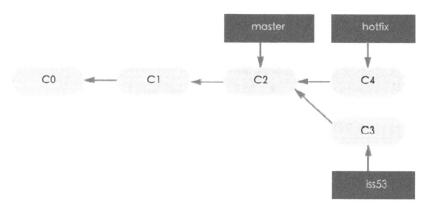

图3-13　由master分支分化出来的hotfix分支

　　你可以运行测试来确保热补丁的效果无误，然后将其合并到master分支，以便部署到生产环境。使用git merge命令来完成上述操作：

```
$ git checkout master
$ git merge hotfix
Updating f42c576..3a0874c
Fast-forward
 index.html | 2 ++
 1 file changed, 2 insertions(+)
```

　　你会注意到合并时出现了 "fast-forward" 的提示。由于当前所在的master分支所指向的提交是要并入的hotfix分支的直接上游，因而Git会将master分支指针向前移动。换句话说，当你试图去合并两个不同的提交，而顺着其中一个提交的历史可以直接到达另一个提交时，Git就会简化合并操作，直接把分支指针向前移动，因为这种单线历史不存在有分歧的工作。这就叫作 "fast-forward"。

　　现在你的变更已经进入了master分支所指向的提交快照，可以部署补丁了。

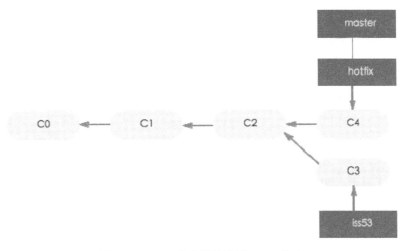

图3-14　master分支被快进到hotfix分支

　　在部署了这次极其重要的热修复补丁之后，你准备要切换回之前被打断的工作上去。不过先别急，首先你要把已经用不着的hotfix分支删除，该分支和master分支指向的位置相同。使用git branch的-d选项来删除这个分支：

```
$ git branch -d hotfix
Deleted branch hotfix (3a0874c).
```

现在你可以切换回之前未完成的#53问题分支，并且继续进行工作：

```
$ git checkout iss53
Switched to branch "iss53"
$ vim index.html
$ git commit -a -m 'finished the new footer [issue 53]'
[iss53 ad82d7a] finished the new footer [issue 53]
1 file changed, 1 insertion(+)
```

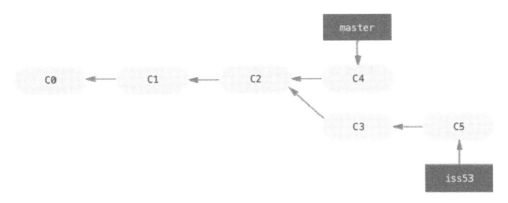

图3-15　继续iss53分支上的工作

值得注意的是，iss53分支并不包含你在hotfix分支上做过的工作。如果需要把上述修补工作并入iss53，就需要执行git merge master使得master分支合并到iss53中，或者可以等到要把iss53合并回master分支时再把热修补的工作整合进来。

3.2.2　基本的合并操作

假设现在#53的工作已经完工，可以合并回master分支了。这次的合并操作实现起来与之前合并hotfix分支的操作差不多。只需要切换到master分支上，并执行git merge命令即可：

```
$ git checkout master
Switched to branch 'master'
$ git merge iss53
Merge made by the 'recursive' strategy.
index.html |    1 +
1 file changed, 1 insertion(+)
```

这次合并看起来与之前hotfix的合并有点不一样。在这次合并中，开发历史从某个早先的时间点开始有了分叉。由于当前master分支指向的提交①并不是iss53分支的直接祖先，因而Git必须要做一些额外的工作。本例中，Git执行的操作是简单的三方合并。三方合并操作会使用两个待合并分支上最新提交的快照，以及这两个分支的共同祖先的提交快照（如图3-16所示）。

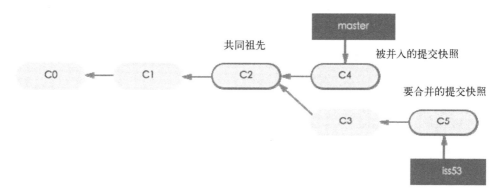

图3-16　在一次典型的合并操作中用到的三个提交快照

与之前简单地向前移动分支指针的做法不同，这一次Git会基于三方合并的结果创建新的快照，然后再创建一个提交指向新建的快照。这个提交叫作"合并提交"。合并提交的特殊性在于它拥有不止一个父提交。

①　即图3-15中的C4提交。——译者注

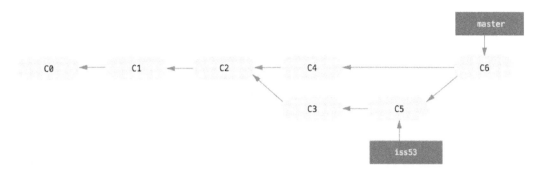

图3-17 合并提交

值得注意的是，Git会自己判断最优的共同祖先并将其作为合并基础。这种做法与诸如CVS或Subversion（1.5以前的版本）等较老的工具不同。在这些较老的工具中，开发者必须自己找出最优的合并基础，来执行合并操作。以上区别使得Git在合并操作方面比其他工具要简单得多。

现在你的工作成果已经合并进来了，你就不再需要iss53分支了。你可以在问题追踪系统里面关闭这个问题并删除分支。

```
$ git branch -d iss53
```

3.2.3 基本的合并冲突处理

有时候，上述合并过程并不会那么顺利。如果你在要合并的两个分支上都改了同一个文件的同一部分内容，Git就没办法干净地合并这两个分支。假设你在#53问题上的工作和在hotfix分支上的工作都修改了同一文件的同一部分，那么就会引起合并冲突，你会看到类似下面的输出：

```
$ git merge iss53
Auto-merging index.html
CONFLICT (content): Merge conflict in index.html
Automatic merge failed; fix conflicts and then commit the result.
```

Git并没有自动创建新的合并提交。它会暂停整个合并过程，等待你来解决冲突。在发生了合并冲突后，要查看哪些文件没有被合并，可以执行git status：

```
$ git status
On branch master
You have unmerged paths.
  (fix conflicts and run "git commit")

Unmerged paths:
  (use "git add <file>..." to mark resolution)

    both modified:      index.html

no changes added to commit (use "git add" and/or "git commit -a")
```

任何存在着未解决的合并冲突的文件都会显示成未合并状态。Git会给这些有冲突的文件添加标准的待解决冲突标记，以便你手动打开这些文件来解决冲突。可以看到冲突文件包含一个类似下面这样的区域：

```
<<<<<<< HEAD:index.html
<div id="footer">contact : email.support@github.com</div>
=======
<div id="footer">
 please contact us at support@github.com
</div>
>>>>>>> iss53:index.html
```

上面这段代码中，HEAD版本的内容显示在上半部分（=======以上的部分），iss53分支的内容则在下半部分。其中HEAD指向的是master分支，因为你在执行merge命令之前已经切换到该分支。可以选择使用任一版本的内容或是自己整合两者的内容来解决冲突。例如，你可以把整段内容替换成以下代码：

```
<div id="footer">
please contact us at email.support@github.com
</div>
```

这种解决方法实际上是把两个版本的内容各取一部分整合在一起，并去掉了<<<<<<<、=======和>>>>>>>这三行内容。在解决了每个冲突文件的所有冲突部分后，就可以执行git add来把每个文件标记为冲突已解决状态。在Git中，这可以通过把文件添加到暂存区来实现。

若要使用图形化工具解决冲突，可以执行git mergetool，该命令会启动相应的图形化合并工具，并引导你一步步解决冲突：

```
$ git mergetool

This message is displayed because 'merge.tool' is not configured.
See 'git mergetool --tool-help' or 'git help config' for more details.
'git mergetool' will now attempt to use one of the following tools:
opendiff kdiff3 tkdiff xxdiff meld tortoisemerge gvimdiff diffuse diffmerge ecmerge p4merge
Merging:
index.html

Normal merge conflict for 'index.html':
  {local}: modified file
  {remote}: modified file
Hit return to start merge resolution tool (opendiff):
```

如果你想选择除默认工具之外的其他合并工具（在本例中Git使用的是opendiff工具，因为所处的运行环境是Mac），则可以在上方one of the following tools的提示下找到所有可用的合并工具列表。键入要使用的工具名就可以了。

注意　如果需要更多高级工具来解决复杂的合并冲突，请参阅7.8节了解关于合并的更多信息。

当退出合并工具时，Git会询问合并是否已经成功完成。如果合并成功，它就会将合并后的文件添加到暂存区，并将其标记为冲突已解决的状态。可以再次执行git status来确认所有的冲突都已解决：

```
$ git status
On branch master
All conflicts fixed but you are still merging.
  (use "git commit" to conclude merge)

Changes to be committed:

    modified: index.html
```

如果觉得满意了并确认了所有冲突都已解决，相应的文件也进入了暂存区，就可以通过git commit命令来完成此次合并提交。默认的提交信息如下所示：

```
Merge branch 'iss53'

Conflicts:
    index.html
#
# It looks like you may be committing a merge.
# If this is not correct, please remove the file
#       .git/MERGE_HEAD
# and try again.

# Please enter the commit message for your changes. Lines starting
# with '#' will be ignored, and an empty message aborts the commit.
# On branch master
# All conflicts fixed but you are still merging.
#
# Changes to be committed:
#       modified: index.html
#
```

如果想给将来审阅此次合并的人一点帮助，那么可以修改上述合并信息，提供更多关于你如何进行此次合并的细节，比如你做了什么，以及为什么这么做。

3.3　分支管理

到现在为止，你已经尝试过创建、合并以及删除分支。现在让我们试试一些分支管理工具。这些工具在经常使用分支时会很有用。

git branch命令并不只是可以用来创建和删除分支。如果你执行不带参数的git branch命令，就会得到当前所有分支的简短列表，如下所示：

```
$ git branch
  iss53
* master
  testing
```

请留意master分支前面的*字符，它表明了你当前所在的分支（即HEAD指向的分支）。这意味着如果你现在进行一次提交，master分支指针会随着你的新提交向前移动。要看到每个分支上的最新提交，可以执行git branch -v：

```
$ git branch -v
  iss53   93b412c fix javascript issue
* master  7a98805 Merge branch 'iss53'
  testing 782fd34 add scott to the author list in the readmes
```

另外两个很有用的选项是--merged和--no-merged。这两个选项分别是筛选已并入当前分支的所有分支和筛选尚未并入的所有分支。要查看有哪些分支已经并入当前分支，可以执行git branch --merged：

```
$ git branch --merged
  iss53
* master
```

由于之前iss53已被合并，因此它出现在了上述列表中。一般来说，对于前面没有*的分支，可以使用git branch -d把它们全部删除。你已经把这些分支上的工作纳入到了其他分支中，所以不会因此丢失任何东西。

要查看包含尚未合并的工作的所有分支，可以使用git branch --no-merged：

```
$ git branch --no-merged
  testing
```

上述命令会显示出另一个分支。因为该分支包含了尚未合并到主线的工作，所以git branch -d并不能成功删除它：

```
$ git branch -d testing
error: The branch 'testing' is not fully merged.
If you are sure you want to delete it, run 'git branch -D testing'.
```

如果你确实想要删除该分支并丢弃其上的所有工作，可以按照上述输出的提示信息使用-D选项强制删除。

3.4   与分支有关的工作流

既然你已经学会了基本的分支和合并操作，应该用它们来做点什么呢？在本节中，我们会讲解一些常见的工作流。这些工作流之所以能够存在，要得益于Git的轻量级分支机制。你可以根据自己项目的实际情况自由选用它们。

3.4.1 长期分支

由于Git简洁的三方合并机制，在较长的一段时间内多次把一个分支合并到另一分支是很容易的操作。这意味着你可以拥有多个开放的分支，以用于开发周期的不同阶段；你也可以经常性地把其中某些分支合并到其他的分支去。

很多使用Git的开发者都喜欢用这种方式构建他们自己的工作流。例如，其中一种流程就是在master分支只存放稳定版的代码，即已经发布版本或即将发布版本的代码。他们还会使用另一个叫作develop或next的平行分支用于开发，或是用于测试代码的稳定性。这个分支不会一直保持稳定版本，不过一旦它达到稳定版本的状态，就可以把它合并到master分支去。这样的分支也被用来接受主题分支（短期分支，例如之前的iss53分支）的合并，来确保这些新开发的特性能够通过所有测试而不会引发新的错误。

实际上，我们刚才谈论的是随着你的提交操作而不断移动的分支指针。稳定的分支会在提交历史中较为靠后，而前沿的开发分支会较为靠前。

图3-18 稳定性渐进变化的不同分支的线性视图

可以把这些分支认为是不同的工作筒仓（work silo），几组提交经过完整的测试后，就会从一个筒仓移动到另一个更稳定的筒仓中去。

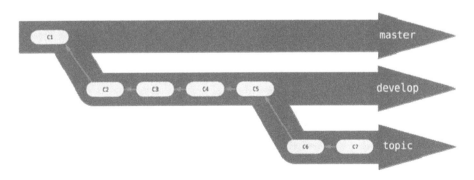

图3-19 稳定性渐进变化的不同分支的"筒仓"视图

可以按照上述方式构建几个不同稳定性级别的分支。有些大型项目有名为proposed（提议）或pu（proposed updates，提议的更新）的分支。这个分支会整合那些还没有准备好并入next或master的分支。这么做背后的缘由是不同的分支拥有不同程度的稳定性。当分支达到更高的稳定程度时，它就被合并到更高级别的分支中去。所以，虽然拥有多个长期分支并非必须，但这样很实用，特别是当你开发大型项目或复杂项目时更是如此。

3.4.2 主题分支

与上述长期分支有所不同，在任何规模的项目上主题分支（topic branch）都非常有用。主题分支是指短期的、用于实现某一特定功能及其相关工作的分支。你在之前的版本控制系统里可能没有使用过主题分支，因为一般而言创建和合并分支的操作成本太高了。但是在Git中，一天里多次进行分支的创建、使用、合并和删除操作是很常见的。

你在3.2节中创建iss53和hotfix分支时已经见识到上述主题分支了。当时你在这两个分支上进行过几次提交，然后把它们合并到主干分支，最后把它们删除。这种技术使你能够快速进行完整的上下文切换。同时，由于你的工作分散在不同的简仓中，并且每个分支上的更改都与它的目标特性相关，使得在代码审查等活动中能够更容易读懂所做的更改。你可以把这些更改保留在主题分支中几分钟、几天甚至几个月，等它们准备就绪时再合并到主干，你也不需要去管这些分支的创建或是开发的先后顺序。

现在请看一个例子：你先是在master分支上进行了工作，之后为了实现某个需求，创建并切换到主题分支iss91，并在其上做了一些开发。在此之后，你又为了尝试另一种实现上面需求的方式，创建并切换到了新的分支iss91v2。接着你又切换回master分支并继续工作了一阵子，最后你创建了新的分支dumbidea来实现你的一个不确定好不好的想法。你的整个提交历史看起来就类似图3-20。

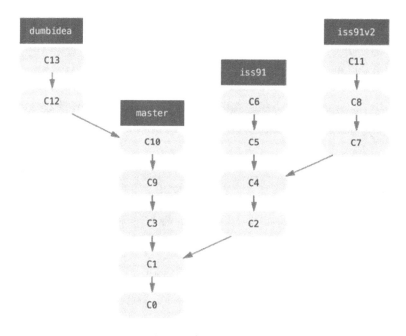

图3-20 多个主题分支

现在假设你喜欢实现需求的第二种方案（iss91v2），并决定使用该方案。同时，你向同事展示了你在dumbidea分支上所做的工作，他们认为这是天才之作。这时你可以舍弃一开始的iss91分支（C5和C6提交也会一同丢失），并把另两个主题分支并入主干。这时的提交历史如图3-21所示。

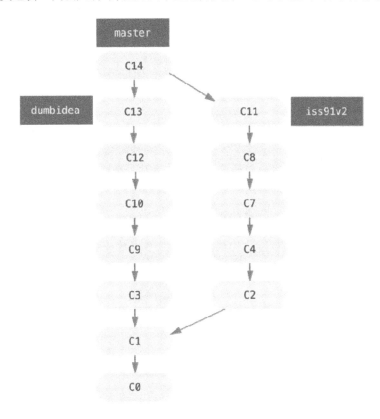

图3-21   合并dumbidea和iss91v2之后的提交历史

我们在第5章会详细讲述各种各样可行的Git项目工作流。所以在你决定下个项目使用何种分支体系前，请一定先阅读第5章。

要注意，上述所有操作中涉及的分支全部都是本地分支。你进行的分支和合并操作也全都是只在本地Git仓库上进行的，没有涉及任何与服务器端的通信。

3.5   远程分支

远程分支是指向远程仓库的分支的指针，这些指针存在于本地且无法被移动。当你与服务器进行任何网络通信时，它们会自动更新。远程分支有点像书签，它们会提示你上一次连接服务器时远程仓库中每个分支的位置。

远程分支的表示形式是(remote)/(branch)。例如，如果你想查看上次与服务器通信时远程origin仓库中的master分支的内容，就需要查看origin/master分支。假设你与合作伙伴协同开发某个需求，而他们将数据推送到了iss53分支。这时你也可能有一个自己本地的iss53分支，但是服务器端的分支其实指向的是origin/iss53。

上述内容可能有点令人困惑，所以让我们再来看一个例子。假设你有一台网络上的Git服务器，地址是git.ourcompany.com。如果你将内容从这台服务器上克隆到本地，Git的clone命令会自动把这台服务器命名为origin，并拉取它的全部数据，然后会在本地创建指向服务器上master分支的指针，并命名为origin/master。Git接着也会帮你创建你自己的本地master分支。这个分支一开始会与origin上的master分支指向一样的位置，这样你就可以在它上面开始工作了。

origin并非特殊名称

与master分支名称一样，origin在Git中也没有什么特殊的含义。master被广泛使用只是因为它是执行git init时创建的初始分支的默认名称。origin也一样是执行git clone时远程仓库的默认名称。如果你执行的不是上述命令，而是git clone -o booyah，那么你的默认远程分支就会是booyah/master。

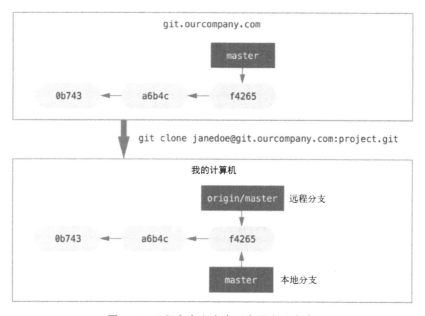

图3-22   远程仓库和克隆下来的本地仓库

假设你在本地的master分支上进行了一些工作，与此同时，别人向git.ourcompany.com推送了数据，更新了服务器上的master分支，这时你的提交历史就与服务器上的历史产生了偏离。而且，只要你不与服务器通信，你的origin/master指针就不会移动。

图3-23　本地与远程的数据之间可以产生偏离

　　要与服务器同步，需要执行**git fetch origin**命令。这条命令会查询"origin"对应的服务器地址（本例中是git.ourcompany.com），并从服务器取得所有本地尚未包含的数据，然后更新本地数据库，最后把**origin/master**指针移动到最新的位置上去。

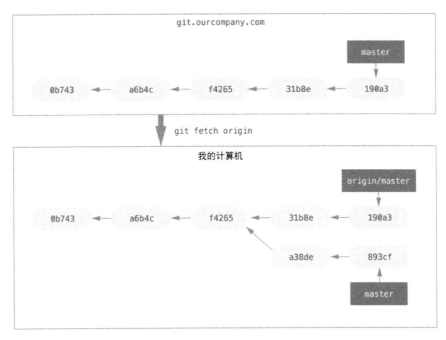

图3-24　**git fetch**命令会更新远程分支指针

为了演示使用多个远程服务器的项目,以及远程分支在这样的项目上是什么样子,让我们假设你还有另一个仅供敏捷开发小组使用的内部Git服务器。这台服务器的地址是git.team1.ourcompany.com。如第2章所述,可以用`git remote add`命令把它作为新的远程服务器添加到正在开发的项目中。然后把它命名为teamone,作为该服务器URL的简短名称。

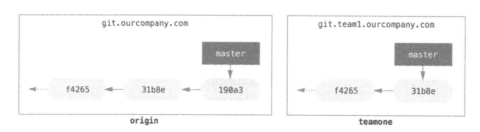

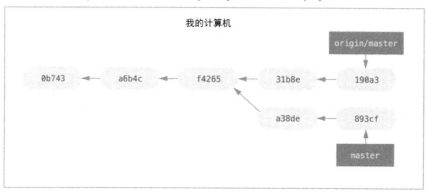

图3-25   把另一台服务器添加为远程仓库

现在可以执行`git fetch teamone`获取到远程的teamone服务器上的所有本地不存在的数据。由于到目前为止,上述teamone服务器上的数据在origin服务器上全部都有,Git并不会真正拉取到数据,只会创建名为teamone/master的远程分支,指向teamone服务器上的master分支的最新提交。

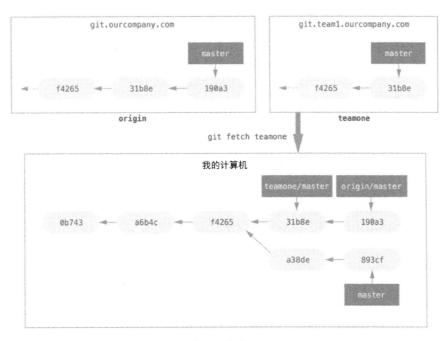

图3-26　跟踪远程分支teamone/master

3.5.1　推送

当需要同别人共享某个分支上的工作成果时，就要把它推送到一个具有写权限的远程仓库。你的本地分支并不会自动同步到远程仓库，必须要显式地推送那些你想要与别人共享的分支。这样一来，你可以使用私有分支做一些不想与别人共享的工作，而仅仅推送那些需要与别人协作的主题分支。

假设你有一个叫作serverfix的分支需要与其他人协作开发，你可以按照之前推送第一个分支的方法推送它。只需执行git push (remote) (branch)命令即可：

```
$ git push origin serverfix
Counting objects: 24, done.
Delta compression using up to 8 threads.
Compressing objects: 100% (15/15), done.
Writing objects: 100% (24/24), 1.91 KiB | 0 bytes/s, done.
Total 24 (delta 2), reused 0 (delta 0)
To https://github.com/schacon/simplegit
 * [new branch]      serverfix -> serverfix
```

上述命令实际上是一个简化的写法。Git会自动把分支名称serverfix扩展成refs/heads/serverfix:refs/heads/serverfix。上述操作的含义是："把本地的serverfix分支推送到远程的serverfix分支上，以更新远程数据。"第10章会详细讲解refs/heads/这部分的含义，并且一般情况下你都可以省略不写这部分。也就是说，你可以执行git push origin serverfix:serverfix，这条命令可以达到与之前的命令一样的效果。类似这样的命令格式可以用来将本地分支推送到不同名称的远程分支。比如，如果你不想把远程分支命名为serverfix，就可以执行git push origin serverfix:awesomebranch，把你的本地serverfix分支推送到远程的awesomebranch分支上去。

不用每次都键入密码

如果你使用HTTPS的远程服务器地址进行数据推送，那么Git服务器会要求你提供用户名和密码以进行身份验证。默认情况下，需要在终端上键入上述身份信息，服务器会据此信息判断你是否有权限推送数据。

如果不想每次推送时都键入密码，可以设置一个"凭据缓存"（credential cache）。最简单的设置方法是把凭据信息暂时保存在内存中几分钟，这只需要执行git config --global credential.helper cache命令即可。

有关可用的各种凭据缓存选项的更多信息，请参阅7.14节。

下一次与你协作的同事从服务器上拉取数据时，他就会获取到一个指向服务器上serverfix分支的指针，这个指针就叫作origin/serverfix：

```
$ git fetch origin
remote: Counting objects: 7, done.
remote: Compressing objects: 100% (2/2), done.
remote: Total 3 (delta 0), reused 3 (delta 0)
Unpacking objects: 100% (3/3), done.
From https://github.com/schacon/simplegit
 * [new branch]      serverfix    -> origin/serverfix
```

要注意的一点是，当获取服务器上的数据时，如果获取到了本地还没有的新的远程跟踪分支，这时Git并不会自动提供给你该分支的本地可编辑副本。换句话说，在上述例子中，在本地就不会自动创建新的serverfix分支，而只是拥有了指向origin/serverfix的指针，不能直接作出修改。

要把该分支上的工作合并到你的当前工作分支，可以执行git merge origin/serverfix。如果你想要创建自己的本地serverfix分支，以便在其上工作，可以执行以下命令。

```
$ git checkout -b serverfix origin/serverfix
Branch serverfix set up to track remote branch serverfix from origin.
Switched to a new branch 'serverfix'
```

这样做会基于origin/serverfix创建本地分支，使你可以在其上工作。

3.5.2　跟踪分支

基于远程分支创建的本地分支会自动成为跟踪分支（tracking branch），或者有时候也叫作上游分支（upstream branch）。

跟踪分支是与远程分支直接关联的本地分支。如果你正处在一个跟踪分支上并键入git push，Git会知道要将数据推送到哪个远程服务器上的哪个分支。同样地，执行git pull时Git也能够知道从哪个服务器上拉取数据，并与本地分支进行合并。

当你克隆一个远程仓库时，Git默认情况下会自动创建跟踪着远程origin/master分支的本地master分支。除此之外，你也可以选择自己设置其他的跟踪分支，比如跟踪其他远程服务器上的分支，或是设置成不跟踪master分支。之前看到的例子是一种最简单的情况，即执行git checkout -b [branch] [remotename]/[branch]。这种操作很常见，所以Git提供了--track的简略表达方式：

```
$ git checkout --track origin/serverfix
Branch serverfix set up to track remote branch serverfix from origin.
Switched to a new branch 'serverfix'
```

实际上，该操作是如此常见，以至于Git做了进一步的简化。当你试图执行分支切换操作时，如果该分支尚未被创建，并且该分支名称和某个远程分支名称一致，那么Git会帮你创建跟踪分支。

```
$ git checkout serverfix
Branch serverfix set up to track remote branch serverfix from origin.
Switched to a new branch 'serverfix'
```

要想让创建的本地分支的名称与对应的远程分支名称不一样，可以用我们一开始提供的命令形式，来指定不同的本地分支名称：

```
$ git checkout -b sf origin/serverfix
Branch sf set up to track remote branch serverfix from origin.
Switched to a new branch 'sf'
```

执行完上述命令后，你的本地分支sf就会从origin/serverfix上获取数据。

如果想给本地已存在的分支设置跟踪分支，或者要更改本地分支对应的远程分支，可以使用git branch命令的-u或是--set-upstream-to选项设置任意远程分支。

```
$ git branch -u origin/serverfix
Branch serverfix set up to track remote branch serverfix from origin.
```

上游分支的简单写法

如果你已经设置好上游分支，就可以通过@{upstream}或@{u}的简略写法来使用它。例如，假设你在master分支上，并且该分支跟踪着origin/master，你就可以使用git merge @{u}来代替git merge origin/master。

可以使用git branch的-vv选项来查看已经设置了哪些跟踪分支。该命令将会输出所有本地分支的列表，还会列出每个分支跟踪的远程分支信息，以及本地分支是否领先于或落后于远程分支的信息。

```
$ git branch -vv
  iss53     7e424c3 [origin/iss53: ahead 2] forgot the brackets
  master    1ae2a45 [origin/master] deploying index fix
* serverfix f8674d9 [teamone/server-fix-good: ahead 3, behind 1] this should do it
  testing   5ea463a trying something new
```

从上述输出信息中可以看出，iss53分支跟踪着远程的origin/iss53分支，并且“领先”两次提交。“领先”两次提交的意思是本地分支上有两次提交还没有被推送到服务器端。我们还可以看出，本地的 master 分支跟踪着 origin/master 并且处于与远程分支同步的状态。接下来我们看见的是 serverfix 分支，它跟踪着 teamone 服务器上的 server-fix-good 分支，并且领先三次提交，同时也落后一次提交。上面的意思是服务器上有一次提交的更改还没有合并到本地，并且有三次本地的提交还没有推送到服务器。最后看到的是 testing 分支，它并没有跟踪远程的任何分支。

要注意的是，上述这些信息是从上次你从各个远程服务器读取数据后开始计算的。也就是说，上面执行的这条命令并不会与服务器通信以获取最新信息，而只是提供给你本地缓存中的信息。如果你需要最新的"领先和落后多少次提交"的信息，就需要在执行命令前，先从所有远程服务器中读取数据。这可以通过执行 $ git fetch --all; git branch -vv 命令来完成。

3.5.3　拉取

git fetch 命令会拉取本地没有的远程所有最新更改数据，但这条命令完全不会更改你的工作目录。它只会从服务器上读取数据，然后让你自己进行合并。除此之外，还有一个 git pull 命令，这条命令在大多数情况下基本等同于执行 git fetch 之后紧跟着执行了 git merge。如果你拥有 3.5.2 节中演示过的跟踪分支（可以手动设置，或是通过 clone 或 checkout 命令而得到），执行 git pull 时 Git 就会读取上游服务器和分支上的数据，并尝试着将远程分支上的修改合并到本地。

一般来说，显式地直接使用 fetch 和 merge 命令比使用 git pull 要更好，因为 git pull 的机制会常常使人迷惑。

3.5.4　删除远程分支

当你和你的同事已经完成一个功能，并且把工作合并到了远程的 master 分支（或其他稳定版本代码分支）之后，你已经不再需要包含这个功能的远程分支了。可以通过 git push 的 --delete 选项来删除远程分支。例如，如果需要删除远程服务器上的 serverfix 分支，需要执行以下命令。

```
$ git push origin --delete serverfix
To https://github.com/schacon/simplegit
 - [deleted]         serverfix
```

基本上可以说，以上命令只是删除了远程服务器上的分支指针。Git 会保留数据一段时间，直到下一次触发垃圾回收。所以，即使误删了分支，一般来说也很容易进行恢复。

3.6　变基

在 Git 中，要把更改从一个分支整合到另一个分支，有两种主要方式：合并（merge）和变基（rebase）。在本节中，你将学到什么是变基、如何使用变基、变基的强大之处以及变基操作不适用的场景。

3.6.1　基本的变基操作

让我们回顾一下 3.2.2 节中的例子，在这个例子中你的提交历史产生了偏离，在两个不同的分支上分别都进行了提交。

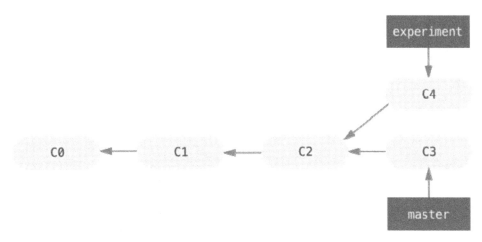

图3-27 简单的提交历史偏离示例

之前我们讲过,要整合不同的分支,最简单的办法就是使用merge命令。该命令会对两个分支上的最新提交快照(C3和C4)以及这两个提交快照最近的共同祖先(C2),进行一次三方合并,并创建一个新的合并提交。

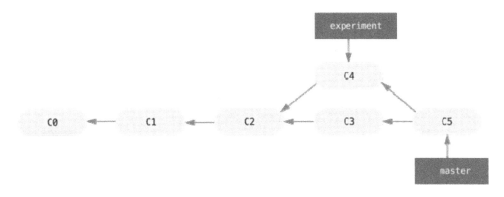

图3-28 采用合并的方式整合提交历史的偏离

实际上,除了上述方式之外还有一种方式:你可以把C4提交的更改以补丁形式应用到C3提交上。在Git中,这就叫作变基操作。该操作使用的是rebase命令,会把某个分支上所有提交的更改在另一个分支上重现一遍。

在本例中,你要执行以下命令:

```
$ git checkout experiment
$ git rebase master
First, rewinding head to replay your work on top of it...
Applying: added staged command
```

变基的工作原理是：首先找到两个要整合的分支（你当前所在的分支和要整合到的分支）的共同祖先，然后取得当前所在分支的每次提交引入的更改（diff），并把这些更改保存为临时文件，这之后将当前分支重置为要整合到的分支，最后在该分支上依次引入之前保存的每个更改。

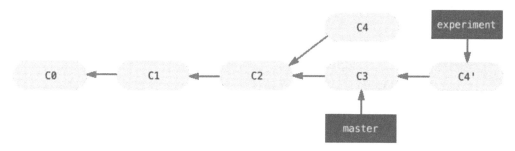

图3-29　把C4提交的更改应用到C3提交

现在你可以回到 master 分支进行快进合并（fast-forward merge）：

```
$ git checkout master
$ git merge experiment
```

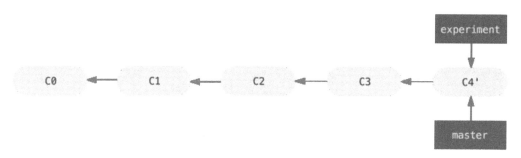

图3-30　快进 master 分支

到此为止，图3-30中 C4' 所指向的提交快照的内容与之前采用 merge 方法得到的 C5 快照是完全一样的。也就是说，两种方法最终得到的整合结果是没有区别的，但使用变基的方式可以获得更简洁的提交历史。变基后得到的分支的提交历史看起来是一条线，就好像所有的工作都是顺序进行的，即使一开始的情况其实是存在两条平行的开发历史线。

在需要确保你提交的更改能够干净地应用在远程分支上时，经常会用到变基。例如，你想要为某个项目贡献更改，但该项目并不受你控制和维护。在这种情况下，你会在本地分支进行开发工作，然后在准备好把补丁提交到项目主干时，就要把你的工作变基到 origin/master 上。这么做可以让项目的维护者不用去做任何的整合工作，而只进行简单利落的快进合并。

要注意，不管是变基操作后最新的提交，还是合并操作后最终的合并提交，这两个提交的快照内容是完全一样的，这两种操作的结果区别只是得到的提交历史不一样。总结一下，变基操作是把某条开发分支线上的工作在另一个分支线上按顺序重现。而合并操作则是找出两个分支的末端，并把它们合并到一起。

3.6.2 更有趣的变基操作

在变基时，还可以把分支上的工作在变基目标分支之外的分支上重现。举例来说，假如你有类似图3-31中所示的提交历史。你为了给项目的服务器端增加某个功能，创建了主题分支server，并进行了提交。接下来，你为了进行一些客户端功能的改变，在server分支基础上又创建了新的分支client，并进行了几次提交。最后，你切换回了server分支，并又进行了几次提交。

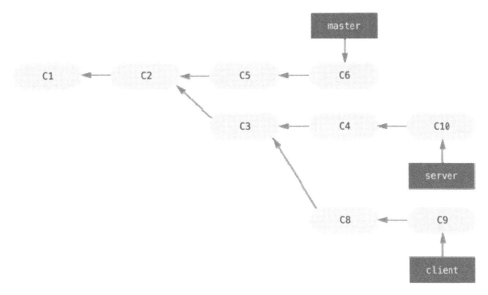

图3-31 在一个主题分支上又创建了新的主题分支的提交历史

现在，你决定要把客户端主题分支上的更改合并到主线开发分支并准备发布，但又不想合并服务器端的未经测试的更改。可以用git rebase的--onto选项，让客户端主题分支上独有的工作（C8和C9）在master分支上重现。

```
$ git rebase --onto master server client
```

上面这条命令的意思大致是："将当前分支切换到client分支，并找出client分支和server分支的共同祖先提交，然后把自从共同祖先以来client分支上独有的工作在master分支上重现。"说起来有点复杂，但命令的执行效果还是很酷的。

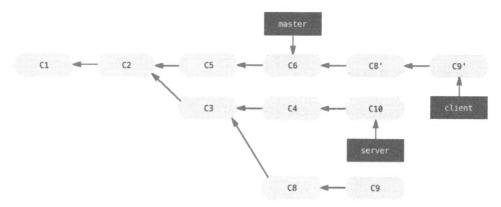

图3-32　把client主题分支的独有工作直接变基到master分支上

现在你可以对你的master分支进行快进操作了（见图3-33），如下所示：

```
$ git checkout master
$ git merge client
```

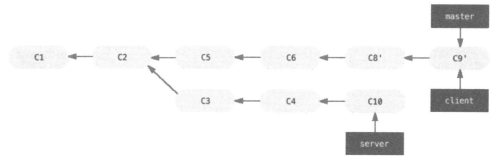

图3-33　快进master分支以整合客户端主题分支的工作

假设我们需要把server分支的工作也整合进来。你可以通过git rebase [basebranch] [topicbranch]命令，直接对该分支执行变基操作，而不需要先切换到该分支。该命令会读取主题分支（server）上的更改，并在基础分支（master）上重现：

```
$ git rebase master server
```

这会把server分支的工作在master分支上重现，如图3-34所示。

图3-34　把server分支变基到master分支上

在这之后，就可以快进基础分支（master）了：

```
$ git checkout master
$ git merge server
```

由于client分支和server分支上的所有工作都已经被整合到主干分支，现在就可以把这两个用不着的分支删除了。

```
$ git branch -d client
$ git branch -d server
```

图3-35　最终得到的提交历史

3.6.3　变基操作的潜在危害

变基操作可以带来种种好处。但它并非完美无缺，其缺点可以总结成一句话：**不要对已经存在于本地仓库之外的提交执行变基操作。**[①]

如果你听取上述忠告，那就万事大吉。否则，同事会埋怨你，朋友和家人会鄙视你。

这是因为在执行变基操作时，实际上是抛弃了已有的某些提交，随后创建了新的对应提交。新提交和原有的提交虽然内容上相似，但实际上它们是不同的提交。假设你已经把你的提交推送到远端，然后其他人拉取了这些提交内容，并以此为基础开始进行工作。随后，你使用git rebase命令进行了变基操作，改写了你之前的提交并重新向远端推送数据。这时，你的同事就不得不重新整合他们的工作，如果你随后试图去拉取他们的工作并整合，事情会变得更糟糕。

下面是一个对已经公开发布的工作进行变基操作的例子，看看这会造成什么样的问题。假设你从远程服务器上克隆下来一个仓库并在其上做了一些工作。

---

① 即不要对已经推送到远程服务器的公开提交进行变基操作。——译者注

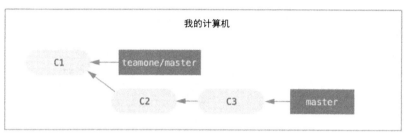

图3-36　在克隆下来的仓库上进行了一些工作

现在，某位同事也进行了一些开发工作，其中包括一次合并操作。他接着把这些工作推送到了中央服务器。你从服务器上拉取了数据，并把新的远程分支与你的工作进行合并，最后得到的提交历史如图3-37所示。

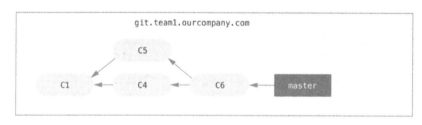

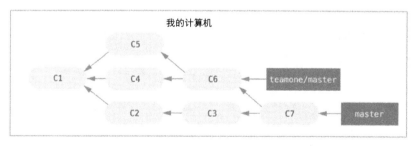

图3-37　从服务器上拉取了更多的提交，并把这些提交与本地工作合并

接下来，之前推送提交的这位同事决定改用变基操作替代之前使用的合并操作，于是他使用了`git push --force`来覆盖服务器上已有的提交历史。接着你从服务器上拉取了这些新提交，如图3-38所示。

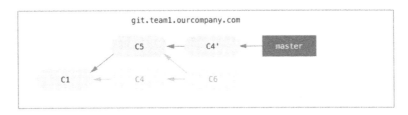

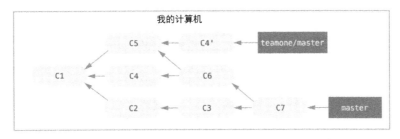

图3-38 某位同事推送了变基操作后的提交，而你的工作的基础提交则被去掉

现在，你们就碰上麻烦了。如果你执行git pull，就会创建一个包括了两条提交历史记录的合并提交，这会使Git仓库看起来如图3-39所示。

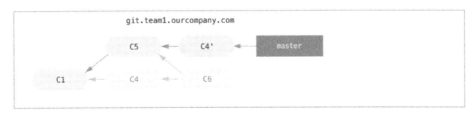

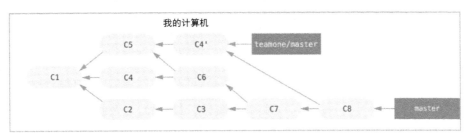

图3-39 你合并了重复的工作，形成了一个新的合并提交

这时候如果你执行git log，就会看到其中有两个提交拥有着同样的作者、日期和提交信息，让人摸不着头脑。而且，如果你把现在的提交历史推送到服务器，就会再一次将这些变基后的提交引入中央服务器，增加他人的困惑。我们可以基本假定其他的开发人员不需要提交历史中的C4和C6提交，这也是为什么这两个提交一开始会被变基。

3.6.4   只在需要的时候执行变基操作

如果你确实遇到了这种情况,Git有一些高级的办法可以帮助你。如果某个同事强行推送了某些更改,从而覆盖了你自己的提交,这时你遇到的挑战就是判断出哪些是你自己的提交,哪些是被别人覆盖了的提交。

实际上,Git除了会计算提交的SHA-1校验和,还会计算提交引入的"补丁"(patch)的校验和,这叫作patch-id。

如果你拉取了一些被重写了的提交,并基于同事的一些新的提交执行变基操作,Git常常可以成功判断出哪些是你独有的提交,并把它们应用到新的分支上去。

例如,在之前描述的场景(图3-38)中,我们并不执行合并操作,而是执行git rebase teamone/master,Git将会执行以下操作。

❑ 判断出分支上哪些工作是本地独有的(C2、C3、C4、C6、C7)。
❑ 判断出哪些提交不是合并提交(C2、C3、C4)。
❑ 判断出哪些提交并没有被重写到新的分支上(只有C2和C3符合条件,因为C4和C4'是相同的补丁)。
❑ 把最后符合条件的提交应用到teamone/master上去。

与我们在图3-39中看到的结果不同,我们将会看到类似图3-40所示的结果。

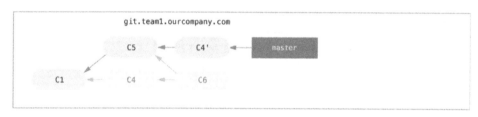

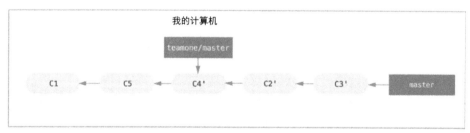

图3-40   在强行推送的变基后的历史之上,再进行变基操作

这种解决方法能够使用的前提是你的同事提交的C4和C4'是基本相同的补丁。否则,Git的变基操作也无法判断出这两个提交是重复的,就会再增加一个类似C4的补丁提交(该提交多半会引入合并冲突,因为提交引入的更改或多或少已存在于仓库中)。

要使用上述解决方法,可以执行git pull --rebase,而不是通常的git pull。你也可以手动来进行这些步骤:先执行git fetch,之后再执行git rebase teamone/master。

如果你使用git pull时希望将--rebase设置为默认选项，可以通过类似git config --global pull.rebase true这样的命令来设置pull.rebase选项的值。

总之，如果你将变基操作看作在推送数据前整理和处理提交的一个手段，并且你只对那些仅存在于本地还没有公开的提交进行变基操作，那么一切都不会有问题。反之，如果你对那些已经推送了的提交执行变基操作，而这时其他人可能已经基于这些提交进行了自己的开发工作，那么你就可能遇到很大的麻烦，也会遭到同事的批评。

如果你或是同事确实遇到了这种麻烦，请让所有人了解并执行git pull --rebase，以此来减轻痛苦。

3.6.5　变基操作与合并操作的对比

现在你已经了解了如何使用变基操作和合并操作，你可能不清楚到底哪个更好。在回答这个问题之前，让我们先看看"提交历史"到底意味着什么。

有一种观点认为Git仓库的提交历史就是**实际发生过的事件的记录**。它是一个记载着历史的"史书"，自有其价值，而且不能随意篡改。从这个角度来说，不应该允许更改提交历史，因为这样做就是在谎报实际发生的事情。而如果提交历史中有一大堆复杂错乱的合并提交，那么该怎么办呢？这种观点认为，既然这些提交已经实际发生，那么它们就应该被完整保存记录，以供后来者查阅。

另一种相反的观点则认为，提交历史是**关于项目如何被构建的故事**。正如你并不会直接发布你写的书的初稿，如何构建并维护软件项目的过程手册也应该被细心地编辑和校对。这也就是为什么要使用类似rebase和filter-branch这种命令操作，来改变整个项目的历史叙事，使得后来者能够更好地理解项目的构建。

现在让我们回到之前的问题：合并操作和变基操作哪个更好？问题的答案并没有那么简单。Git是一个很强大的工具，它允许你针对提交历史做很多操作，然而每个具体团队和每个具体项目的情况都是不同的。既然你已经了解两种操作分别是如何发挥作用的，那么针对你的具体项目情况，要选用哪种操作也由你自己决定。

通常来说，结合两种操作的优点的操作方式是，对本地尚未推送的更改进行变基操作，从而简化提交历史，但决不能对任何已经推送到服务器的更改进行变基操作。

3.7　小结

本章阐述了基本的分支机制以及合并机制。阅读完本章后，你应该可以自由创建和切换到新的分支，在不同分支间切换，并可以对本地的不同分支进行合并操作。你也应该可以将你的分支推送到远程服务器来分享你的工作成果，与他人在某个分支上进行协作，对本地尚未推送的分支进行变基操作。第4章将会讲述如何搭建你自己的Git仓库托管服务器。

Git服务器

到现在为止,你应该已经能够进行大多数日常的Git操作了。然而,要使用Git与其他人协作,必须拥有一个远程Git仓库。从理论上讲,你可以直接将你的更改推送到其他人的仓库,或是从他人的仓库拉取数据。但是这种做法是不推荐的,因为如果你不小心,就会很容易搞乱别人当前的工作。而且,你希望你的协作者在你自己的计算机离线的状态下也可以访问Git仓库,这时候拥有一个更稳定的公共仓库就显得格外重要了。所以,与他人协作的推荐方式是,建立一个你们可以共同访问的中间仓库,大家都向该仓库推送数据,也都从中拉取数据。

运行一个Git服务器很简单。首先,你要选择服务器使用何种通信协议。本章第一节会列举各种可用的传输协议及其优劣。接下来会讲述一些相关协议的典型配置,以及如何使用这些协议运行Git服务器。最后,我们会介绍几个托管服务器方案。如果你不介意把自己的代码托管在外部服务器上,也不想花费额外的精力架设并维护自己的服务器,这些托管服务器方案将是不错的选择。

如果你对自己运行Git服务器不感兴趣,可以跳过本章的前几节,直接阅读4.9节了解有关创建托管Git账户的几种方案,然后就可以继续阅读第5章了。在第5章中,我们会详细讨论在分布式版本控制环境下的工作方式。

一般情况下,远程仓库都是裸仓库(bare repository),即没有对应的工作目录的Git仓库。由于这种仓库只作为协作点(collaboration point),因此把数据快照检出到磁盘上就没有任何意义,里面只是一些Git数据而已。简单地说,裸仓库包含的就是项目的.git目录下的全部内容,除此之外别无他物。

4.1 协议

Git可以使用4种主要的协议来传输数据:本地协议、HTTP协议、SSH(Secure Shell)协议和Git协议。现在我们来讨论这些协议是什么,以及各自的适用场景和不适用场景。

4.1.1 本地协议

Git最基本的传输协议就是本地协议。在这种协议中,远程仓库就是磁盘上的另一个目录而已。当团队成员都可以访问一个共享的文件系统(例如挂载的网络文件系统),或是在较少见的情况下，每位成员都登录到同一台计算机时，往往就会使用本地协议。我们不推荐后一种做法，因为所有的代码仓库都只保存在同一台计算机上，这样会大大增加灾难性数据丢失的可能性。

如果你挂载了共享文件系统，就可以从基于本地文件的Git仓库中克隆、推送或拉取数据。要克隆这种仓库或是将其作为已有项目的远程仓库，只需要把仓库的路径当成URL使用即可。例如，要克隆一个本地仓库，只需要执行如下命令：

```
$ git clone /srv/git/project.git
```

或者也可以执行如下命令：

```
$ git clone file:///srv/git/project.git
```

如果你显式地指定使用file://作为URL的开头，Git的处理方式会稍有不同。具体地说，如果你只是指定文件系统路径，Git会尝试直接复制文件，或是使用硬链接。但如果你使用的是file://，Git会启动通常用来在网络上传输数据的进程，这种方式的数据传输效率要比前者低得多。使用file://前缀的主要原因是希望去除仓库中的外部引用或多余对象，以得到干净的仓库副本。这种情况通常出现在将数据从其他版本控制系统导入到Git之后（关于Git的维护任务，请参见第10章）。我们在接下来的示例中会使用普通的文件路径，因为这样做文件传输会更快。

要把本地仓库添加到已有的Git项目中，可以执行以下命令：

```
$ git remote add local_proj /srv/git/project.git
```

这样你就可以像通过网络一样对该远程仓库拉取或推送数据了。

1. 优点

基于文件的仓库简单易用，可以使用已有的文件权限和网络访问权限。如果整个团队都拥有某个共享文件系统的访问权限，很容易建立一个仓库。只需要把裸仓库复制到一个大家都可以访问的地方，然后像对待其他共享目录一样，为它设置正确的读写权限。我们将在4.2节中讨论如何导出裸仓库的数据。

当你需要快速获取其他人的仓库数据时，本地协议也是很不错的选择。如果你的项目同事想让你拉取他们的工作成果，可以执行类似git pull /home/john/project这样的命令，这样会比他先向服务器推送数据，然后你再拉取数据更快捷方便。

2. 缺点

本地协议的缺点是共享文件系统不易设置，很难让本地网络之外的用户访问到。如果你在家使用自己的笔记本电脑推送数据，就得挂载远程的磁盘，相较于基于网络的访问，这样做不但麻烦，而且速度也慢。

而且要注意的是，在某些共享文件系统上，本地传输协议并不一定是最快的选择。只有在本地数据访问速度很快时，本地仓库才是最快的选择。在网络文件系统（NFS）中存储的仓库的访问速度往往比同一服务器上通过SSH访问的仓库更慢，这是因为在后者的情况下，Git会在各个客户端系统的本地磁盘上运行。

最后，本地协议并不能保护仓库免遭意外损坏。每个用户都对"远程"目录拥有完全的shell
访问权限，这样一来就无法阻止用户意外改变或删除Git内部文件。

4.1.2　HTTP 协议

Git有两种不同的HTTP通信模式。在Git 1.6.6版本之前，能用的只有一种，非常简单，通常
是只读形式。从1.6.6版本起，Git引入了一种新的智能传输协议，它可以使用类似SSH协议的方式
智能协商数据传输。这种新的HTTP协议近几年变得很流行，因为它对用户来说更简单，通信时
也更加智能。新版协议通常被叫作"智能HTTP协议"，而旧协议则被叫作"非智能HTTP协议"。
我们先讲"智能HTTP协议"。

1. 智能HTTP协议

智能HTTP协议与SSH或Git协议的运作方式非常相似，但它使用的是标准的HTTP/S端口通
信，可以使用HTTP协议的各种身份验证机制。这意味着它比SSH等协议要更加容易使用，因为
你可以使用"用户名/密码"的基本验证方式，而不需要配置SSH密钥。

现在这种协议已经成为最普遍的Git传输协议,因为它像git://协议一样可以被设置为允许匿名
访问，也可以像SSH一样在用户推送数据时启用用户验证，加密传输数据。要实现上述功能并不
需要设置多个不同的URL，只需使用同一个URL就能实现。当你向要求身份验证的仓库推送数据
时（通常情况下都需要验证），服务器会提示你输入用户名和密码。对于只读权限，也可以启用
验证。

实际上，在类似GitHub的服务中，用来在线浏览仓库内容的URL也可以直接用来克隆仓库，
如果你有权限，也可以向其推送数据。

2. 非智能HTTP协议

如果服务器端没有"智能HTTP协议"服务，Git客户端会尝试降级并使用更简单的"非智能
HTTP协议"。在这种协议中，服务器把裸仓库作为普通的文件传输给用户。这种协议的优点在于
易于架设和配置。基本上你要做的就是把裸仓库放在HTTP服务器根目录，然后设置一个特定的
post-update钩子函数就可以了（参见8.3节）。这样设置之后，任何能够访问Web服务器的人都可
以克隆仓库。要实现上述步骤，允许其他人通过HTTP读取你的仓库，可以执行以下命令：

```
$ cd /var/www/htdocs/
$ git clone --bare /path/to/git_project gitproject.git
$ cd gitproject.git
$ mv hooks/post-update.sample hooks/post-update
$ chmod a+x hooks/post-update
```

这样就可以了。默认情况下，Git预置的post-update钩子函数会执行git update-server-info
命令，这样一来客户端就可以正常地通过HTTP获取数据和执行克隆操作。当你向仓库推送数据时
（或许是通过SSH推送①），上述命令就会被执行。在这之后，其他人可以通过以下命令克隆仓库：

---

① 因为非智能HTTP协议不支持向服务器推送数据。——译者注

```
$ git clone https://example.com/gitproject.git
```

在上述例子中，我们使用的路径是/var/www/htdocs。该路径常见于Apache服务器的配置。你也可以使用任何静态Web服务器，只需要把裸仓库放在对应的网站路径下即可。在服务器提供HTTP服务时，Git数据会被简单地当作静态文件（具体细节参见第10章）。

一般来说，你要么选择运行一个具有读写能力的智能HTTP协议服务器，要么选择运行非智能HTTP协议服务器（所有的文件都是只读的，不能推送数据）。把上述两种协议混用的情况是很少见的。

3. 优点

我们来集中讲解一下智能HTTP协议的优点。

对于最终用户来说，使用同一个URL就可以推送或拉取数据，仅在需要身份验证时服务器才会提示用户输入身份信息，这是十分方便的。相较于SSH，能够使用用户名/密码来验证身份也是一个很大的优势。这是因为SSH需要用户先在本地生成SSH密钥，再把公钥上传到服务器，才能开始与服务器进行数据交互。因此，对于初级用户或是那些使用不含SSH的操作系统的用户，用户名/密码的验证方式在可用性上优势明显。与SSH协议类似，HTTP协议速度快，传输效率也很高。

还可以把你的仓库通过HTTPS以只读方式分享出来，这样数据可以进行加密传输；你甚至可以让客户端使用特定的签名SSL证书。

使用HTTP/S协议的另一个优点在于其应用非常广泛，集团防火墙一般都会允许来自HTTP/S协议端口的流量。

4. 缺点

在某些服务器上，基于HTTP/S的Git服务会比使用SSH的Git服务更难搭建。除此之外，就Git而言，其他协议与"智能HTTP协议"相比并不占优势。

在使用HTTP协议推送数据时，如果启用了身份验证，那么提供用户名/密码信息要比直接使用SSH密钥更麻烦一些。但实际上，有一些提供身份信息缓存的工具可以帮助减少这种麻烦，比如在OS X系统上运行的"密钥链访问"（Keychain Access）应用以及在Windows系统上运行的"凭证管理器"（Credential Manager）应用。要了解如何设置安全的HTTP密码缓存，请阅读7.14节。

4.1.3　SSH协议

在自建Git服务器的情况下，SSH是常见的传输协议之一。这是因为大多数服务器已经默认设置了SSH访问，而且对于那些尚未设置SSH访问的服务器来说，设置起来也很简单。SSH也支持身份验证，而且它几乎无处不在，很容易设置和使用。

要通过SSH克隆Git仓库，可以像下面这样指定以ssh://开头的URL：

```
$ git clone ssh://user@server/project.git
```

或者也可以使用类似SCP协议的简短语法：

```
$ git clone user@server:project.git
```

你也可以不指定用户名，这时Git会默认使用当前登录的用户名。

1. 优点

使用SSH协议的优点有很多。首先，SSH易于设置并且应用广泛，大多数网络管理员都拥有相关的经验，很多操作系统发行版也默认设置了SSH或是包含相关的管理工具。其次，基于SSH的访问能够保证安全，所有数据传输都是加密的，并且经过了身份验证。最后，就像HTTP/S协议、Git协议和本地协议一样，SSH协议效率很高，数据在传输之前会被尽可能压缩。

2. 缺点

SSH的缺点是不能实现对仓库的匿名访问。要想通过SSH访问Git仓库，用户必须首先有服务器的SSH访问权限，即使用户只需要仓库的只读访问权限也是如此。正因为如此，一些开源项目并不倾向于使用SSH访问。如果只在公司内网使用SSH协议，也许对你来说就够用了。但如果需要允许项目的只读匿名访问，同时又想使用SSH协议，那么就需要设置成允许你的团队通过SSH推送数据，同时又要设置其他人只能通过只读方式获取数据。

4.1.4 Git 协议

接下来是Git协议。它是Git自带的一种特殊的守护进程，专门监听9418端口，提供类似于SSH协议的服务，但不提供任何的身份验证方式。要允许某个仓库通过Git协议提供服务，必须要在仓库中创建git-daemon-export-ok文件，否则Git协议的守护进程不会提供该仓库的服务。通过这种方式提供的服务并没有任何安全机制，要么所有人都可以克隆仓库，要么所有人都不能克隆。这意味着通常并不能通过Git协议向服务器推送数据。由于没有用户身份验证机制，虽然你可以启用推送数据的功能，但启用之后，网络上的任何人只要拥有项目仓库URL，都可以随意推送数据，所以说几乎不会有人这么做。

1. 优点

一般来说，在所有Git可以使用的网络传输协议中，Git协议是最快的。对于大访问量的公共项目，或是不需要用户身份验证就可以只读访问的大型项目，可能需要启用Git守护进程来提供Git协议服务。Git协议使用与SSH一致的数据传输机制，但没有加密传输和用户身份验证所带来的额外开销。

2. 缺点

Git协议的缺点是缺少用户验证机制，所以一般不会把Git协议作为项目的唯一访问方式。通常会选择搭配SSH或是HTTPS协议，供少数有推送（写）权限的开发人员使用，其他人则通过git://以只读方式访问项目。另外，Git协议可能是最难设置的协议了。它必须启用自己的守护进程，这需要配置xinetd或类似的工具，而这种操作可不是件易事。它还需要防火墙允许9418端口的访问，这并不是一个总是能够被允许访问的标准端口。在大型公司的防火墙系统中，这个鲜为人知的端口常常会被阻止访问。

4.2 在服务器上搭建 Git

现在，我们来讲解如何在自己的服务器上架设基于上述几种协议的Git服务。

注意 在这里，我们演示的是在基于Linux的服务器上进行简化的基本安装所需的操作步骤。你也可以在Mac或Windows服务器上运行这些服务。实际上，在基础设施中配置生产环境服务器所涉及的安全措施或是操作系统工具肯定与此有所不同。希望本节讲述的内容能够给你提供关于如何设置Git服务的一般性指导。

一开始配置Git服务器时，你需要把已有的仓库导出成一个新的裸仓库，即不含工作目录的仓库。一般来说，这种操作很简单。要想克隆现有仓库并创建新的裸仓库，需要使用--bare参数执行克隆命令。根据惯例，裸仓库的目录名的结尾都是.git，就像下面这样：

```
$ git clone --bare my_project my_project.git
Cloning into bare repository 'my_project.git'...
done.
```

现在，你拥有了一份Git目录的数据副本，它存放在my_project.git目录下。
上述操作大致等同于以下操作：

```
$ cp -Rf my_project/.git my_project.git
```

上面两种操作生成的配置文件会有一些微小的差异，但就我们的目标而言，其结果基本一致。这两种操作都会舍去工作目录，只复制出Git仓库目录，并为之创建一个新的目录。

4.2.1 将裸仓库放置在服务器上

现在，你已经拥有了裸仓库，接下来只需要把它放在服务器上并配置好Git传输协议。让我们假设你已经设置好了一个名为git.example.com的服务器并拥有其SSH访问权限，你希望把所有Git仓库都放在/srv/git目录下。假定该目录在服务器上已存在，这时你可以把裸仓库复制到该目录，以此创建新仓库：

```
$ scp -r my_project.git user@git.example.com:/srv/git
```

这样做之后，其他用户就可以通过以下命令克隆你的仓库（前提是他们也拥有对服务器的SSH访问权限以及对/srv/git目录的读权限）：

```
$ git clone user@git.example.com:/srv/git/my_project.git
```

如果用户通过SSH登录服务器时拥有对/srv/git/my_project.git的写权限，就可以自动获得向该仓库推送数据的权限。
如果执行git init命令时添加了--shared参数，Git就会自动为用户组赋予仓库的写权限。

```
$ ssh user@git.example.com
$ cd /srv/git/my_project.git
$ git init --bare --shared
```

整个过程非常简单：基于已有的Git仓库创建裸仓库，将其放置在你和其他协作者都能通过

SSH访问的服务器上。现在就可以在同一个项目上展开合作了。

　　值得指出的是，上述操作过程就是运行一台Git服务器所需的全部操作步骤，同时该服务器也可以支持多人协作。只需要在服务器上添加拥有SSH权限的账号，然后把裸仓库放在所有用户都能读写的某个目录下就可以了，无需其他任何操作。

　　在接下来的几个小节中，你可以看到如何搭建配置更复杂的Git服务器。其中包括：如何避免为每个Git用户创建对应的服务器账号，如何给仓库添加只读的公开访问权限，如何配置网页版的用户界面等。但如果你只需要与几个人协作完成一个私有项目，那么只需要SSH服务器和裸仓库就够了。

4.2.2　小型团队配置

　　如果你处在一个只有几个开发人员的小型团队，或者只是想在组织中尝试一下Git，事情就简单了，因为配置Git服务器时最麻烦的一个方面就是用户管理。如果你想要仓库开放对一部分用户的只读权限，同时让另一部分用户拥有完整的读写权限，这种情况下权限和访问控制会更难以实施。

SSH访问

　　如果你已经拥有了所有开发人员都可以通过SSH访问的服务器，那么把你的第一个仓库放在这个服务器上是最简单的做法，因为你几乎不用做任何额外工作（我们已经在4.2.1节中讨论过这一点）。如果你需要更复杂的访问权限控制，可以通过服务器所在操作系统的文件系统权限来实现。

　　如果你想把仓库放在某台服务器上，而这台服务器并没有为每个团队成员设置服务器账号，那么你必须手动为他们设置SSH访问权限。我们会假设你所拥有的这台服务器已经安装好SSH服务，你可以正常通过SSH访问该服务器。

　　要为团队所有成员提供访问权限，有几种可选的方式。第一种是为每个人建立服务器账号。这种方式很直接，但操作起来会有点繁琐，因为要为每个用户执行一次adduser并且设置每个人的临时密码。

　　第二种方式是只在服务器上创建单个git用户，要求全部拥有写权限的用户把SSH公钥发送给你，你再把他们的公钥添加到新创建的git用户的~/.ssh/authorized_keys文件中。这样每个用户就可以通过git用户访问该服务器了。不管用户所用的是哪个SSH用户，推送到服务器上的每一个提交的信息都不会受到影响。①

　　另一种方式是把你的SSH服务器的身份验证方式设置为使用LDAP服务器或者其他类似的集中式身份验证服务。只要每个Git用户都能通过shell访问服务器，不管使用何种SSH身份验证机制都可以。

----

① 即提交作者信息与登录使用的SSH用户无关。——译者注

4.3 生成个人的 SSH 公钥

尽管存在多种身份验证方式，很多Git服务器还是使用SSH公钥方式对用户进行身份验证。这就需要每个还没有SSH公钥的用户都生成一个公钥。这一步骤在所有的操作系统中都是类似的。首先，你应该检查是否已经拥有密钥。默认情况下，用户的SSH密钥保存在其~/.ssh目录下。你只需进入该目录并列出其中的内容，检查你是否已经有密钥：

```
$ cd ~/.ssh
$ ls
authorized_keys2   id_dsa          known_hosts
config             id_dsa.pub
```

你要找的是一对文件：其中一个名字类似于id_dsa或者id_rsa，另一个是与之对应的.pub文件。.pub文件就是你的公钥，另一个则是私钥。如果没有这些文件（或者你根本就没有.ssh目录），就可以通过运行ssh-keygen程序来创建它们。该程序由Linux/Mac系统上的SSH软件包提供，在Windows系统上则由Git for Windows套件提供：

```
$ ssh-keygen
Generating public/private rsa key pair.
Enter file in which to save the key (/home/schacon/.ssh/id_rsa):
Created directory '/home/schacon/.ssh'.
Enter passphrase (empty for no passphrase):
Enter same passphrase again:
Your identification has been saved in /home/schacon/.ssh/id_rsa.
Your public key has been saved in /home/schacon/.ssh/id_rsa.pub.
The key fingerprint is:
d0:82:24:8e:d7:f1:bb:9b:33:53:96:93:49:da:9b:e3 schacon@mylaptop.local
```

首先，该程序会确认你要把密钥存在哪个目录（默认是.ssh/id_rsa），然后程序会询问两遍口令（如果你不想每次使用密钥时都键入密码，则可以留空）。

接下来，每个用户都需要把自己的SSH公钥发送给Git服务器的管理员（假设你的SSH服务器需要公钥进行身份验证）。你可以把.pub文件的内容复制下来，通过电子邮件的方式发送出去。公钥文件看起来像下面这样：

```
$ cat ~/.ssh/id_rsa.pub
ssh-rsa AAAAB3NzaC1yc2EAAAABIwAAAQEAklOUpkDHrfHY17SbrmTIpNLTGK9Tjom/BWDSU
GPl+nafzlHDTYW7hdI4yZ5ew18JH4JW9jbhUFrviQzM7xlELEVf4h9lFX5QVkbPppSwg0cda3
Pbv7kOdJ/MTyBlWXFCR+HAo3FXRitBqxiX1nKhZHAZsMciLq8V6RjsNAQwdsdMFvSlVK/7XA
t3FaoJoAsncM1Q9x5+3V0Ww68/eIFmb1zuUFljQJKprrX88XypNDvjYNby6vw/Pb0rwert/En
mZ+AW4OZPnTPI89ZPmVMLuayrD2cE86Z/il8b+gw3r3+1nKatmIkjn2so1d01QraTlMqVSsbx
NrRFi9wrf+M7Q== schacon@mylaptop.local
```

要想深入了解如何在不同的操作系统上创建SSH密钥，可参考GitHub网站上的SSH密钥教程。

4.4　设置服务器

现在，让我们来看看如何在服务器端设置好SSH访问。在例子中，你将会使用authorized_keys
文件来对用户进行身份验证。我们会假定服务器使用类似于Ubuntu这样的标准Linux发行版。首
先，需要创建git用户并为其创建.ssh目录：

```
$ sudo adduser git
$ su git
$ cd
$ mkdir .ssh && chmod 700 .ssh
$ touch .ssh/authorized_keys && chmod 600 .ssh/authorized_keys
```

接下来，你需要将一些用户的SSH公钥添加到git用户的authorized_keys文件中。假设你已经通
过电子邮件接收到了一些公钥，并且将其保存到了临时文件中。我们可以再来看一下公钥的样子：

```
$ cat /tmp/id_rsa.john.pub
ssh-rsa AAAAB3NzaC1yc2EAAAADAQABAAABAQCB007n/ww+ouN4gSLKssMxXnBOvf9LGt4L
ojG6rs6hPB09j9R/T17/x4lhJA0F3FR1rP6kYBRsWj2aThGw6HXLm9/5zytK6Ztg3RPKK+4k
Yjh6541NYsnEAZuXz0jTTyAUfrtU3Z5E003C4oxOj6H0rfIF1kKI9MAQLMdpGW1GYEIgS9Ez
Sdfd8AcCIicTDWbqLAcU4UpkaX8KyGlLwsNuuGztobF8m72ALC/nLF6JLtPofwFBlgc+myiv
O7TCUSBdLQlgMVOFq1I2uPWQOkOWQAHukEOmfjy2jctxSDBQ220ymjaNsHT4kgtZg2AYYgPq
dAv8JggJICUvax2T9va5 gsg-keypair
```

只需要把公钥追加到authorized_keys文件的尾部，如下所示。

```
$ cat /tmp/id_rsa.john.pub >> ~/.ssh/authorized_keys
$ cat /tmp/id_rsa.josie.pub >> ~/.ssh/authorized_keys
$ cat /tmp/id_rsa.jessica.pub >> ~/.ssh/authorized_keys
```

现在，你可以执行git init --bare来创建裸仓库，该命令会初始化一个不含工作目录的仓库：

```
$ cd /srv/git
$ mkdir project.git
$ cd project.git
$ git init --bare
Initialized empty Git repository in /srv/git/project.git/
```

接下来，开发者John、Josie和Jessica就可以把该仓库设置为远程仓库，并向它推送分支数据，
从而把项目的第一个版本代码推送到该仓库中。要注意的是，每次创建新项目时，都需要有人通
过SSH方式登录该服务器并创建一个新的裸仓库。假设服务器主机名称是gitserver。如果该服务
器搭建在内网，并且已经配置好DNS，使得gitserver指向该服务器，那么你就可以直接使用以下
命令：

```
# 在John的计算机上执行
$ cd myproject
$ git init
$ git add .
$ git commit -m 'initial commit'
$ git remote add origin git@gitserver:/srv/git/project.git
$ git push origin master
```

此时，其他人就可以轻松地克隆该仓库，并且把他们做出的更改推送回仓库去：

```
$ git clone git@gitserver:/srv/git/project.git
$ cd project
$ vim README
$ git commit -am 'fix for the README file'
$ git push origin master
```

通过使用上述方法，就可以很快为一批开发人员配置并运行一个可读写的Git服务器。

要注意的是，按照现在的配置，上述的所有用户都能够以git用户身份登录服务器并获得shell
访问权限。如果要限制shell访问，那么你应该在passwd文件中更改shell有关内容。

Git自带一个叫作git-shell的工具，提供有限制的shell访问。你可以用它很容易地限制git用
户，让该用户只能执行与Git有关的操作。具体来说，如果你把git用户登录所用的shell设置为
git-shell，那么git用户就不具有普通的shell访问权限。具体的操作过程是用git-shell替换用户
通常登录使用的bash或csh。首先，要把git-shell添加到/etc/shells文件中：

```
$ cat /etc/shells    # 查看git-shell是否已经存在。如果没有……
$ which git-shell     # 确保git-shell已经安装
$ sudo vim /etc/shells    # 加入上一条命令所返回的路径
```

现在就可以通过chsh <username>命令来更改用户shell，如下所示。

```
$ sudo chsh git    # 输入git-shell的路径，通常是/usr/bin/git-shell
```

这样操作后，git用户就只能使用SSH连接向Git仓库推送或者拉取数据，而不能通过登录shell
使用服务器。如果用户尝试登录，会看到拒绝访问的提示：

```
$ ssh git@gitserver
fatal: Interactive git shell is not enabled.
hint: ~/git-shell-commands should exist and have read and execute access.
Connection to gitserver closed.
```

在这种情况下，Git的网络命令仍然能够正常工作，但是用户无法通过SSH登录并使用shell。
正如上一条命令的输出中所述，你可以在git用户的home目录下建立一个新的目录，用它来自定
义git-shell。例如，你可以限制服务器可以接受的Git命令，或者是自定义用户在尝试SSH登录
时看到的消息内容。要获得关于自定义shell的更多信息，请执行git help shell。

4.5 Git 守护进程

接下来，我们要配置一个Git守护进程[①]，使得Git仓库可以通过Git协议被访问。当你需要快
速且无需身份验证的Git数据访问时，我们这种配置会是常见的选择。但要记得，因为它没有用
户身份验证，所有通过Git协议传输的数据都会在它所处的网络范围内公开。

---

① 守护进程（daemon），指后台运行的、等待特定事件发生并提供服务的程序。典型的例子如Web服务器，等待Web
  传输请求并提供传输服务；又如SSH服务器，等待用户登入操作。——译者注

如果要把这种服务运行在防火墙保护范围之外，那么你只应该通过该服务提供公开项目的访问（即公众互联网都可以访问该项目）。反之，如果服务在防火墙范围内运作，则可以使用该服务为很多成员和计算机（持续集成服务器或是构建服务器）共同访问的项目提供只读权限访问，这样做就不用为每个成员和计算机单独设置SSH密钥。

不管是哪一种情况，架设Git协议服务都相对简单。只需以守护进程的方式执行以下命令：

```
$ git daemon --reuseaddr --base-path=/srv/git/ /srv/git/
```

--reuseaddr选项允许服务器无需等待旧的连接超时而直接重启，而--base-path选项可以让用户在克隆仓库时不必使用完整路径。最后的路径参数则告诉Git守护进程要从哪个目录读取仓库。如果你使用防火墙服务，则需要防火墙配置允许对Git服务器的9418端口的访问。

根据所用的操作系统不同，可以有几种方式把上述进程配置为守护进程。在Ubuntu操作系统的计算机上，可以使用Upstart脚本配置守护进程。具体做法是，在以下路径的文件中：

```
/etc/init/local-git-daemon.conf
```

写入以下内容：

```
start on startup
stop on shutdown
exec /usr/bin/git daemon \
    --user=git --group=git \
    --reuseaddr \
    --detach \
    --base-path=/srv/git/ \
    /srv/git/
respawn
```

基于安全方面的考虑，我们强烈建议使用独立的用户运行Git守护进程，并且只赋予上述用户对Git仓库目录的只读访问权限。要实现上述操作并不难，只需要创建一个新用户git-ro并使用该用户运行守护进程。为了简单起见，我们在此使用git-shell所用的git用户来完成这一操作。

当重新启动服务器的时候，你的Git守护进程会自动启动。当守护进程意外终止时，进程也会自动重启。如果想在不重启的情况下启动守护进程，可以执行以下命令：

```
$ initctl start local-git-daemon
```

在其他的操作系统环境下，你可能会用到xinetd，或是sysvinit脚本，或是其他能够配置并监控守护进程的服务。

接下来，需要告诉Git要允许哪些仓库无需身份验证即可访问。这需要为每个仓库创建名为git-daemon-export-ok的文件，如下所示：

```
$ cd /path/to/project.git
$ touch git-daemon-export-ok
```

该文件的存在意味着Git可以提供该项目的无需授权的访问服务。

4.6 智能 HTTP

我们现在已经配置了需要身份验证的SSH访问服务和无需身份验证的git://协议访问服务，但实际上有一种协议可以同时提供上述两种类型的服务，这就是智能HTTP服务。配置这种服务只需在服务器上启用Git自带的CGI脚本git-http-backend。该CGI脚本会读取基于HTTP的git fetch或是git push请求的头部信息（header）和请求URL路径，并检查客户端是否可以通过HTTP通信（1.6.6或任何更高版本的客户端都可以）。如果CGI脚本检测到客户端支持智能HTTP，它就会使用智能协议与客户端通信；否则它会降级到非智能协议（这样一来它就可以兼容旧版本客户端的只读请求）。

让我们来进行一次非常基础的配置。我们将使用Apache作为CGI服务器。如果你没有配置好Apache，可以在Linux服务器上使用类似以下命令安装Apache：

```
$ sudo apt-get install apache2 apache2-utils
$ a2enmod cgi alias env rewrite
```

上面的命令会启用mod_cgi、mod_alias以及mod_env模块，这几个模块对于我们的配置来说都是必需的。

你还需要设置/srv/git目录的用户组为www-data，以便你的Web服务器能够正常读写Git仓库。这么做是因为在默认情况下，运行CGI脚本的Apache服务器实例会以上述用户身份运行。

```
$ chgrp -R www-data /srv/git
```

接下来要添加一些Apache配置，使得Web服务器上对于/git路径的任何请求都会由git-http-backend处理。

```
SetEnv GIT_PROJECT_ROOT /srv/git
SetEnv GIT_HTTP_EXPORT_ALL
ScriptAlias /git/ /usr/lib/git-core/git-http-backend/
```

如果你漏掉了设置GIT_HTTP_EXPORT_ALL环境变量，那么Git只会把包含有git-daemon-export-ok文件的仓库以HTTP服务的形式提供给未登录的客户端，正如Git守护进程的行为一样。

最后需要配置服务器，使其需要先登录验证才能进行写入操作，这可以通过以下Apache验证代码块实现：

```
RewriteEngine On
RewriteCond %{QUERY_STRING} service=git-receive-pack [OR]
RewriteCond %{REQUEST_URI} /git-receive-pack$
RewriteRule ^/git/ - [E=AUTHREQUIRED]

<Files "git-http-backend">
    AuthType Basic
    AuthName "Git Access"
    AuthUserFile /srv/git/.htpasswd
    Require valid-user
    Order deny,allow
    Deny from env=AUTHREQUIRED
    Satisfy any
</Files>
```

这需要你创建.htpasswd文件，该文件包含了所有合法用户的密码信息。例如，下面的命令会将用户schacon添加到该文件中：

```
$ htdigest -c /srv/git/.htpasswd schacon
```

Apache服务器验证用户身份的方式不止一种，你可以从中选择一种方式来实施。上述配置只是我们能实现的最简单的例子。在实际应用中，你基本上免不了配置SSL来加密所有传输的数据。

在这里，我们不希望过多涉及Apache服务器配置的各种细节，因为你完全可以使用其他服务器软件或是有不同的用户身份验证需求。你只需要知道的是，Git自带一个叫作git-http-backend的CGI脚本，你可以调用它来实现通过HTTP协议发送和接收数据。这个脚本本身并不实现任何用户身份验证机制，然而我们很容易在Web服务器这一层上控制身份验证。上述机制可以通过绝大部分支持CGI脚本的Web服务器实现，所以你可以选择使用你最熟悉的那一款服务器软件。

注意   要了解有关Apache服务器身份验证配置的更多信息，请访问Apache文档。

4.7   GitWeb

现在你已经分别设置好了对项目的基本读写访问和只读访问，那么接下来可能希望拥有一个简单的Web图形用户界面，用于展示Git项目和数据。Git自带一个叫作GitWeb的CGI脚本可供使用。

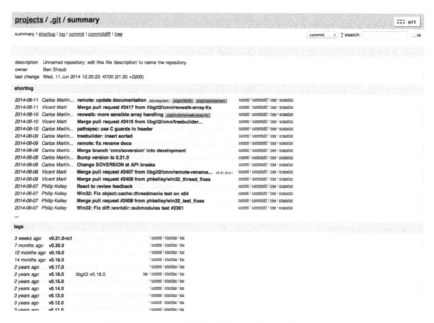

图4-1   GitWeb所呈现的Web图形用户界面

如果你想看看GitWeb在你的项目上运行时是什么样子，可以使用Git自带的命令。该命令会使用你的系统上的轻量级服务器软件，例如lighttpd或webrick来启动临时服务。在Linux计算机上，lighttpd一般都已经安装好，这样你可以直接通过在项目目录下执行git instaweb命令来运行该服务。如果你使用Mac计算机，因为Leopard系统已经预装好Ruby，所以webrick会是最佳选择。要使用lighttpd以外的服务器软件启动instaweb，可以在执行命令时加上--httpd参数：

```
$ git instaweb --httpd=webrick
[2009-02-21 10:02:21] INFO  WEBrick 1.3.1
[2009-02-21 10:02:21] INFO  ruby 1.8.6 (2008-03-03) [universal-darwin9.0]
```

上述命令会在端口1234上启动HTTPD服务器，然后网页浏览器会自动启动并打开上述网页。这些操作很容易。当你希望关闭服务器时，只需给上述命令加上--stop参数再次执行即可：

```
$ git instaweb --httpd=webrick --stop
```

如果希望为项目团队在服务器上始终开启图形化界面，或是你管理的开源项目有类似的需要，那么你得为你所用的服务器软件编写CGI脚本。某些Linux发行版拥有gitweb软件包，可以使用apt或是yum来安装，你可以先尝试这种配置方法。在这里，我们简单来看看如何手动安装GitWeb。首先，需要获取包含GitWeb的Git源代码：

```
$ git clone git://git.kernel.org/pub/scm/git/git.git
$ cd git/
$ make GITWEB_PROJECTROOT="/srv/git" prefix=/usr gitweb
    SUBDIR gitweb
    SUBDIR ../
make[2]:`GIT-VERSION-FILE' is up to date.
    GEN gitweb.cgi
    GEN static/gitweb.js
$ sudo cp -Rf gitweb /var/www/
```

要注意，你需要通过GITWEB_PROJECTROOT变量来告诉上述命令你的Git仓库的位置。接下来需要设置Apache以CGI方式运行上述脚本，这可以通过添加VirtualHost来实现：

```
<VirtualHost *:80>
    ServerName gitserver
    DocumentRoot /var/www/gitweb
    <Directory /var/www/gitweb>
        Options ExecCGI +FollowSymLinks +SymLinksIfOwnerMatch
        AllowOverride All
        order allow,deny
        Allow from all
        AddHandler cgi-script cgi
        DirectoryIndex gitweb.cgi
    </Directory>
</VirtualHost>
```

再重复一下，任何兼容CGI或Perl的Web服务器软件都可以正常运行GitWeb服务，所以如果你想用其他的服务器软件，也很容易配置。现在你可以访问http://gitserver/来在线查看你的Git仓库了。

4.8　GitLab

上述的GitWeb的功能是十分简化的。如果你需要一种更现代化、功能完善的Git服务器软件，有几种开源软件的解决方案可供选择。GitLab就是其中比较流行的一种，所以接下来我们会以GitLab为例讲解它的安装和使用。安装过程要比GitWeb复杂些，也需要更多的维护工作，但却是功能更加完整的方案。

4.8.1　安装

GitLab是使用数据库的Web应用，所以它的安装会比其他的Git服务器方案更加复杂。好在整个安装过程都有完备的文档和支持。

有几种安装GitLab的方式可供选择。要想快速安装好服务，可以下载虚拟机镜像或是一键安装程序，然后更改配置以适应你自己所用的环境。Bitnami在虚拟机的登录界面设置了一个很棒的快捷键（键入alt-→），它会显示出IP地址以及安装好的GitLab的默认用户名和密码。

图4-2　Bitnami GitLab虚拟机的登录界面

对于其他的配置细节，可以参考GitLab社区版的自述文档。在该文档中，你可以找到关于如何使用以下各种工具安装GitLab的帮助：Chef自动化安装工具、Digital Ocean上的虚拟机镜像，以及RPM和DEB软件包（本书写作时仍处于beta测试版状态）。对于使用非标准的操作系统和数据库软件安装GitLab，上述文档也提供了"非官方版本"的指南，还提供了一份手动的安装脚本，并包含其他的说明等。

4.8.2 管理

GitLab的管理界面是通过Web访问的。你只需要在浏览器键入安装有GitLab的服务器的主机名或者IP地址，然后使用管理员身份登录。默认用户名是admin@local.host，默认的密码是5iveL!fe（当你键入该默认密码后系统会提示你更改密码）。成功登录之后，点击主菜单右上角的管理区图标。

图4-3 GitLab菜单中的"管理区"图标

1. 用户

GitLab中的用户对应于使用者的账号。用户账号中没有太多复杂的东西，主要就是与登录数据相关的个人信息而已。每个用户账号都有相应的命名空间，它是属于用户的项目的逻辑分组。如果用户jane有一个名为project的项目，那么该项目的URL就是http://server/jane/project。

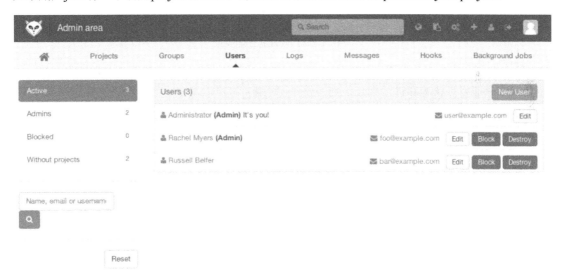

图4-4 GitLab的用户管理界面

有两种方法可以删除用户。限制（block）用户会使其无法登入GitLab，但用户命名空间中的所有数据都会予以保留，不会受到影响，由该用户电子邮件地址所标明的提交仍指向用户的个人资料。

销毁（destroy）用户会从数据库和文件系统中完全删除该用户。其命名空间中的所有项目以及所拥有的组都会被移除。这显然是一种永久性的破坏操作，因此很少会被用到。

2. 组

GitLab中的组是项目的集合，另外还包括与用户访问这些项目方式相关的数据。每个组都有一个项目命名空间（与用户的命名空间作用一样），如果组training中包含项目materials，那么对应的URL就是http://server/training/materials。

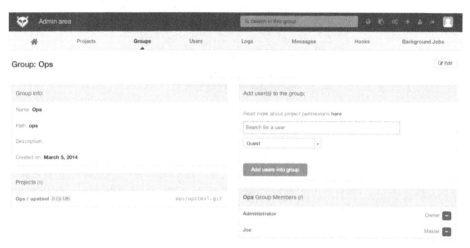

图4-5　GitLab的组管理界面

每个组都有多个相关的用户，每个用户都具有相应的组项目以及组本身的权限级别。其范围从Guest（只能发表议题和进行聊天）到Owner（对组、组员以及项目拥有全面的控制权）。权限类型有很多，就不在这里逐一列举了，GitLab在管理界面中提供了辅助链接。

3. 项目

一个GitLab项目基本上对应于一个Git仓库。每个项目都归属于单个命名空间，要么是用户命名空间，要么是组命名空间。如果项目属于某个用户，那么该项目的所有者对于谁能够访问项目有直接的控制权；如果项目属于某个组，那么该组在用户级别上所设置的权限也有效。

每个项目还有一个可见性级别，用于控制谁能够访问项目的相关页面和仓库。如果项目状态是Private，那么该项目的所有者明确地授予特定的用户访问权。状态是Internal的项目对于登录用户都是可见的，状态是Public的项目对于所有人都是可见的。注意，这既能够控制Git的"获取"（fetch）权，也能够控制项目的Web界面的访问权。

4. 钩子

GitLab能够支持项目层面或系统层面的钩子。不管是哪种层面，只要有相关的事件发生，GitLab服务器都会执行HTTP POST操作，其中携带的描述性信息采用的是JSON格式。这种方式很好地将个人的Git仓库和GitLab实例与开发过程自动化（如CI服务器、聊天室或部署工具）联系到了一起。

4.8.3　基本用法

使用GitLab要做的第一件事就是创建一个新项目。可以通过点击工具条上的图标+来完成。系统接下来会询问你项目的名称、项目所属的命名空间以及要使用的可见级别。这里所指定的大部分内容随后都可以在设置界面中调整。点击Create Project，完成项目的创建。

创建好项目之后，你可能想将其同本地的Git仓库关联到一起。所有项目都可以通过HTTPS或SSH进行访问，这两种方式都可以用来配置Git远端。URL可以在项目主页面顶部找到。对于已有的本地仓库，下面的命令能够在托管位置上创建一个名为gitlab的远端。

```
$ git remote add gitlab https://server/namespace/project.git
```

如果你没有仓库的本地副本，按照下面的方法做就行了。

```
$ git clone https://server/namespace/project.git
```

可以使用Web界面来访问仓库的多个视图。每个项目的主页展示了最近的活动，点击页面顶部的链接可以查看项目的文件以及提交日志。

4.8.4　协作

GitLab项目最简单的协作方法就是让其他用户直接访问Git仓库。你可以进入项目设置中的Members区域将用户添加到项目中，然后为新用户配置访问级别（不同的访问级别在4.8.2节中提到过）。如果赋予用户Developer或以上的访问级别，那么该用户就可以毫无障碍地直接向仓库推送提交和分支。

另一种解耦程度更高的协作方式是使用合并请求（merge request）[1]。这个特性能够让任何能够看到项目的用户以一种受控的方式为项目做贡献。拥有直接访问权的用户只用创建一个分支并向其推送提交，然后从其分支中发出向master分支或其他分支的合并请求。没有仓库推送权限的用户可以对仓库执行派生操作（创建属于自己的仓库副本），向副本推送提交，从派生仓库中向主项目发起合并请求。这种模式使得所有者能够全面控制仓库中所发生的所有活动，同时还能够接受来自未信任用户的贡献。

合并请求以及议题是GitLab中长期讨论的主要单元。既可以对合并请求所提议作出的变更展开逐行的讨论（支持小型的代码评审），也可以进行一般性的讨论。这两种方式都可以指派给用户，也可以组织成里程碑的形式。

本节主要关注的是与Git相关的GitLab特性，不过作为一个成熟的项目，它还提供了很多其他的特性，有助于你的团队协同工作，例如项目wiki和系统维护工具。GitLab的好处之一就是只要设置好服务器并投入运行，极少需要再调整配置文件或是通过SSH访问服务器，大部分管理任务和一般的使用都可以在浏览器界面中完成。

---

① GitLab中的merge request和GitHub中的pull request功能相同。——译者注

4.9 第三方托管选择

如果你不想自己动手设置Git服务器，那么还可以选择将Git项目托管到专门的第三方托管网站上。这样做的优势不止一点：托管网站易于设置、上手简单，而且用不着操心服务器维护和监控。即便是设置并运行了自己的内部服务器，你可能仍需要为开源代码使用公开的托管网站，这样更容易获得开源社区的关注和帮助。

如今，可以使用的托管服务数量繁多，各有优劣。可以查看Git wiki的GitHosting页面来获得最新的托管服务列表。

我们会在第6章详细讲解GitHub，GitHub是最大的Git托管网站，你也许少不了要同托管在其上的项目打交道，但如果你不打算设置自己的Git服务器，可供使用的其他选择还有很多。

4.10 小结

有好几种方法可以用来安置并启用远程Git仓库，这样你就可以同他人展开协作或是分享自己的工作成果了。

运行自己的服务器能够给予你大量的控制权，你可以使用防火墙来保护服务器，但这种做法通常需要花费大量的时间进行设置和维护。如果你将数据放在托管服务器上，那么无论是设置还是维护就都容易多了。但这样的话，你得能够将自己的方法保存在别人的服务器上才行，有些组织并不允许这么做。

哪种或哪几种解决方法适合你和你的组织，这应该是一个非常简单的选择了。

## 第 5 章

分布式Git

现在你已经设置好了一个可供全体开发人员共享代码的远程Git仓库，也熟悉了用于本地工作流的基本Git命令，接下来看看如何利用Git所提供的一些分布式工作流。

在本章中，你将学习到如何以贡献者和参与人员的身份在分布式环境中使用Git。也就是说，要学习如何顺利地向项目贡献代码，尽可能地简化自己和项目维护人员的工作，以及如何妥当地维护由多人开发的项目。

5.1 分布式工作流

与集中式版本控制系统不同，Git的分布式特性使得你在项目协作方式中拥有巨大的灵活性。在集中式系统中，每个开发人员基本上都是工作在中枢上的某个节点。但是在Git中，开发人员既可以是节点，也可以是中枢。意思就是说，自己在向其他仓库贡献代码的同时还能够维护公共仓库，以供他人使用和提交代码。这就为你的项目或团队展现出了各式各样可能的工作流，因此接下来我们会讲述几个利用了这种灵活性的常见范式。除此之外，还会讨论每种设计的优点及其潜在的缺点，你可以选择使用其中的某一种，或者从不同设计中混搭使用所需的功能。

5.1.1 集中式工作流

在集中式系统中，通常只有一种协作模型，即集中式工作流。一个中枢（或是仓库）接受代码，所有人以此同步各自的工作。大量开发人员作为节点（也就是中枢的用户），同步到同一个位置。

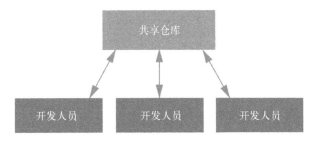

图5-1　集中式工作流

这意味着如果两名开发人员都从中枢克隆了代码并做出了各自的修改,只有第一个开发人员能够顺利地将变更推送回中枢。另一个开发人员在推送变更之前必须合并上一个开发人员的工作,这样才不至于覆盖前者的变更。这个概念在Git和Subversion(或是其他任何集中式版本控制系统)中都一样,该模型也能够很好地运用在Git中。

如果你所在的公司或团队已经适应了集中式工作流,那么你完全可以在Git中继续沿用此模式。只需要设置单个仓库,赋予团队成员推送权限,Git确保不会让用户之间出现相互覆盖的现象。假设John和Jessica同时开始工作。John完成了修改并将变更推送到服务器。然后Jessica也尝试推送其变更,但是被服务器拒绝了。她被告知只有先执行获取及合并操作,此次所推送的非快进式变更才能生效。集中式工作流能够吸引大量用户的原因在于人们熟悉也很适应这样的范式。

这并不仅仅局限于小型团队。借助于Git的分支模型,上百名开发人员都可以同时通过多个分支顺利地在单个项目上工作。

5.1.2　集成管理者工作流

Git允许用户拥有多个远程仓库,因此就存在这样一种工作流:每个开发人员对其公开仓库都具有写权限,对他人的仓库具有读权限。这种情形下通常还会包括一个代表"官方"项目的权威仓库(canonical repository)。要向该项目做贡献,你可以创建一份项目的公开克隆,将自己的修改推送上去。然后请求主项目的维护人员合并你的变更。维护人员可以将你的仓库添加为远程仓库,在本地测试变更,再将其合并入他们的分支并推送回权威仓库。该过程如下所示(见图5-2)。

(1) 项目维护人员推送到公开仓库。

(2) 贡献者克隆该仓库,做出自己的修改。

(3) 贡献者推送到自己的公开仓库副本。

(4) 贡献者向维护人员发送电子邮件,要求合并变更。

(5) 维护人员将贡献者的仓库添加为远程仓库并在本地进行合并。

(6) 维护人员将合并后的变更推送到主仓库。

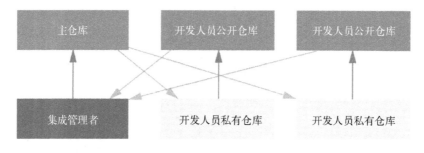

图5-2　集成管理者工作流

这是诸如GitHub或GitLab这类中枢式工具最常用的工作流,可以轻而易举地派生出一个项目,然后将变更推送到其中,让所有人都能看到。这种方法的主要优势之一在于它不会耽误你的工作，主仓库的维护人员可以随时拉取你的变更。贡献者不用干等着项目合并自己的修改，大家都可以按照自己的步调各自行事。

5.1.3 司令官与副官工作流

这是多仓库工作流的一个变体。这种工作流通常是由涉及上百名协作人员的大型项目使用的。其中著名的一个例子就是Linux内核。被称为"副官"的各色集成管理者负责仓库的某一部分。所有的副官头上还有一位被称为"司令官"的集成管理者。司令官的仓库作为参考仓库（reference repository），供所有的协作人员从中拉取内容。该工作过程如下所示（见图5-3）。

(1) 普通开发人员使用自己的主题分支，根据master分支进行变基。这里的master分支指的是司令官自己的。

(2) 副官将开发人员的主题分支合并入master分支。

(3) 司令官将副官的master分支合并入自己的master分支。

(4) 司令官将其master分支推送到参考仓库，同时其他开发人员以此为基础进行变基操作。

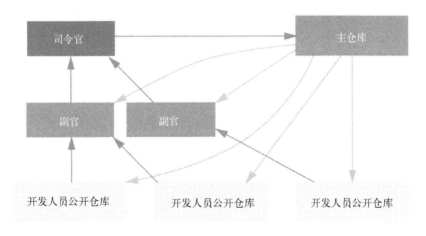

图5-3 司令官与副官工作流

这种工作流并不常见，但是在超大型项目或高度层次化环境中非常有用。项目负责人（司令官）可以藉此将大量工作委托出去，在整合之前再将各部分代码从四处收集回来。

5.1.4 工作流小结

在Git这类分布式系统中，有一些常用的工作流。但是在实际中，特定的工作流会出现很多不同的变化。现在你可以（希望能够）确定自己适合使用哪些工作流的组合，我们接下来会给出一些更为具体的例子，看看各种工作流中主要角色是如何操作的。在5.2节中，你将会学到为项目做贡献的一些常用模式。

5.2　为项目做贡献

　　描述如何为项目做贡献的主要困难在于实现这一目标的方法实在是太多了。由于Git极大的灵活性，人们协作的形式有很多，而且项目各不相同，因此没法去描述该如何做贡献。其中的不确定因素包括活跃的贡献者数量、采用的工作流、提交权限以及可能的外部贡献方法。

　　第一个不确定因素是活跃的贡献者数量，有多少用户为项目贡献了代码？贡献频率如何？在很多情况下，一天会有两三个开发人员提交几次，对于冷门项目来说，可能会更少。如果是大型公司或项目，开发人员的数量数以千计，每天会有成百上千次提交。认识到这一点很重要，因为随着参与的开发人员越来越多，你会碰到更多关于如何确保代码能够干净地应用或是轻松合并之类的问题。你所提交的变更可能被视为过时的，也可能会在你工作期间或是在等待变更被批准或应用的时候被合并入的内容严重破坏掉。你又该如何保持代码时刻处于最新状态？如何保证提交始终有效？

　　另一个不确定因素是项目采用的工作流。是否是集中式的，每名开发人员是否都对主线代码拥有相同的写权限？项目是否有维护人员或集成管理人员负责检查所有的补丁？所有的补丁是否都经过了同行评审并得到了批准？你是否参与了这个过程？有没有设立副官系统？你是否必须先把工作内容提交给他们？

　　接下来的问题是提交权限。在向项目做贡献时，是否具有项目的写权限决定了所采用的工作流也是不一样的。如果没有写权限，项目该怎样接受贡献？是不是还得制定一套策略？你一次能够贡献多少？多久贡献一次？

　　所有这些问题都会影响到如何高效地为项目做贡献以及倾向选择或者能够选择的工作流。我们将由浅入深，采用一系列用例来分析其中每一个方面。通过这些例子，你应该能够建立起在实践中所需要的工作流。

5.2.1　提交准则

　　在查看特定的用例之前，有一个关于提交消息的注意事项。制定一份良好的提交准则并坚持贯彻能够很大程度上简化Git的使用以及与他人的协作。Git项目提供了一份文档（Git源代码中的Documentation/SubmittingPatches文件），其中对如何创建提交补丁提出了一些不错的建议。

　　首先，不要出现与空白字符相关的错误。Git提供了一种简单方法来检查这些问题，即在提交之前执行`git diff --check`，该命令能够鉴别并列出可能存在的空白字符错误。

　　如果在提交前执行这条命令，就可以知道提交中是否存在令其他开发人员烦心的空白字符问题。

　　接下来，尽量使每次提交在逻辑上都是一个独立的变更集。如果可以，变更的时候别贪多，不要花上整个周末去解决5个不同的问题，然后在周一的时候把它们递交成一个大块头的提交。即便是你不想在周末提交，也可以在周一的时候利用暂存区将先前的工作结果按照每个问题至少一次提交进行切分，并在提交中加入有用的信息。如果某些变更修改了同一个文件，尝试使用`git` add --patch来部分地暂存文件（在7.2节中会进行详细介绍）。不管你提交了1次还是5次，只要所有的变更最终都被添加，分支顶端的项目快照就不会有什么两样。考虑到你的同事还得审查你做出的变更，尽量让事情简单点吧。如果随后需要拉出或还原变更集，这样子也能够更容易些。7.6节描述了不少用于重写历史以及交互式暂存文件的Git技巧，这些工具能够在把工作结果发送给别人之前帮助你生成一份既整洁又易于理解的历史记录。

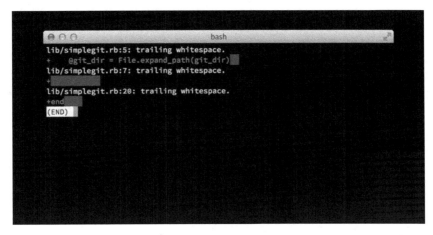

图5-4　git diff --check的输出

要记住的最后一件事就是提交消息。养成创建高质量提交消息的习惯能够简化Git的使用以及协作。作为一条普适性规则，提交消息的第一行不应该超过50个字符，它应该准确地描述变更集，紧跟着是一个空行，然后是更详细的解释。Git项目要求在详细解释中还要包括做出变更的动机以及与先前实现之间的对比，这是一条值得遵循的良好准则。在消息中使用现在时态的祈使语气也是个不错的做法。换句话说，就是使用命令。不要用I added tests for或Adding tests for，而是要用Add tests for。下面是一个最初由Tim Pope编写的模板。

简要的变更汇总信息（不超过50个字符）

如果有必要，请附上更详尽的说明。请将
每行长度限制在72个字符左右。在某些情
况下，第一行会被作为邮件的主题，余下
的作为邮件正文。两者之间一定要使用空
行分隔（除非你不打算要正文部分）。如
果将两者写在一起，那么像rebase这样的
工具就不知道该如何处理了。

将余下的描述性信息写在空行之后。

  - 可以使用这样的条目符号。
  - 通常选用连字符或星号作为条目符号，
    前面加上单个空格。条目之间用空行
    分隔。不过这里没有固定的约定，可
    以视情况改动。

如果你所有的提交消息都是这样，于己于人都大有益处。Git项目的提交消息采用了良好的格式，执行`git log --no-merges`就可以看到漂亮的格式化项目提交历史记录是什么样子的。

在接下来的例子以及本书的大部分内容中，出于简洁性的考虑，我们并没有采用这种美观的提交消息，而是使用了`git commit`命令的`-m`选项。可别学书中的样子，要按照我们说过的那样做。

5.2.2　私有小型团队

你可能碰到的最简单的配置就是一个私有项目加上一两名开发人员。在这里，"私有"的意思就是闭源，即外部世界无法访问。你和其他开发人员都有仓库的推送权限。

在这种环境中，你可以采用Subversion或其他集中式系统中所使用的工作流，仍然享受诸如离线提交、各种更简单的分支及合并操作等功能。主要的不同在于当提交时，合并是发生在客户端而非服务器端。让我们来看看当两名开发人员在一个共享仓库上一起工作时会怎么样吧。第一个开发人员John克隆仓库，做出改动，然后在本地提交（为了减少这些例子所占用的篇幅，协议信息均被替换为...）。

```
# John's Machine
$ git clone john@githost:simplegit.git
Cloning into 'simplegit'...
...
$ cd simplegit/
$ vim lib/simplegit.rb
$ git commit -am 'removed invalid default value'
[master 738ee87] removed invalid default value
 1 files changed, 1 insertions(+), 1 deletions(-)
```

第二个开发人员Jessica也进行了同样的操作，克隆仓库并提交变更，如下所示。

```
# Jessica's Machine
$ git clone jessica@githost:simplegit.git
Cloning into 'simplegit'...
...
$ cd simplegit/
$ vim TODO
$ git commit -am 'add reset task'
[master fbff5bc] add reset task
 1 files changed, 1 insertions(+), 0 deletions(-)
```

现在，Jessica向服务器推送其工作内容，如下所示。

```
# Jessica's Machine
$ git push origin master
...
To jessica@githost:simplegit.git
   1edee6b..fbff5bc  master -> master
```

John也开始推送变更，如下所示。

```
# John's Machine
$ git push origin master
To john@githost:simplegit.git
 ! [rejected]        master -> master (non-fast forward)
error: failed to push some refs to 'john@githost:simplegit.git'
```

John的推送操作被拒绝了，因为这时候Jessica已经完成了推送。如果你用惯了Subversion，理解这一点非常重要，因为你会发现两名开发人员编辑的并不是同一个文件。如果编辑的文件不相同，Subversion会在服务器上自动进行合并，但是在Git中，你必须在本地合并提交。John需要获取Jessica的变更并进行合并，然后才能被允许提交，如下所示。

```
$ git fetch origin
...
From john@githost:simplegit
 + 049d078...fbff5bc master        -> origin/master
```

这时候，John的本地仓库看起来如下所示。

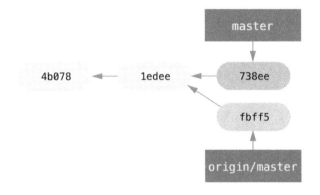

图5-5　John的分叉历史

John有一个引用，指向的是Jessica所推送的变更，但是在他能够推送之前，必须将其合并入自己的工作内容中，如下所示。

```
$ git merge origin/master
Merge made by recursive.

TODO |   1 +
1 files changed, 1 insertions(+), 0 deletions(-)
```

合并过程非常顺利，John的提交历史现在看起来如下所示。

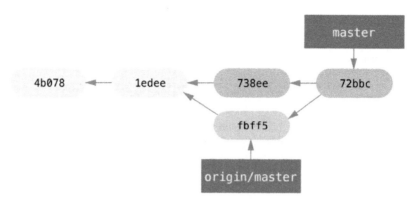

图5-6   合并了origin/master之后的John的仓库

现在，John可以测试代码是否工作正常，然后就能够将新合并好的工作推送到服务器上了，如下所示。

```
$ git push origin master
...
To john@githost:simplegit.git
   fbff5bc..72bbc59 master -> master
```

John最终的提交历史如下所示。

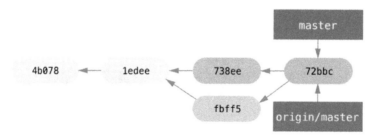

图5-7   John在推送到origin服务器之后的历史记录

在此期间，Jessica已经开始在主题分支上工作了。她创建了一个叫作issue54的主题分支并在该分支上进行了3次提交。不过她还没有获取到John的变更，因此其提交历史看起来如下所示。

图5-8   Jessica的主题分支

Jessica希望与John取得同步，因此她执行了获取操作，如下所示。

```
# Jessica's Machine
$ git fetch origin
...
From jessica@githost:simplegit
   fbff5bc..72bbc59 master        -> origin/master
```

这会将期间John推送的内容拉取下来。Jessica的历史记录现在看起来如下所示。

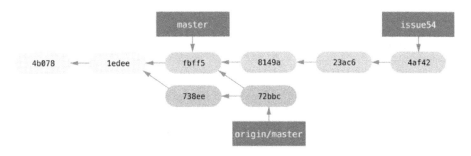

图5-9　Jessica在获取到John的变更之后的历史记录

Jessica认为自己的主题分支已经没什么问题了，但是她想知道需要合并什么内容才能够进行推送。可以执行git log来找到答案，如下所示。

```
$ git log --no-merges issue54..origin/master
commit 738ee872852dfaa9d6634e0dea7a324040193016
Author: John Smith <jsmith@example.com>
Date:   Fri May 29 16:01:27 2009 -0700

    removed invalid default value
```

issue54..origin/master这种语法是一个日志过滤器，它要求Git显示出一个提交列表，该列表中的提交出现在后一个分支（在本例中是origin/master）中，但不存在于前一个分支（在本例中是issue54）中。我们之后会在7.1.6节中详细讲解该语法。

现在我们可以从输出中看出，只有一个由John所作出的提交是Jessica尚未合并的。如果她选择合并origin/master，那么这个提交将会修改其本地工作内容。

Jessica现在就可以将自己的主题分支以及John的工作（origin/master）合并入master分支，然后推送回服务器。首先，她要切换回自己的master分支来完成所有这些操作，如下所示。

```
$ git checkout master
Switched to branch 'master'
Your branch is behind 'origin/master' by 2 commits, and can be fast-forwarded.
```

先合并origin/master或是issue54都可以，两者都属于上游，因此先后顺序并不重要。不管选择什么样的合并次序，最终的快照都是一样的；只有历史记录会略有不同。Jessica选择先合并issue54，如下所示。

```
$ git merge issue54
Updating fbff5bc..4af4298
Fast forward
 README        |    1 +
 lib/simplegit.rb |    6 +++++-
 2 files changed, 6 insertions(+), 1 deletions(-)
```

一切正常。如你所见，这就是一个简单的快进式合并。现在要合并John的工作了（origin/master），如下所示。

```
$ git merge origin/master
Auto-merging lib/simplegit.rb
Merge made by recursive.
 lib/simplegit.rb |    2 +-
 1 files changed, 1 insertions(+), 1 deletions(-)
```

所有文件的合并都干干净净，Jessica现在的历史记录看起来如下所示。

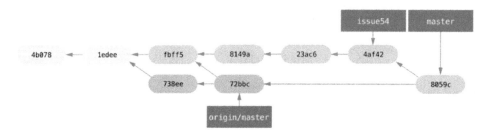

图5-10   Jessica合并了John的变更之后的历史记录

现在，Jessica可以从自己的master分支访问origin/master，因此也就能够顺利地推送了（假设John在此期间没有再次推送），如下所示。

```
$ git push origin master
...
To jessica@githost:simplegit.git
   72bbc59..8059c15 master -> master
```

每位开发人员都提交了几次并顺利地合并了他人的工作结果。

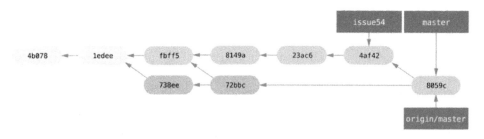

图5-11   Jessica将所有的变更推送回服务器之后的历史记录

这是最简单的一种工作流。你工作一段时间后（通常是在主题分支上），在能够整合的时候合并到master分支。如果想共享工作结果，可以将其合并到你自己的master分支，要是有改动，获取并合并到origin/master，最后再推送到服务器上的master分支。这个过程通常如下所示。

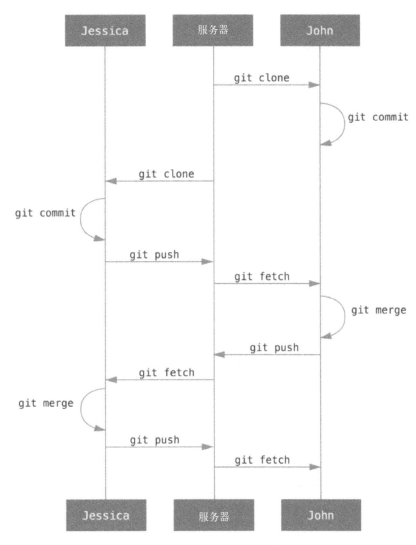

图5-12　一个简单的多开发人员Git工作流的事件顺序

5.2.3　私有管理团队

在接下来的场景中，你会看到在大型的私有团队中贡献者所扮演的角色。你将学到如何在特定的环境下工作：小组基于特性展开协作，然后由其他人来整合这些由团队所完成的贡献成果。

假设John和Jessica共同开发某个特性，同时Jessica和Josie共同开发另一个特性。在这种情况下，公司采用了一种集成管理者工作流，其中小组的工作只能由特定的工程师进行集成，主仓库的master分支也只能够由这些人来更新。在这种情况下，所有的工作都是在基于团队的分支上完成的，随后由集成人员拉取到一起。

让我们来看看Jessica的工作流，她负责处理两个特性，同时与两名开发人员协作。假设她已经克隆了仓库，决定先处理featureA。她为该特性创建了一个新的分支并做了一些工作，如下所示。

```
# Jessica's Machine
$ git checkout -b featureA
Switched to a new branch 'featureA'
$ vim lib/simplegit.rb
$ git commit -am 'add limit to log function'
[featureA 3300904] add limit to log function
 1 files changed, 1 insertions(+), 1 deletions(-)
```

这时，她需要与John共享工作内容，于是她将自己在featureA分支上的提交推送到了服务器。Jessica并没有master分支的推送权限，只有集成人员才有，为了能与John协作，她只能推送到另一个分支，如下所示。

```
$ git push -u origin featureA
...
To jessica@githost:simplegit.git
 * [new branch]       featureA -> featureA
```

Jessica向John发送了电子邮件，告知自己已经向featureA分支推送了一些工作内容，他现在就可以查看了。在等待John回应的同时，Jessica与Josie在featureB上也展开了工作。她一开始先基于服务器的master分支创建了一个新的特性分支，如下所示。

```
# Jessica's Machine
$ git fetch origin
$ git checkout -b featureB origin/master
Switched to a new branch 'featureB'
```

现在，Jessica在featureB分支上完成了几次提交，如下所示。

```
$ vim lib/simplegit.rb
$ git commit -am 'made the ls-tree function recursive'
[featureB e5b0fdc] made the ls-tree function recursive
 1 files changed, 1 insertions(+), 1 deletions(-)
$ vim lib/simplegit.rb
$ git commit -am 'add ls-files'
[featureB 8512791] add ls-files
 1 files changed, 5 insertions(+), 0 deletions(-)
```

Jessica的仓库看起来如图5-13所示。

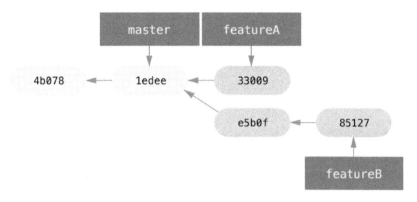

图5-13 Jessica的初始提交历史

在准备推送工作内容的时候，她收到了Josie的电子邮件，邮件中说包含了一些先期工作的分支已经作为featureBee被推送到了服务器上。Jessica在推送之前必须首先将这些变更与自己的进行合并。她可以利用git fetch获取到Josie的变更，如下所示。

```
$ git fetch origin
...
From jessica@githost:simplegit
 * [new branch]      featureBee -> origin/featureBee
```

Jessica现在就可以使用git merge将其合并到自己的工作中了，如下所示。

```
$ git merge origin/featureBee
Auto-merging lib/simplegit.rb
Merge made by recursive.
 lib/simplegit.rb |    4 ++++
 1 files changed, 4 insertions(+), 0 deletions(-)
```

这有一点小问题：她需要将featureB分支中合并过的工作内容推送到服务器中的featureBee分支。这可以通过在git push命令后跟上一个冒号（:），然后再跟上远程分支来指定，如下所示。

```
$ git push -u origin featureB:featureBee
...
To jessica@githost:simplegit.git
   fba9af8..cd685d1 featureB -> featureBee
```

这叫作引用规格（refspec）。10.5节会对此及其功能展开更详尽的讨论。另外也要注意-u选项，它是--set-upstream的缩写，该选项能够配置分支以简化随后的推送与拉取。

接下来，John发邮件给Jessica，告知他已经向featureA推送了一些变更，要求Jessica进行验证。Jessica执行git fetch来拉取这些变更，如下所示。

```
$ git fetch origin
...
From jessica@githost:simplegit
   3300904..aad881d featureA    -> origin/featureA
```

然后使用git log查看变更的具体内容，如下所示。

```
$ git log featureA..origin/featureA
commit aad881d154acdaeb2b6b18ea0e827ed8a6d671e6
Author: John Smith <jsmith@example.com>
Date:   Fri May 29 19:57:33 2009 -0700

    changed log output to 30 from 25
```

最后，她将John的工作合并入自己的featureA分支，如下所示。

```
$ git checkout featureA
Switched to branch 'featureA'
$ git merge origin/featureA
Updating 3300904..aad881d
Fast forward
 lib/simplegit.rb |   10 +++++++++-
1 files changed, 9 insertions(+), 1 deletions(-)
```

Jessica想要做一些微调，于是重新提交，然后再推送回服务器，如下所示。

```
$ git commit -am 'small tweak'
[featureA 774b3ed] small tweak
1 files changed, 1 insertions(+), 1 deletions(-)
$ git push
...
To jessica@githost:simplegit.git
   3300904..774b3ed featureA -> featureA
```

现在，Jessica的提交历史如图5-14所示。

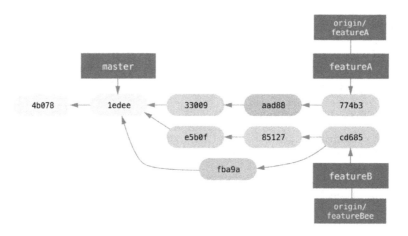

图5-14   Jessica在特性分支上完成提交之后的历史记录

Jessica、Josie和John提醒集成人员，服务器上的featureA和featureBee已经可以合并入主线了。在并入主线之后，一次获取操作将会得到一个新的合并提交，使得历史记录如图5-15所示。

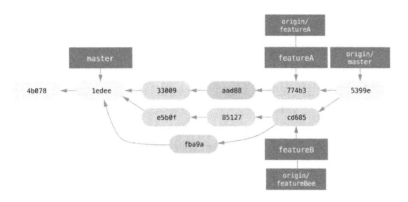

图5-15 Jessica在合并完两个主题分支之后的历史记录

正是这种能够让多个团队并行工作，随后再分别合并的能力使得很多开发小组转向了Git。Git的一个巨大的优势在于，项目中一些小的子团体可以通过远程分支展开协作，而不会对整个团队造成影响或妨碍。你在这里所看到的工作流顺序如图5-16所示。

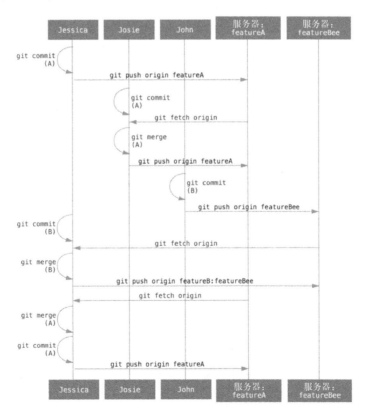

图5-16 管理团队工作流的基本顺序

5.2.4　派生的公开项目

为公开项目做贡献有点不同。因为你并没有直接更新项目分支的权限，所以只能通过其他方式将工作结果交给项目维护人员。第一个例子描述了在对派生提供了良好支持的Git主机上利用派生进行贡献。很多托管站点支持这种功能（包括GitHub、BitBucket、Google Code、repo.or.cz等），很多项目维护人员也喜欢这种贡献方式。5.2.5节将会讨论那些偏好通过电子邮件接受补丁的项目。

首先，你得有一个主仓库的克隆，为你打算贡献的补丁创建一个主题分支并在该分支上展开工作。这一系列操作如下所示。

```
$ git clone (url)
$ cd project
$ git checkout -b featureA
# (work)
$ git commit
# (work)
$ git commit
```

注意　你可能想使用rebase -i将工作内容压缩成单个提交，或是重新分配多个提交中的工作内容，以便维护人员更容易评审补丁。7.6节会对交互式变基做更详尽的介绍。

完成在分支上的工作之后就可以将其交给维护人员了，进入原先的项目页面，点击Fork按钮，创建属于你自己的可写派生版本。然后需要将这个新仓库的URL添加成为第二个远程仓库，在本例中将其命名为myfork，如下所示。

```
$ git remote add myfork (url)
```

接下来就可以向其推送了。与合并到你自己的master分支后再推送相比，将你正在处理的主题分支推送到仓库中是更简单的方法。原因在于，如果工作结果没有被接受或是拣选，则无需退回到master分支。如果维护人员合并、变基或是拣选了你的工作结果，你最终都可以通过在相应的仓库中执行拉取操作来将其找回，如下所示。

```
$ git push -u myfork featureA
```

当完成向派生版本推送之后，你需要提醒维护人员。这通常叫作拉取请求（pull request），你可以通过网站来生成该请求（GitHub有自己的一套拉取请求机制，我们会在第6章中介绍），也可以手动执行git request-pull命令，然后将输出通过电子邮件发送给维护人员。

request-pull命令接受两个参数，一个是你想将你的主题分支拉入其中的基础分支，另一个是拉取操作所需的Git仓库URL，该命令会输出一份所要求拉入的所有变更的汇总信息。例如，Jessica想要向John发送一个拉取请求，她在已推送的主题分支上完成了两次提交，因此可以执行此命令，如下所示。

```
$ git request-pull origin/master myfork
The following changes since commit 1edee6b1d61823a2de3b09c160d7080b8d1b3a40:
  John Smith (1):
        added a new function
are available in the git repository at:

  git://githost/simplegit.git featureA

Jessica Smith (2):
      add limit to log function
      change log output to 30 from 25

lib/simplegit.rb |    10 +++++++++-
1 files changed, 9 insertions(+), 1 deletions(-)
```

可以将输出发送给维护人员，告诉他们工作是从哪个分支开始的、汇总出的提交消息以及可以从哪里拉取这些工作结果。

如果你不是某个项目的管理人员，有一个总是跟踪origin/master的master分支会很方便，然后在主题分支上展开工作，如果被拒绝，也可以轻而易举地将其丢弃掉。如果主仓库的顶端被移走，导致你的提交无法再被干净地应用，将工作单独放到主题分支上会使你在变基工作内容时更容易。举例来说，如果你想将第二个工作主题提交到项目，请不要再在刚刚推送的主题分支上继续工作，而是从主仓库的master分支上重新开始，如下所示。

```
$ git checkout -b featureB origin/master
# (work)
$ git commit
$ git push myfork featureB
# (email maintainer)
$ git fetch origin
```

现在，每一个主题都已经被放入筒仓中了（类似于补丁队列），你可以对其进行重写、变基或是修改，这都不会造成主题间的干扰或是相互依赖，如图5-17所示。

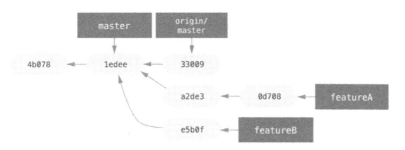

图5-17　featureB的初始提交历史

假设项目维护人员拉取了其他一些补丁，准备尝试拉取你的第一个分支，但是无法干净地进行合并。在这种情况下，你可以试着将该分支变基到origin/master顶部，帮助维护人员解决冲突，然后重新提交变更，如下所示。

```
$ git checkout featureA
$ git rebase origin/master
$ git push -f myfork featureA
```

这会重写你的历史记录，如图5-18所示。

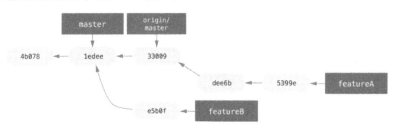

图5-18　featureA合并后的提交历史

由于你变基了分支，为了能够使用featureA的非后续提交来替换掉服务器上的featureA分支，必须在push命令中指定-f选项。另一种方法是将新的工作推送到服务器上的另一个分支（可以叫作featureAv2）。

让我们来看一个可能性更大的场景：维护人员查看了你在第二个分支上的工作，很喜欢你提出的想法，但是希望你能更改一下实现细节。你可以借此机会让工作基于项目现有的master分支。以当前的origin/master分支为基准，创建一个新的分支，将featureB的变更压缩到新分支中，解决出现的所有冲突，修改实现方法，然后将其作为新分支推送，如下所示。

```
$ git checkout -b featureBv2 origin/master
$ git merge --squash featureB
# (change implementation)
$ git commit
$ git push myfork featureBv2
```

--squash选项接受已合并分支上的所有工作，将其压缩成一个变更集，这个变更集能够生成仓库状态，就好像真的执行了合并操作一样，无需真的发起合并提交。这意味着你之后的提交将只会有一个父提交，你可以从其他分支引入所有的变更，然后在记录新的提交之前完成更多的改动。--no-commit选项可以在默认的合并过程中推迟合并提交。

现在，你可以给维护人员发送消息，告诉他说你已经做了他所要求的修改，并且他可以在你的feature Bv2分支上找到这些改动。

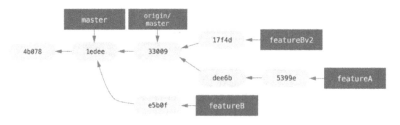

图5-19　featureB合并后的提交历史

5.2.5 通过电子邮件接受补丁的公开项目

很多项目都有接受补丁的流程，由于其各不相同，因此需要核实每个项目的具体规则。因为有一些历史悠久的大型项目是通过开发人员邮件列表接受补丁的，所以接下来我们会介绍一个这样的例子。

工作流和上一个用例差不多，即为每一系列补丁创建主题分支。不同之处在于提交给项目的方式。并不需要派生项目，然后再推送到可写的派生版本中，你要做的是生成每个提交序列的电子邮件版本，将其通过电子邮件发送到开发人员邮件列表，如下所示。

```
$ git checkout -b topicA
# (work)
$ git commit
# (work)
$ git commit
```

现在有两个提交要发送到邮件列表。你可以使用git format-patch来生成要通过电子邮件发送的mbox格式的文件，该命令会将每个提交转换成对应的电子邮件消息，其中提交消息的第一行作为邮件主题，余下的内容以及所提交的补丁作为邮件正文。应用由format-patch生成的电子邮件中所包含的补丁的好处在于能够正确地保留所有的提交消息。

```
$ git format-patch -M origin/master
0001-add-limit-to-log-function.patch
0002-changed-log-output-to-30-from-25.patch
```

format-patch命令会输出所创建的补丁文件的名称。-M选项告诉Git查找是否存在重命名。最终的文件如下所示。

```
$ cat 0001-add-limit-to-log-function.patch
From 330090432754092d704da8e76ca5c05c198e71a8 Mon Sep 17 00:00:00 2001
From: Jessica Smith <jessica@example.com>
Date: Sun, 6 Apr 2008 10:17:23 -0700
Subject: [PATCH 1/2] add limit to log function

Limit log functionality to the first 20

---
 lib/simplegit.rb |    2 +-
 1 files changed, 1 insertions(+), 1 deletions(-)

diff --git a/lib/simplegit.rb b/lib/simplegit.rb
index 76f47bc..f9815f1 100644
--- a/lib/simplegit.rb
+++ b/lib/simplegit.rb
@@ -14,7 +14,7 @@ class SimpleGit
    end

    def log(treeish = 'master')
-     command("git log #{treeish}")
+     command("git log -n 20 #{treeish}")
```

```
    end

    def ls_tree(treeish = 'master')
--
2.1.0
```

你也可以编辑补丁文件来为邮件列表添加更多不愿在提交消息中出现的信息。如果你添加的内容位于文本行---与补丁起始位置之间（行diff --git），那么开发人员就能够阅读到，但是并不会应用到补丁中。

要想发送到邮件列表，你可以将文件内容粘贴到电子邮件程序中，或是通过命令行程序来发送。粘贴文本经常会造成格式方面的问题，尤其是"智能"客户端不能正确地保留换行符和其他的空白字符。好在Git提供了一个简单的工具，可以帮助将格式正确的补丁通过IMAP发送。我们将会演示如何利用Gmail发送补丁，前者是我们已知最棒的电子邮件代理程序。你可以在之前提到过的Git源代码中的Documentation/SubmittingPatches文件中阅读到各种电子邮件程序详细的操作说明。

首先，需要设置~/.gitconfig文件中的imap部分。你可以使用多条git config命令来逐一设置每个值，也可以手动添加，不管采用哪种方法，最终配置文件应该如下所示。

```
[imap]
    folder = "[Gmail]/Drafts"
    host = imaps://imap.gmail.com
    user = user@gmail.com
    pass = p4ssw0rd
    port = 993
    sslverify = false
```

如果IMAP服务器没有使用SSL，最后两行可以不要，另外要把imaps://改成imap://。设置好之后，你就可以使用git imap-send将补丁发送到指定IMAP服务器上的Drafts目录中了，如下所示。

```
$ cat *.patch |git imap-send
Resolving imap.gmail.com... ok
Connecting to [74.125.142.109]:993... ok
Logging in...
sending 2 messages
100% (2/2) done
```

这时，你应该能够进入Drafts目录中，将收件人（To）字段更改为待发送到的邮件列表，也可以在抄送（CC）一栏中填入维护人员或者该部分的负责人，然后发送即可。

你也可以通过SMTP服务器发送补丁。和先前一样，你可以使用多条git config命令来逐一设置每个值，也可以手动将下面的内容添加到你个人的~/.gitconfig文件中的sendemail部分，如下所示。

```
[sendemail]
    smtpencryption = tls
    smtpserver = smtp.gmail.com
    smtpuser = user@gmail.com
    smtpserverport = 587
```

完成设置之后，就可以使用`git send-email`来发送补丁了，如下所示。

```
$ git send-email *.patch
0001-added-limit-to-log-function.patch
0002-changed-log-output-to-30-from-25.patch
Who should the emails appear to be from? [Jessica Smith <jessica@example.com>]
Emails will be sent from: Jessica Smith <jessica@example.com>
Who should the emails be sent to? jessica@example.com
Message-ID to be used as In-Reply-To for the first email? y
```

然后，对于你所发送的每一个补丁，Git都会输出一大堆像下面这样的日志信息。

```
(mbox) Adding cc: Jessica Smith <jessica@example.com> from
  \line 'From: Jessica Smith <jessica@example.com>'
OK. Log says:
Sendmail: /usr/sbin/sendmail -i jessica@example.com
From: Jessica Smith <jessica@example.com>
To: jessica@example.com
Subject: [PATCH 1/2] added limit to log function
Date: Sat, 30 May 2009 13:29:15 -0700
Message-Id: <1243715356-61726-1-git-send-email-jessica@example.com>
X-Mailer: git-send-email 1.6.2.rc1.20.g8c5b.dirty
In-Reply-To: <y>
References: <y>

Result: OK
```

5.2.6　小结

本节介绍了一些常见的工作流，它们可以用来处理可能会碰到的一些迥然不同的Git项目，另外还介绍了几个有助于对处理过程实施管理的新工具。接下来，你要看到的是硬币的另一面：维护Git项目。你将要学习如何成为一名司令官或集成管理人员。

5.3　维护项目

除了知道如何有效地参与到项目中，你可能还需要了解如何维护一个项目。这涉及接受并应用通过`format-patch`生成并通过电子邮件发送给你的补丁，或是对项目所添加的远程仓库分支中的变更进行整合。无论你维护的是权威仓库，还是想帮助核实或批准接收到的补丁，都要学会以某种清晰且可持续的方式接受他人的工作结果。

5.3.1　使用主题分支

当你考虑整合新的内容时，先在主题分支上试一下是一个不错的主意，这是一种特别用于检验新的工作结果的临时分支。利用这种方法，可以很容易地对个别补丁进行微调，如果无法正常工作，可以先把它放在那里，等有时间的时候再处理。如果你根据要尝试的工作内容主题为分支起了一个简单的名称，比如`ruby_client`或是其他类似的描述，就算你暂时不管它，以后也能够毫不费力地回忆起来。Git项目的维护人员为分支加入命名空间，例如sc/ruby_client，其中sc是该工作贡献者的姓名简写。你应该记得，可以使用以下方法基于master分支创建主题分支。

```
$ git branch sc/ruby_client master
```

如果你想立刻切换到该分支，可以使用checkout -b选项，如下所示。

```
$ git checkout -b sc/ruby_client master
```

现在你就可以将别人贡献的工作添加到这个主题分支并考虑是否将其合并入长期分支。

5.3.2　应用来自电子邮件的补丁

如果你通过电子邮件接收到一个需要整合到项目中的补丁，可以将该补丁应用到主题分支中进行评估。有两种方法可以应用这种补丁：git apply和git am。

1. 使用apply命令应用补丁

如果你接收到的补丁是由git diff或Unix的diff命令（不推荐使用该命令；详见下一部分）生成的，可以使用git apply命令来应用补丁。假设你将补丁保存在/tmp/patch-ruby-client.patch下，则可以像下面这样来打补丁。

```
$ git apply /tmp/patch-ruby-client.patch
```

这会修改工作目录中的文件。其效果基本上与patch -p1命令一样，但相比之下要更严格，出错的概率也更少。如果补丁采用的是git diff格式，该命令还能够处理文件添加、删除及重命名操作，patch命令可做不了这些。最后，apply命令采用的是一种"要么全有，要么全无"（apply all or abort all）的模式，也就是说只有两种可能性：补丁全部被应用或是一个都不应用，而patch命令会应用部分补丁，导致工作目录处于一个怪异的状态。总的来看，git apply要比patch谨慎得多。它不会为你创建提交，执行完该命令之后，你必须手动暂存并提交引入的变更。

你也可以在实际应用补丁之前利用git apply来查看补丁是否能够顺利应用，只需对补丁文件执行git apply --check即可，如下所示。

```
$ git apply --check 0001-seeing-if-this-helps-the-gem.patch
error: patch failed: ticgit.gemspec:1
error: ticgit.gemspec: patch does not apply
```

如果没有产生输出，这个补丁就没问题。如果检查失败，命令会以非零状态值退出，因此可以在需要的时候将其用在脚本中。

2. 使用am命令应用补丁

如果补丁的贡献者也是一名Git用户，能够熟练地使用format-patch命令生成补丁，那你的工作就轻松了，因为补丁中包含了作者信息和提交消息。如果可以，鼓励贡献者放弃diff，使用format-patch来生成补丁。对于遗留的旧式补丁，就只能使用git apply进行处理了。

要应用由format-patch生成的补丁，你得使用git am。从技术上讲，git am专门用于读取mbox文件，这种文件采用了简单的纯文本格式，可用于将一个或多个电子邮件消息保存在单个文本文件中。其形式如下所示。

```
From 3300904327540922d704da8e76ca5c05c198e71a8 Mon Sep 17 00:00:00 2001
From: Jessica Smith <jessica@example.com>
Date: Sun, 6 Apr 2008 10:17:23 -0700
Subject: [PATCH 1/2] add limit to log function

Limit log functionality to the first 20
```

这是你在上一部分中看到过的format-patch命令输出的开始部分。它也是有效的mbox电子邮件格式。如果有人使用git send-email将补丁通过电子邮件发送给你，你可以将其作为mbox格式下载，然后将git am命令指向该mbox文件，就可以应用其中包含的所有补丁。如果你使用的电子邮件客户端能够将多封邮件保存为mbox格式，那么就可以把所有的补丁保存在一个文件中，然后使用git am将它们一次性全部应用。

如果有人将format-patch生成的补丁上传到了缺陷跟踪管理系统（ticketing system）或类似的系统，你可以将补丁先保存到本地，然后将其交给git am来应用，如下所示。

```
$ git am 0001-limit-log-function.patch
Applying: add limit to log function
```

你可以看到补丁已经成功地被应用并且自动创建了一个新的提交。其中作者信息是从电子邮件的From字段和Date字段提取的，提交消息是从Subject字段和邮件正文中（补丁之前）提取的。举例来说，如果补丁是从上例中的mbox文件中应用的，那么所生成的提交如下所示。

```
$ git log --pretty=fuller -1
commit 6c5e70b984a60b3cecd395edd5b48a7575bf58e0
Author:     Jessica Smith <jessica@example.com>
AuthorDate: Sun Apr 6 10:17:23 2008 -0700
Commit:     Scott Chacon <schacon@gmail.com>
CommitDate: Thu Apr 9 09:19:06 2009 -0700

    add limit to log function

    Limit log functionality to the first 20
```

其中Commit信息指明了是谁在何时应用了补丁。Author信息指明了是谁在何时创建这个补丁。

不过在应用补丁的过程中也可能会出现问题。这可能是因为你的主分支和创建补丁的分支距离太远，或是该补丁依赖另一个尚未应用的补丁。这种情况下，git am会报错并询问你要怎么处理，如下所示。

```
$ git am 0001-seeing-if-this-helps-the-gem.patch
Applying: seeing if this helps the gem
error: patch failed: ticgit.gemspec:1
error: ticgit.gemspec: patch does not apply
Patch failed at 0001.
When you have resolved this problem run "git am --resolved".
If you would prefer to skip this patch, instead run "git am --skip".
To restore the original branch and stop patching run "git am --abort".
```

命令会在有问题的文件中加入冲突标记，就像出现冲突的合并或变基操作一样。处理方法基本上一样：编辑文件解决冲突，暂存新文件，然后执行 git am --resolved 继续应用下一个补丁，如下所示。

```
$ (fix the file)
$ git add ticgit.gemspec
$ git am --resolved
Applying: seeing if this helps the gem
```

如果你希望Git能够更智能地解决冲突，可以加上-3选项，这会使得Git尝试进行三方合并。这并不是默认选项，因为如果补丁所基于的提交并不在你的仓库中，三方合并就无法完成。但如果你的确拥有那个提交（比如该补丁基于公共提交），那么-3选项在应用有冲突的补丁时要聪明得多，如下所示。

```
$ git am -3 0001-seeing-if-this-helps-the-gem.patch
Applying: seeing if this helps the gem
error: patch failed: ticgit.gemspec:1
error: ticgit.gemspec: patch does not apply
Using index info to reconstruct a base tree...
Falling back to patching base and 3-way merge...
No changes -- Patch already applied.
```

像上面这样，补丁已经顺利应用了。如果没有-3选项，结果就是一次冲突。

如果你要从mbox文件中应用多个补丁，可以在交互模式下执行am命令，这样就会在应用每个补丁之前询问是否需要应用，如下所示。

```
$ git am -3 -i mbox
Commit Body is:
--------------------------
seeing if this helps the gem
--------------------------
Apply? [y]es/[n]o/[e]dit/[v]iew patch/[a]ccept all
```

如果你保存了多个补丁，那么这是一个不错的做法，因为这样可以在记不清楚的时候先查看补丁，或是跳过已经应用过的补丁。

当所有补丁都已经应用并提交到分支，接下来就可以选择是否需要以及如何将其整合到长期分支中了。

5.3.3　检出远程分支

如果贡献是来自这样的Git用户，他们搭建了自己的仓库，向其中推送了若干变更，然后将仓库的URL以及变更所处的远程分支名称发送给你，那么可以将这些用户添加为远程分支并进行本地合并。

举例来说，如果Jessica给你发送了一封邮件，说她在自己仓库的ruby-client分支中有一个非常不错的特性。为了进行测试，你可以将该分支添加为远程分支并在本地检出该分支，如下所示。

```
$ git remote add jessica git://github.com/jessica/myproject.git
$ git fetch jessica
$ git checkout -b rubyclient jessica/ruby-client
```

如果她稍后又给你发送邮件，说另一个分支中的另一个特性也很棒，你就可以直接获取并检出，因为之前已经设置好远程分支了。

如果你一直与某人合作，这项功能是最有用的。对于那些只在一段时期内贡献一个补丁的人来说，与运行自己的服务器只是为了那么几个补丁而不停地添加、删除远程分支相比，还是通过电子邮件来接受补丁要来得省事。你估计也不愿意搞出几百个远程分支，每个分支只对应着一两个补丁。不过脚本和托管服务在一定程度上能够简化这种工作，这很大程度上依赖你和贡献者的开发方式。

这种方法的另一个优势在于你还能够获得提交历史。尽管合并过程中可能难免出现问题，但你能够知道对方的工作是基于历史记录中的哪一个位置；三方合并也成为了默认操作，而不再需要提供-3选项，也不必指望补丁是从你能够访问的公共提交中生成的。

如果你并没有与某人展开持续性合作，但是还希望能采用这种方式来从对方那里拉取数据，那么可以将远程仓库的URL提供给git pull命令。这会执行一个一次性拉取操作，也不会将URL保存成远程引用，如下所示。

```
$ git pull https://github.com/onetimeguy/project
From https://github.com/onetimeguy/project
 * branch            HEAD         -> FETCH_HEAD
Merge made by recursive.
```

5.3.4 确定引入内容

现在你拥有了一个包含了他人所贡献的工作结果的主题分支。这时候你就可以决定如何对其进行处理了。本节回顾了一些讲过的命令，你可以了解到如何使用这些命令来检查合并入主分支中的具体内容。

通常最好是能够检查一下那些属于该分支且不属于master分支的提交。你可以在分支名称前加上--not选项，将master分支中的提交排除。其效果与我们之前用过的master..contrib一样。举例来说，如果贡献者给你发送了两个补丁，你为此创建了一个叫作contrib的分支并将补丁应用到该分支，可以像下面这样做。

```
$ git log contrib --not master
commit 5b6235bd297351589efc4d73316f0a68d484f118
Author: Scott Chacon <schacon@gmail.com>
Date:   Fri Oct 24 09:53:59 2008 -0700

    seeing if this helps the gem

commit 7482e0d16d04bea79d0dba8988cc78df655f16a0
Author: Scott Chacon <schacon@gmail.com>
Date:   Mon Oct 22 19:38:36 2008 -0700

    updated the gemspec to hopefully work better
```

　　要查看每次提交都引入了哪些变更，可以给git log命令传入-p选项，该命令会在每次提交之后加上相应的差异变化。

　　如果想知道将该主题分支与其他分支合并后发生的全部差异变化，你可能得用到一个古怪的技巧来获取正确的结果。你也许认为可以执行下面的命令。

```
$ git diff master
```

　　该命令会给出一份差异信息，不过这未必是你需要的。如果在从master分支上创建主题分支之后，该master分支向前发生了移动，那么你会得到一堆奇怪的结果。这是因为Git是拿你所在主题分支上最新的提交快照与master分支上最新的提交快照直接对比的。举例来说，如果你给master分支上的文件加入了一行，这种对比的结果就是好像在主题分支上将这一行删去了。

　　如果master分支是主题分支的直接祖先，这没有什么问题；但如果两个分支的历史产生了分叉，差异比较的结果就像是将所有的新内容加入了主题分支，删除了master分支中所有特有的内容。

　　你真正想看的其实是添加到主题分支中的变更，也就是将该分支与master分支合并后引入的内容。你要做的是让Git将主题分支上的最新提交与该分支和master分支的首个共同祖先进行对比。

　　从技术上讲，可以直接找出公共祖先，然后对其执行diff命令，如下所示。

```
$ git merge-base contrib master
36c7dba2c95e6bbb78dfa822519ecfec6e1ca649
$ git diff 36c7db
```

　　但这种做法并不方便，因此Git提供了另一种便捷的途径：三点语法（triple-dot syntax）。在diff命令中，你可以把三个点号放在另一个分支之后，在所处分支的最新提交和两个分支的共同祖先之间进行diff操作，如下所示。

```
$ git diff master...contrib
```

　　该命令仅会显示出当前主题分支与master分支的共同祖先之后该主题分支所引入的内容。这是一个值得记住的非常有用的语法。

5.3.5　整合所贡献的工作结果

　　当主题分支上的工作已万事俱备，只待整合入主线分支时，剩下的问题就是该如何整合。更进一步地说，你打算使用什么样的整体工作流来维护项目？可供使用的选择有很多，我们将逐一讲述其中的几种。

1. 合并工作流

　　这种简单的工作流可以将工作结果合并入master分支。在此场景中，master分支中包含的代码基本上是稳定的。当你完成了主题分支上的工作，或是验证过他人所贡献的工作时，就可以将其合并入master分支，然后删除主题分支，如此反复。如果仓库中包含了两个分别名为ruby_client和php_client的分支（如图5-20），将这两个分支先后合并之后，最终的提交历史将如图5-21所示。

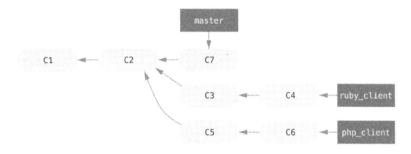

图5-20 包含多个主题分支的历史记录

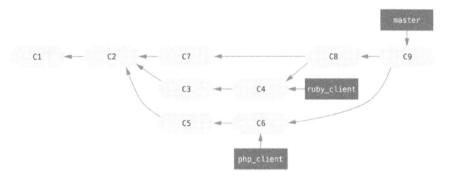

图5-21 合并主题分支之后

这大概是最简单的工作流了，但如果涉及的是规模更大或者更稳定的项目，对于项目中引入的内容尤其需要谨慎的时候，这种工作流仍有可能会出现问题。

如果你的项目很重要，你可能要使用两阶段合并循环（two-phase merge cycle）。在这种场景中，你拥有两个长期分支，分别是master分支和develop分支。只有当一个非常稳定的发行版出现时才更新master分支，并将所有的新代码整合入develop分支。这两个分支会被定期推送到公共仓库中。每当有一个待合并的新主题分支时（如图5-22），就将其合并入develop分支（如图5-23）；然后当打标签发布的时候，将master分支快进到当前稳定的develop分支（如图5-24）。

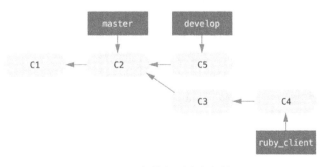

图5-22 合并主题分支之前

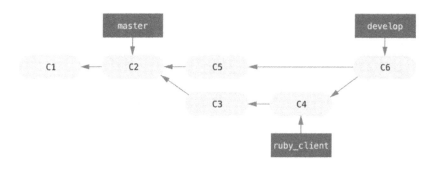

图5-23   合并主题分支之后

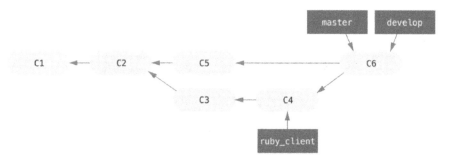

图5-24   项目发布之后

这样一来，当用户克隆项目仓库后，他们可以通过检出master分支来构建最新的稳定版本并保持最新状态，也可以检出包含了更多先进特性的develop分支。你可以继续延伸这种概念，建立一个合并了所有工作结果的整合分支。随后，当该分支上的代码库稳定并通过了测试，就将其合并入develop分支；经过一段时间，确定其稳定之后，以快进方式并入master分支。

2. 大型合并工作流

Git项目有4个长期分支：master、next、用于新工作的pu（proposed updates，提议更新）以及用于维护向后移植（maintenance backport）的maint。贡献者引入的新工作结果会采用类似于我们之前讲过的方法汇集到维护人员仓库中的主题分支（见图5-25）。然后会检查主题分支以确定是否能够做进一步处理，或是仍需要做更多的工作。如果没什么问题，就将主题分支合并到next分支并推送该分支，这样所有人都可以尝试整合到一起的各种主题。

如果这些主题分支仍需改进，可以将它们合并到pu分支。在其完全稳定下来之后，重新合并入master分支，并重新构建那些处于next分支但尚无法确保能够进入master分支的主题分支。这意味着master分支始终是在快进，next分支偶尔变基，pu分支则是频繁变基，如图5-26所示。

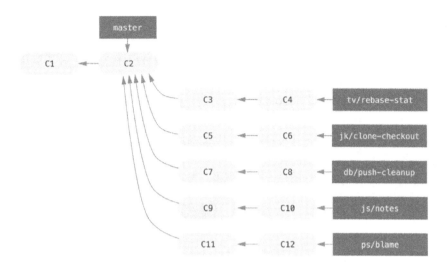

图5-25 管理复杂的并行贡献

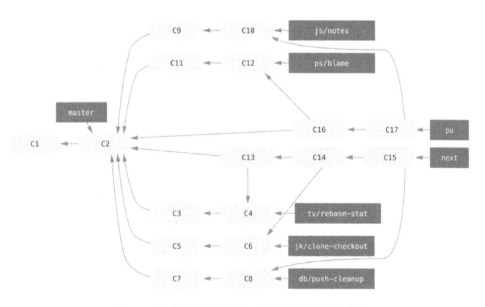

图5-26 将所贡献的主题分支合并到长期整合分支

　　当主题分支最终被并入master分支之后，便会从仓库中删除该主题分支。Git项目还有一个从最新发布中派生出的maint分支，用于在需要发布维护时提供向后移植补丁。因此，当你克隆了Git仓库之后，就拥有了4个分支，可以用来评估项目的不同开发阶段，具体检出哪个分支，取决于你需要多新的功能或是怎样的贡献方式；而维护人员则利用这套结构化的工作流来帮助审查新的贡献。

3. 变基与拣选工作流

为了尽可能地保持线性历史记录，有些维护人员更喜欢在master分支之上对所贡献的内容进行变基或拣选，而不是将其合并。当你完成了某个主题分支中的工作并决定对其整合的时候，可以转到该主题分支，执行变基命令，在当前的master分支（或develop分支等）之上重新构建变更。如果一切顺利，你就可以快进master分支，得到一个线性的项目历史记录。

将引入的工作从一个分支移动到其他分支的另一种方法是拣选。在Git中，拣选类似于对单个提交的变基。它接受某次提交中引入的补丁并尝试将其重新应用在当前所处的分支上。如果你只希望应用主题分支上多次提交中的某次提交，或是对主题分支上仅有的单次提交执行拣选而不是变基操作，这种方式就能够派上用场。举例来说，假设你有以下项目。

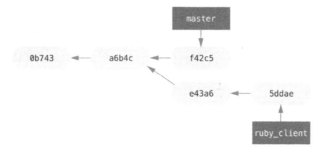

图5-27　执行拣选操作之前的历史记录

如果要将提交e43a6拉取到master分支，可以执行以下命令。

```
$ git cherry-pick e43a6fd3e94888d76779ad79fb568ed180e5fcdf
Finished one cherry-pick.
[master]: created a0a41a9: "More friendly message when locking the index fails."
3 files changed, 17 insertions(+), 3 deletions(-)
```

这样会拉取与在e43a6提交中引入的变更相同的变更，但是你会得到一个新的提交SHA-1值，这是因为所应用的日期不一样。现在的历史记录如图5-28所示。

现在你就可以删除掉主题分支，丢弃不需要拉入的提交了。

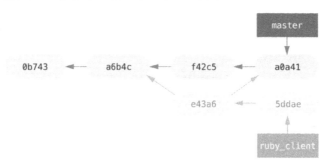

图5-28　在主题分支上拣选提交之后的历史记录

4. rerere

如果在执行大量的合并及变基操作，或是在维护一个长期的主题分支，Git有一个叫作rerere的特性能够助你一臂之力。rerere是reuse recorded resolution（重用已记录的冲突解决方案）的缩写，这是一种简化手动解决冲突的方法。启用rerere之后，Git会保留成功合并前后的一组镜像，如果Git注意到出现的冲突和之前已经解决过的冲突一模一样，那么它就会使用之前的解决方案，不再需要你的介入。

该特性涉及两个方面：配置设置和命令。配置设置是rerere.enabled，把它放在全局配置中就可以了，如下所示。

```
$ git config --global rerere.enabled true
```

现在，只要你执行的合并操作解决了合并冲突，解决方案就会被记录在缓存中，以备后用。

如果有需要，你也可以利用git rerere命令同rerere缓存打交道。单独使用该命令时，Git会检查解决方案数据库，尝试查找与当前合并冲突匹配的记录并解决冲突（如果将rerere.enabled设为true，那么这个过程是自动完成的）。还有一些子命令可用于查看所记录的内容、从缓存中删除特定的解决方案以及清除整个缓存。我们会在7.9节中更为详细地介绍rerere。

5.3.6 为发布版打标签

在决定进行发布时，你可能会想要打一个标签，以便以后可以随时重新生成该发布版。创建新标签的方法在第2章中已经介绍过了。如果你打算以维护人员的身份签署该标签，则打标签的过程如下所示。

```
$ git tag -s v1.5 -m 'my signed 1.5 tag'
You need a passphrase to unlock the secret key for
user: "Scott Chacon <schacon@gmail.com>"
1024-bit DSA key, ID F721C45A, created 2009-02-09
```

如果签署了标签，分发用于签署标签的PGP公钥可能会成为一个问题。Git项目的维护人员采用的解决方法是将公钥作为blob对象包含在仓库中，然后添加一个直接指向其内容的标签。要实现这种方法，你可以通过gpg --list-keys找出所需要的密钥，如下所示。

```
$ gpg --list-keys
/Users/schacon/.gnupg/pubring.gpg
---------------------------------
pub   1024D/F721C45A 2009-02-09 [expires: 2010-02-09]
uid              Scott Chacon <schacon@gmail.com>
sub   2048g/45D02282 2009-02-09 [expires: 2010-02-09]
```

然后，你可以直接将密钥导入到Git数据库中，这是通过导出密钥并利用管道将其传给git hash-object命令来实现的，该命令会向Git中写入一个内含导出内容的新blob对象，并返回这个blob对象的SHA-1值，如下所示。

```
$ gpg -a --export F721C45A | git hash-object -w --stdin
659ef797d181633c87ec71ac3f9ba29fe5775b92
```

既然现在已经得到了Git中密钥的内容，你就可以通过指定由hash-object命令给出的新SHA-1值来创建一个直接指向该密钥的标签，如下所示。

```
$ git tag -a maintainer-pgp-pub 659ef797d181633c87ec71ac3f9ba29fe5775b92
```

如果执行命令git push --tags，标签maintainer-pgp-pub就会被共享给所有人。需要验证标签的人可以通过从数据库中直接拉取出blob对象并将其导入GPG的方法来导入PGP密钥，如下所示。

```
$ git show maintainer-pgp-pub | gpg --import
```

他们可以使用这个密钥来验证你所签署的所有标签。同样，如果你在标签消息中加入了操作说明，那么执行git show <tag>命令会为最终用户显示出有关标签验证更具体的操作方法。

5.3.7　生成构建编号

Git并不会随着每一次提交产生类似于v123这种递增的数字，如果你想要为提交起一个具有可读性的名称，可以针对该提交执行git describe。Git会给出这样一个名称：它是由最近的标签名、该标签之上的提交数量以及你描述的提交的部分SHA-1值组成的，如下所示。

```
$ git describe master
v1.6.2-rc1-20-g8c5b85c
```

这样你就可以导出一个快照或是构建，然后为其取一个人们能理解的名称。其实，如果你是用从Git仓库克隆而来的源代码构建Git，那么git --version给出的结果会与此类似。如果你描述的提交已经直接打过了标签，那么git describe只会给出标签名。

git describe命令偏好含有附注的标签（使用-a或-s选项创建的标签），如果你使用该命令，为了确保能够正确命名提交，发布标签应该按照这种方式创建。你也可以使用这个字符串作为checkout或show命令的参数，但这依赖末尾简写的SHA-1值，因此未必总是有效。举例来说，Linux内核最近从8个字符扩展到了10个字符，就是为了确保SHA-1对象的唯一性，这使得之前git describe命令所输出的名称全都失效了。

5.3.8　准备发布

现在你就可以发布构建了。其中要做的一件事就是为那些不使用Git的可怜人创建一个包含代码最新快照的归档文件。这可以使用git archive命令来完成，如下所示。

```
$ git archive master --prefix='project/' | gzip > `git describe master`.tar.gz
$ ls *.tar.gz
v1.6.2-rc1-20-g8c5b85c.tar.gz
```

如果有人解开了这个tar包，就可以在项目目录下得到你的项目最新的快照。你也可以创建zip格式的归档文件，方法大同小异，只不过要为git archive传入--format=zip选项，如下所示。

```
$ git archive master --prefix='project/' --format=zip > `git describe master`.zip
```

现在你就分别得到了本次所发布项目的tar包和zip格式的归档文件，你可以将它们上传到网站或是通过电子邮件发送给他人。

5.3.9 简报

是时候给邮件列表中关注项目进展的人们发送邮件了。可以使用`git shortlog`命令来快速得到上次发布或发送电子邮件之后新增内容的各类变更日志。它能够汇总给定范围内所有的提交。举例来说，假如你上次的发布名称是v1.0.1，那么下面的命令给出了自上次发布之后所有提交的汇总。

```
$ git shortlog --no-merges master --not v1.0.1
Chris Wanstrath (8):
      Add support for annotated tags to Grit::Tag
      Add packed-refs annotated tag support.
      Add Grit::Commit#to_patch
      Update version and History.txt
      Remove stray `puts`
      Make ls_tree ignore nils

Tom Preston-Werner (4):
      fix dates in history
      dynamic version method
      Version bump to 1.0.2
      Regenerated gemspec for version 1.0.2
```

这样就得到了一份1.0.1版之后清晰的提交汇总，汇总信息按照作者分组，你可以通过电子邮件将其发送到邮件列表中。

5.4 小结

现在你对于如何在Git中为项目做贡献、维护自有项目或是整合他人的贡献应该已经游刃有余了。恭喜你成为高效的Git开发人员！在第6章中，你将学到如何使用规模最大、最流行的Git托管服务：GitHub。

第6章

GitHub

GitHub是最大的Git仓库单一托管商,也是数百万开发人员和项目的协作中心。GitHub上托管了大部分的Git仓库,不少开源项目都使用GitHub从事Git托管、议题跟踪、代码评审以及其他用途。因此,尽管GitHub并非Git开源项目的直接组成部分,但在专业化的Git操作过程中,你很有可能想要或需要同GitHub打交道。

本章的内容涉及如何高效地使用GitHub。我们会介绍账号的注册及管理、Git仓库的创建及使用、向现有项目贡献以及接纳他人贡献的常见工作流、GitHub的编程接口以及大量提高工作效率的小窍门。

如果你不打算使用GitHub托管项目,对其他在GitHub上托管的项目也没什么合作的兴趣,你完全可以直接跳到第7章。

界面变化

要特别注意的是,像很多活跃的网站一样,本章屏幕截图中的UI元素肯定会随着时间发生变化。好在我们要传达的思想是不变的,如果你想看到更具有实效性的界面,本书的在线版本中会包含更新过的屏幕截图。

6.1 账号设置与配置

你需要做的第一件事就是设置一个免费的用户账号。这只需要访问GitHub的网站,选择尚未被占用的用户名,提供电子邮件地址和密码,然后点击大号的绿色按钮Sign up for GitHub就可以了。

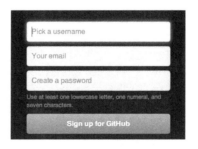

图6-1 GitHub注册表单

接下来你会看到一个升级计划的价格页面，目前你不用理会它。GitHub会给你发送一封电子邮件来验证所提供地址的有效性。先把这一步做了，这相当重要（随后就会看到）。

注意　GitHub为免费用户开放了所有的功能，但要求所有的项目都必须是完全公开的（每个用户都可以访问）。GitHub的付费计划包括若干种私有项目，不过本书不涉及这方面的内容。

点击屏幕左上角的章鱼猫（Octocat）徽标，将会显示属于你个人的信息中心页面。现在就可以开始使用GitHub了。

6.1.1　SSH 访问

现在，你完全可以使用https://协议以及设置好的用户名和密码进行身份验证并连接到Git仓库。不过，如果只是要克隆公共项目，你甚至都不需要注册。刚才创建的账号只是为了稍后派生项目及推送我们自己的项目修改时使用。

如果你想使用SSH远程连接，那么就得配置一个公钥（如果你还没有公钥，请参阅4.3节）。使用窗口右上方的链接打开账号设置页面，如下所示。

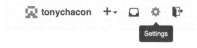

图6-2　账号设置链接

然后选择左侧的SSH keys部分。

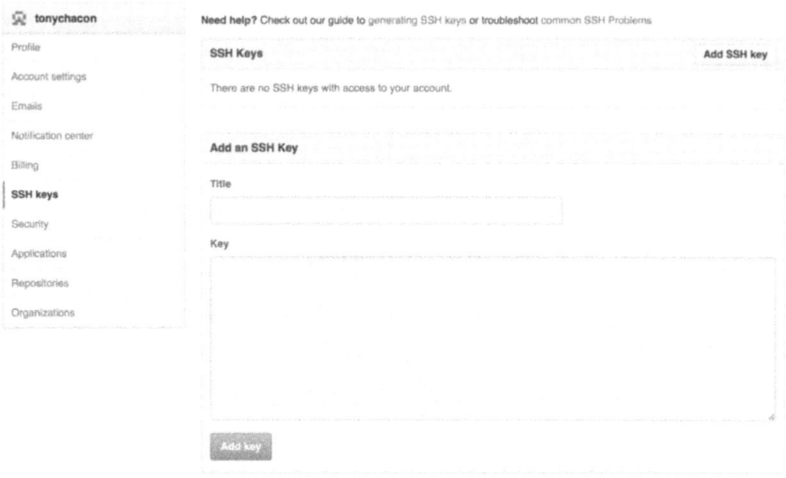

图6-3　选择SSH keys

在这里点击Add SSH key按钮，给你的公钥起一个名称，将公钥文件~/.ssh/id_rsa.pub（或是其他名称）的内容粘贴到文本域中，然后点击Add key。

注意　一定要给你的SSH密钥选一个好记的名称。你可以给每个密钥都起一个名称（比如"我的笔记本电脑"或是"工作账号"），以便随后需要吊销某个密钥的时候能够轻松地进行区分。

6.1.2 头像

如果你愿意，接下来可以将自动生成的头像换成你喜欢的图片。先找到Profile标签（在SSH keys标签上面），然后点击Upload new picture。

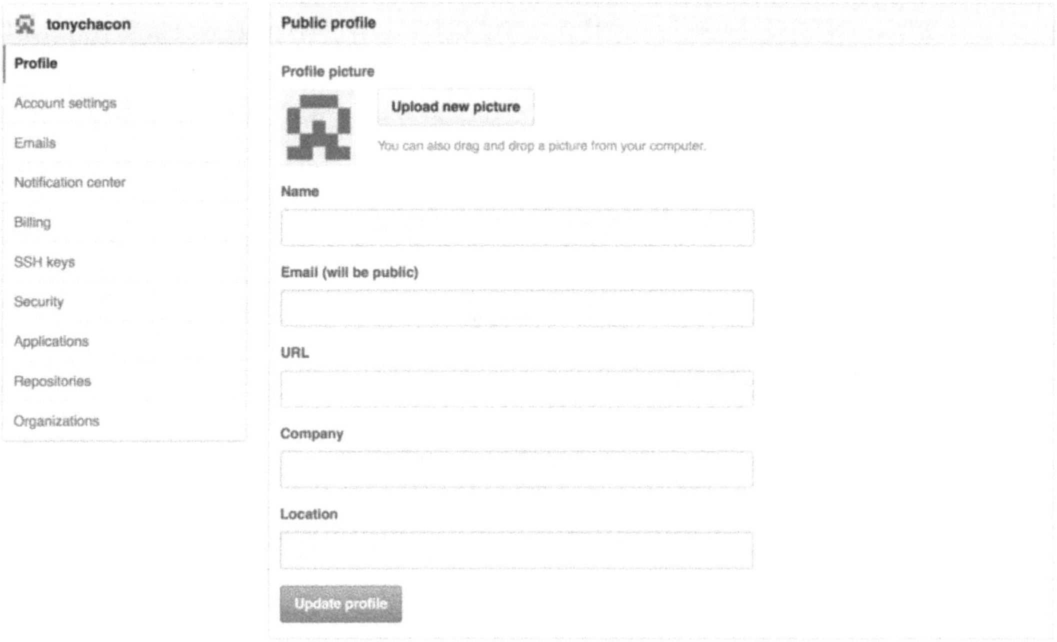

图6-4　Profile标签

我们在本地硬盘上选择一张Git的徽标图片，然后可以对其进行裁剪。

现在，只要网站中有你参与的地方，人们都会在你的用户名旁边看到你的头像。

如果你已经将头像上传到了流行的Gravatar托管服务（Wordpress用户经常用此服务），默认就会选用这个头像，你也就不需要再进行这一步的设置了。

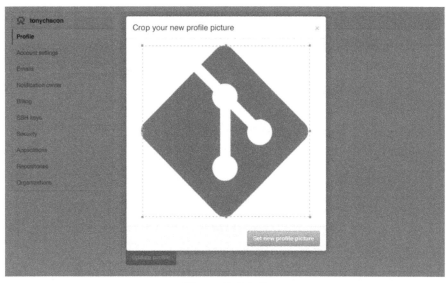

图6-5　裁剪头像

6.1.3　电子邮件地址

GitHub使用电子邮件地址将你的Git提交与用户关联在一起。如果你在提交中使用了多个电子邮件地址，希望GitHub能够将它们正确地联系在一起，你需要将所有用到的电子邮件地址添加到管理页面中的Emails部分。

在图6-6中，我们可以看到一些不同的状态设置。顶部是经过验证的电子邮件地址，并设置为主地址，这意味着你接收到的所有通知和回复都会被发送到这里。第二个地址也通过了验证，如果你需要进行切换，那么可以将其设为主地址。最后一个地址是未经过验证的，也就没法作为主地址使用。如果GitHub在网站上的任何一个仓库的提交消息中发现这些电子邮件地址，它就会将其同你的用户联系起来。

图6-6　添加电子邮件地址

6.1.4   双因素身份验证

最后，为了增强安全性，你绝对应当设置双因素身份验证（Two-factor Authentication，2FA）。作为一种身份验证机制，双因素身份验证最近愈发流行，它能够降低密码被盗所带来的风险。启用双因素身份验证后，GitHub会要求你采用两种不同的身份验证方法，这样就算其中一种被攻破，攻击者也没法访问你的账号。

你可以在Account settings页面的Security标签下找到Two-factor Authentication设置。

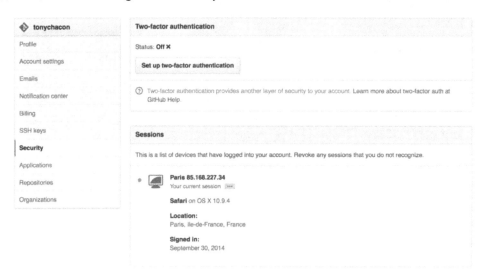

图6-7   Security标签下的2FA

如果点击Set up two-factor authentication按钮，将会显示一个配置页面，在该页面中既可以选择使用手机App来生成辅助码（一种"基于时间的一次性密码"），也可以让GitHub在你每次登录的时候，通过SMS发送辅助码。

选择你喜欢的方法之后，按照提示设置2FA，这样你的账号会变得安全一些，以后登录GitHub的时候，除了密码之外，还需要提供辅助码。

6.2   为项目做贡献

账号现在已经设置好了，让我们来看一些有助于为现有项目做贡献的细节信息。

6.2.1   派生项目

如果你希望参与某个现有项目，但没有推送权限，你可以"派生"这个项目。也就是说，GitHub会为你制作一份完全属于你的该项目副本，这个副本存在于你的管辖范围内，你可以向其进行推送。

注意　"派生"（fork）在以前是一个有些许贬义的词，意指有人将开源项目引往了其他方向，有时候则是创建出另一个竞争项目，造成贡献人员的分裂。在GitHub中，"派生"指的不过是属于你个人管辖范围内同一个项目的副本，这使得你能够以一种更加开放的方式对其进行修改。

这样一来，项目就不用再操心将用户加入贡献人员列表并赋予他们推送权限了。人们可以派生项目，推送修改，然后创建拉取请求（接下来我们就会讲到），将改动写回原始仓库。创建拉取请求后，会打开一个包含代码审查的讨论主题，项目拥有人和贡献人员就可以针对此次改动进行讨论，直到达成一致，这时拥有人就可以将修改合并了。

要想派生某个项目，只需要访问项目页面，点击页面右上角的Fork按钮就可以了。

图6-8　Fork按钮

稍等片刻，你就会进入新的项目页面，其中包含了可写的代码副本。

6.2.2　GitHub 流程

GitHub是围绕着一套特定的协作流程所设计的，其关键就是拉取请求。无论你是身处在单独的共享仓库中工作的紧密型团队，还是全球化公司，抑或是通过大量派生来为项目做贡献的陌生人网络，这套流程都能发挥作用。它的重点在于我们在3.4.2节中所讲到的工作流。

工作方式如下所示。

(1) 从master分支中创建一个主题分支。

(2) 提交一些修改来改进项目。

(3) 将该分支推送到GitHub上的项目中。

(4) 在GitHub上创建一个拉取请求。

(5) 进行讨论，根据情况继续提交修改。

(6) 项目拥有者合并或关闭拉取请求。

这基本上与5.1.2节中所介绍的流程差不多，只不过团队使用GitHub所提供的Web工具代替了电子邮件进行沟通和变更审查。

让我们来看一个使用该流程向某个在GitHub上托管的开源项目提交修改的例子。

1. 创建拉取请求

Tony正在寻找能够在他的Arduino可编程微控制器上运行的代码，他发现在GitHub上有一个程序文件不错。

唯一的问题就是闪烁率（blinking rate）太高了，我们觉得状态切换的间隔从1秒改为3秒会好得多。好了，让我们来改进这个程序，然后将做出的修改提交给该项目。

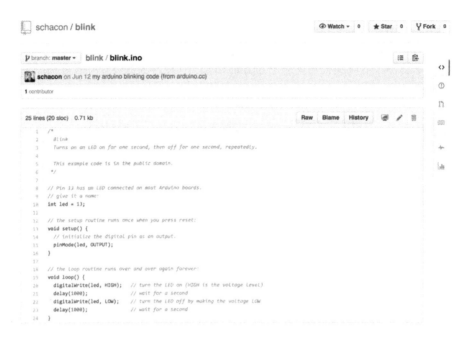

图6-9   我们希望做出贡献的项目

首先，点击之前提到过的Fork按钮，获得属于自己的项目副本。我们在这里用到的用户名是tonychacon，因此可编辑的项目副本就位于https://github.com/tonychacon/blink。我们可以将其克隆到本地，创建一个主题分支，修改代码，最后将改动推送回GitHub。

```
$ git clone https://github.com/tonychacon/blink  ❶
Cloning into 'blink'...

$ cd blink
$ git checkout -b slow-blink  ❷
Switched to a new branch 'slow-blink'

$ sed -i '' 's/1000/3000/' blink.ino  ❸

$ git diff --word-diff  ❹
diff --git a/blink.ino b/blink.ino
index 15b9911..a6cc5a5 100644
--- a/blink.ino
+++ b/blink.ino
@@ -18,7 +18,7 @@ void setup() {
// 这个循环会一直持续下去
void loop() {
    digitalWrite(led, HIGH);    // 打开LED (HIGH表示高电平)
    [-delay(1000);-]{+delay(3000);+}        // 稍作等待
    digitalWrite(led, LOW);    // 将电平置为LOW，关闭LED
    [-delay(1000);-]{+delay(3000);+}        // 稍作等待
}
```

```
$ git commit -a -m 'three seconds is better'  ❺
[slow-blink 5ca509d] three seconds is better
 1 file changed, 2 insertions(+), 2 deletions(-)

$ git push origin slow-blink  ❻
Username for 'https://github.com': tonychacon
Password for 'https://tonychacon@github.com':
Counting objects: 5, done.
Delta compression using up to 8 threads.
Compressing objects: 100% (3/3), done.
Writing objects: 100% (3/3), 340 bytes | 0 bytes/s, done.
Total 3 (delta 1), reused 0 (delta 0)
To https://github.com/tonychacon/blink
 * [new branch]      slow-blink -> slow-blink
```

❶ 将派生出的项目克隆到本地

❷ 创建出一个具有描述性名称的主题分支

❸ 修改代码

❹ 检查改动

❺ 向主题分支提交修改

❻ 将新的主题分支推送到GitHub上的派生副本中

如果现在回到GitHub上的项目副本，可以发现GitHub已经注意到我们推送了一个新的主题分支，它显示了一个大号的绿色按钮让我们检查做出的改动，并创建了原始项目的拉取请求。

你也可以进入位于https://github.com/\<user\>/\<project\>/branches的Branches页面，找到属于你的分支，创建新的拉取请求。

图6-10 拉取请求按钮

　　如果我们点击了绿色按钮，就会看到一个页面，要求为拉取请求添加标题和描述信息。花点时间填写这些内容几乎总是值得的，良好的描述信息有助于项目的拥有者了解你的意图、你提交的修改是否正确以及这些改动是否有助于提高项目质量。

　　另外，我们还会在主题分支下看到一系列"领先"于主分支的提交（在本例中只有一个）以及所有将要被合并的改动与先前代码之间的差异对比。

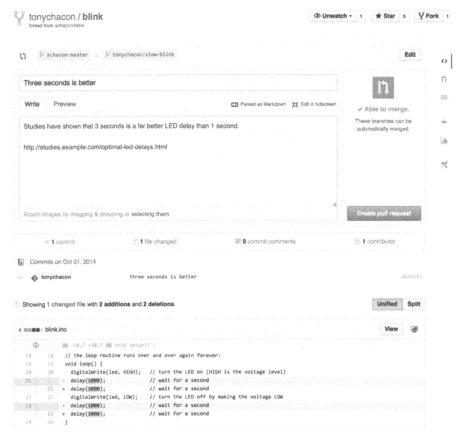

图6-11　拉取请求创建页面

　　当你点击页面中的Create pull request按钮后，所派生项目的拥有者会接收到一条提示，告知有人提交了修改并给出包含所有相关信息的页面链接。

注意　尽管合并修改通常是由公开项目的贡献人员在提交完整的改动时才使用，但也常用于内部项目的开发阶段初期。因为就算是在创建了拉取请求之后，依然可以继续修改主题分支，所以对于特定环境下的团队而言，多会在早期创建拉取请求，并将其作为一种工作迭代的方式，而不是等到开发过程结尾的时候才使用。

---

2. 拉取请求迭代

项目拥有者现在可以看到所建议的修改，并选择合并、拒绝或是发表评论。假设他觉得你提出的这个想法还不错，但希望灯灭的时间比灯亮的时间再稍长一点点。

这种交流可以通过电子邮件完成，就像在第5章中提到的工作流那样，不过在GitHub上，完全可以在线进行。项目拥有者可以审查修改，点击其中的某一行发表评论。

图6-12　评论拉取请求中的某行代码

当维护者作出评论后，创建拉取请求的人（以及其他正在关注该仓库的人）都会接收到通知。我们随后会讲到如何修改这项设置，但如果Tony启用了电子邮件提醒，他会接收到下面这样一封电子邮件。

图6-13　通过电子邮件发送的评论

每个人都可以对拉取请求发表评论。在图6-14中，我们看到项目拥有者对某行代码发表了评论，并在讨论区留言。你可以看到代码评论也能够以对话的形式呈现。

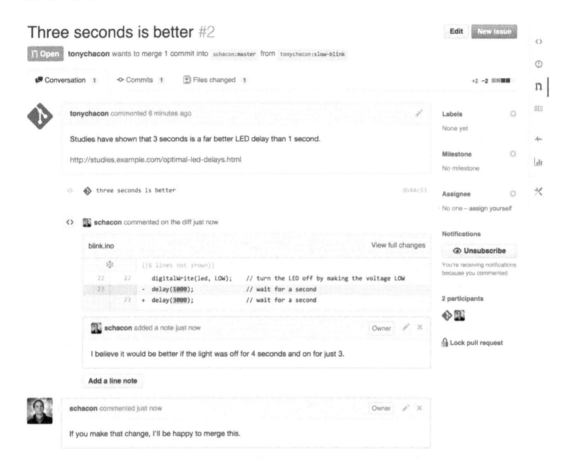

图6-14   拉取请求讨论页面

贡献人员现在就可以看到该怎么做才能使自己的修改被接受了。好在涉及的操作很简单。如果你使用的是电子邮件，就得重新修改代码并再次提交至邮件列表；如果用的是GitHub，那么只需要向主题分支再提交并推送就可以了，届时会自动更新拉取请求。在图6-15中，你也可以看到在更新过的拉取请求中，旧的代码评论已经折叠起来了，因为它所评论的那行代码已经被修改了。

向已有的拉取请求进行提交并不会产生提示信息，所以一旦Tony推送了改动结果，就需要留下一条评论，提醒项目拥有者他已经完成了需要的修改。

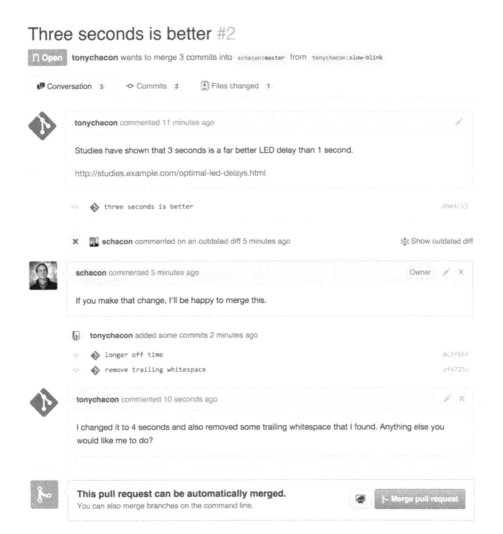

图6-15 最终的拉取请求

有一件有意思的事情值得注意：如果你点击拉取请求的Files changed标签，会看到一个"综合"（unified）差异列表，也就是该主题分支被合并到主分支后将会产生的全部改动。如果用git diff命令，那么这基本上就是对发出拉取请求的分支自动执行git diff master...<branch>的结果。有关这种差异的更多信息，请参阅5.3.4节。

还要注意的另一件事是GitHub会查看拉取请求是否能够干净地合并，如果可以，会出现一个合并按钮。但这个按钮只有在你具备仓库的写权限并有可能进行简单合并的时候才会出现。如果点击按钮，GitHub会执行"非快进式"合并，就算是该合并可以作为快进式，GitHub仍旧会创建一个合并提交。

如果你愿意,可以将分支拉取到本地进行合并。如果你将该分支合并到master分支并推送到GitHub,这个拉取请求会被自动关闭。

这就是绝大多数GitHub项目采用的基本工作流。创建主题分支,在分支上发起拉取请求,进行讨论,根据需要修改分支,最后关闭或拉取请求。

并非只能派生

有一点很重要:你也可以在同一个仓库的两个分支间发起拉取请求。如果你和他人正在实现某个特性,而且你还对项目拥有写权限,那么你可以将主题分支推送到仓库,并在该分支上向同一个仓库的master分支发起拉取请求,对代码进行评审和讨论。没必要非得执行派生操作。

6.2.3　拉取请求的高级用法

我们现在已经介绍过了在GitHub为项目做贡献的基本方法,接下来要讲几个有意思的小技巧,能够帮助你更有效地使用拉取请求。

1. 将拉取请求作为补丁使用

很多项目实际上并非将拉取请求视为一系列能够依次应用的补丁,就像大多数基于邮件列表的项目对于用打补丁进行改进的看法一样,理解这一点非常重要。多数GitHub项目将发出拉取请求的分支看作围绕某次修改建议所展开的一次相互交流,通过合并操作来应用所有的变更。

这种差异非常重要,因为修改通常都是在代码完成之前提出,这与基于邮件列表的补丁贡献方式大相径庭。如此一来就可以早早与维护人员进行沟通,更多地借助社区的力量找出完善的解决方案。在使用拉取请求提交了代码之后,维护人员或社区提出了一些修改意见,此时这个补丁序列并不需要重头再来,只需要将差异作为一次新的提交推送到分支即可,使得讨论可以在之前的基础上继续进行。

举例来说,再看一下图6-15,你会注意到贡献人员并没有变基他的提交并发送另一个拉取请求,而是增加了新的提交,并将其推送到已有的分支中。如果将来回过头查看这次拉取请求,你可以轻而易举地查明做出这次修改的原因。点击页面上的Merge按钮会特意创建一个指向该拉取请求的合并提交,以便在必要的时候能够轻松地研究当时的讨论内容。

2. 与上游保持同步

如果你的拉取请求由于过期或其他原因无法干净地合并,那么你需要进行修复,以便维护人员能够方便地对其进行合并。GitHub会测试拉取请求,并在每个拉取请求的底部告知你这是否是一个简单合并。

This pull request contains merge conflicts that must be resolved.
Only those with write access to this repository can merge pull requests.

图6-16　拉取请求无法干净地进行合并

如果你看到图6-16中的画面，就得去修复你的分支，让该提示变成绿色，这样维护人员就不用再做额外的工作了。

你有两种方法来解决这个问题：要么将你的分支变基到目标分支（通常是所派生仓库的master分支）之上，要么将目标分支合并到你自己的分支中去。

出于上一部分提到的原因，GitHub上的大多数开发人员会选择第二种做法。真正重要的是历史记录和最终合并，变基除了能够得到略微简洁的历史记录之外，给不了你多少别的好处，而换来的却是多得多的麻烦和出错的可能。

如果你希望通过合并目标分支使得自己的拉取请求得以完成，需要将原始仓库添加为远程仓库，从中获取内容，将其主分支合并到你的主题分支中，解决所有的议题，最后推送回发出拉取请求的分支。

比如说，假设在先前tonychacon那个例子中，原始作者做了一个改动，在拉取请求中造成了冲突。让我们来看一下解决步骤。

```
$ git remote add upstream https://github.com/schacon/blink ❶

$ git fetch upstream  ❷
remote: Counting objects: 3, done.
remote: Compressing objects: 100% (3/3), done.
Unpacking objects: 100% (3/3), done.
remote: Total 3 (delta 0), reused 0 (delta 0)
From https://github.com/schacon/blink
 * [new branch]      master     -> upstream/master

$ git merge upstream/master  ❸
Auto-merging blink.ino
CONFLICT (content): Merge conflict in blink.ino
Automatic merge failed; fix conflicts and then commit the result.

$ vim blink.ino  ❹
$ git add blink.ino
$ git commit
[slow-blink 3c8d735] Merge remote-tracking branch 'upstream/master' \
    into slower-blink

$ git push origin slow-blink  ❺
Counting objects: 6, done.
Delta compression using up to 8 threads.
Compressing objects: 100% (6/6), done.
Writing objects: 100% (6/6), 682 bytes | 0 bytes/s, done.
Total 6 (delta 2), reused 0 (delta 0)
To https://github.com/tonychacon/blink
   ef4725c..3c8d735 slower-blink -> slow-blink
```

❶ 将原始仓库添加为远程仓库upstream
❷ 从远程仓库中获取最新的内容
❸ 将主分支合并到你的主题分支中

❹ 解决出现的冲突

❺ 推送回同一个主题分支

完成这些步骤之后，拉取请求将会自动更新并重新检查是否能够干净地合并。

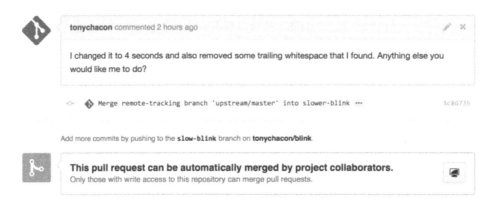

图6-17   干净地进行拉取请求的合并

Git最棒的地方之一就是你可以一直重复上面的操作。如果你有一个长期运行的项目，那么可以非常轻松地不断合并目标分支，而且只需要处理最近一次合并所出现的冲突即可，这使得整个过程非常易于管理。

如果你一定要对分支变基，借以进行清理，那么当然可以这么做，但是强烈建议不要强行推送到已经发出过拉取请求的分支。如果其他人已经拉取过该分支并进行了修改，那么你会遇到3.6.3节中提到的所有问题。你应该将变基过的分支推送到GitHub上的一个新分支中，发出一个全新的拉取请求（引用旧的拉取请求），然后关闭原先的拉取请求。

3. 引用

你接下来的问题可能是"我该如何引用旧的拉取请求"。基本上只要是在GitHub中能进行书写的地方，就会有各种方法可以让你引用到其他内容。

让我们从如何交叉引用另一个拉取请求或议题开始吧。所有的拉取请求和议题都被分配了一个数字，这些数字在项目范围内是唯一的。例如，你无法同时使用"拉取请求#3"和"议题#3"。如果想引用拉取请求或议题，只需要在评论或描述中使用#<num>就行了。你还可以使用一些更为具体的引用形式来引用其他位置上的议题或拉取请求。如果想要引用其他用户在你所处的派生仓库中的议题或拉取请求，可以使用username#<num>；要是位于其他仓库，则可以使用username/repo#<num>。

来看一个例子。假设我们对上个例子中的分支执行了变基操作，并为此创建了一个新的拉取请求，现在希望在其中引用旧的拉取请求。除此之外，我们还想分别引用派生仓库中以及另一个项目中的某个议题。可以像图6-18中这样来填写描述信息。

schacon:master
tonychacon:rebase-blink
Edit
Rebase previous Blink fix
Write
Preview
Parsed as Markdown
Edit in fullscreen
✓ Able to merge.
These branches can be automatically merged.
This PR replaces #2 as a rebased branch instead.
You should also see tonychacon#1 and of course schacon/kidgloves#2.
Though nothing compares to https://github.com/schacon/kidgloves/issues/1
Attach images by dragging & dropping or selecting them.
Create pull request

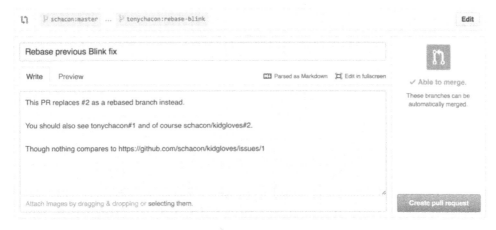

图6-18 拉取请求中的交叉引用

当我们提交该拉取请求后，会看到所有的引用都被渲染成了图6-19中的样子。

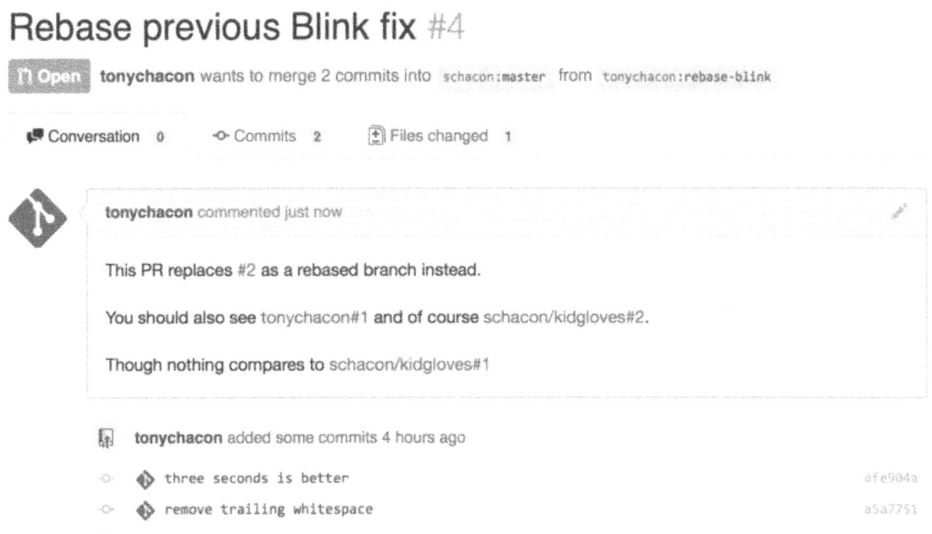

Rebase previous Blink fix #4
Open
tonychacon wants to merge 2 commits into schacon:master from tonychacon:rebase-blink
Conversation 0
Commits 2
Files changed 1
tonychacon commented just now
This PR replaces #2 as a rebased branch instead.
You should also see tonychacon#1 and of course schacon/kidgloves#2.
Though nothing compares to schacon/kidgloves#1
tonychacon added some commits 4 hours ago
three seconds is better
afe904a
remove trailing whitespace
a5a7751

图6-19 拉取请求中经过渲染的交叉引用

注意，完整的GitHub URL在这里被简化了，只保留了必要的信息。

如果Tony回头关闭了最初的拉取请求，当该拉取请求在新的拉取请求中被提及时，我们可以获知这一情况，因为GitHub会在拉取请求的时间线上自动创建一个回溯事件（trackback event）。也就是说，任何访问这个拉取请求并发现其已经被关闭的人都能够通过链接访问到新的拉取请求。这种链接看起来如图6-20所示。

图6-20　拉取请求中经过渲染的交叉引用

　　除了议题编号,还可以通过SHA-1值来引用某次提交。你必须写出全部长达40个字符的SHA-1值，如果GitHub在评论中发现有SHA-1值，它会将其直接链接到对应的提交。同样，你也可以像引用议题那样，引用派生仓库或其他仓库中的提交。

6.2.4　Markdown

　　对于GitHub中绝大多数文本框而言，能在其中做到的事情有很多，链接到其他议题不过是小菜一碟。在议题、拉取请求描述、评论、代码评论等内容中，你都可以使用"GitHub风格的Markdown"。Markdown很像是用纯文本编写的，但是可以渲染出丰富的效果。

　　图6-21展示了如何使用Markdown编写并渲染评论或文本。

图6-21　Markdown的编写和渲染效果

GitHub风格的Markdown

　　GitHub风格的Markdown扩展了Markdown的基本语法，加入了不少新东西。它们在你创建拉取请求、议题评论或是描述时能够实实在在地派上用场。

　　● **任务列表**

　　第一个特别有用的GitHub Markdown特性（尤其是用于拉取请求时）就是任务列表。任务列表是一系列带有复选框的待办事项。把它放在议题或拉取请求中时，通常表示你需要完成的事情。
你可以像下面这样创建一个任务列表。

```
- [X] Write the code
- [ ] Write all the tests
- [ ] Document the code
```

如果我们将这个任务列表包含到我们的拉取请求或者议题中，那么会看到如图6-22的渲染
效果。

图6-22　任务列表在Markdown评论中的渲染效果

拉取请求经常使用任务列表来表明在完成分支合并前需要完成的事项。最酷的地方在于你只
需要点击单选框就可以更新评论，不需要直接编辑Markdown。

不仅如此，GitHub还会将你在议题和拉取请求中的任务列表作为元数据集中展现在页面中。
举例来说，如果你有一个包含任务清单的拉取请求，就可以在所有拉取请求的总览页面中看到当
前的进度信息。这有助于人们将拉取请求分解成多个子任务，同时便于其他人跟踪分支进度。你
可以在图6-23中看到这样的例子。

图6-23　拉取请求列表中的任务列表汇总

当你在某项特性实现的早期发出拉取请求，并利用任务清单跟踪实现进度时，这项功能极其
有用。

● 代码片段

你还可以将代码片段添加到评论中。如果你希望在将代码提交到分支之前先进行展示，这一
点尤其有用。它也常用于展示有问题的代码或是此次拉取请求要实现的功能。

要添加代码片段，你必须在其前后加上代码标志。

```java
for(int i=0 ; i < 5 ; i++)
{
```

```
        System.out.println("i is : " + i);
    }
    ```
```

如果你加入了语言名称（就像我们在这里加入了java），GitHub会尝试为代码片段设置语法高亮效果。在上面的例子中，渲染效果如图6-24所示。

<div align="center">图6-24　渲染后的代码片段</div>

● 引文

如果你正在回复一长篇评论中的一小部分，可以在这部分内容的行首加上>符号来进行选择性的引用。这种操作很常见，也很有用，因此还有一个专门对应的快捷键。选中评论中需要直接回复的文本，然后按r键，这些文本就会被作为引文出现在评论区中。

引文就像下面这样。

```
> Whether 'tis Nobler in the mind to suffer
> The Slings and Arrows of outrageous Fortune,

How big are these slings and in particular, these arrows?
```

渲染后的效果如图6-25所示。

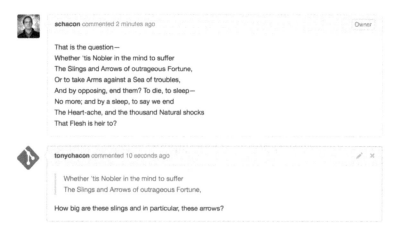

<div align="center">图6-25　渲染后的引文示例</div>
```

- **表情符号**

我们还可以在评论中使用表情符号（emoji）。这类符号频繁地出现在GitHub的议题和拉取请求中。GitHub上甚至还有表情助手。如果你在进行评论的时候输入字符:，一个表情符号自动完成器会帮助你找到需要的表情。

图6-26　表情符号自动完成器

评论中出现的表情符号都是采用:`<name>`:的形式。比如，你可以输入以下内容：

I :eyes: that :bug: and I :cold_sweat:.

:trophy: for :microscope: it.

:+1: and :sparkles: on this :ship:, it's :fire::poop:!

:clap::tada::panda_face:

渲染后的效果如图6-27所示。

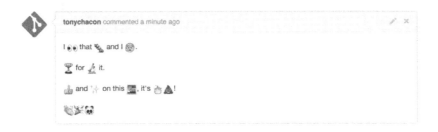

图6-27　大量使用表情符号的评论

尽管这项功能并不是特别实用,但却为纯文字这种不易于表达感情的媒体加入了趣味和情绪。

注意　其实现在已经有很多Web服务可以使用表情符号了。这里有一份很不错的参考列表,可以帮助你找到能表达个人情绪的表情符号：http://www.emoji-cheat-sheet.com。

- **图片**

从技术层面上来说,这并非GitHub风格Markdown的功能,但却非常有用。除了在评论中添

148 第 6 章 GitHub

加Markdown图片链接之外（这种方法很难知道插入的是什么图片），GitHub还允许你通过拖曳的方式来插入图片。

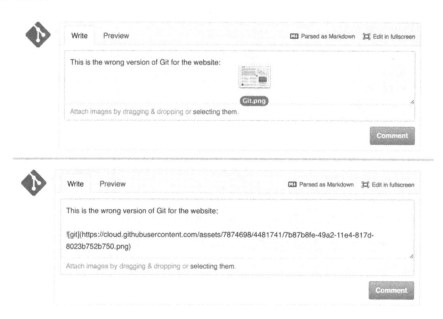

图6-28　通过拖曳的方式上传并插入图片

你会发现在文本区域的上方有一个很小的提示Parsed as Markdown。点击该提示会得到一份完整的备忘单，里面列出了所有能在GitHub中用到的Markdown功能。

6.3　项目维护

现在你对如何为项目做贡献已经胸有成竹了，让我们来看看另一个方面：个人项目的创建、维护和管理。

6.3.1　创建新仓库

让我们创建一个新仓库来与其共享我们的项目代码。点击信息中心右边的New repository按钮，或者是页面顶部工具条用户名旁边的+按钮。

图6-29　Your repositories区域

图6-30　下拉列表项New repository

然后你会看到new repository表单，如图6-31所示。

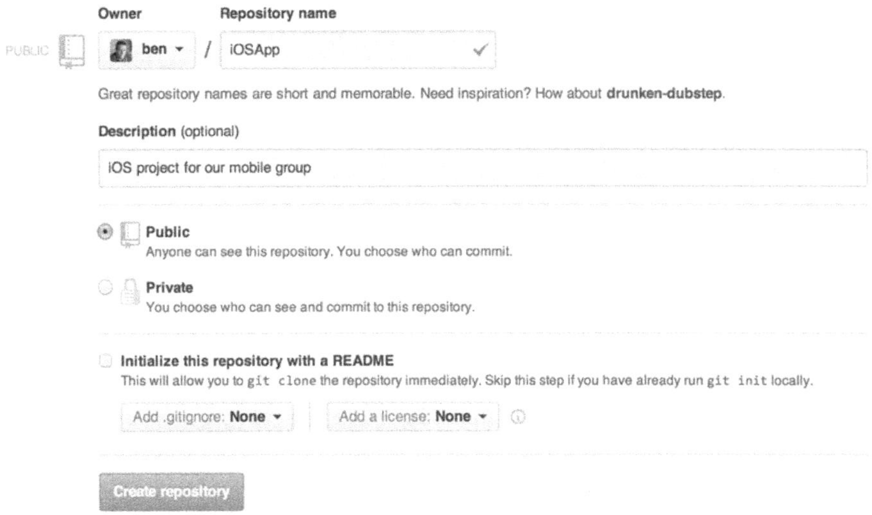

图6-31　new repository表单

在这里，你必须要填写的就是项目名称，其他字段都是可选的。只需要点击Create repository按钮，就可以在GitHub上拥有一个名为<user>/<project_name>的新仓库了。

因为仓库里面目前还没有任何代码，所以GitHub会显示如何新建Git仓库或是连接到现有Git项目的说明。我们不打算在这里对此多做叙述，如果你需要复习，请参阅第2章。

现在你的项目就已经在GitHub上安家了，你可以把项目的URL分享给任何人。GitHub上的每一个项目都可以使用HTTP或SSH，以https://github.com/<user>/<project_name>或git@github.com:<user>/<project_name>的形式访问。GitHub可以通过这两种形式的URL进行获取或推送，但是，对于用户的访问控制，会根据连接时所使用的身份验证信息而有所不同。

注意　对于公开项目，通常更多的是共享基于HTTP的URL，因为这样就算用户没有GitHub账号也可以进行克隆。如果你给出的是SSH URL，则用户必须拥有GitHub账号以及已上传过的SSH密钥才能访问项目。HTTP URL和在浏览器中浏览项目时用的URL是一模一样的。

6.3.2 添加协作人员

如果你授予你的工作伙伴提交权限，必须将其添加为"协作人员"（collaborator）。如果Ben、Jeff和Louise都已经在GitHub上注册好了账号，你希望他们拥有仓库的推送权限，那么可以让他们加入你的项目，这样就可以授予其推送权限，这意味着他们对项目和Git仓库都具有读写权限。

点击右侧边栏的Settings链接。

图6-32　仓库设置链接

然后从左侧菜单中选择Collaborators。在文本框中键入用户名，点击Add collaborator。你可以重复这个操作多次，给每个需要的人授予访问权限。如果需要撤销某人的访问权限，只需要点击右边的X就可以了。

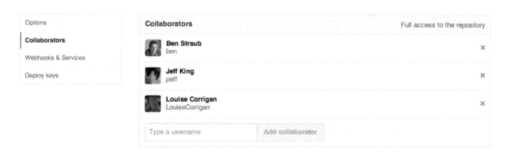

图6-33　仓库协作人员

6.3.3 管理拉取请求

现在你有一个包含了一些代码的项目，可能还有几位拥有推送权限的协作人员，接着来看看当你接收到拉取请求的时候该怎么做。

拉取请求要么来自派生仓库的分支，要么来自同一个仓库的另一个分支。唯一的差别在于前者多是由那些你们无法对彼此的分支进行推送的人发出的，而对于后者这种内部拉取请求而言，双方都拥有分支的访问权限。

假设你是tonychacon，创建了一个名为fade的Arduino项目。

1. 邮件通知

如果有人修改了你的代码并发出了拉取请求，你会接收到一封有关新的拉取请求的电子邮件，它看起来如图6-34所示。

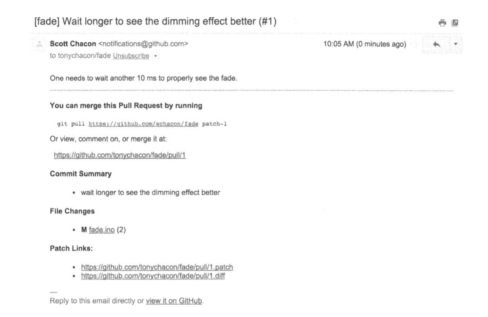

图6-34   新拉取请求的邮件通知

关于这封邮件，有几件事需要注意。它给了你一个简短的变动统计结果（一个在拉取请求中发生改动的文件清单以及改动数量），还给出了一个GitHub上指向该拉取请求的链接以及若干可用于命令行的URL。

你可能会注意到有一行git pull <url> patch-1，这是一种无需添加远程仓库就可以合并远程仓库分支的简单方法。我们在5.3.3节中简要地讲过。如果你愿意，可以创建并切换到一个主题分支，然后执行该命令对该拉取请求进行合并。

另一些值得注意的URL是.diff和.patch，就像你猜到的那样，它们提供了该拉取请求的综合差异和补丁版本。你可以使用下面的命令进行专门的合并。

```
$ curl http://github.com/tonychacon/fade/pull/1.patch | git am
```

2. 在拉取请求中进行协作

就像我们在6.2.2节中说过的那样，你可以与发起拉取请求的人员进行交流。你在任何地方都可以使用GitHub风格的Markdown针对特定的代码、某次提交以及整个拉取请求展开评论。

每当有人评论了拉取请求，你都会接收到邮件通知，这样你就能获知拉取请求的动态。每封邮件中都会包含一个指向有活动出现的拉取请求的链接，你可以直接向对应的评论回复邮件。

图6-35　包含在主题中的邮件回复

一旦代码处于你希望对其进行合并所处的位置，你就可以将代码拉取下来并在本地进行合并，或者使用之前讲过的`git pull <url> <branch>`语法，或者选择将派生仓库添加为远程仓库，然后再进行获取和合并。

如果这是一个简单合并，你只需要点击GitHub上的Merge按钮就可以了。这会产生一个"非快进式"合并，创建合并提交（即便是可以进行快进式合并）。也就是说，一旦你点击了Merge按钮，都会出现一次合并提交。如果你点击了提示链接，GitHub会给出所有的相关信息，如图6-36所示。

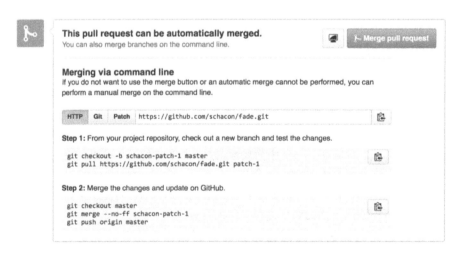

图6-36　Merge按钮和手动合并一个拉取请求的操作说明

如果你不想进行合并，选择关闭拉取请求即可，发出拉取请求的人会收到通知。

3. 拉取请求引用

如果你有大量的拉取请求需要处理，而你既不想添加一堆远程仓库，也不想每次都要进行拉取，那么有一个GitHub技巧能够派上用场。这个技巧略有些高级，但却相当有用，具体的细节我们随后会讲到。

实际上，GitHub会将仓库的拉取请求分支视为服务器上的某种伪分支。默认情况下，当你进行克隆的时候是无法获得它们的，但是它们仍然以一种不易觉察的形式存在，对其进行访问并不难。

为了演示这一点，我们需要使用一个叫作ls-remote的低阶命令（通常也称为"底层"命令，更多的相关内容会在第10章中讲述）。日常的Git操作一般是用不到这个命令的，但它可以用来展示服务器上都存在哪些引用。

如果在我们先前用过的blink仓库上使用该命令，会得到一个列表，其中包含了仓库中所有的分支、标签以及其他引用。

```
$ git ls-remote https://github.com/schacon/blink
10d539600d86723087810ec636870a504f4fee4d        HEAD
10d539600d86723087810ec636870a504f4fee4d        refs/heads/master
6a83107c62950be9453aac297bb0193fd743cd6e        refs/pull/1/head
afe83c2d1a70674c9505cc1d8b7d380d5e076ed3        refs/pull/1/merge
3c8d735ee16296c242be7a9742ebfbc2665adec1        refs/pull/2/head
15c9f4f80973a2758462ab2066b6ad9fe8dcf03d        refs/pull/2/merge
a5a7751a33b7e86c5e9bb07b26001bb17d775d1a        refs/pull/4/head
31a45fc257e8433c8d8804e3e848cf61c9d3166c        refs/pull/4/merge
```

当然，如果你在自己的仓库或是其他待检查的远程仓库中执行git ls-remote origin，显示的结果同上面看到的类似。

如果仓库位于GitHub上，而且发出过拉取请求，你会看到一些以refs/pull/为前缀的引用。它们基本上也是分支，但因为没有位于refs/heads/中，当你从服务器上进行克隆或获取时，它们会被忽略掉。

每个拉取请求有两个引用：以/head结尾的引用指向拉取请求分支中的最后一次提交。因此，如果有人在我们的仓库中发起了拉取请求，其分支名叫作bug-fix，指向a5a775这次提交，那么在我们的仓库中是不会有bug-fix分支的（因为它存在于派生仓库中），但是会有一个指向a5a775的pull/<pr#>/head。这意味着无需添加一堆远程仓库就可以轻而易举地将所有的请求分支一下子全部拉取下来。

现在，你可以直接来获取引用，如下所示。

```
$ git fetch origin refs/pull/958/head
From https://github.com/libgit2/libgit2
 * branch          refs/pull/958/head  -> FETCH_HEAD
```

这告诉Git："连接到origin这个远程仓库，下载名为refs/pull/958/head的引用。"Git乐于效劳，它会下载创建引用所需的所有信息，在.git/FETCH_HEAD下放置一个指针，指向你所需要的提交。接着你可以在想要测试的分支中使用git merge FETCH_HEAD，不过生成的合并提交消息看起来有些奇怪。如果你要审查大量拉取请求，这会非常枯燥乏味。

还有另外一种方法可以获取所有的拉取请求，而且在你连接到远程仓库时能够保证请求的时效性。使用你喜爱的编辑器打开.git/config，查找origin远程仓库，看起来差不多像下面这样。

```
[remote "origin"]
    url = https://github.com/libgit2/libgit2
    fetch = +refs/heads/*:refs/remotes/origin/*
```

以fetch =开头的行是一条"引用规格"。这是一种使用本地.git目录中的命令来映射远程仓库名称的方法。上面这行告诉Git："远程仓库refs/heads下的内容应该放在本地仓库中的refs/remotes/origin下面。"你可以修改这部分，加入另外一条引用规格，如下所示。

```
[remote "origin"]
    url = https://github.com/libgit2/libgit2.git
    fetch = +refs/heads/*:refs/remotes/origin/*
    fetch = +refs/pull/*/head:refs/remotes/origin/pr/*
```

最后一行告诉Git："所有类似于refs/pull/123/head的引用都应该采用refs/remotes/origin/pr/123的形式存储在本地。"如果你现在保存这个文件，然后执行git fetch，结果会如下所示。

```
$ git fetch
# …
 * [new ref]         refs/pull/1/head -> origin/pr/1
 * [new ref]         refs/pull/2/head -> origin/pr/2
 * [new ref]         refs/pull/4/head -> origin/pr/4
# …
```

现在所有的远程仓库拉取请求都在本地以引用的形式进行描述，其作用与跟踪分支非常类似。这些引用都是只读的，当你进行获取时，它们也会更新。这极大地简化了测试本地拉取请求中的代码，如下所示。

```
$ git checkout pr/2
Checking out files: 100% (3769/3769), done.
Branch pr/2 set up to track remote branch pr/2 from origin.
Switched to a new branch 'pr/2'
```

明察秋毫的你一定会注意到引用规格的远程仓库部分结尾的head。在GitHub一侧也有一个refs/pull/#/merge引用，它代表的是你在网站上按下merge按钮所引发的提交。这让你甚至可以在点击按钮前测试合并结果。

4. 对拉取请求发出拉取请求

你不仅可以对主要分支或master分支发出拉取请求，也可以对网络中的任何分支做同样的事。实际上，你甚至可以对另一个拉取请求发出拉取请求。

如果你发现某个拉取请求发展势态良好，想做一些与其相关的修改，但不确定这个想法是否合适，或者没有目标分支的推送权限，那么可以直接在这个拉取请求上发起一个拉取请求。

当你发出一个拉取请求时，页面顶端会有一个选框，让你选择要合并到哪个分支以及要从哪个分支上拉取。如果点击选框右侧的Edit按钮，你不仅可以修改分支，还可以指定派生。

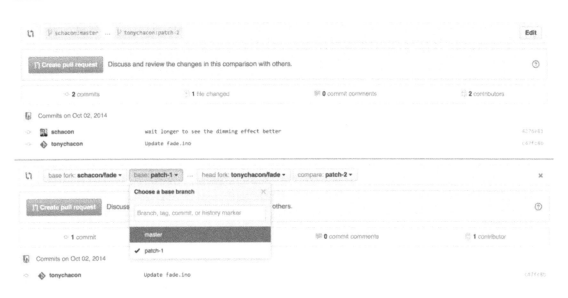

图6-37　手动修改拉取请求的目标派生以及分支

在这里，你能够非常方便地决定是将你的新分支合并到另一个拉取请求还是合并到项目的其他派生中。

6.3.4　提醒和通知

GitHub还内建了一套非常出色的通知系统，当你碰上问题或者征求他人或团队的反馈时，用起来特别方便。

只要是在评论中，你都可以输入字符@，它会自动补全项目协作人员或贡献人员的姓名或用户名。

图6-38　输入@来提醒某人

你也可以提醒没有出现在下拉列表中的用户，不过通常自动补全器的操作更快。

如果你发表的评论中包含了用户提醒，被提醒的用户会接收到通知。与进行民意投票相比，拉人们进行讨论是一种更为有效的方法。人们经常会在GitHub上把自己团队或公司的其他人拉进来审查议题或拉取请求。

如果有人收到了拉取请求或议题的提醒，这就意味着他"订阅"了该拉取请求或议题，以后只要出现什么动静，都会接收到通知。你也会自动订阅你发出的拉取请求、关注的仓库或是发表的评论。如果你不想再收到通知，那么可以点击页面上的Unsubscribe按钮停止接收更新信息。

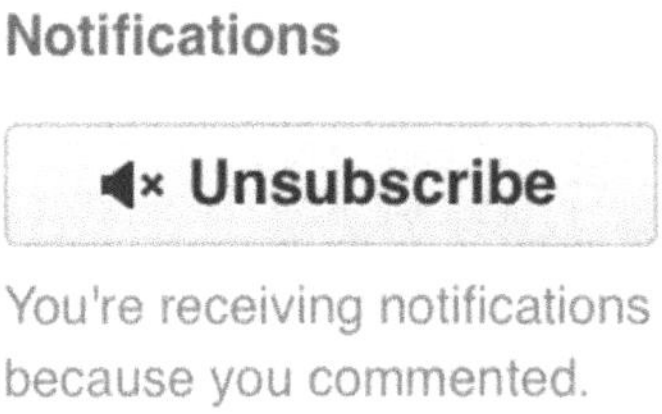

图6-39   取消订阅议题或拉取请求

● **通知页面**

这里的GitHub通知指的是当有事件发生时，GitHub专门用来与你取得联系的方式，有几种不同的方法可以对其进行配置。如果你进入设置页面的Notification center标签，会看到一些选项。

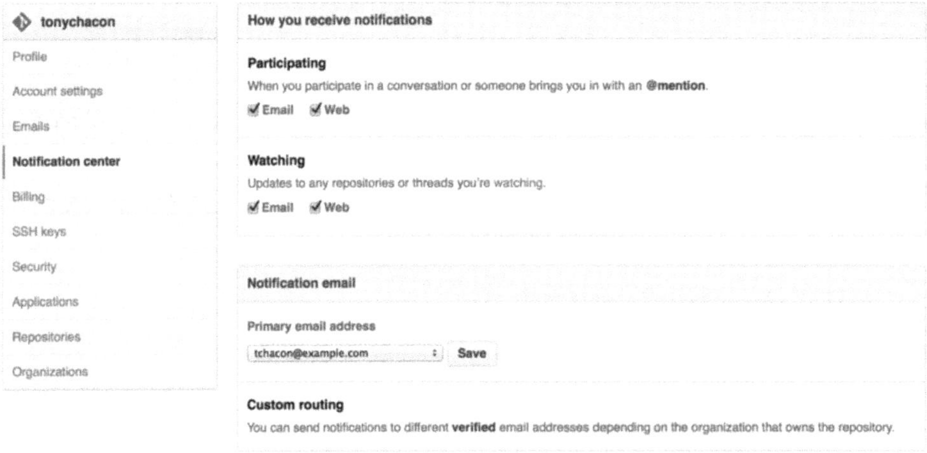

图6-40   Notification center标签

获得通知的方式有两种：一种是通过Web，一种是通过Email。对于你参与的项目以及所关注的仓库动态，你可以选择两种通知方式中的任意一种，或是两种皆选，或是什么都不选。

● **Web通知**

Web通知只存在于GitHub上，也只能在GitHub上使用。如果你选择了这一种通知方式，当接到通知时，在屏幕上方的通知图标上会出现一个蓝色的小点，如图6-41所示。

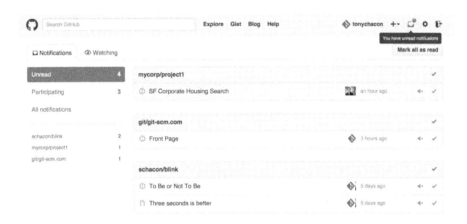

图6-41 通知中心

如果你点击这个小蓝点，会看到按照项目分组的所有通知事项。你可以点击左侧边栏的项目名来过滤特定项目的通知，也可以点击通知旁边的勾选图标将通知标为已读，或是点击通知分组上面的勾选图标将某个项目中的所有通知标为已读。每个勾选图标旁边还有一个静音按钮，点击之后就再也不会接收到该事项的通知了。

这些工具在处理大量通知信息时非常有用。很多GitHub高级用户会直接关闭Email通知，使用通知中心来管理所有的通知。

● **Email通知**

Email通知是在GitHub上接收通知的另一种方法。如果你选择的是这种通知方式，那么每当有通知时，你都会接收到一封电子邮件。我们在图6-13和图6-34中看到过这样的例子。电子邮件会按照对应的话题组织在一起，如果你使用的邮件客户端支持会话模式，那么会非常方便。

GitHub在发送给你的电子邮件头部中包含了大量的元数据，这对于设置过滤器和邮件规则非常有帮助。

举例来说，假如我们发送给Tony的电子邮件头部包含如下信息。

```
To: tonychacon/fade <fade@noreply.github.com>
Message-ID: <tonychacon/fade/pull/1@github.com>
Subject: [fade] Wait longer to see the dimming effect better (#1)
X-GitHub-Recipient: tonychacon
List-ID: tonychacon/fade <fade.tonychacon.github.com>
List-Archive: https://github.com/tonychacon/fade
List-Post: <mailto:reply+i-4XXX@reply.github.com>
List-Unsubscribe: <mailto:unsub+i-XXX@reply.github.com>,...
X-GitHub-Recipient-Address: tchacon@example.com
```

这里面有一些值得注意的信息。如果你想突出显示或转发针对特定项目甚至是拉取请求的电子邮件，Message-ID中的信息会以<user>/<project>/<type>/<id>的格式给出所有数据。如果这是个议题，那么<type>字段就会是issues，而非pull。

List-Post字段和List-Unsubscribe字段表示，如果你的电子邮件客户端能够处理这两个字段，那么你就可以非常方便地在列表中发表内容或是取消订阅相关的话题。这与在Web通知页面中点击静音或是在议题/拉取请求页面中点击Unsubscribe的效果是一样的。

值得留意的是，如果你同时启用了Email通知和Web通知，并阅读过电子邮件形式的通知，那么在你的电子邮件客户端允许加载图片的情况下，对应的Web通知也会被标记为已读。

6.3.5   特殊文件

如果你的仓库中存在一些特殊文件，GitHub会留意到它们。

1. README

第一个特殊文件就是README文件，该文件基本上可以是GitHub能够识别的任何格式。比如它可以是README、README.md、README.asciidoc等。如果GitHub在你的源代码中发现了README文件，会将其在项目首页渲染显示出来。

很多团队都在该文件中放置项目的相关信息，以供仓库或项目新手参阅。它一般包括以下内容。

❏ 项目的目的
❏ 配置与安装方法
❏ 使用或运行的例子
❏ 项目的许可证
❏ 如何为项目做贡献

因为GitHub会渲染这个文件，所以你可以在其中插入图片或链接，以便于用户理解。

2. CONTRIBUTING

GitHub能够识别的另一个特殊文件是CONTRIBUTING。如果你有一个名为CONTRIBUTING的文件（扩展名随意），当有人发起拉取请求时，GitHub会显示如图6-42的画面。

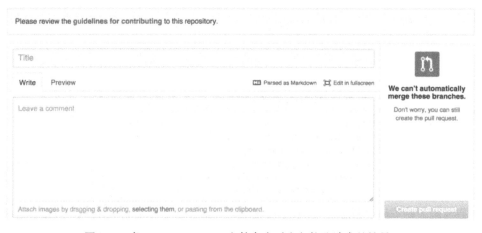

图6-42   当CONTRIBUTING文件存在时发起拉取请求的情景

这个文件的作用在于指定哪些内容可以出现（或者不能出现）在发送给项目的拉取请求中。这样一来，人们在发起拉取请求之前或许会认真阅读这些使用指南。

6.3.6　项目管理

一般对于单个项目而言，没有太多的管理事务可做，不过其中有几点值得一提。

1. 更改默认分支

如果你想使用master之外的分支作为默认分支，使得其他人默认在其上发起拉取请求或进行浏览，可以在Options标签下的个人仓库设置页面中修改。

图6-43　更改项目的默认分支

只需要在下拉列表中做一个简单的选择，之后所有的主要操作都会使用你所选择的分支作为默认分支，包括进行仓库克隆操作时默认检出的分支。

2. 移交项目

如果你打算把项目移交给GitHub上的其他用户或组织，个人仓库设置页面中的Options标签下有一个Transfer ownership选项可以完成这项操作。

图6-44　将项目移交给其他GitHub用户或组织

要是你准备放弃某个项目，而有人正好想接手，或者是项目规模日益壮大，你想将其交由组织进行管理，就用得上项目移交操作了。

它不仅能够将仓库连同所有的关注者以及星标移动到其他地方，还能够将你的URL重定向到新的位置。除了Web请求之外，也可以重定向来自Git的克隆以及获取操作。

6.4   组织管理

除了个人账号之外，GitHub还提供了组织账号。与个人账号一样，组织账号也拥有自己的命名空间，以容纳所拥有的全部项目。除此之外，两者之间也存在不少差异。组织账号代表的是共同拥有项目所有权的一个团体，有很多工具可用于管理团体中的小组。这种账号通常用于开源团体（例如perl或rails）或是公司（例如google或twitter）。

6.4.1   组织的基本操作

创建一个组织账号非常简单，只需要点击GitHub页面右上角的+图标，然后从菜单中选择New organization就可以了。

图6-45   New organization菜单项

首先，你要为组织命名，提供组织的主要联系邮箱。随后，你可以邀请需要的其他用户成为该账号的共同拥有人。

完成上述步骤之后，你马上就会拥有一个全新的组织账号。与个人账号一样，如果组织拥有的一切内容都是开源的，那么你就可以免费使用该组织账号。

作为组织的拥有者，当你派生某个仓库时，可以选择将其派生到该组织的命名空间中。你可以选择是在你的个人账号下还是在所拥有的组织下创建新仓库。另外你还会自动关注组织内的所有新仓库。

如同个人头像那样，你也可以为组织上传一张头像，稍微增添点个性。你也可以拥有一个像个人账号那样的组织首页，其中列出了该组织的所有仓库，其他人都可以浏览到。

接下来我们要说一些组织账号的不同之处。

6.4.2   团队

组织通过团队来凝聚个人，团队就是一组个人账号和仓库，以及团队成员对这些仓库的访问权限。

举例来说，假设你的公司有3个仓库：frontend、backend和deployscripts。你希望HTML/CSS/JavaScript开发人员能够访问frontend和backend，希望运维人员能够访问backend和deployscripts。团队的概念可以轻而易举地实现这种需求，无需再去管理每个仓库的协作者。

Organization页面展示了一个简单的信息中心，其中包括了所有属于该组织的仓库、用户以及团队。

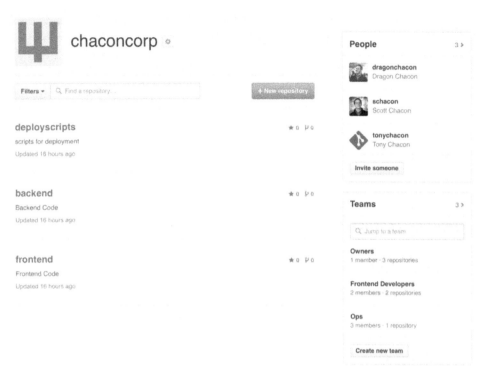

图6-46 Organization页面

要进行团队管理，可以点击图6-46页面右边的Teams侧边栏。然后你会进入另一个页面，在这里可以为团队添加新成员和新仓库，或是管理团队的设置以及访问权限。每个团队都可以有仓库的只读、读/写或管理权限。你可以点击图6-47中的Settings按钮来修改权限级别。

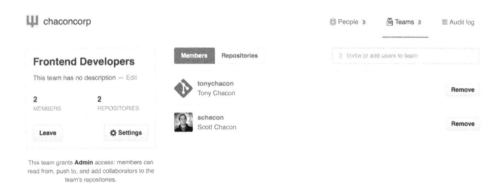

图6-47 团队页面

当你邀请某人加入团队时，对方会收到一封电子邮件，告知其受到了邀请。

另外，团队的@功能（例如@acmecorp/frontend）和个人用户差不多，不同之处在于团队中的所有成员都会订阅该话题。当你希望引起团队中某人的注意，但又不知道具体该怎么做时，这项功能就很有用了。

一个用户可以加入不止一个团队，不必把自己局限于特定的团队。诸如ux、css或refactoring这类团队都能对某些特定问题带来帮助，而像legal和colorblind这样的则是针对完全不同的领域了。

6.4.3 审计日志

组织的拥有者同样能够访问组织内部的所有信息。你可以进入Audit Log标签查看发生在组织层面上的事件，谁做了什么，在什么地方做的。

你也可以针对特定类型的事件、特定地点或是特定人物对日志进行过滤。

6.5 GitHub 脚本化

到目前为止，我们已经讲述了GitHub所有的主要特性和工作流，但是，任何大型团体或项目都有可能会需要进行一些自定义工作，或者可能有需要整合的外部服务。

对我们而言，幸运的是GitHub可供把玩的地方有很多。本节将会介绍GitHub的钩子系统以及API的用法，以便使其按照我们的设想来工作。

6.5.1 钩子系统

GitHub仓库管理中的服务和钩子配置区域是实现GitHub与外部系统交互的最简单的方法。

1. 服务

我们先来看一下服务。服务和钩子整合可以在仓库的Settings部分找到，也就是我们之前添加协作人员和更改项目默认分支的那个地方。在Webhooks & Services标签下，你会看到类似图6-48的内容。

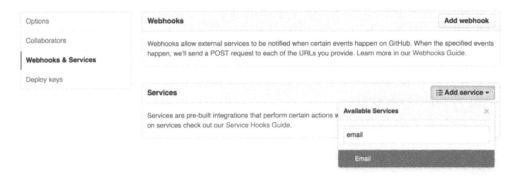

图6-48　服务和钩子配置区

有很多服务可供选用，其中大多数可以整合到其他商业和开源系统中，用于持续集成服务、bug与问题跟踪系统、聊天室系统以及文档系统。我们接下来将介绍一个非常简单的服务：电子邮件钩子。如果你从Add service下拉列表中选择email，会看到如图6-49的配置画面。

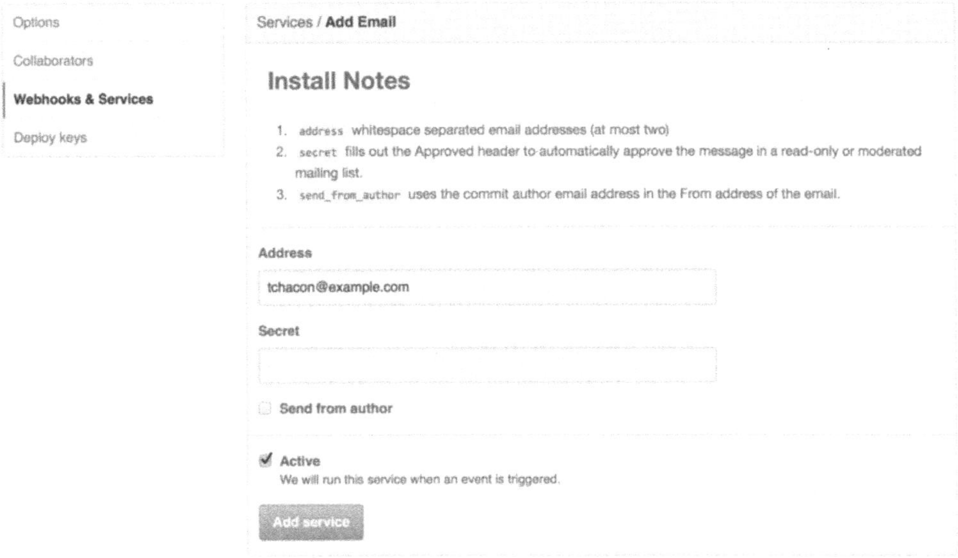

图6-49　电子邮件服务配置

在本例中，如果我们点击Add service按钮，每当有人向仓库推送时，都会在指定的电子邮件地址上收到一封邮件。服务可以侦听很多不同的事件，但是大多数服务只侦听推送事件，然后对数据进行处理。

如果你想将所使用的系统与GitHub进行整合，可以先看看这里有没有现成的服务整合方案可用。举例来说，如果你使用Jenkins来测试代码库，那么可以启用内置的Jenkins服务整合，这样以后只要有人向你的仓库推送，就可以启动测试。

2. 钩子

如果你需要进行一些更具体的处理或是在列表中找不到希望整合的服务或站点，可以采用更通用的钩子系统。GitHub仓库钩子非常简单。指定一个URL，只要所需的事件出现，GitHub就会将一个HTTP载荷（HTTP payload）发送到该URL上。

通常你可以设置一个小型的Web服务来侦听GitHub钩子的载荷，对接收的数据进行处理。

可以点击图6-48中的Add webhook按钮来启用钩子，此时将显示如图6-50所示的页面。

webhook的配置非常简单。大多数情况下只需要输入一个URL和密钥，然后点击Add webhook就可以了。有几个选项可以用来配置GitHub要为哪些事件发送载荷。默认情况下只为推送事件发送载荷（当有人为仓库的任意分支推送新代码时）。

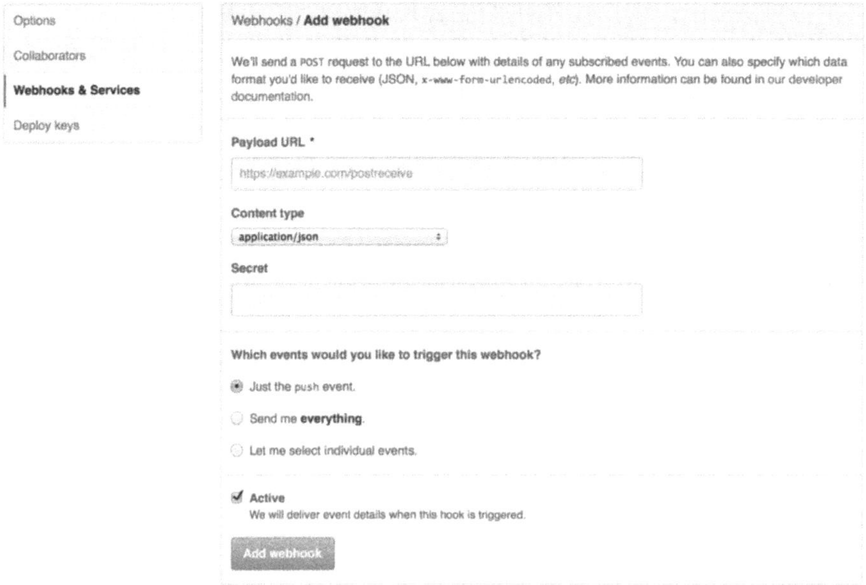

图6-50　配置webhook

　　这里有个小例子，演示了可以用于处理webhook的Web服务。我们采用的是Ruby的Web框架Sinatra，因为它非常简洁，你可以轻而易举地看明白来龙去脉。

　　假设当特定人员向项目的特定分支推送，修改了某个特定文件的时候，我们希望能够接收到一封电子邮件。实现这一需求的代码很简单，如下所示。

```ruby
require 'sinatra'
require 'json'
require 'mail'

post '/payload' do
  push = JSON.parse(request.body.read) # 解析JSON

  # 收集待查找的数据
  pusher = push["pusher"]["name"]
  branch = push["ref"]

  # 获得所有修改过的文件的列表
  files = push["commits"].map do |commit|
      commit['added'] + commit['modified'] + commit['removed']
  end
  files = files.flatten.uniq

  # 检查是否符合标准
  if pusher == 'schacon' &&
     branch == 'ref/heads/special-branch' &&
     files.include?('special-file.txt')
```

```
    Mail.deliver do
      from     'tchacon@example.com'
      to       'tchacon@example.com'
      subject  'Scott Changed the File'
      body     "ALARM"
    end
  end
end
```

这里我们获取到由GitHub递交的JSON载荷，查找是由谁推送的、推送到了哪个分支以及此次推送的所有提交都改动了哪些文件，然后根据我们设立的条件进行检查并发送电子邮件。

要开发并测试这类工具，你需要在钩子设置页面上使用开发者控制台。从中可以看到GitHub针对webhook递交的最后几次数据内容。对于每个钩子，在递交之后，你都可以深入查看是否投递成功，以及HTTP请求和响应的头部和主体信息。这样一来，钩子的测试及调试就变得极其简单了。

图6-51　webhook调试信息

另一个很棒的特性是可以重新递交任何载荷来轻松地测试你的服务。

有关如何编写webhook以及所有可供侦听的事件类型的详细信息，请参阅GitHub开发者文档。

6.5.2　GitHub API

服务和钩子提供了一种方法来接收仓库中所出现事件的推送通知，但如果我们需要这些事件更详细的信息，该怎么办呢？如果你需要实现自动化（例如添加协作者或标记议题），又该怎么办呢？

这正是GitHub API大显身手的地方。GitHub拥有大量API，几乎可以让你在网站上以自动化的方式进行各种操作。在本节中，我们将要学习如何进行身份验证并连接到API，如何通过API发表议题评论以及修改拉取请求的状态。

1. 基本用法

你可以实现的最基本的操作是向一个不需要身份验证的终点发送一个简单的GET请求。这个终点可以是某个用户，也可以是某个开源项目的只读信息。假如我们想了解有关用户schacon的更多信息，可以运行以下代码。

```
$ curl https://api.github.com/users/schacon
{
  "login": "schacon",
  "id": 70,
  "avatar_url": "https://avatars.githubusercontent.com/u/70",
# …
  "name": "Scott Chacon",
  "company": "GitHub",
  "following": 19,
  "created_at": "2008-01-27T17:19:28Z",
  "updated_at": "2014-06-10T02:37:23Z"
}
```

像这种终点还有很多，可以用来获取有关组织、项目、议题、提交之类的信息，只要是能在GitHub上公开看到的信息都可以。你甚至可以使用API来渲染Markdown或是寻找.gitignore模板。

```
$ curl https://api.github.com/gitignore/templates/Java
{
  "name": "Java",
  "source": "*.class

# Mobile Tools for Java (J2ME)
.mtj.tmp/

# Package Files #
*.jar
*.war
*.ear

# virtual machine crash logs, see http://www.java.com/en/download/help/error_hotspot.xml
hs_err_pid*
"
}
```

2. 评论议题

但如果你想在网站上进行操作，比如对议题或拉取请求发表评论，查看或处理私有内容，那就需要身份验证了。

身份验证方法不止一种。你可以只使用用户名和密码进行基本身份验证，不过通常还是使用个人访问令牌更好。你可以从设置页面中的Applications标签下生成访问令牌。

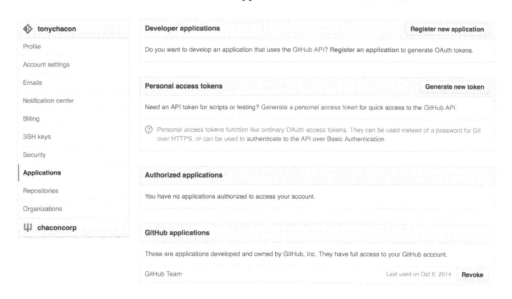

图6-52 从设置页面中生成个人访问令牌

在生成过程中，系统会询问你该令牌的适用范围以及描述。确保采用一个良好的描述信息，以便在不再使用脚本或应用的时候能够方便地删除令牌。

GitHub只会显示令牌一次，一定记得把它复制下来。你可以在脚本中使用令牌代替用户名和密码进行身份验证。这一点很棒，因为这样便能够限制操作范围，而且令牌也能够根据需要撤销。

另外还有一个优点，就是能够提高频率上限。未进行身份验证时，一小时内只能发出60个请求。通过身份验证后，一小时最多可以发出多达5000个请求。

下面来使用令牌对某个议题发表一条评论。假设我们想对议题#6发表评论。要实现这一操作，必须使用刚才生成的令牌作为授权头部（Authorization header），构造一个发往repos/<user>/<repo>/issues/<num>/comments的HTTP POST请求。

```
$ curl -H "Content-Type: application/json" \
    -H "Authorization: token TOKEN" \
    --data '{"body":"A new comment, :+1:"}' \
    https://api.github.com/repos/schacon/blink/issues/6/comments
{
  "id": 58322100,
  "html_url": "https://github.com/schacon/blink/issues/6#issuecomment-58322100",
  ...
```

```
    "user": {
      "login": "tonychacon",
      "id": 7874698,
      "avatar_url": "https://avatars.githubusercontent.com/u/7874698?v=2",
      "type": "User",
    },
    "created_at": "2014-10-08T07:48:19Z",
    "updated_at": "2014-10-08T07:48:19Z",
    "body": "A new comment, :+1:"
  }
```

如果你现在查看议题，会看到我们已经成功发表了评论，如图6-53所示。

图6-53　通过GitHub API发表的评论

凡是你在网站上可以做到的事情都可以使用API来实现：创建和设置阶段标志、为人员指派议题和拉取请求、创建和修改标签、访问提交数据、创建新的提交和分支、打开/关闭/合并拉取请求、创建和组织团队、评论拉取请求中的某些代码、搜索网站等。

3. 修改拉取请求状态

如果你正在同拉取请求打交道，那么我们要讲到的最后一个例子对你真的是非常有用。每个提交都有一种或多种与之关联的状态，有一个API可以用来添加和查询这些状态。

大多数持续集成与测试服务利用这个API，通过测试所推送代码来处理推送，如果此次提交通过了所有测试则发回报告。你也可以使用该API检查提交消息的格式是否正确，提交人员是否遵循了全部的贡献准则，提交是否具备有效的签名，等等。

假设你在仓库中设置了一个webhook，用于访问一个检查提交消息中是否存在字符串Signed-off-by的小型Web服务。

```ruby
require 'httparty'
require 'sinatra'
require 'json'

post '/payload' do
  push = JSON.parse(request.body.read) # 解析JSON
  repo_name = push['repository']['full_name']

  # 遍历所有的提交信息
  push["commits"].each do |commit|

    # 查找字符串Signed-off-by
    if /Signed-off-by/.match commit['message']
      state = 'success'
      description = 'Successfully signed off!'
    else
```

```
      state = 'failure'
      description = 'No signoff found.'
    end

    # 向GitHub发布状态
    sha = commit["id"]
    status_url = "https://api.github.com/repos/#{repo_name}/statuses/#{sha}"

    status = {
      "state"        => state,
      "description"  => description,
      "target_url"   => "http://example.com/how-to-signoff",
      "context"      => "validate/signoff"
    }
    HTTParty.post(status_url,
      :body => status.to_json,
      :headers => {
        'Content-Type' => 'application/json',
        'User-Agent' => 'tonychacon/signoff',
        'Authorization' => "token #{ENV['TOKEN']}" }
    )
  end
end
```

希望这段代码不难理解。在这个webhook的处理程序中，我们查看推送过来的每一个提交，在提交消息中查找字符串Signed-off-by，最后通过HTTP向/repos/<user>/<repo>/statuses/<commit_sha> API终点发送带有状态的POST请求。

在本例中，你可以发送一种状态（success、failure或error）、情况描述、可供用户查看详细信息的URL以及一个上下文（避免单个提交中存在多种状态）。例如，一个测试服务可以提供状态，一个类似于上例中的验证服务也可以提供状态，那么上下文字段就可以用来区分两者。

如果有人在GitHub上发起了一个新的拉取请求，而且这个钩子也已经设置完毕，那么将会显示类似图6-54的页面。

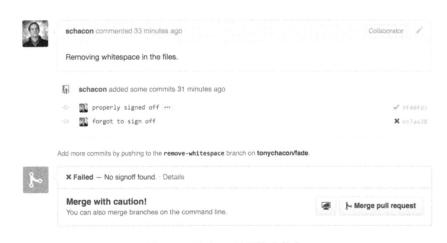

图6-54　通过API显示提交状态

你现在可以看到在提交消息中包含字符串`Signed-off-by`的提交旁边有一个小小的绿色对勾符号，在没有这个字符串的提交旁边有一个红色的叉号。还可以看到拉取请求使用的是该分支上最后一次提交的状态，如果是失败状态，就会发出警告信息。这样一来，如果你对测试结果使用这个API，就不会不小心合并了那些未通过测试的提交了。

4. Octokit

尽管在这些例子中我们基本上采用的都是curl和简单的HTTP请求，但还有一些开源库可以让我们以一种更为地道的方式使用这些API。在本书撰写期间，所支持的语言包括Go、Objective-C、Ruby和.NET。这些开源库处理HTTP的能力更胜一筹。

希望这些工具能够帮助你自定义和修改GitHub，使其能够更好地处理你的工作流。全部API的完整文档以及常见任务的操作指南可以参阅GitHub的Developer页面。

6.6　小结

现在你已经成为一名GitHub用户，也学会了如何创建账号、管理组织、创建和推送仓库、为他人的项目做贡献以及接受他人的贡献。在第7章中，我们会学习到更多强大的工具以及处理复杂情况的技巧，想成为Git大师，这些知识是必不可少的。

Git工具

现在，你已经学会了管理或维护Git仓库，实现源码控制所需的大多数日常命令和工作流，圆满完成了跟踪和提交文件的基本任务，对于暂存区和轻量级主题分支及合并的威力也尽在掌握中。

接下来你将要领略一系列极其强大的Git功能，你未必每天都会用到这些功能，但是它们将来也许能派上用场。

7.1 选择修订版本

Git允许你使用多种方法来指定某次或一定范围内的提交。了解它们并非必须，但是学习一下总没坏处。

7.1.1 单个修订版本

你显然可以通过给出的SHA-1散列值来引用某次提交，不过还有对用户更为友好的提交引用方法。本节阐述了引用单个提交的各种方法。

1. 短格式的SHA-1

Git非常聪明，只要你输入了SHA-1值的前几个字符，它就知道你想使用哪次提交，前提是这部分字符不少于4个且没有歧义，也就是说在当前仓库中有且只有一个对象的起始SHA-1与你输入的一样。

例如，要查看某次提交，假设你执行git log命令，并找出添加了特定功能的那次提交，如下所示。

```
$ git log
commit 734713bc047d87bf7eac9674765ae793478c50d3
Author: Scott Chacon <schacon@gmail.com>
Date:   Fri Jan 2 18:32:33 2009 -0800

    fixed refs handling, added gc auto, updated tests

commit d921970aadf03b3cf0e71becdaab3147ba71cdef
Merge: 1c002dd... 35cfb2b...
Author: Scott Chacon <schacon@gmail.com>
Date:   Thu Dec 11 15:08:43 2008 -0800
```

```
    Merge commit 'phedders/rdocs'

commit 1c002dd4b536e7479fe34593e72e6c6c1819e53b
Author: Scott Chacon <schacon@gmail.com>
Date:    Thu Dec 11 14:58:32 2008 -0800

    added some blame and merge stuff
```

在这个例子中，选择1c002dd...。如果你想对这个提交使用git show命令，那么下列命令都是等效的（假设短格式没有出现歧义）。

```
$ git show 1c002dd4b536e7479fe34593e72e6c6c1819e53b
$ git show 1c002dd4b536e7479f
$ git show 1c002d
```

Git可以从SHA-1值中生成一个简短且唯一的缩写。如果你在使用git log命令时加入--abbrev-commit选项，在保证不出现重复的前提下，命令输出中会采用更简短的值。该值默认使用7个字符，但为了保证SHA-1的唯一性，在必要的时候会变得更长，如下所示。

```
$ git log --abbrev-commit --pretty=oneline
ca82a6d changed the version number
085bb3b removed unnecessary test code
a11bef0 first commit
```

通常在一个项目内，8到10个字符就足以避免重复了。

举例来说，作为一个超大型项目的Linux内核有超过45万次提交，包含360万个对象，即使是这样，也最多只需要前11个字符就能够保证对象SHA-1的唯一性。

SHA-1简记

很多人有时候会担心自己的仓库中出现两个对象拥有相同的SHA-1值。

如果你提交的对象与之前的对象碰巧拥有相同的SHA-1值，Git会发现Git数据库中已经有了一个拥有该SHA-1值的对象，并认为它已经写入过了。如果随后你想检出这个对象，那么得到的总是当初第一个对象的数据。

但你要明白这种情况出现的概率低得有多不可思议。SHA-1摘要长度是20字节，也就是160位。要确保有50%的概率出现一次冲突，需要2^{80}个随机散列的对象（计算冲突概率的公式是$p = (n(n-1)/2) * (1/2^{160})$）。$2^{80}$是$1.2 \times 10^{24}$，也就是一亿亿亿，这是地球上沙粒总数的1200倍。

这里有一个例子可以告诉你怎么样才能产生一次SHA-1冲突。如果地球上65亿的人类都在编程，每人每秒都能生成相当于整个Linux内核历史（360万个Git对象）的代码量，并将其推送到一个巨大的Git仓库里面，大概需要花费两年的时间才能让这个仓库中包含足够的对象来产生一次概率为50%的单个SHA-1对象冲突。这比你的编程团队的所有成员同一个晚上在互不相干的各种意外中被狼袭击的概率还要小。

---

2. 分支引用

指定某次提交的最直接的方法要求有一个指向其的分支引用。随后你就可以在任何需要提交对象或SHA-1值的Git命令中使用分支名称了。比如说，如果你想显示分支中最后一次提交的对象，假设topic1分支指向ca82a6d，那么以下两个命令的作用是一样的。

```
$ git show ca82a6dff817ec66f44342007202690a93763949
$ git show topic1
```

如果你想查看某个分支指向哪个特定的SHA-1，或者是想知道这些例子最终会以SHA-1的形式变成什么样子，可以使用一个叫作rev-parse的Git底层探测工具。在第10章中会包含更多有关此类工具的内容。简单来说，rev-parse是为底层操作设计的，并非针对日常操作。不过当你想了解事情的来龙去脉的时候，就用得上它了。这种情况下你可以对分支执行rev-parse。

```
$ git rev-parse topic1
ca82a6dff817ec66f44342007202690a93763949
```

3. reflog简称

Git在你工作的同时，会在后台保存一份reflog，这是一份最近几个月你的HEAD和分支引用的日志。

可以使用git reflog来查看你的reflog，如下所示。

```
$ git reflog
734713b HEAD@{0}: commit: fixed refs handling, added gc auto, updated
d921970 HEAD@{1}: merge phedders/rdocs: Merge made by recursive.
1c002dd HEAD@{2}: commit: added some blame and merge stuff
1c36188 HEAD@{3}: rebase -i (squash): updating HEAD
95df984 HEAD@{4}: commit: # This is a combination of two commits.
1c36188 HEAD@{5}: rebase -i (squash): updating HEAD
7e05da5 HEAD@{6}: rebase -i (pick): updating HEAD
```

每当你的分支顶端由于某些原因被修改时，Git都会将对应的信息保存在这些临时历史记录中。你也可以使用历史记录来指定先前的提交。假如想查看仓库中HEAD在之前第5次的值，可以使用@{n}代来引用reflog的输出，如下所示。

```
$ git show HEAD@{5}
```

你也可以使用这种语法来查看某个分支从前的位置。例如想看一下你的master分支昨天在哪里，可以键入以下命令。

```
$ git show master@{yesterday}
```

命令输出会显示出昨天的时候，master分支顶端的所在位置。这项技术仅对仍包含在reflog中的数据有效，因此你无法使用它来查找数月前的提交。

要想看到类似于git log输出格式的reflog信息，可以执行git log -g，如下所示。

```
$ git log -g master
commit 734713bc047d87bf7eac9674765ae793478c50d3
```

7

```
Reflog: master@{0} (Scott Chacon <schacon@gmail.com>)
Reflog message: commit: fixed refs handling, added gc auto, updated
Author: Scott Chacon <schacon@gmail.com>
Date:   Fri Jan 2 18:32:33 2009 -0800

    fixed refs handling, added gc auto, updated tests

commit d921970aadf03b3cf0e71becdaab3147ba71cdef
Reflog: master@{1} (Scott Chacon <schacon@gmail.com>)
Reflog message: merge phedders/rdocs: Merge made by recursive.
Author: Scott Chacon <schacon@gmail.com>
Date:   Thu Dec 11 15:08:43 2008 -0800

    Merge commit 'phedders/rdocs'
```

有一点很重要：reflog信息只保存在本地，这是一份仓库操作日志。就算是同一仓库的副本，这份日志的内容也不会相同。当你克隆好一个仓库后，reflog是空的，这是因为你的仓库中尚未进行任何操作。`git show HEAD@{2.months.ago}`命令只有在你克隆了一个项目至少两个月之后才有效，如果你是5分钟前克隆的，那是不会输出任何结果的。

4. 祖先引用

指定某次引用的另一种主要方式是通过它的祖先。如果你在引用尾部加上一个^，Git会将其解释为此次提交的父提交。假设你的项目历史如下所示。

```
$ git log --pretty=format:'%h %s' --graph
* 734713b fixed refs handling, added gc auto, updated tests
*   d921970 Merge commit 'phedders/rdocs'
|\
| * 35cfb2b Some rdoc changes
* | 1c002dd added some blame and merge stuff
|/
* 1c36188 ignore *.gem
* 9b29157 add open3_detach to gemspec file list
```

那么可以通过指定HEAD^（表示 "HEAD的父提交"）查看上一次提交。

```
$ git show HEAD^
commit d921970aadf03b3cf0e71becdaab3147ba71cdef
Merge: 1c002dd... 35cfb2b...
Author: Scott Chacon <schacon@gmail.com>
Date:   Thu Dec 11 15:08:43 2008 -0800

    Merge commit 'phedders/rdocs'
```

你还可以在^后面指定一个数字。例如，`d921970^2`表示 "d921970的第2个父提交"。这种语法仅在合并提交时有效，因为只有合并提交才有多个父提交。首个父提交是当你进行合并时所在的分支，第2个父提交是你所合并的分支，如下所示。

```
$ git show d921970^
commit 1c002dd4b536e7479fe34593e72e6c6c1819e53b
Author: Scott Chacon <schacon@gmail.com>
```

```
Date:    Thu Dec 11 14:58:32 2008 -0800

    added some blame and merge stuff

$ git show d921970^2
commit 35cfb2b795a55793d7cc56a6cc2060b4bb732548
Author: Paul Hedderly <paul+git@mjr.org>
Date:    Wed Dec 10 22:22:03 2008 +0000

    Some rdoc changes
```

另一种指定祖先的方式是~。它也指向首个父提交，因此HEAD~和HEAD^是等效的。当你加上数字的时候，两者的差异就显现出来了。HEAD~2表示"首个父提交的首个父提交"或者说是"祖父提交"，它会根据你指定的次数去检索首个父提交。例如，在之前的历史记录中，HEAD~3会是下面这样。

```
$ git show HEAD~3
commit 1c3618887afb5fbcbea25b7c013f4e2114448b8d
Author: Tom Preston-Werner <tom@mojombo.com>
Date:    Fri Nov 7 13:47:59 2008 -0500

    ignore *.gem
```

这也可以写作HEAD^^^，同样表示"首个父提交的首个父提交的首个父提交"。

```
$ git show HEAD^^^
commit 1c3618887afb5fbcbea25b7c013f4e2114448b8d
Author: Tom Preston-Werner <tom@mojombo.com>
Date:    Fri Nov 7 13:47:59 2008 -0500

    ignore *.gem
```

你可以综合运用这些语法，使用HEAD~3^2获得前一个引用的第2个父提交（假设这是一个合并提交），等等。

7.1.2 提交范围

现在你已经能够指定个别提交了，让我们来看看如何指定特定范围的提交。这对于分支管理尤其有用，如果你拥有大量分支，可以通过划定范围来解决诸如"在这个分支上还有哪些工作没有合并到主分支"之类的问题。

1. 双点号
最常用的范围指定方法是双点号法。这种语法可以让Git找出那些不在同一个分支上的提交。举例来说，假设你的提交历史记录如图7-1所示。

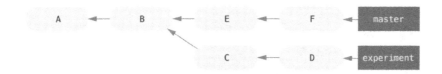

图7-1　范围选择的历史记录

你想查看experiment分支上还有哪些提交没有被合并到master分支，可以使用master..experiment来要求Git只显示出涉及这些提交的日志，意思就是说"所有可以从experiment分支中获得而不能从master分支中获得的提交"。为了使例子简洁明晰，我依照命令输出结果中的顺序，使用图示中提交对象的字母来代替实际的日志输出，如下所示。

```
$ git log master..experiment
D
C
```

另一方面，如果你想查看相反的结果，也就是"所有在master分支但不在experiment分支的提交"，可以把分支名称颠倒一下。experiment..master可以显示出你想要的结果，如下所示。

```
$ git log experiment..master
F
E
```

如果你想使experiment分支处于最新状态，需要看看接下来需要合并哪些提交，那么这条命令可以助你一臂之力。该语法的另一种常见用途是查看要推送到远端的内容，如下所示。

```
$ git log origin/master..HEAD
```

这条命令可以显示出处于你的当前分支，但不处于origin远端的master分支上的所有提交。如果你执行git push，且当前分支正在跟踪origin/master，那么git log origin/master..HEAD命令所列出的就是将要被传输到服务器上的提交。你也可以将语法中一侧的内容省去，让Git假定那部分是HEAD。例如在上个例子中，你也可以输入git log origin/master..，得到的结果是一模一样的，Git会使用HEAD替代没有输入的部分。

2. 多点

双点号语法作为速记法很有用，但你也许想针对两个以上的分支指明修订版本，比如看看这些分支中的提交有哪些不在你的当前分支上。Git允许你在引用前加上字符^或--not来指明不包含在其中的提交。因此，以下3条命令是等效的。

```
$ git log refA..refB
$ git log ^refA refB
$ git log refB --not refA
```

这种语法用起来很贴心，因为你可以在查询中指定两个以上的引用，这是在双点号语法中无法实现的。举例来说，如果你想查看所有包含在refA或refB中，但是不包含在refC中的提交，那么可以输入以下两个命令之一。

```
$ git log refA refB ^refC
$ git log refA refB --not refC
```

这样就打造出了一个功能强大的修订版本查询系统，可以帮助你搞明白分支里究竟包含了什么。

3. 三点号

最后一种主要的范围选择语法是三点号法，对于两个引用，这种语法可以指定仅包含在其中任意一个引用中的所有提交。回头看一下图7-1中的例子。如果你想查看属于master或experiment的非共有引用，可以执行以下命令。

```
$ git log master...experiment
F
E
D
C
```

这还是一个普通的log输出，但是只显示出了这4个提交的相关信息，依据传统的提交日期次序排列。

log命令有一个常用的选项是--left-right，在本例中，它可以显示出提交属于哪一侧的分支。这有助于让数据发挥出更大的功用，如下所示。

```
$ git log --left-right master...experiment
< F
< E
> D
> C
```

有了这些工具，现在你就能够让Git更容易明白你想检查哪些分支了。

7.2 交互式暂存

Git提供了一些脚本以简化某些命令行任务。在这里，你会看到几个交互式命令，它们能够帮助你轻松构建出只包含特定组合和部分文件的提交。如果你修改了一批文件，希望将这些变更放入若干个有针对性的提交中，而不是全部堆放在一个又大又乱的提交中，那么这些工具会非常有帮助。这样可以确保你的提交是一些有逻辑性的变更集，便于和你一同工作的开发人员审阅。如果你执行加入了-i或--interactive选项的git add命令，Git会进入交互式shell模式，显示类似下面的信息。

```
$ git add -i
          staged      unstaged path
1:     unchanged        +0/-1 TODO
2:     unchanged        +1/-1 index.html
3:     unchanged        +5/-1 lib/simplegit.rb
```

```
*** Commands ***
  1: status    2: update    3: revert    4: add untracked
  5: patch     6: diff      7: quit      8: help
What now>
```

你可以看到这个命令以一种完全不同的视图展示出了你的暂存区，信息基本上和git status命令得到的差不多，但是形式上更简洁，传递的信息量也更丰富一些。它在左侧列出了你已暂存的变更，在右侧列出了尚未被暂存的变更。

接着是Commands区域。你可以在这里做很多事，包括暂存文件、取消暂存文件、暂存部分文件、加入未被跟踪的文件以及查看暂存文件的差异。

7.2.1　暂存和取消暂存文件

如果你在提示符What now>后面输入2或u，脚本会提示你要暂存哪些文件，如下所示。

```
What now> 2
           staged     unstaged path
  1:     unchanged       +0/-1 TODO
  2:     unchanged       +1/-1 index.html
  3:     unchanged       +5/-1 lib/simplegit.rb
Update>>
```

要想暂存文件TODO和index.html，可以输入编号，如下所示。

```
Update>> 1,2
           staged     unstaged path
* 1:     unchanged       +0/-1 TODO
* 2:     unchanged       +1/-1 index.html
  3:     unchanged       +5/-1 lib/simplegit.rb
Update>>
```

每个文件旁边的*表示该文件已被选中进行暂存。如果在提示符Update>>后按回车键，Git会暂存选中的文件，如下所示。

```
Update>>
updated 2 paths

*** Commands ***
  1: status    2: update    3: revert    4: add untracked
  5: patch     6: diff      7: quit      8: help
What now> 1
           staged     unstaged path
  1:       +0/-1      nothing TODO
  2:       +1/-1      nothing index.html
  3:     unchanged      +5/-1 lib/simplegit.rb
```

现在你可以看到文件TODO和index.html已经处于暂存状态，而simplegit.rb文件仍未被暂存。如果你现在想取消暂存文件TODO，可以使用3或r（代表revert，恢复）选项，如下所示。

```
*** Commands ***
  1: status    2: update    3: revert    4: add untracked
  5: patch     6: diff      7: quit      8: help
What now> 3
            staged      unstaged path
  1:        +0/-1       nothing TODO
  2:        +1/-1       nothing index.html
  3:     unchanged        +5/-1 lib/simplegit.rb
Revert>> 1
            staged      unstaged path
* 1:        +0/-1       nothing TODO
  2:        +1/-1       nothing index.html
  3:     unchanged        +5/-1 lib/simplegit.rb
Revert>> [enter]
reverted one path
```

再次查看你的Git状态，会看到文件TODO已经处于未暂存状态了，如下所示。

```
*** Commands ***
  1: status    2: update    3: revert    4: add untracked
  5: patch     6: diff      7: quit      8: help
What now> 1
            staged      unstaged path
  1:     unchanged        +0/-1 TODO
  2:        +1/-1       nothing index.html
  3:     unchanged        +5/-1 lib/simplegit.rb
```

要查看暂存内容之间的差异，可以使用6或d（代表diff）命令。它会显示出一个已暂存文件列表，你可以选择需要进行差异对比的文件。这与在命令行下输入git diff --cached的结果非常相似，如下所示。

```
*** Commands ***
  1: status    2: update    3: revert    4: add untracked
  5: patch     6: diff      7: quit      8: help
What now> 6
            staged      unstaged path
  1:        +1/-1       nothing index.html
Review diff>> 1
diff --git a/index.html b/index.html
index 4d07108..4335f49 100644
--- a/index.html
+++ b/index.html
@@ -16,7 +16,7 @@ Date Finder

 <p id="out">...</p>

-<div id="footer">contact : support@github.com</div>
+<div id="footer">contact : email.support@github.com</div>

 <script type="text/javascript">
```

有了这些基本命令，你就可以使用交互式添加模式更轻松地处理暂存区了。

7.2.2 暂存补丁

Git 也可以只暂存文件的某些部分。举例来说，如果你对文件 simplegit.rb 进行了两处修改，希望只对其中的一处进行暂存，对于 Git 来说，这很容易实现。在交互式提示符下输入 s 或 p（代表 patch，补丁）。Git 会询问你要部分暂存哪些文件，然后对于所选择文件的每一个区块，它都会逐个显示出文件的差异并询问你是否要进行暂存，如下所示。

```
diff --git a/lib/simplegit.rb b/lib/simplegit.rb
index dd5ecc4..57399e0 100644
--- a/lib/simplegit.rb
+++ b/lib/simplegit.rb
@@ -22,7 +22,7 @@ class SimpleGit
   end

   def log(treeish = 'master')
-    command("git log -n 25 #{treeish}")
+    command("git log -n 30 #{treeish}")
   end

   def blame(path)
Stage this hunk [y,n,a,d,/,j,J,g,e,?]?
```

这时候你可以做很多选择。输入 ? 会显示一个操作列表，如下所示。

```
Stage this hunk [y,n,a,d,/,j,J,g,e,?]? ?
y - stage this hunk
n - do not stage this hunk
a - stage this and all the remaining hunks in the file
d - do not stage this hunk nor any of the remaining hunks in the file
g - select a hunk to go to
/ - search for a hunk matching the given regex
j - leave this hunk undecided, see next undecided hunk
J - leave this hunk undecided, see next hunk
k - leave this hunk undecided, see previous undecided hunk
K - leave this hunk undecided, see previous hunk
s - split the current hunk into smaller hunks
e - manually edit the current hunk
? - print help
```

如果你想暂存每个区块，通常可以输入 y 或 n，但是暂存特定文件中的所有区块或暂时跳过某一部分也很有用。如果只暂存文件的一部分，另一部分不暂存，那么输出的状态信息类似下面这样。

```
What now> 1
          staged     unstaged path
  1:    unchanged        +0/-1 TODO
  2:        +1/-1       nothing index.html
  3:        +1/-1        +4/-0 lib/simplegit.rb
```

文件 simplegit.rb 的状态很有意思。从显示状态上来看，有几行被暂存了，有几行没有被暂存。

你部分暂存了这个文件。这时候你可以退出交互式添加脚本，执行git commit来提交这部分暂存的文件。

你也不是非得进入交互式添加模式来暂存部分文件，你可以在命令行上使用使用git add -p或git add -patch来启动相同的脚本。

而且还可以通过补丁模式，使用命令reset --patch部分重置文件，使用命令checkout --patch检查部分文件，使用命令stash save –patch储藏部分文件。当我们涉及这些命令更高级的用法时，会深入讨论它们的细节。

7.3 储藏与清理

通常当你在处理项目的某一部分时，方方面面的事情还没有理清，这时候你想转到其他分支上忙些别的事情。问题在于你不希望把先前只做了一半的工作提交，因为随后还想回过头接着做。解决这个问题的方法就是git stash命令。

储藏（stashing）能够获得工作目录的中间状态，也就是修改过的被跟踪的文件以及暂存的变更，并将该中间状态保存在一个包含未完成变更的栈中，随后可以再次恢复这些状态。

7.3.1 储藏工作成果

出于演示的目的，你可以进入自己的项目，处理一些文件，有可能还会暂存其中某处变更。如果你执行git status，那么可以看到以下中间状态。

```
$ git status
Changes to be committed:
  (use "git reset HEAD <file>..." to unstage)

        modified: index.html

Changes not staged for commit:
  (use "git add <file>..." to update what will be committed)
  (use "git checkout -- <file>..." to discard changes in working directory)

        modified: lib/simplegit.rb
```

现在你打算切换分支，但又不想把刚才做的内容提交，那么可以储藏这些变更。执行git stash或者git stash save将新的储藏内容推入栈中，如下所示。

```
$ git stash
Saved working directory and index state \
  "WIP on master: 049d078 added the index file"
HEAD is now at 049d078 added the index file
(To restore them type "git stash apply")
```

你的工作目录现在就干净了，如下所示。

```
$ git status
# On branch master
nothing to commit, working directory clean
```

你这时可以方便地切换到其他分支工作，你之前的变更就被保存在了栈中。要查看存储在栈中的储藏，可以使用git stash list命令，如下所示。

```
$ git stash list
stash@{0}: WIP on master: 049d078 added the index file
stash@{1}: WIP on master: c264051 Revert "added file_size"
stash@{2}: WIP on master: 21d80a5 added number to log
```

在本例中，之前有两次储藏，所以你可以看到共有3个不同的储藏。原先stash命令的帮助信息中有一个命令：git stash apply，你可以用它重新应用栈中的某个储藏。如果要应用较早的储藏，可以通过名称来指定，比如：git stash apply stash@{2}。如果你没有指明，那么Git默认会应用最近的储藏，如下所示。

```
$ git stash apply
# On branch master
# Changed but not updated:
#   (use "git add <file>..." to update what will be committed)
#
#       modified:   index.html
#       modified:   lib/simplegit.rb
#
```

你可以看到，当你保存储藏时，Git重新修改了当时尚未提交的文件。在本例中，工作目录在应用储藏时（所应用的分支与保存储藏时的分支相同）是干净的；但是一个干净的工作目录以及应用在相同分支上并非成功应用储藏的必要条件。你可以在一个分支上保存储藏，然后切换到另一个分支，重新应用这些变更。在应用储藏时，工作目录中也可以包含已修改和未提交的文件，只要无法干净利落地应用任何操作，Git都会给出合并冲突信息。

文件变更可以重新应用，但是之前暂存过的文件却不会被再次暂存。要想这样，你必须使用加上--index选项的git stash apply命令，告诉该命令重新应用暂存过的变更。执行过这条命令之后，你就会回到原先的状态，如下所示。

```
$ git stash apply --index
# On branch master
# Changes to be committed:
#   (use "git reset HEAD <file>..." to unstage)
#
#       modified:   index.html
#
# Changed but not updated:
#   (use "git add <file>..." to update what will be committed)
#
#       modified:   lib/simplegit.rb
#
```

apply选项只会尝试应用储藏过的内容，而这些内容仍然保存在栈上。要想删除它，你可以使用命令git stash drop加上要删除的储藏的名称，如下所示。

```
$ git stash list
stash@{0}: WIP on master: 049d078 added the index file
stash@{1}: WIP on master: c264051 Revert "added file_size"
stash@{2}: WIP on master: 21d80a5 added number to log
$ git stash drop stash@{0}
Dropped stash@{0} (364e91f3f268f0900bc3ee613f9f733e82aaed43)
```

你也可以执行git stash pop来应用储藏，然后立即将其从栈中丢弃。

7.3.2 灵活运用储藏

有几个储藏的其他用法指不定也能派上用场。第一个非常流行的选项是git stash命令的--keep-index选项。该选项告诉Git不要储藏已经用git add命令暂存过的内容。

如果你做出了若干处修改，但是只想先提交其中的一部分，随后再来处理余下的改动，那么这个功能相当有用。

```
$ git status -s
M  index.htm
 M lib/simplegit.rb

$ git stash --keep-index
Saved working directory and index state WIP on master: 1b65b17 added the index file
HEAD is now at 1b65b17 added the index file

$ git status -s
M  index.html
```

可以使用储藏来实现的另一个功能是储藏已跟踪文件之外的未跟踪文件。git stash默认只保存已经索引过的文件。如果指定了--include-untracked或-u，Git也会储藏所有创建过的未跟踪文件。

```
$ git status -s
M  index.html
 M lib/simplegit.rb
?? new-file.txt

$ git stash -u
Saved working directory and index state WIP on master: 1b65b17 added the index file
HEAD is now at 1b65b17 added the index file

$ git status -s
$
```

最后，如果你指定了--patch选项，那么只要是修改过的内容，Git一概不会储藏。相反，它会以交互方式询问你哪些改动需要储藏，哪些改动需要保留在工作目录中。

```
$ git stash --patch
diff --git a/lib/simplegit.rb b/lib/simplegit.rb
index 66d332e..8bb5674 100644
--- a/lib/simplegit.rb
+++ b/lib/simplegit.rb
@@ -16,6 +16,10 @@ class SimpleGit
        return `#{git_cmd} 2>&1`.chomp
      end
    end
+
+    def show(treeish = 'master')
+      command("git show #{treeish}")
+    end
+
 end
 test
Stash this hunk [y,n,q,a,d,/,e,?]? y

Saved working directory and index state WIP on master: 1b65b17 added the index file
```

7.3.3　从储藏中创建分支

　　如果你储藏了一些工作成果，然后将其搁置了一段时间，仍继续在你进行储藏的分支上工作，当重新应用这些成果时，可能会碰到麻烦。要是在应用的时候需要修改的文件在储藏操作之后又发生过变动，你会碰到一个不得不解决的合并冲突问题。如果想要一种更方便的方法来重新检验储藏的变更，可以执行 git stash branch，该命令会为你创建一个新的分支，检出你在储藏工作成果时所在的提交，重新应用成果，如果应用成功，就会丢弃掉储藏，如下所示。

```
$ git stash branch testchanges
Switched to a new branch "testchanges"
# On branch testchanges
# Changes to be committed:
#   (use "git reset HEAD <file>..." to unstage)
#
#       modified:   index.html
#
# Changes not staged for commit:
#   (use "git add <file>..." to update what will be committed)
#
#       modified:   lib/simplegit.rb
#
Dropped refs/stash@{0} (f0dfc4d5dc332d1cee34a634182e168c4efc3359)
```

　　这个省时省力的方法可以用来轻松地恢复储藏的工作成果，然后在新的分支上继续当时的工作。

7.3.4　清理工作目录

　　对于工作目录中的一些工作成果或文件，你想要做的可能并不是储藏，而是把它们弄走而已。

`git clean`命令可以为你做到这一点。

这种做法的一些常见原因包括删除由合并操作或外部工具产生的杂乱文件,或是在执行洁净的构建之前清理构建产物。

使用这条命令的时候可要千万小心,因为它会从工作目录中删除所有未跟踪过的文件。就算你改变了主意,这些文件多半也是找不回来了。一个更安全的选择是执行`git stash --all`来删除全部内容,同时将其以储藏的形式保存。

假设你想删除杂乱文件或是清理工作目录,可以使用`git clean`。要删除工作目录中的所有未跟踪文件,可以使用`git clean -f -d`,该命令会将文件全部删除并清空所有的子目录。`-f`表示"强制"(force)或"确定执行"(really do this)。

如果你想看看这条命令到底做了什么,可以加入选项`-n`,该选项表示"做一次演习,告诉我都会删除什么"。

```
$ git clean -d -n
Would remove test.o
Would remove tmp/
```

`git clean`命令默认只删除没有被忽略的未跟踪文件。任何与`.gitignore`或其他忽略文件中模式匹配的文件都不会被删除。如果连这些文件也想删除,例如为了完成一次全面的洁净构建,需要删除由构建生成的`.o`文件,那么你可以在`clean`命令中加入`-x`选项。

```
$ git status -s
 M lib/simplegit.rb
?? build.TMP
?? tmp/

$ git clean -n -d
Would remove build.TMP
Would remove tmp/

$ git clean -n -d -x
Would remove build.TMP
Would remove test.o
Would remove tmp/
```

如果你不清楚`git clean`命令都会做些什么,可以先加入`-n`选项确保无误,然后再把`-n`改为`-f`进行实际的操作。另一种安全的做法是执行命令时加入`-i`(interactive)选项。

该选项会使得`clean`命令以交互模式执行,如下所示。

```
$ git clean -x -i
Would remove the following items:
  build.TMP test.o
*** Commands ***
    1: clean              2: filter by pattern    3: select by numbers    4: ask
    5: quit               6: help
What now>
```

在这种方式下,你可以逐个检查每个文件或者交互式地指定删除模式。

7.4　签署工作

尽管Git从密码学角度来说是安全的，但也并非万无一失。如果你从互联网上接手他人的工作，需要验证提交源是否真正可信，Git提供了几种利用GPG来签署和验证工作的方法。

7.4.1　GPG 简介

不管你想要签署什么，首先需要配置GPG并安装个人密钥。

```
$ gpg --list-keys
/Users/schacon/.gnupg/pubring.gpg
---------------------------------
pub   2048R/0A46826A 2014-06-04
uid                  Scott Chacon (Git signing key) <schacon@gmail.com>
sub   2048R/874529A9 2014-06-04
```

如果你没有密钥，可以使用gpg --gen-key来生成。

```
gpg --gen-key
```

如果你有一个用于签署的私钥，那么可以通过设置user.signingkey文件来配置Git，使其使用该私钥来进行签署操作，如下所示。

```
git config --global user.signingkey 0A46826A
```

Git现在就默认使用你的密钥来签署标签并根据需要进行提交。

7.4.2　签署标签

如果已经设置好了GPG私钥，那么就可以用它来签署新的标签了。你要做的就是使用-s代替-a，如下所示。

```
$ git tag -s v1.5 -m 'my signed 1.5 tag'

You need a passphrase to unlock the secret key for
user: "Ben Straub <ben@straub.cc>"
2048-bit RSA key, ID 800430EB, created 2014-05-04
```

如果在这个标签上执行git show，就可以看到附属在其上的GPG签名，如下所示。

```
$ git show v1.5
tag v1.5
Tagger: Ben Straub <ben@straub.cc>
Date:   Sat May 3 20:29:41 2014 -0700

my signed 1.5 tag
-----BEGIN PGP SIGNATURE-----
Version: GnuPG v1
```

```
iQEcBAABAgAGBQJTZbQlAAoJEF0+sviABDDrZbQH/09PfE51KPVPlanr6q1v4/Ut
LQxfojUWiLQdg2ESJItkcuweYg+kc3HCyFejeDIBw9dpXt00rY26p05qrpnG+85b
hM1/PswpPLuBSr+oCIDj5GMC2r2iEKsfv2fJbNW8iWAXVLoWZRF8B0MfqX/YTMbm
ecorc4iXzQu7tupRihslbNkfvfciMnSDeSvzCpWAHl7h8Wj6hhqePmLm9lAYqnKp
8S5B/1SSQuEAjRZgI4IexpZoeKGVDptPHxLLS38fozsyi0QyDyzEgJxcJQVMXxVi
RUysgqjcpT8+iQM1PblGfHR4XAhuOqN5Fx06PSaFZhqvWFezJ28/CLyX5q+oIVk=
=EFTF
-----END PGP SIGNATURE-----

commit ca82a6dff817ec66f44342007202690a93763949
Author: Scott Chacon <schacon@gee-mail.com>
Date:   Mon Mar 17 21:52:11 2008 -0700

    changed the version number
```

7.4.3　验证标签

要验证一个签署过的标签，可以使用git tag -v [tag-name]。该命令会使用GPG来验证签名。为了顺利完成验证，签署人的公钥必须存在于你的钥匙链中，如下所示。

```
$ git tag -v v1.4.2.1
object 883653babd8ee7ea23e6a5c392bb739348b1eb61
type commit
tag v1.4.2.1
tagger Junio C Hamano <junkio@cox.net> 1158138501 -0700

GIT 1.4.2.1

Minor fixes since 1.4.2, including git-mv and git-http with alternates.
gpg: Signature made Wed Sep 13 02:08:25 2006 PDT using DSA key ID F3119B9A
gpg: Good signature from "Junio C Hamano <junkio@cox.net>"
gpg:                 aka "[jpeg image of size 1513]"
Primary key fingerprint: 3565 2A26 2040 E066 C9A7 4A7D C0C6 D9A4 F311 9B9A
```

如果你没有得到签署人的公钥，则会看到类似下面的信息。

```
gpg: Signature made Wed Sep 13 02:08:25 2006 PDT using DSA key ID F3119B9A
gpg: Can't check signature: public key not found
error: could not verify the tag 'v1.4.2.1'
```

7.4.4　签署提交

在最近的Git版本中（v1.7.9及更高版本），也可以签署单独的提交。与标签相比，如果你感兴趣的是直接签署提交，要做的就是在git commit命令中加入-S，如下所示。

```
$ git commit -a -S -m 'signed commit'

You need a passphrase to unlock the secret key for
user: "Scott Chacon (Git signing key) <schacon@gmail.com>"
2048-bit RSA key, ID 0A46826A, created 2014-06-04
```

```
[master 5c3386c] signed commit
 4 files changed, 4 insertions(+), 24 deletions(-)
 rewrite Rakefile (100%)
 create mode 100644 lib/git.rb
```

git log命令还有一个--show-signature选项可以用来查看和验证这些签名。

```
$ git log --show-signature -1
commit 5c3386cf54bba0a33a32da706aa52bc0155503c2
gpg: Signature made Wed Jun 4 19:49:17 2014 PDT using RSA key ID 0A46826A
gpg: Good signature from "Scott Chacon (Git signing key) <schacon@gmail.com>"
Author: Scott Chacon <schacon@gmail.com>
Date:   Wed Jun 4 19:49:17 2014 -0700

    signed commit
```

另外还可以配置git log来检查它所找到的所有签名并使用格式%G?在命令输出中将其列出。

```
$ git log --pretty="format:%h %G? %aN %s"

5c3386c G Scott Chacon signed commit
ca82a6d N Scott Chacon changed the version number
085bb3b N Scott Chacon removed unnecessary test code
a11bef0 N Scott Chacon first commit
```

在这里可以看到只有最近的提交是签署过且合法的，之前的那些提交都没有签署过。

在Git 1.8.3及更高版本中，在合并提交时，git merge和git pull命令可以使用--verify-signatures选项来检查并拒绝没有携带可信GPG签名的提交。

当使用该选项时，如果待合并的分支中含有未签署过的有效提交，则合并操作无法进行。

```
$ git merge --verify-signatures non-verify
fatal: Commit ab06180 does not have a GPG signature.
```

如果合并包含的都是经过签署的有效提交，那么merge命令会显示出所有检查过的签名，然后继续进行合并处理。

```
$ git merge --verify-signatures signed-branch
Commit 13ad65e has a good GPG signature by Scott Chacon (Git signing key) <schacon@gmail.com>
Updating 5c3386c..13ad65e
Fast-forward
 README | 2 ++
 1 file changed, 2 insertions(+)
```

你也可以使用git merge命令的-S选项来签署生成的合并提交。下面的例子对分支中待合并的所有提交是否签署过进行了验证，并且签署了生成的合并提交。

```
$ git merge --verify-signatures -S  signed-branch
Commit 13ad65e has a good GPG signature by Scott Chacon (Git signing key) <schacon@gmail.com>

You need a passphrase to unlock the secret key for
```

```
user: "Scott Chacon (Git signing key) <schacon@gmail.com>"
2048-bit RSA key, ID 0A46826A, created 2014-06-04

Merge made by the 'recursive' strategy.
 README | 2 ++
 1 file changed, 2 insertions(+)
```

7.4.5　所有人都得签署

签署标签和提交都挺不错，但如果你决定将其应用于正常的工作流中，你得确保团队中的所有人都明白该怎么做。如果做不到这一点，结果就是你不得不花费大量的时间来帮助同事弄清楚如何使用签署过的版本来重写他们的提交。在把这种方法纳入到标准工作流之前，你自己一定得理解GPG以及签署所带来的好处。

7.5　搜索

无论代码库有多大，你经常都会需要找出某个函数的调用位置或定义位置，或者某个方法的变更历史。Git提供了一些工具，能够方便快速地查找存储在数据库中的代码和提交。下面就来看一看其中几个工具。

7.5.1　git grep

Git自带了一个叫作grep的命令，该命令可以在任何提交树或工作目录中方便地查找某个字符串或正则表达式。在下面的例子中，我们使用Git的源代码来进行演示。

在默认情况下，grep只查找工作目录下的文件。你可以使用-n选项来输出匹配位置的行号。

```
$ git grep -n gmtime_r
compat/gmtime.c:3:#undef gmtime_r
compat/gmtime.c:8:       return git_gmtime_r(timep, &result);
compat/gmtime.c:11:struct tm *git_gmtime_r(const time_t *timep, struct tm *result)
compat/gmtime.c:16:      ret = gmtime_r(timep, result);
compat/mingw.c:606:struct tm *gmtime_r(const time_t *timep, struct tm *result)
compat/mingw.h:162:struct tm *gmtime_r(const time_t *timep, struct tm *result);
date.c:429:             if (gmtime_r(&now, &now_tm))
date.c:492:             if (gmtime_r(&time, tm)) {
git-compat-util.h:721:struct tm *git_gmtime_r(const time_t *, struct tm *);
git-compat-util.h:723:#define gmtime_r git_gmtime_r
```

grep命令有很多值得一提的选项。

例如，与上面的例子不同，你可以使用--count选项让Git输出总结信息：匹配到了哪些文件，每个匹配文件中有多少处匹配，如下所示。

```
$ git grep --count gmtime_r
compat/gmtime.c:4
compat/mingw.c:1
```

7

```
compat/mingw.h:1
date.c:2
git-compat-util.h:2
```

如果你想看看所查找到的匹配属于哪个方法或函数，可以使用-p选项，如下所示。

```
$ git grep -p gmtime_r *.c
date.c=static int match_multi_number(unsigned long num, char c, const char *date, char *end, struct
tm *tm)
date.c:           if (gmtime_r(&now, &now_tm))
date.c=static int match_digit(const char *date, struct tm *tm, int *offset, int *tm_gmt)
date.c:           if (gmtime_r(&time, tm)) {
```

因此在这里我们可以看到文件date.c中的match_multi_number和match_digit函数调用了gmtime_r。

你还可以使用--and选项来查找复杂的字符串组合，以便在同一行中进行多个匹配。比如我们要在一个较旧的1.8.0版的Git代码库中查找一些代码行，这些行中定义了包含字符串LINK或BUF_MAX的常量。

在这儿我们还是用到了选项--break和--heading来帮助将输出划分成更易读的格式。

```
$ git grep --break --heading \
  -n -e '#define' --and \( -e LINK -e BUF_MAX \) v1.8.0
v1.8.0:builtin/index-pack.c
62:#define FLAG_LINK (1u<<20)

v1.8.0:cache.h
73:#define S_IFGITLINK 0160000
74:#define S_ISGITLINK(m)       (((m) & S_IFMT) == S_IFGITLINK)

v1.8.0:environment.c
54:#define OBJECT_CREATION_MODE OBJECT_CREATION_USES_HARDLINKS

v1.8.0:strbuf.c
326:#define STRBUF_MAXLINK (2*PATH_MAX)

v1.8.0:symlinks.c
53:#define FL_SYMLINK   (1 << 2)

v1.8.0:zlib.c
30:/* #define ZLIB_BUF_MAX ((uInt)-1) */
31:#define ZLIB_BUF_MAX ((uInt) 1024 * 1024 * 1024) /* 1GB */
```

与普通的搜索命令（如grep和ack）相比，git grep命令拥有一些过人之处。首先，它的执行速度非常快；另外，除了工作目录，你还可以搜索任意的Git树。就像我们在之前的例子中看到的那样，我们可以在旧版的Git源代码中进行查找，而非当前检出的代码版本。

7.5.2   Git日志搜索

也许你想知道的并不是某个关键词在什么地方出现，而是它在什么时候出现。git log命令有很多强大的工具，可以通过提交消息，甚至是diff内容来找出特定的提交。

如果我们想知道常量ZLIB_BUF_MAX最初是什么时候出现的，可以使用-S选项让Git只显示出添加过或删除过该字符串的那些提交。

```
$ git log –S  ZLIB_BUF_MAX --oneline
e01503b zlib: allow feeding more than 4GB in one go
ef49a7a zlib: zlib can only process 4GB at a time
```

查看这些提交的diff，可以看到该常量在ef49a7a中被引入，在e01503b中被修改。

如果需要更具体的内容，可以通过-G选项来使用正则表达式进行搜索。

行日志搜索

另一个颇为高级而且极为好用的日志搜索功能是行历史搜索。这项功能是最近才被加入的，因此并不广为人知，不过它用起来真的是非常方便。在git log命令中加入-L选项就可以使用该功能，它可以为你展示代码库中某个函数或代码行的历史。

假如我们想查看文件zlib.c中的函数git_deflate_bound的所有改动记录，可以执行git log -L :git_deflate_bound:zlib.c。Git会尝试找出指定函数的范围，然手查找历史记录，将函数自创建之时起所发生的所有改动以补丁的形式显示出来。

```
$ git log -L :git_deflate_bound:zlib.c
commit ef49a7a0126d64359c974b4b3b71d7ad42ee3bca
Author: Junio C Hamano <gitster@pobox.com>
Date:    Fri Jun 10 11:52:15 2011 -0700

    zlib: zlib can only process 4GB at a time

diff --git a/zlib.c b/zlib.c
--- a/zlib.c
+++ b/zlib.c
@@ -85,5 +130,5 @@
-unsigned long git_deflate_bound(z_streamp strm, unsigned long size)
+unsigned long git_deflate_bound(git_zstream *strm, unsigned long size)
 {
-        return deflateBound(strm, size);
+        return deflateBound(&strm->z, size);
 }


commit 225a6f1068f71723a910e8565db4e252b3ca21fa
Author: Junio C Hamano <gitster@pobox.com>
Date:    Fri Jun 10 11:18:17 2011 -0700

    zlib: wrap deflateBound() too

diff --git a/zlib.c b/zlib.c
--- a/zlib.c
+++ b/zlib.c
@@ -81,0 +85,5 @@
+unsigned long git_deflate_bound(z_streamp strm, unsigned long size)
+{
```

7

```
+        return deflateBound(strm, size);
+}
+
```

如果Git无法匹配你所采用的编程语言中的函数或方法，你还可以提供一个正则表达式。例如下面这条命令也可以实现同样的效果：`git log -L '/unsigned long git_deflate_bound/', /^}/:zlib.c`。给出一个行范围或者某一行的行号也能够得到相同的输出结果。

7.6　重写历史

在使用Git时，你可能出于某些原因想要修订提交历史。Git很棒的一点就是它允许你尽可能在最后一刻再做决定。你可以在提交暂存区之前决定哪些文件归入哪些提交，可以使用stash命令决定暂时搁置的工作，可以重写已经完成的提交，使其呈现出另一种完成方式。这些涉及改变提交次序，修改提交中包含的信息或文件，压缩、拆分、完全删除提交，这一切都可以在你尚未同他人共享工作成果之前进行。

在本节中，你将学习到如何完成这些有用的任务，以便在与他人共享提交历史之前能够将其修改成需要的样子。

7.6.1　修改最近一次提交

修改最近一次提交可能是最常见的重写历史操作。你经常会对最近一次提交做两件事：修改提交消息或是修改由于文件添加、改动、删除所记录下的快照。

如果你只是想修改最近的提交消息，那非常简单，执行以下命令即可。

```
$ git commit --amend
```

这条命令会打开文本编辑器并在其中显示最近的提交消息，以供修改。保存并关闭编辑器后，编辑器会写入一个包含已修改信息的提交，并将其作为你最近的提交。

如果你已经完成了提交，但可能因为提交的时候忘记加入一个新创建的文件，希望能够通过添加或更改文件来修改所提交的快照，也可以通过类似的操作来完成。你可以通过修改文件来暂存所需的改动，然后对其使用`git add`，或是对一个已跟踪的文件使用`git rm`，随后的`git commit --amend`命令会获取你当前的暂存区并将它作为新提交的快照。

一定要小心使用这种用法，因为修正（amending）会改变提交的SHA-1值。这就像是一次微型变基，不要在已经推送了最近一次提交之后还去修正它。

7.6.2　修改多个提交消息

要修改历史记录中较早的提交，必须使用更复杂的工具。Git并没有历史记录修改工具，但是你可以利用变基工具将一系列的提交变基到它们原来所在的HEAD上，而不用移动到新的位置。借助交互式的变基工具，你可以在每个想要修改的提交后停下来，然后改变提交消息、添加文件或是做任何想做的事。`git rebase`的-i选项可以将你带入变基命令的交互模式。你必须通过告知命令需要变基到哪次提交来表明希望重写多久远的提交。

如果你想改变最近3次或其中任意一次的提交消息，需要将待修改的最近一次提交的父提交作为参数提供给`git rebase -i`，也就是HEAD~2^或HEAD~3。~3可能更容易记忆，因为我们要修改的是最近3次提交；但是要记住，你实际上指定了之前的4次提交，即要修改提交的父提交，如下所示。

```
$ git rebase -i HEAD~3
```

别忘了这是变基命令，包含在HEAD~3..HEAD范围中的每次提交都会被重写，不管你有没有修改提交消息。不要将任何已经推送到中央服务器中的提交包含在内，这样做会出现相同变更的不同版本，造成混乱。

该命令会在你的文本编辑器中生成一个类似下面的提交列表。

```
pick f7f3f6d changed my name a bit
pick 310154e updated README formatting and added blame
pick a5f4a0d added cat-file

# Rebase 710f0f8..a5f4a0d onto 710f0f8
#
# Commands:
#  p, pick = use commit
#  r, reword = use commit, but edit the commit message
#  e, edit = use commit, but stop for amending
#  s, squash = use commit, but meld into previous commit
#  f, fixup = like "squash", but discard this commit's log message
#  x, exec = run command (the rest of the line) using shell
#
# These lines can be re-ordered; they are executed from top to bottom.
#
# If you remove a line here THAT COMMIT WILL BE LOST.
#
# However, if you remove everything, the rebase will be aborted.
#
# Note that empty commits are commented out
```

要注意的是，这些提交出现的次序与你通常使用log命令所看到的次序是相反的。如果你执行log命令，那么会看到以下内容。

```
$ git log --pretty=format:"%h %s" HEAD~3..HEAD
a5f4a0d added cat-file
310154e updated README formatting and added blame
f7f3f6d changed my name a bit
```

注意次序是相反的。交互式的rebase命令会给你一个待运行的脚本。该脚本会从你在命令行中指定的提交开始（HEAD~3），自上而下地重演每个提交中引入的变更。它将最早的（而非最近的）提交列在顶端，因为这是第一个需要重演的。

你得编辑这个脚本，使它可以在需要修改的提交处停下来。对于每个需要脚本随后为其停留的提交，只用把该提交前的单词pick改成edit就行了。假如现在只需要改动第3次提交消息，那么可以像下面这样修改文件。

```
edit f7f3f6d changed my name a bit
pick 310154e updated README formatting and added blame
pick a5f4a0d added cat-file
```

保存并退出编辑器后，Git会倒回至列表中最后一次提交并使你返回到命令行中，同时显示以下信息。

```
$ git rebase -i HEAD~3
Stopped at f7f3f6d... changed my name a bit
You can amend the commit now, with

        git commit --amend

Once you're satisfied with your changes, run

        git rebase --continue
```

这些指示明确告诉了你该怎么做。键入以下命令。

```
$ git commit --amend
```

修改提交消息并退出编辑器。然后执行以下命令。

```
$ git rebase --continue
```

这条命令会自动应用到其他两次提交，然后你的任务就完成了。如果你将不止一行的pick改成了edit，就可以对每个被修改成edit的提交重复这些步骤。每次Git都会停下来让你修正提交，待完成后继续执行。

7.6.3　重排提交

你也可以使用交互式变基来重排或完全删除提交。如果要删除提交added cat-file，改变另外两次提交的次序，那么可以将变基脚本从下面这样：

```
pick f7f3f6d changed my name a bit
pick 310154e updated README formatting and added blame
pick a5f4a0d added cat-file
```

更改成下面这样。

```
pick 310154e updated README formatting and added blame
pick f7f3f6d changed my name a bit
```

保存并退出编辑器后，Git会将分支倒回至这些提交的父提交，依次应用310154e和f7f3f6d，然后停止。于是便修改了这些提交的次序并完全删除了提交added cat-file。

7.6.4　压缩提交

交互式变基工具还可以将一系列提交压缩成单个提交。脚本在变基信息中放入了一些有用的指示，如下所示。

```
#
# Commands:
#  p, pick = use commit
#  r, reword = use commit, but edit the commit message
#  e, edit = use commit, but stop for amending
#  s, squash = use commit, but meld into previous commit
#  f, fixup = like "squash", but discard this commit's log message
#  x, exec = run command (the rest of the line) using shell
#
# These lines can be re-ordered; they are executed from top to bottom.
#
# If you remove a line here THAT COMMIT WILL BE LOST.
#
# However, if you remove everything, the rebase will be aborted.
#
# Note that empty commits are commented out
```

如果你没有选择pick或edit，而是指定了squash，Git会同时应用该变更及其之前的变更并将提交消息合并。因此，如果你想将这3次提交变成单个提交，可以像下面这样修改脚本。

```
pick f7f3f6d changed my name a bit
squash 310154e updated README formatting and added blame
squash a5f4a0d added cat-file
```

保存并退出编辑器，Git会应用所有的3次变更，然后使你返回编辑器中以合并3次提交消息，如下所示。

```
# This is a combination of 3 commits.
# The first commit's message is:
changed my name a bit

# This is the 2nd commit message:

updated README formatting and added blame

# This is the 3rd commit message:

added cat-file
```

保存之后，你就得到了单个提交，该提交包含了先前3次提交中的所有变更。

7.6.5　拆分提交

拆分提交可以撤销一次提交，然后根据你需要提交的次数进行多次部分暂存和提交。假设你想拆分3次提交中的中间那次提交。要将updated README formatting and added blame拆分成两次提交：第一次是updated README formatting，第二次是added blame。你可以在`rebase -i`脚本中将需要拆分的提交的指示改为edit。

```
pick f7f3f6d changed my name a bit
edit 310154e updated README formatting and added blame
pick a5f4a0d added cat-file
```

然后，脚本会将你带回命令行中，这时可以重置要被拆分的提交，获取到已被重置的变更并从中创建多次提交。保存并退出编辑器，Git会倒回到列表中第一次提交的父提交，分别应用第一次提交（f7f3f6d）和第二次提交（310154e），然后让你返回到控制台。你在那里可以使用`git reset HEAD^`对那次提交进行混合重置，这实际上会撤销该提交并使得修改过的文件变成未暂存状态。现在你就可以开始暂存并提交文件，直到拥有多次提交记录为止，当操作结束后，执行`git rebase --continue`，如下所示。

```
$ git reset HEAD^
$ git add README
$ git commit -m 'updated README formatting'
$ git add lib/simplegit.rb
$ git commit -m 'added blame'
$ git rebase --continue
```

Git在脚本中应用了最近一次提交（a5f4a0d），你的历史记录如下所示。

```
$ git log -4 --pretty=format:"%h %s"
1c002dd added cat-file
9b29157 added blame
35cfb2b updated README formatting
f3cc40e changed my name a bit
```

再次重申，这会改变列表中所有提交的SHA-1值，因此请确保该列表中不包含你已经推送到共享仓库中的提交。

7.6.6   超强命令：`filter-branch`

如果你需要以某种脚本化的方式重写大量提交（例如，全面修改你的电子邮件地址或从所有提交中删除某个文件），那么可以使用另外一个历史重写命令。这个命令就是`filter-branch`，它能够大面积修改你的历史记录，除非你的项目还没有公开，也没有人在你打算重写的提交基础上开展过工作，否则你不应该使用该命令。不过它的确非常有用。接下来，你会学到一些常见的命令用法，借此了解`filter-branch`能够做些什么。

1. 从所有提交中删除某个文件

这种操作相当常见。有人未经考虑，使用`git add`意外提交了一个巨大的二进制文件，你想将它从所有出现过的地方全部删除。也可能你不小心提交了一个包含密码的文件，同时你还想把项目开源。`filter-branch`是一个可以用来清洗整个历史记录的工具。要想从整个历史记录中删除名为passwords.txt的文件，可以使用`filter-branch`的`--tree-filter`选项，如下所示。

```
$ git filter-branch --tree-filter 'rm -f passwords.txt' HEAD
Rewrite 6b9b3cf04e7c5686a9cb838c3f36a8cb6a0fc2bd (21/21)
Ref 'refs/heads/master' was rewritten
```

　　`--tree-filter`选项会在每次检出项目后执行指定的命令，然后重新提交结果。在这个例子中，你要在所有快照中删除文件passwords.txt，无论其是否存在。如果你想删除全部意外提交的编辑器备份文件，可以执行命令`git filter-branch --tree-filter 'rm -f *~' HEAD`。

　　你可以观察Git重写树以及提交，然后将分支指针移动到末尾。通常最好是在测试分支中进行这种操作，在确定结果无误之后再硬重置主分支。要想在所有分支上执行`filter-branch`，可以传入`--all`选项。

2. 将子目录设置为新的根目录

　　假设你完成了从其他源代码控制系统进行导入的工作，获得了一些没什么用的子目录（trunk、tags等）。如果你想让trunk子目录成为新项目每次提交的根目录，`filter-branch`也可以帮你做到，如下所示。

```
$ git filter-branch --subdirectory-filter trunk HEAD
Rewrite 856f0bf61e41a27326cdae8f09fe708d679f596f (12/12)
Ref 'refs/heads/master' was rewritten
```

　　现在，项目的根目录就是trunk子目录了。Git会自动删除所有与该子目录无关的提交。

3. 全面修改电子邮件地址

　　另一个常见的情景是你在开始工作之前忘了执行`git config`来设置自己的姓名和电子邮件地址，或是你想把手边的项目开源，需要将所有工作电子邮件地址改成个人邮件地址。不管是哪种情况，你都可以利用`filter-branch`以批处理形式修改多个提交中的电子邮件地址。你得小心点，只能修改你自己的电子邮件地址，因此要使用`--commit-filter`，如下所示。

```
$ git filter-branch --commit-filter '
        if [ "$GIT_AUTHOR_EMAIL" = "schacon@localhost" ];
        then
                GIT_AUTHOR_NAME="Scott Chacon";
                GIT_AUTHOR_EMAIL="schacon@example.com";
                git commit-tree "$@";
        else
                git commit-tree "$@";
        fi' HEAD
```

　　这会检查并重写每次提交，使其包含你的新电子邮件地址。因为提交中包含了它们的父提交的SHA-1值，所以这个命令会修改历史记录中所有提交的SHA-1，而不仅仅是包含指定电子邮件地址的那些提交。

7.7　重置揭秘

　　在继续讲解更为专用的工具之前，让我们先来讨论一下reset和checkout。这两个命令可算得上是 Git 中最令人困惑的部分。它们如此神通广大，以至于似乎根本没指望能够得到真正的理解和正确的运用。有鉴于此，我们先来打一个简单的比喻。

7.7.1　三棵树

关于 reset 和 checkout，一种更为简单的理解方法就是将 Git 视为三棵树的内容管理器。这里所谓的"树"实际上指的是"文件的集合"，并非特定的数据结构。（在少数情况下，索引并不像是一棵树，不过目前把它想象成树更便于我们的讨论。）

作为一个系统，Git 借助一般操作来管理及操作这三棵树，如下表所示。

树	用　途
HEAD	最近提交的快照，下次提交的父提交
索引	预计的下一次提交的快照
工作目录	沙盒

1. HEAD

HEAD 是指向当前分支引用的指针，它指向该分支上的最后一次提交。这意味着 HEAD 将会是所创建的下一次提交的父提交。最简单的方法就是将 HEAD 看作最近提交的快照。

其实，快照的样子很容易就能看到。下面的例子显示了 HEAD 快照的目录列表以及其中每一个文件的 SHA-1 校验和。

```
$ git cat-file -p HEAD
tree cfda3bf379e4f8dba8717dee55aab78aef7f4daf
author Scott Chacon 1301511835 -0700
committer Scott Chacon 1301511835 -0700

initial commit

$ git ls-tree -r HEAD
100644 blob a906cb2a4a904a152...    README
100644 blob 8f94139338f9404f2...    Rakefile
040000 tree 99f1a6d12cb4b6f19...    lib
```

cat-file 和 ls-tree 都属于底层探测命令，它们一般都用于底层处理，日常工作中还真是不大用得上，不过这些命令能帮助我们了解究竟发生了些什么。

2. 索引

索引是你所预计的下一次提交。我们曾将这个概念称为 Git 的"暂存区"，因为这是执行 git commit 时，Git 要查看的区域。

Git 会将上次检出到工作目录中的所有文件的列表填入索引，它们在索引中的内容和最初被检出时一样。你随后可以将其中的某些文件替换成新的版本，git commit 会将它们转换成树，用于新的提交。

```
$ git ls-files -s
100644 a906cb2a4a904a152e80877d4088654daad0c859 0       README
```

```
100644 8f94139338f9404f26296befa88755fc2598c289 0       Rakefile
100644 47c6340d6459e05787f644c2447d2595f5d3a54b 0       lib/simplegit.rb
```

我们在这里再一次用到了ls-files，它更多是作为一个幕后命令，为你展现索引当前的内容。从技术角度而言，索引并非树结构，它实际上是以一种平面化清单的形式来实现的，不过对我们而言，把它当作树也可以。

3. 工作目录

最后，就是你个人的工作目录了。其他两棵树将各自的内容以一种高效但并不直观的方式保存在.git目录中。而工作目录则将其提取成实际的文件，以便于编辑。可以把工作目录当作沙盒，在将内容提交到暂存区（索引）并写入历史记录之前，你可以随意修改。

```
$ tree
.
├── README
├── Rakefile
└── lib
    └── simplegit.rb

1 directory, 3 files
```

7.7.2　工作流

Git的主要目的是通过操作这三棵树，以逐步好转的状态来记录项目的快照。

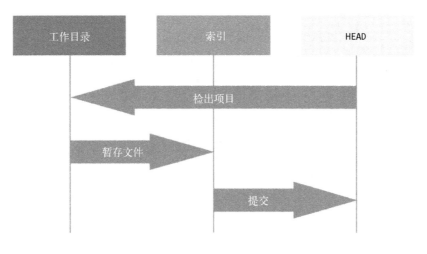

图　7-2

假设你进入了一个只包含单个文件的新目录。我们称该文件为v1，将其标记为蓝色。现在执行git init，该命令会创建一个Git仓库，其中HEAD引用指向一个尚未出现的分支（master分支现在还不存在）。

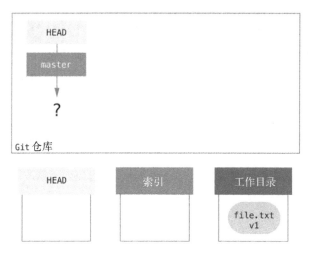

图   7-3

此时只有工作目录树有内容。

现在我们想要提交这个文件，因此使用git add来获取工作目录中的内容，并将其复制到索引中。

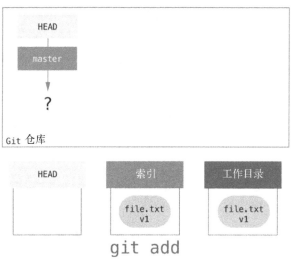

图   7-4

然后执行git commit，获取索引内容并保存为永久快照，创建一个指向该快照的提交对象并更新master，使其指向本次提交。

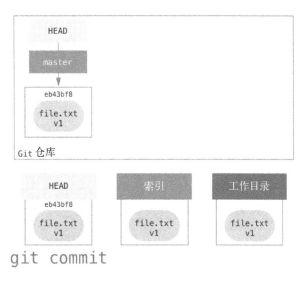

图 7-5

如果执行git status，我们看不到任何改动，因为现在三棵树是一模一样的。

现在我们打算修改文件并进行提交。这还要再走一遍相同的流程，然后修改工作目录中的文件。我们称该文件为v2，用红色标记。

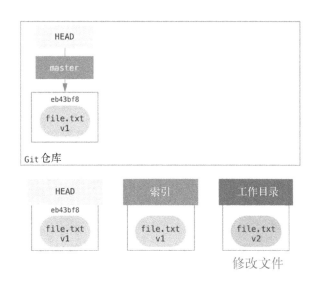

图 7-6

如果现在执行git status，我们会看到标记为红色的文件显示为Changes not staged for commit，这是因为该条目在索引和工作目录中存在差异。接着执行git add，将它暂存到索引中。

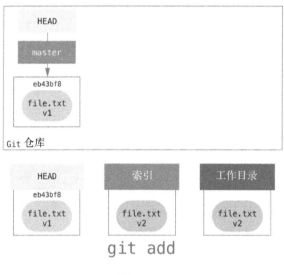

图　7-7

这时如果执行git status，我们会看到Changes to be committed下的文件是绿色的，这是因为索引和HEAD不一样，也就是说我们预计的下一次提交与最近一次提交不同。最后，我们执行git commit来完成提交。

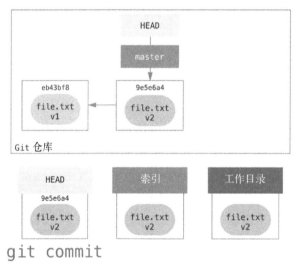

图　7-8

如果现在执行git status，那么不会产生任何输出，因为三棵树都是一样的。

切换分支或者克隆的方法也差不多。检出一个分支时，Git会修改HEAD，使其指向新的分支引用，使用该次提交的快照填入索引，然后将索引的内容复制到工作目录中。

7.7.3 重置的作用

在下面的场景中讨论reset命令会更有意义。

出于演示的目的，假设我们再次修改了file.txt文件并第3次提交它。那么我们的历史记录现在看起来如图7-9所示。

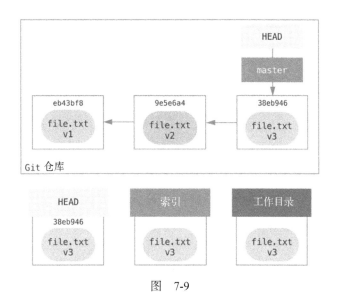

图 7-9

现在让我们来一步步看看reset命令究竟都做了些什么。它以一种简单、可预见的方式直接操纵这3棵树。这共分为3个基本操作。

第1步：移动HEAD

reset做的第一件事就是移动HEAD所指向的目标。这和修改HEAD自身可不一样（后者是检出操作要做的事），reset移动的是HEAD指向的分支。这意味着如果HEAD被设置为指向master分支（也就是说，你目前正在master分支上），那么执行git reset 9e5e6a4会使得master分支指向9e5e6a4。

不管你使用的是哪种带有提交的reset，这都是它要做的第一件事。如果使用reset --soft，那就只是简单地停在那里而已。

现在再来看一下图示，搞明白所发生的事情：它实际上是撤销了最近一次的git commit命令。在执行git commit时，Git会创建一个新提交并移动HEAD所指向的分支，使其指向该提交。当你使用reset重置到HEAD~（HEAD的父节点），实际上就是把该分支又移回到原先的位置，同时不改变索引或工作目录。你现在可以更新索引，再次执行git commit来完成git commit --amend所做的工作（参见7.6.1节）。

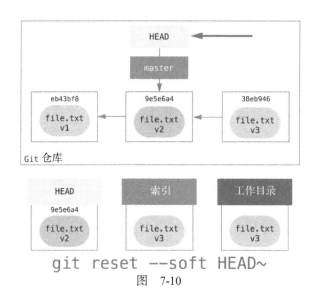

git reset --soft HEAD~

图 7-10

第2步：更新索引（--mixed）

注意，如果你现在执行git status，就会看到以绿色显示的索引与新的HEAD之间的差异。reset要做的下一件事是使用HEAD当前所指向的快照的内容来更新索引。

如果你指定了--mixed选项，reset会在此停止。这也是默认行为，因此如果没有指定任何选项（也就是在这里只用了git reset HEAD~），命令也会在这里停下来。

现在再来看一下图示，搞明白所发生的事情：它仍然会撤销最近的提交，但也会取消暂存所有东西。你又回滚到了执行git add和git commit命令之前的状态。

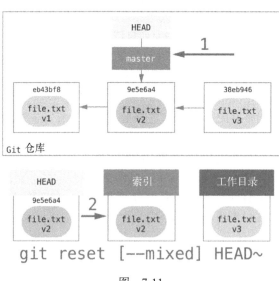

git reset [--mixed] HEAD~

图 7-11

第3步：更新工作目录（--hard）

reset做的第三件事是使得工作目录看起来就像索引一样。如果你使用了--hard选项，它会继续这一操作。

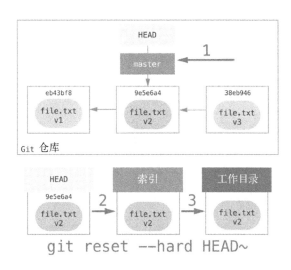

图　7-12

让我们来看看都发生了些什么。你撤销了最近的提交、git add和git commit命令以及在工作目录中所做的全部工作。

一定要注意，这个选项（--hard）是reset命令仅有的一个危险用法，也是Git会造成数据损坏的极少数情况之一。reset的其他用法都很容易撤销，唯独--hard选项不能，因为它会强制覆盖工作目录中的文件。在这种情况下，在Git数据库的一个提交中仍保留有该文件的v3版，我们可以通过查看reflog将其找回，但如果这个文件尚未提交，Git仍旧会把它覆盖掉，那就无法恢复了。

回顾

reset命令会以特定的次序重写这三棵树，并在你指定以下操作时停止。

(1) 移动HEAD分支的指向（如果指定了--soft，则在此停止）。

(2) 使索引看起来像HEAD（除非指定了--hard，则在此停止）。

(3) 使工作目录看起来像索引。

7.7.4　利用路径进行重置

之前讲述了reset命令基本形式的工作过程，除此之外，还可以给它一个供其操作的路径。如果你指定了路径，reset会跳过第1步，将剩余的操作范围限制在特定的一个或一组文件。这样做也不失道理，因为HEAD只是一个指针而已，它无法同时指向不同提交的不同部分。但是索引和工作目录可以部分更新，所以reset会继续执行第2步和第3步。

因此，假设我们执行了git reset file.txt。这是git reset --mixed HEAD file.txt的一种简写形式（因为既没有指定某个提交的SHA-1值或分支，也没有指定--soft或--hard），该命令将执行以下操作。

(1) 移动HEAD分支的指向（已跳过）。

(2) 使索引看起来像HEAD（在此处停止）。

这实际上是将file.txt从HEAD复制到了索引中。

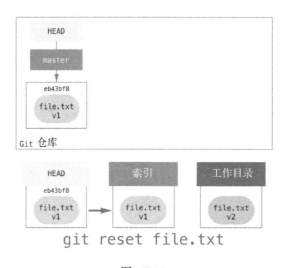

图   7-13

结果会取消文件的暂存。如果我们查看该命令的图示，然后再想想git add所做的事，就会发现它们正好相反。

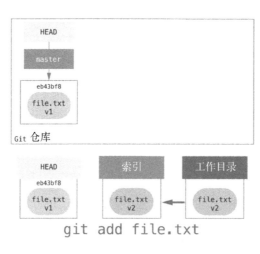

图   7-14

这就是为什么git status命令的输出会建议你执行该命令来取消文件暂存。

通过指明从哪次提交中拉取对应的文件版本，可以很容易不让Git认为我们是要"从HEAD中拉取数据"。只需要执行类似git reset eb43bf8 file.txt的命令就行了。

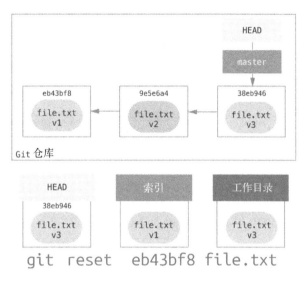

图　7-15

这里所做的事情实际上就像是在工作目录中将文件的内容恢复到v1版本，对其执行git add，然后把它再恢复到v3版本（不用真的执行这些步骤）。如果现在执行git commit，就会记录下一条"将该文件恢复到v1版本"的变更，尽管它并未在我们的工作目录中出现。

另外值得注意的是，就像git add一样，reset命令可以接受--patch选项来逐块地取消暂存的内容。所以你可以有选择地取消暂存或进行恢复。

7.7.5　压缩

让我们看看如何使用新生力量"压缩提交"（squashing commit）来实现一些有意思的功能。

如果你有一系列的提交，其中包含诸如oops、WIP以及forgot this file之类的提交消息。你可以使用reset简单快速地把它们压缩成单个提交，这样也显得你技高一等。（7.6.4节中展示了另一种做法，但是在本例中，使用reset要更简单。）

假设你有一个项目，第一次提交中有一个文件，第二次提交加入了一个新文件并修改了第一个文件，第三次提交又修改了第一个文件。第二次提交尚在进行中，你希望能压缩它。

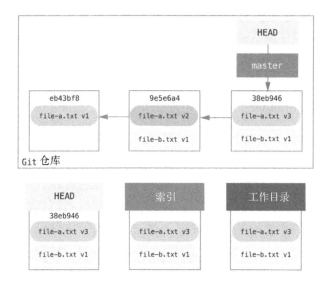

图   7-16

你可以执行git reset --soft HEAD~2将HEAD分支移回到一个较旧的提交上（也就是你想保留的第一次提交），如图7-17所示。

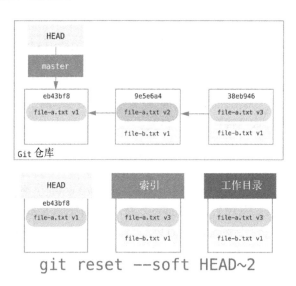

图   7-17

然后只需要再次执行git commit即可，如图7-18所示。

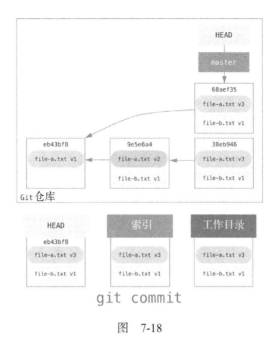

图 7-18

现在你可以看到所拥有的可访问历史记录，第一个提交中含有v1版的file-a.txt，第二个提交中含有修改过的v3版的file-a.txt并添加了file-b.txt。含有该文件v2版的提交已经不在历史记录中了。

7.7.6 检出

最后，你可能还想知道checkout和reset之间的区别。与reset一样，checkout也能够操纵这三棵树，不过略有一些差异，这取决于你是否为该命令传入文件路径。

1. 不使用路径

git checkout [branch]和git reset --hard [branch]执行起来极为相似，前者也会更新所有的三棵树，使其看起来像[branch]所指定的分支，但除此之外，还有两点重要的不同。

首先，与reset --hard不同，checkout不会影响工作目录。它会检查并确保不会破坏已更改的文件。实际上，它要更聪明一点：checkout会在工作目录中进行琐碎合并，这样所有未修改过的文件都会被更新。而reset --hard并不会进行检查，而只是简单地进行全面替换。

另外一个重要的不同在于更新HEAD的方式。reset移动的是HEAD指向的分支，而checkout移动的是HEAD，使其指向其他分支。

举例来说，假设我们有两个分支：master和develop，分别指向不同的提交。我们当前处于develop分支（因此HEAD也指向该分支）。如果执行git reset master，那么develop会与master一样，指向同一个提交。如果执行的是git checkout master，那么发生移动的会是HEAD，而不是develop。HEAD将会指向master。

所以，这两种方法都可以移动HEAD，使其指向提交A，但是做法却大相径庭。reset移动的是HEAD指向的目标，checkout移动的是HEAD本身。

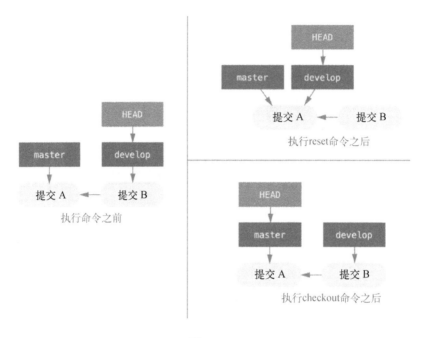

图　7-19

2. 使用路径

执行checkout的另一种方法是加上文件路径，与reset一样，这种用法不会移动HEAD。就像 git reset [branch] file 一样，它会使用提交中的文件来更新索引，但是也会覆盖工作目录中对应的文件。这与 git reset --hard [branch] file 一模一样（如果reset允许你这么做）：它会对工作目录造成影响，也不会移动HEAD。

另外，就像git reset和git add一样，checkout也能够使用--patch选项，该选项允许你以逐块的方式，有选择地恢复文件内容。

7.7.7　小结

希望你现在已经理解并适应了reset命令。不过你有可能对于它究竟与checkout有什么不同仍有一丝困惑，另外还头疼记不住不同调用方式的语法。

下面的命令速查表列出了哪些命令会影响哪棵树。HEAD一列中的REF表示该命令移动了HEAD指向的引用（分支），HEAD表示移动了HEAD自身。要特别注意的是"工作目录是否安全"？这一列：如果显示为否，那么在执行对应命令之前一定要三思。

	HEAD	索引	工作目录	工作目录是否安全?
提交级别				
reset --soft [commit]	REF	否	否	是
reset [commit]	REF	是	否	是
reset --hard [commit]	REF	是	是	**否**
checkout [commit]	HEAD	是	是	是
文件级别				
reset (commit) [file]	否	是	否	是
checkout (commit) [file]	否	是	是	**否**

7.8　合并的高级用法

在Git中，合并操作通常用起来都很简单。Git的设计使得多次合并其他分支非常容易，这意味着你可以拥有一个始终保持更新的长期分支，经常解决小冲突要好过到最后被大规模的冲突搞得大吃一惊。

但有时候，棘手的冲突还是会出现。与其他的一些版本控制系统不同，Git在解决版本冲突方面并不会表现得聪明过头。Git的理念是将聪明劲儿放在判断一个合并方案什么时候是无歧义的，如果存在冲突，它并不会试图自作聪明地去自行解决。如果很久都无法迅速合并两个分裂的分支，你就碰上麻烦了。

在本节中，我们将会讨论这类问题以及有哪些Git工具能够用于处理更麻烦的情形。我们还会讲到一些不同的、非标准类型的合并，以及如何退回到合并之前。

7.8.1　合并冲突

我们之前已经介绍了一些可以解决合并冲突的基本方法，对于更复杂的冲突，Git提供了一些工具，有助于查明具体的处理过程以及更好地处理冲突。

首先，如果有可能，在进行可能出现冲突的合并之前尽可能确保你的工作目录是干净的。如果你手头有工作正在处理，要么把它提交到一个临时分支，要么先将其暂存。这样做有助于撤销在此所做的操作。在进行合并时，如果工作目录中还有尚未保存的变更，下面讲到的一些技巧有可能会把你的工作成果搞丢。

让我们先来看一个简单的例子。这里有一个极其简单的Ruby文件，它能够输出hello world。

```
#! /usr/bin/env ruby

def hello
  puts 'hello world'
end

hello()
```

在仓库中，我们创建了一个新的分支，将其命名为whitespace，并将所有的Unix行终止符修

改成DOS行终止符，实际上就是只使用空白字符修改了文件中的每一行。然后我们将hello world
修改成hello mundo。

```
$ git checkout -b whitespace
Switched to a new branch 'whitespace'

$ unix2dos hello.rb
unix2dos: converting file hello.rb to DOS format ...
$ git commit -am 'converted hello.rb to DOS'
[whitespace 3270f76] converted hello.rb to DOS
 1 file changed, 7 insertions(+), 7 deletions(-)

$ vim hello.rb
$ git diff -b
diff --git a/hello.rb b/hello.rb
index ac51efd..e85207e 100755
--- a/hello.rb
+++ b/hello.rb
@@ -1,7 +1,7 @@
 #! /usr/bin/env ruby

 def hello
-  puts 'hello world'
+  puts 'hello mundo'^M
 end

 hello()

$ git commit -am 'hello mundo change'
[whitespace 6d338d2] hello mundo change
 1 file changed, 1 insertion(+), 1 deletion(-)
```

接下来，我们切换回master分支，为函数添加一些注释。

```
$ git checkout master
Switched to branch 'master'

$ vim hello.rb
$ git diff
diff --git a/hello.rb b/hello.rb
index ac51efd..36c06c8 100755
--- a/hello.rb
+++ b/hello.rb
@@ -1,5 +1,6 @@
 #! /usr/bin/env ruby

+# prints out a greeting
 def hello
   puts 'hello world'
 end

$ git commit -am 'document the function'
[master bec6336] document the function
 1 file changed, 1 insertion(+)
```

我们尝试合并whitespace分支，结果由于修改了空白字符，造成了合并冲突。

```
$ git merge whitespace
Auto-merging hello.rb
CONFLICT (content): Merge conflict in hello.rb
Automatic merge failed; fix conflicts and then commit the result.
```

1. 中止合并
我们现在有几个选择。首先，来看看怎么样摆脱这种困境。如果你不想出现冲突，也不愿意处理冲突，只需要使用git merge --abort退出合并就行了。

```
$ git status -sb
## master
UU hello.rb

$ git merge --abort

$ git status -sb
## master
```

git merge --abort命令会尝试恢复到进行合并之前的状态。唯一不能完美处理的情况就是在执行该命令时，你的工作目录中还有未暂存、未提交的变更，除此之外，都能处理得很好。

如果出于某种原因，你发现自己已经处理不过来了，希望能够重新开始，那么也可以执行git reset --hard HEAD回到之前或是其他想要的状态。记住，这会清除工作目录中的所有内容，一定要确保你不需要这里的任何变更。

2. 忽略空白字符
在这个特定的例子中，冲突与空白字符有关。我们之所以知道冲突，是因为这个例子很简单，但是在实际的冲突例子中，发现这一点也很容易，因为每一行在一边被删除，而在另一边又被添加回来。默认情况下，Git将所有的这些行都视为改动过的，因此它无法合并文件。

默认的合并策略可以携带参数，其中几个参数就是有关忽略空白字符变更的。如果你发现在合并中出现了大量与空白字符有关的问题，你可以中止合并，然后加上-Xignore-all-space或-Xignore-space-change再重新进行合并。第一个选项在比较行时，完全忽略空白字符，第二个选项将单个或多个空白字符序列视为等同。

```
$ git merge -Xignore-space-change whitespace
Auto-merging hello.rb
Merge made by the 'recursive' strategy.
 hello.rb | 2 +-
 1 file changed, 1 insertion(+), 1 deletion(-)
```

因为在这个例子中，实际的文件变更并没有冲突，所以一旦我们忽略了空白字符变更，合并就没有问题了。

如果你的团队中有人偶尔把空格格式化成制表符或是执行相反的操作，那么这里介绍的技巧能帮上你的大忙。

3. 手动进行文件再合并

尽管Git对于空白字符的预处理工作做得相当不错，但对于其他一些类型的变更，Git也许无法自动处理，不过它可以通过脚本解决。举例来说，假设Git没法处理空白字符变更，需要我们自己手动来搞定。

在尝试进行实际的文件合并之前,我们真正要做的是使用dos2unix程序来处理待合并的文件。那么，我们该怎么做?

首先，我们进入到合并冲突状态。接着要获得该文件的个人版本、他人版本（从我们要合并入的分支中）以及公用版本（从分支分叉处）的副本。然后我们要修复任意一侧的文件并再次尝试合并这个单独的文件。

很容易就可以得到这三个版本的文件。Git在索引中存储了所有这些版本，每个版本在stages中都有一个与之相关联的数字。stage 1是共同的祖先版本，stage 2是个人版本，stage 3来自MERGE_HEAD，这是你要合并入的版本（也就是他人版本）。

你可以使用git show命令以及一种特别的语法来提取这些版本的副本。

```
$ git show :1:hello.rb > hello.common.rb
$ git show :2:hello.rb > hello.ours.rb
$ git show :3:hello.rb > hello.theirs.rb
```

如果你想来点更专业的，也可以使用ls-files -u plumbing命令来获得这些文件的Git blob对象的SHA-1值。

```
$ git ls-files -u
100755 ac51efdc3df4f4fd328d1a02ad05331d8e2c9111 1    hello.rb
100755 36c06c8752c78d2aff89571132f3bf7841a7b5c3 2    hello.rb
100755 e85207e04dfdd5eb0a1e9febbc67fd837c44a1cd 3    hello.rb
```

:1:hello.rb只是查找blob对象SHA-1值的简写形式。

现在工作目录下已经有了这三个阶段的所有内容，此时就可以对它们进行手动修复以解决空白字符的问题，然后再使用鲜为人知的git merge-file命令来重新合并文件。

```
$ dos2unix hello.theirs.rb
dos2unix: converting file hello.theirs.rb to Unix format ...

$ git merge-file -p \
    hello.ours.rb hello.common.rb hello.theirs.rb > hello.rb

$ git diff -b
diff --cc hello.rb
index 36c06c8,e85207e..0000000
--- a/hello.rb
+++ b/hello.rb
@@@ -1,8 -1,7 +1,8 @@@
  #! /usr/bin/env ruby

 +# prints out a greeting
  def hello
```

```
-    puts 'hello world'
+    puts 'hello mundo'
  end

  hello()
```

这时我们已经顺利完成了文件合并。实际上，这要比ignore-all-space选项的效果更好，因为在合并前修复了空白字符变更，而不是简单地忽略它们。如果使用ignore-all-space进行合并，最终的文件中会有几行使用的是DOS行终止符，这样会使得文件内容出现混乱。

如果你想在本次提交完成之前了解一侧与另一侧之间发生了哪些变更，可以利用git diff，将工作目录中要作为合并结果提交的内容与任一阶段的文件进行差异比较。让我们来看看具体的做法。

要想在合并之前将结果与分支内的内容进行比较，换句话说，也就是查看合并所引入的变化，可以执行git diff --ours，如下所示。

```
$ git diff --ours
* Unmerged path hello.rb
diff --git a/hello.rb b/hello.rb
index 36c06c8..44d0a25 100755
--- a/hello.rb
+++ b/hello.rb
@@ -2,7 +2,7 @@

 # prints out a greeting
 def hello
-  puts 'hello world'
+  puts 'hello mundo'
 end

 hello()
```

在这里，我们可以很方便地看到分支中出现的变化（此次合并引入到文件中的变更）就是修改了文件中的一行。

如果我们想看看合并结果与他人版本有什么不同，可以执行diff --theirs。在本例和后续例子中，必须使用-b来去除空白字符，因为我们拿来比较的是Git中的hello.theirs.rb文件，而非该文件经过清理的版本。

```
$ git diff --theirs -b
* Unmerged path hello.rb
diff --git a/hello.rb b/hello.rb
index e85207e..44d0a25 100755
--- a/hello.rb
+++ b/hello.rb
@@ -1,5 +1,6 @@
 #! /usr/bin/env ruby

+# prints out a greeting
 def hello
   puts 'hello mundo'
 end
```

最后，你还可以使用`git diff --base`来查看在两侧是如何改动的。

```
$ git diff --base -b
* Unmerged path hello.rb
diff --git a/hello.rb b/hello.rb
index ac51efd..44d0a25 100755
--- a/hello.rb
+++ b/hello.rb
@@ -1,7 +1,8 @@
 #! /usr/bin/env ruby

+# prints out a greeting
 def hello
-  puts 'hello world'
+  puts 'hello mundo'
 end

hello()
```

我们这时可以使用`git clean`命令来清除用于手动合并但已经不再需要的多余文件。

```
$ git clean -f
Removing hello.common.rb
Removing hello.ours.rb
Removing hello.theirs.rb
```

4. 检出冲突

我们可能对于这种解决方案并不满意，或者说手动编辑一侧或两侧的效果并不是很好，我们需要更多相关的细节信息。

这个例子要稍微改动一下。在本例中，我们有两个长期分支，每个分支都有几个提交，但在合并时出现了一个预料之中的冲突。

```
$ git log --graph --oneline --decorate --all
* f1270f7 (HEAD, master) update README
* 9af9d3b add a README
* 694971d update phrase to hola world
| * e3eb223 (mundo) add more tests
| * 7cff591 add testing script
| * c3ffff1 changed text to hello mundo
|/
* b7dcc89 initial hello world code
```

现在我们在master分支上有3次提交，另外3次提交在mundo分支上。如果我们试图将mundo分支合并入master分支，就会造成冲突。

```
$ git merge mundo
Auto-merging hello.rb
CONFLICT (content): Merge conflict in hello.rb
Automatic merge failed; fix conflicts and then commit the result.
```

我们想要看一下这次合并冲突的情况。打开文件，会看到以下内容。

```
#! /usr/bin/env ruby

def hello
<<<<<<< HEAD
  puts 'hola world'
=======
  puts 'hello mundo'
>>>>>>> mundo
end

hello()
```

合并的两侧都向该文件添加了内容，但是其中一些提交修改了文件的同一位置，因而引发了冲突。

让我们来研究一下现在你手边可以用来确定冲突成因的工具。可能现在还不太清楚究竟该怎么解决冲突。因此，你需要了解更多与冲突相关的上下文。

一个用得上的工具是带有--conflict选项的git checkout命令。它会重新检出指定的文件，替换掉合并冲突标记。如果你想重置冲突标记并再次尝试解决冲突，那么这个功能是很有用的。

你可以给--conflict传递diff3或merge（默认值）。如果给--conflict传递diff3，那么Git会使用一种版本略微不同的冲突标记，不仅为你提供ours和theirs版本，而且还提供内嵌的base版本，从而提供更多的上下文信息。

```
$ git checkout --conflict=diff3 hello.rb
```

执行该命令之后，文件内容如下所示。

```
#! /usr/bin/env ruby

def hello
<<<<<<< ours
  puts 'hola world'
||||||| base
  puts 'hello world'
=======
  puts 'hello mundo'
>>>>>>> theirs
end

hello()
```

如果你喜欢这种格式，可以将其设置成今后合并冲突的默认格式，这只需要把设置项merge.conflictstyle设置成diff3就可以了。

```
$ git config --global merge.conflictstyle diff3
```

git checkout命令还可以接受--ours和--theirs作为选项，这是一种只选择其中一侧的快速方法，完全不需要进行合并。

这对于二进制文件合并冲突尤其有帮助，你可以只选择一侧，或者只合并另一个分支的某些文件，即先进行合并操作，然后在提交之前从一侧或另一侧检出某些文件。

5. 合并日志

另一个用于解决合并冲突的有用工具是`git log`。它能够帮助你获得可能会引发冲突的相关细节信息。重新审视一下历史记录，弄明白两条开发路径为什么会接触到同一段代码，这样做有时的确有助于解决问题。

要得到此次合并所涉及的分支所包含的全部提交，我们可以使用"三点"语法。

```
$ git log --oneline --left-right HEAD...MERGE_HEAD
< f1270f7 update README
< 9af9d3b add a README
< 694971d update phrase to hola world
> e3eb223 add more tests
> 7cff591 add testing script
> c3ffff1 changed text to hello mundo
```

这个列表中共包含6次提交，还有每次提交所在的开发路径。

我们可以通过更具体的上下文信息来简化这个列表。如果给`git log`命令加入`--merge`选项，它就会只显示出在合并的任意一侧接触了冲突文件的那些提交。

```
$ git log --oneline --left-right --merge
< 694971d update phrase to hola world
> c3ffff1 changed text to hello mundo
```

如果执行命令时用的是`-p`选项，你得到的就只是与冲突文件之间的差异。这可以帮助你快速地获得与合并冲突成因相关的上下文信息，搞明白如何更巧妙地解决冲突。

6. 组合式差异格式

对于成功完成的合并，Git会将其暂存。当你在合并冲突状态下执行`git diff`时，得到的只是当前处于冲突状态的差异信息。这可以帮助你了解还需要解决哪些冲突。

如果在出现合并冲突后直接执行`git diff`，命令输出会以一种相当独特的diff输出格式呈现。

```
$ git diff
diff --cc hello.rb
index 0399cd5,59727f0..0000000
--- a/hello.rb
+++ b/hello.rb
@@@ -1,7 -1,7 +1,11 @@@
  #! /usr/bin/env ruby

  def hello
++<<<<<<< HEAD
 +  puts 'hola world'
++=======
+   puts 'hello mundo'
++>>>>>>> mundo
  end

  hello()
```

　　这种叫作"组合式差异"的格式会在每行给出两列数据。第一列显示该行在ours分支和工作目录中的文件之间是否存在差异（添加或删除），第二列显示该行在theirs分支和工作目录副本之间是否存在差异。

　　因此在这个例子中可以看到含有<<<<<<<和>>>>>>>的行是在工作副本中，但并不在合并的任何一侧。这样不是没道理的，合并工具是因为上下文的缘故被卡在了这里，需要我们将其删除掉。

　　如果我们解决了冲突，然后再执行git diff，还会看到相同的内容，只不过多少更有用了一点。

```
$ vim hello.rb
$ git diff
diff --cc hello.rb
index 0399cd5,59727f0..0000000
--- a/hello.rb
+++ b/hello.rb
@@@ -1,7 -1,7 +1,7 @@@
  #! /usr/bin/env ruby

  def hello
-   puts 'hola world'
 -  puts 'hello mundo'
++  puts 'hola mundo'
  end

  hello()
```

　　这显示出hola world在ours分支这一侧，但不在工作副本中；hello mundo在theirs分支一侧，也不在工作副本中；hola mundo不在任何一侧，而是在工作副本中。在提交解决方案之前，有必要对此进行重审。

　　也可以在合并后通过git log获取相同的信息并查看冲突是如何解决的。如果你对一个合并提交执行git show，或是给git log -p（该命令默认只显示非合并提交的补丁）加上-cc选项，那么Git就会输出这种格式。

```
$ git log --cc -p -1
commit 14f41939956d80b9e17bb8721354c33f8d5b5a79
Merge: f1270f7 e3eb223
Author: Scott Chacon <schacon@gmail.com>
Date:   Fri Sep 19 18:14:49 2014 +0200

    Merge branch 'mundo'

    Conflicts:
        hello.rb

diff --cc hello.rb
index 0399cd5,59727f0..e1d0799
--- a/hello.rb
+++ b/hello.rb
@@@ -1,7 -1,7 +1,7 @@@
```

```
#! /usr/bin/env ruby

def hello
-    puts 'hola world'
  -    puts 'hello mundo'
++ puts 'hola mundo'
  end

hello()
```

7.8.2   撤销合并

现在你知道了如何创建一个合并提交，但出错也是在所难免的。使用Git的一个好处就是不怕犯错，因为还有改正的可能（多数情况下都很简单）。

合并提交都一样。假设你的工作是在一个topic分支上开展的，但是不小心把它合并入master分支了，那么现在你的提交历史看起来如图7-20所示。

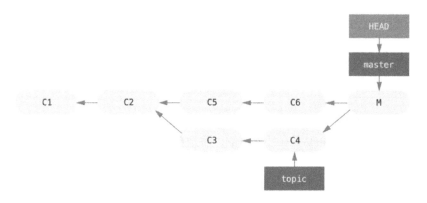

图7-20   意外的合并提交

有两种方法可以解决这个问题，具体取决于你想要什么样的结果。

1. 修复引用

如果不需要的合并提交只存在于你的本地仓库中，最简单也是最佳的解决方案就是移动分支，使其指向你希望指向的地方。在多数情况下，如果你在错误的git merge之后执行git reset --hard HEAD~，结果会重置分支指针，如图7-21所示。

我们之前讲过重置命令，所以这里应该不难明白究竟发生了什么。简单地提示一下：reset --hard通常会执行以下3个步骤。

(1) 移动HEAD分支的指向。在本例中，我们希望将master移动到它在合并提交前的位置（C6）。

(2) 使索引看起来像HEAD。

(3) 使工作目录看起来像索引。

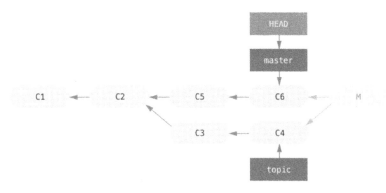

图7-21　执行git reset --hard HEAD~之后的历史记录

　　这个方法的缺点在于它会重写历史记录，这会对共享仓库造成问题。如果你重写的是其他人的提交，那么就应该避免使用reset。如果在合并之后创建了其他提交，这个方法也无法奏效，移动引用会造成这些变更的丢失。

2. 还原提交

　　如果移动分支指针对你来说没用，Git还可以生成一个新的提交，撤销已有提交的所有变更。Git将这个操作称为"还原"（revert），在这个特定场景下，你可以像下面这样做。

```
$ git revert -m 1 HEAD
[master b1d8379] Revert "Merge branch 'topic'"
```

　　-m 1指明哪一个父节点是应该保留的"主线"。当你要合并到HEAD时（git merge topic），新提交有两个父节点：第一个是HEAD（C6），第二个是要合并入的分支的顶端（C4）。在这个例子中，我们想要撤销由于合并入父节点#2（C4）所引入的变更，同时保留父节点#1（C6）的所有内容。

　　包含还原提交的历史记录如图7-22所示。

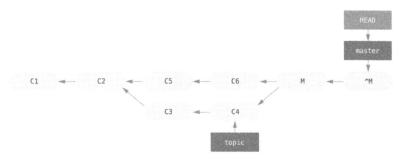

图7-22　执行git revert -m 1之后的历史记录

　　新提交^M的内容和C6一模一样，所以从此处起，就好像从来没发生过合并一样，除了目前尚未合并的提交仍然在HEAD的历史记录中。如果试图再次将topic分支合并到master分支，Git就会犯晕了。

```
$ git merge topic
Already up-to-date.
```

topic分支的所有内容都可以从master分支访问。更糟糕的是，如果你向topic分支中添加了新的内容并再次合并，Git只能引入还原合并后的变更。

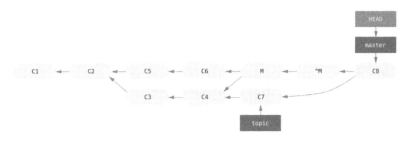

图7-23　包含不当合并的历史记录

最好的解决方法就是撤销还原最初的合并，因为你现在想引入已被还原的变更，然后创建一个新的合并提交，如下所示。

```
$ git revert ^M
[master 09f0126] Revert "Revert "Merge branch 'topic'""
$ git merge topic
```

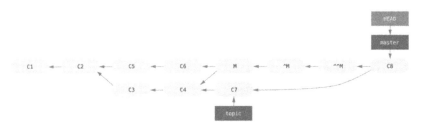

图7-24　重新合并一个还原合并之后的历史记录

在这个例子中，M和^M被取消了。^^M实际上合并入了C3与C4的变更，C8合并入了C7的变更，所以现在topic分支就完全被合并了。

7.8.3　其他类型的合并

到目前为止，我们介绍了两个分支的正常合并操作，这一般是通过名为"递归式"的合并策略来处理的。不过还有一些其他的分支合并方法。让我们来快速地浏览其中几个。

1. ours或theirs偏好

首先，还可以使用正常的"递归"合并模式完成另一件有益的事情。我们已经看过了随同-x

传递的ignore-all-space和ignore-space-change选项，但是我们也可以告知Git当发现冲突时该倾向于哪一侧。

默认情况下，当Git发现两个分支出现合并冲突时，它会在代码中加入合并冲突标记，将文件标记为冲突状态，然后由你来解决冲突。如果你不喜欢自己动手解决，而是希望Git简单地选择其中一侧，忽略另一侧，那么可以给merge传入-Xours或-Xtheirs选项。

如果Git看到上述选项，就不再添加冲突标记。任何能够合并的差异，Git会选择合并。任何有冲突的差异，Git会简单地选择你所指定的那一侧，对于二进制文件也是如此。

如果回到我们之前那个hello world的例子，可以看到合并入ours分支时造成了冲突。

```
$ git merge mundo
Auto-merging hello.rb
CONFLICT (content): Merge conflict in hello.rb
Resolved 'hello.rb' using previous resolution.
Automatic merge failed; fix conflicts and then commit the result.
```

但如果我们加入了-Xours或-Xtheirs选项，就不会出现冲突了。

```
$ git merge -Xours mundo
Auto-merging hello.rb
Merge made by the 'recursive' strategy.
 hello.rb | 2 +-
 test.sh  | 2 ++
 2 files changed, 3 insertions(+), 1 deletion(-)
 create mode 100644 test.sh
```

在这个例子中，文件中并不会出现一侧为hello mundo，另一侧为hola world这样的冲突标记，Git只是简单地选取了hola world。但是分支中所有的非冲突变更都被成功地合并进去了。

该选项也可以传入我们早些时候看到的git merge-file命令中，通过执行类似git merge-file --ours的命令来进行单个文件的合并。

如果你想做类似的事情，但是不希望Git合并入另一侧的变更，那么还有一个更严格的选项，它用的是ours合并策略。这与ours递归合并选项不同。

这个方法基本上做的是一次假合并。它会记录一个新的合并提交，以两侧分支作为父节点，但并不关心你正在合并入的分支。它只会简单地将当前分支的代码作为合并结果记录下来。

```
$ git merge -s ours mundo
Merge made by the 'ours' strategy.
$ git diff HEAD HEAD~
$
```

你可以看到我们所在的分支与合并结果之间并没有什么不同。

如果稍后要进行合并操作，诱使Git认为分支已经合并通常是有帮助的。假设你分出了一个名为release的分支，在该分支上完成了一些工作，希望之后将其合并回master分支。在此期间，master分支上的一些bug修复工作需要向后移植到release分支。你可以将这个bugfix分支合并入release分支，然后使用merge -s ours将同一分支合并入master分支（即使该分支已经修复了）。

因此，当你随后再次合并release分支时，就不会与bugfix发生冲突了。

2. 子树合并

子树合并的思路是你拥有两个项目，其中一个项目映射到另一个项目的一个子目录中，反之亦然。当你执行子树合并时，Git能够非常聪明地发现其中一个是另一个的子树，进而实现正确的合并。

下面来看一个例子，在这个例子中我们将一个单独的项目添加到已有的项目中，然后将第二个项目的代码合并到第一个项目的子目录中。

首先，将Rack应用添加到我们的项目中。我们把Rack项目作为一个远程引用添加进来，然后将它检出到自己的分支中，如下所示。

```
$ git remote add rack_remote https://github.com/rack/rack
$ git fetch rack_remote
warning: no common commits
remote: Counting objects: 3184, done.
remote: Compressing objects: 100% (1465/1465), done.
remote: Total 3184 (delta 1952), reused 2770 (delta 1675)
Receiving objects: 100% (3184/3184), 677.42 KiB | 4 KiB/s, done.
Resolving deltas: 100% (1952/1952), done.
From https://github.com/rack/rack
 * [new branch]      build      -> rack_remote/build
 * [new branch]      master     -> rack_remote/master
 * [new branch]      rack-0.4   -> rack_remote/rack-0.4
 * [new branch]      rack-0.9   -> rack_remote/rack-0.9
$ git checkout -b rack_branch rack_remote/master
Branch rack_branch set up to track remote branch refs/remotes/rack_remote/master.
Switched to a new branch "rack_branch"
```

现在，Rack项目的根目录就在rack_branch分支中了，我们自己的项目在master分支中。如果你在两个分支之间切换，就会发现它们有着不同的项目根目录，如下所示。

```
$ ls
AUTHORS          KNOWN-ISSUES     Rakefile     contrib    lib
COPYING          README           bin          example    test
$ git checkout master
Switched to branch "master"
$ ls
README
```

这个概念有些陌生。你的仓库中的所有分支并不是都得属于同一个项目。这种情况不常见，因为基本上没什么用处，但是这样却可以非常容易地使分支中包含完全不同的历史记录。

在这个例子中，我们希望将Rack项目作为一个子目录拉取到master项目中。在Git中可以使用git read-tree命令来实现。在第10章中你会学习到read-tree及其相关的命令，现在只需要知道它能够将一个分支的根目录树读取到当前的暂存区以及工作目录中就可以了。我们切换回master分支，将rack分支拉取到主项目的master分支的rack子目录中，如下所示。

```
$ git read-tree --prefix=rack/ -u rack_branch
```

当我们提交时，Rack项目的所有文件都在那个子目录中了，就好像我们是从tar归档文件中直接把它们复制过来了。有趣的是，你可以轻松地将一个分支的变更合并到另一个分支中。因此，如果Rack项目有更新，我们可以切换到那个分支，拉取上游的变更，如下所示。

```
$ git checkout rack_branch
$ git pull
```

然后可以将这些变更合并回master分支。使用--squash选项以及递归合并策略的-Xsubtree选项（递归策略是默认的，这里出于清晰性的考虑将其明确写出）来拉取变更并预填充提交消息。

```
$ git checkout master
$ git merge --squash -s recursive -Xsubtree=rack rack_branch
Squash commit -- not updating HEAD
Automatic merge went well; stopped before committing as requested
```

Rack项目的所有变更都已经被合并，等待被提交到本地。你也可以采用相反的方法：在master分支的rack子目录中进行修改，接着将改动合并到rack_branch分支，随后将其提交给项目维护人员或推送到上游。

这给我们提供了一种方法，可以在不使用子模块（我们会在7.11节中讲到）的情况下拥有一种类似于子模块流程的工作方式。我们可以将分支和其他相关项目保留在自己的仓库中，偶尔使用子树合并将它们合并到我们的项目中。这种方法在某些方面挺不错，比如说所有的代码都被提交到了同一个地方。但是它也有缺点，其不足之处在于略有些复杂，容易出现操作错误，例如重复合并变更或是不小心将分支推送到不相关的仓库中。

还有另一个有点奇怪的地方：如果你想了解rack子目录和rack_branch分支之间的差异（用以确定是否需要合并它们），那么不能使用普通的diff命令。必须在要进行比较的分支上使用git diff-tree命令，如下所示。

```
$ git diff-tree -p rack_branch
```

或者，要比较rack子目录和最近一次从服务器上获取的master分支，你可以执行以下命令。

```
$ git diff-tree -p rack_remote/master
```

7.9 rerere

git rerere功能算是个隐藏特性。正如其全称"重用记录过的解决方案"（reuse recorded resolution）所示，使用该功能可以让Git记住一个块冲突的解决方案，如果下次再碰到相同类型的冲突，Git就可以自动解决。

在有些情况下，这个功能相当方便。官方文档提到过一个例子：如果你想确保一个长期的topic分支能够干净地合并，但又不想要一堆用于中间阶段的合并提交，你可以启用rerere功能，偶尔进行合并，解决冲突，然后退出合并。如果你一直这么做，那么最终的合并应该会很容易，因为所有的事情rerere都帮你自动搞定了。

如果你想维持一个变基分支,这个策略照样管用,这样你就不用每次都处理相同的变基冲突了。或者是你选用了一个已合并的分支,修复了一堆冲突后决定对其进行变基操作,这样你可能就不必再去解决同样的冲突了。

另一种情况是偶尔将多个尚在改进的topic分支合并到一个可测试的头部,Git项目自己也经常这么做。如果测试失败,你可以返回合并之前,不使用导致测试失败的topic分支,然后再次合并,无需再次重新解决冲突。

要想启用rerere功能,只需运行以下配置设置。

```
$ git config --global rerere.enabled true
```

你也可以通过在特定仓库中创建.git/rr-cache目录来启用该功能,只不过采用配置设置的方法要更简洁,而且效果是全局性的。

现在来看一个简单的例子,这个例子和之前的那个类似。假设我们有一个类似下面这样的文件。

```
#! /usr/bin/env ruby

def hello
  puts 'hello world'
end
```

就像以前一样,在一个分支中,我们将单词hello改成hola;在另一个分支中,我们将world改成mundo。

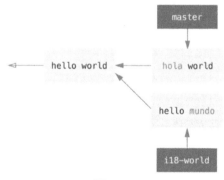

图　7-25

在合并两个分支时,出现了一个冲突,如下所示。

```
$ git merge i18n-world
Auto-merging hello.rb
CONFLICT (content): Merge conflict in hello.rb
Recorded preimage for 'hello.rb'
Automatic merge failed; fix conflicts and then commit the result.
```

你应该注意到出现的新行Recorded preimage for FILE。除此之外,看起来与普通的合并冲突没什么两样。这时候，rerere能够告诉我们几件事情。通常可以执行git status来看看此刻所有的冲突内容，如下所示。

```
$ git status
# On branch master
# Unmerged paths:
#   (use "git reset HEAD <file>..." to unstage)
#   (use "git add <file>..." to mark resolution)
#
#       both modified:      hello.rb
#
```

但是，git rerere还会通过git rerere status来告诉你它所记录的合并前的状态。

```
$ git rerere status
hello.rb
```

git rerere diff可以显示出解决方案的现状，包括开始解决前的样子和解决之后的样子。

```
$ git rerere diff
--- a/hello.rb
+++ b/hello.rb
@@ -1,11 +1,11 @@
 #! /usr/bin/env ruby

 def hello
-<<<<<<<
-  puts 'hello mundo'
-=======
+<<<<<<< HEAD
   puts 'hola world'
->>>>>>>
+=======
+  puts 'hello mundo'
+>>>>>>> i18n-world
 end
```

另外（这和rerere真是没什么关系），你可以使用ls-files -u来查看冲突的文件及其之前、左边和右边的版本，如下所示。

```
$ git ls-files -u
100644 39804c942a9c1f2c03dc7c5ebcd7f3e3a6b97519 1    hello.rb
100644 a440db6e8d1fd76ad438a49025a9ad9ce746f581 2    hello.rb
100644 54336ba847c3758ab604876419607e9443848474 3    hello.rb
```

你现在只需要使用puts 'hola mundo'就可以解决，然后再执行rerere diff命令，看看rerere都记住了些什么。

```
$ git rerere diff
--- a/hello.rb
+++ b/hello.rb
@@ -1,11 +1,7 @@
```

```
#! /usr/bin/env ruby

def hello
-<<<<<<<
-  puts 'hello mundo'
-=======
-  puts 'hola world'
->>>>>>>
+  puts 'hola mundo'
 end
```

因此，基本上来说，当Git在文件hello.rb中看到块冲突时（一侧是hello mundo，另一侧是hola world），它会选择将其解决为hola mundo。

现在我们可以将其标记为已解决并提交它，如下所示。

```
$ git add hello.rb
$ git commit
Recorded resolution for 'hello.rb'.
[master 68e16e5] Merge branch 'i18n'
```

你可以看到Recorded resolution for FILE。

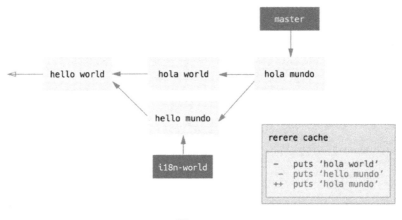

图　7-26

撤销这次合并，然后将它变基到master分支的顶部。可以通过在7.7节中学到的reset来移回分支。

```
$ git reset --hard HEAD^
HEAD is now at ad63f15 i18n the hello
```

这样分支就被撤销了。现在让我们变基topic分支。

```
$ git checkout i18n-world
Switched to branch 'i18n-world'

$ git rebase master
```

```
First, rewinding head to replay your work on top of it...
Applying: i18n one word
Using index info to reconstruct a base tree...
Falling back to patching base and 3-way merge...
Auto-merging hello.rb
CONFLICT (content): Merge conflict in hello.rb
Resolved 'hello.rb' using previous resolution.
Failed to merge in the changes.
Patch failed at 0001 i18n one word
```

与预期的一样，出现了同样的冲突，但是注意Resolved FILE using previous resolution这一行。如果查看这个文件，我们会发现冲突已经解决了，文件中也没有合并冲突标记。

```
#! /usr/bin/env ruby

def hello
  puts 'hola mundo'
end
```

同样，git diff会显示出这是如何重新自动解决的。

```
$ git diff
diff --cc hello.rb
index a440db6,54336ba..0000000
--- a/hello.rb
+++ b/hello.rb
@@@ -1,7 -1,7 +1,7 @@@
  #! /usr/bin/env ruby

  def hello
-   puts 'hola world'
 -  puts 'hello mundo'
++  puts 'hola mundo'
  end
```

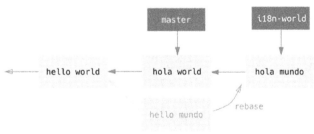

图 7-27

你也可以使用checkout命令重新产生文件冲突状态，如下所示。

```
$ git checkout --conflict=merge hello.rb
$ cat hello.rb
#! /usr/bin/env ruby

def hello
<<<<<<< ours
  puts 'hola world'
=======
  puts 'hello mundo'
>>>>>>> theirs
end
```

我们在7.8节中看到过这个例子。现在，我们只需要再次执行rerere就可以重新解决它，如下所示。

```
$ git rerere
Resolved 'hello.rb' using previous resolution.
$ cat hello.rb
#! /usr/bin/env ruby

def hello
  puts 'hola mundo'
end
```

我们使用rerere缓存的解决方案重新自动解决了文件冲突。现在可以添加并使用变基来完成任务了。

```
$ git add hello.rb
$ git rebase --continue
Applying: i18n one word
```

所以说，如果你要进行大量的重新合并操作，或者希望在不使用大量合并的情况下，使topic分支与你的master分支始终保持一致，或者是经常进行变基，那么可以启用rerere功能，帮你减轻点负担。

7.10　使用 Git 调试

Git也提供了一些工具，可以帮助你调试项目中出现的问题。因为Git设计的初衷就是要能够处理几乎所有类型的项目，所以这些工具都有很强的通用性，在遇到故障时，它们经常能够帮助你找到故障所在。

7.10.1　文件标注

如果你在跟踪代码中的bug，希望知道这些bug是什么时候出现的、出现的原因是什么，那么文件标注将是你的最佳工具。它会显示出文件中的每一行最后都是由哪一次提交修改的。如果你发现代码中某个方法有问题，可以使用`git blame`来查看该方法中的每一行最后是什么时间、被谁修改的。下面的例子使用`-L`选项将输出范围限制在第12行至第22行。

```
$ git blame -L 12,22 simplegit.rb
^4832fe2 (Scott Chacon  2008-03-15 10:31:28 -0700 12)  def show(tree = 'master')
^4832fe2 (Scott Chacon  2008-03-15 10:31:28 -0700 13)    command("git show #{tree}")
^4832fe2 (Scott Chacon  2008-03-15 10:31:28 -0700 14)  end
^4832fe2 (Scott Chacon  2008-03-15 10:31:28 -0700 15)
9f6560e4 (Scott Chacon  2008-03-17 21:52:20 -0700 16)  def log(tree = 'master')
79eaf55d (Scott Chacon  2008-04-06 10:15:08 -0700 17)    command("git log #{tree}")
9f6560e4 (Scott Chacon  2008-03-17 21:52:20 -0700 18)  end
9f6560e4 (Scott Chacon  2008-03-17 21:52:20 -0700 19)
42cf2861 (Magnus Chacon 2008-04-13 10:45:01 -0700 20)  def blame(path)
42cf2861 (Magnus Chacon 2008-04-13 10:45:01 -0700 21)    command("git blame #{path}")
42cf2861 (Magnus Chacon 2008-04-13 10:45:01 -0700 22)  end
```

注意，第一个字段是最后修改该行的那次提交的部分SHA-1值。接下来的两个字段是从提交中提取出来的值，分别是作者名和提交的授权日期，因此可以很方便地知道谁在什么时候修改了这一行。之后是行号和文件内容。另外注意`^4832fe2`这次提交，它指的是在该文件最初提交中的那些行。那次提交出现在文件第一次被加入到这个项目的时候，从那时起，这些行就没有发生过变化。这会带来些许困惑，因为现在你已经看到了至少3种Git使用^来修改某个提交的SHA-1值的不同方式，不过这里的确就是这个意思。

另一件挺酷的事情是Git并不会显式跟踪文件的重命名。它会记录快照，在事后尝试隐式找出被重命名的内容。其中一个值得注意的特性就是你还可以要求Git找出所有的代码移动。如果你给`git blame`加入`-C`参数，Git会分析你所标注的文件并试着找出其中代码片段的原始出处（如果这些代码是从别处复制过来的）。假设你将一个名为GITServerHandler.m的文件拆解成多个文件，其中一个叫作GITPackUpload.m。通过对该文件执行带有`-C`选项的`blame`命令，你可以看到代码的原始出处，如下所示。

```
$ git blame -C -L 141,153 GITPackUpload.m
f344f58d GITServerHandler.m (Scott 2009-01-04 141)
f344f58d GITServerHandler.m (Scott 2009-01-04 142) - (void) gatherObjectShasFromC
f344f58d GITServerHandler.m (Scott 2009-01-04 143) {
70befddd GITServerHandler.m (Scott 2009-03-22 144)               //NSLog(@"GATHER COMMI
ad11ac80 GITPackUpload.m    (Scott 2009-03-24 145)
ad11ac80 GITPackUpload.m    (Scott 2009-03-24 146)               NSString *parentSha;
ad11ac80 GITPackUpload.m    (Scott 2009-03-24 147)               GITCommit *commit = [g
ad11ac80 GITPackUpload.m    (Scott 2009-03-24 148)
ad11ac80 GITPackUpload.m    (Scott 2009-03-24 149)               //NSLog(@"GATHER COMMI
ad11ac80 GITPackUpload.m    (Scott 2009-03-24 150)
56ef2caf GITServerHandler.m (Scott 2009-01-05 151)               if(commit) {
56ef2caf GITServerHandler.m (Scott 2009-01-05 152)                   [refDict setOb
56ef2caf GITServerHandler.m (Scott 2009-01-05 153)
```

这的确有用。通常，你会将你复制代码的那次提交作为原始提交，因为这是你第一次在该文件中接触到这几行。Git可以告诉你写入了这些行的原始提交，即便写入的是另一个文件。

7.10.2   二分查找

如果你知道问题出自哪里，那么标注文件就能发挥作用。要是你不清楚，并且自上一次代码处于正常工作状态之后已经提交了上百次，可能得求助于git bisect。bisect命令会对你的提交历史记录进行二分查找，帮助尽快确定问题是由哪一次提交引发的。

假设你刚把一个代码的发布版本推送到生产环境，就收到了一份故障报告，而报告中的问题在开发环境中从来没出现过，你实在是搞不明白为什么会这样子。于是你回头检查代码，发现可以重现这个故障，但是仍然不清楚问题的根源在哪里。要想找到答案，你可以对代码使用bisect。首先，使用git bisect start启动排查过程，然后使用git bisect bad告诉系统当前提交有问题。接着必须使用git bisect good [good_commit]告诉bisect最后一次正常状态是在什么时候，如下所示。

```
$ git bisect start
$ git bisect bad
$ git bisect good v1.0
Bisecting: 6 revisions left to test after this
[ecb6e1bc347ccecc5f9350d878ce677feb13d3b2] error handling on repo
```

Git发现在你认为最后一次正确的提交（v1.0）和当前错误的提交之间一共出现过大概12次提交，于是它检出了中间那一次。这时，你可以进行测试，看看这次提交是否有问题。如果有，那么说明故障是在该提交之前出现的；如果没有，说明问题是在该提交之后出现的。目前看来没什么问题，你可以键入git bisect good，告诉Git继续进行排查，如下所示。

```
$ git bisect good
Bisecting: 3 revisions left to test after this
[b047b02ea83310a70fd603dc8cd7a6cd13d15c04] secure this thing
```

现在你所处的是另一次提交，它位于刚测试过的那次提交和错误提交的正中间。你可以再次运行测试，发现这次提交有问题，因此通过git bisect bad来告知Git，如下所示。

```
$ git bisect bad
Bisecting: 1 revisions left to test after this
[f71ce38690acf49c1f3c9bea38e09d82a5ce6014] drop exceptions table
```

这次提交没有问题，Git现在已经获得了所需的全部信息来确定故障的源头。它会告诉你第一个错误提交的SHA-1值并显示出该提交的一些信息，以及该提交修改了哪些文件，这样你就能找出故障的原因，如下所示。

```
$ git bisect good
b047b02ea83310a70fd603dc8cd7a6cd13d15c04 is first bad commit
commit b047b02ea83310a70fd603dc8cd7a6cd13d15c04
Author: PJ Hyett <pjhyett@example.com>
Date:   Tue Jan 27 14:48:32 2009 -0800

    secure this thing
```

```
:040000 040000 40ee3e7821b895e52c1695092db9bdc4c61d1730
f24d3c6ebcfc639b1a3814550e62d60b8e68a8e4 M config
```

排查结束之后，你应该执行git bisect reset来将HEAD重置到排查开始之前的位置，否则事情就要被搞乱了。

```
$ git bisect reset
```

这个工具威力强大，它可以帮助你在数分钟内检查上百次提交，找出故障的位置。实际上，如果你有一个能在项目正常时返回0，错误时返回1的脚本，完全可以将git bisect自动化。首先，提供已知的错误提交和正确提交，告诉bisect要进行查找的范围。你可以通过bisect start命令来列出这些提交，先是已知的错误提交，然后是已知的正确提交，如下所示。

```
$ git bisect start HEAD v1.0
$ git bisect run test-error.sh
```

这样会在每个已检出的提交上运行脚本test-error.sh，直到Git找到第一个有问题的提交。你也可以运行如make或make tests等工具来进行自动化测试。

7.11 子模块

当你忙于某个项目时，发现需要在其中使用另一个项目，这种事情时有发生。这可能是一个由第三方或是你自己另行开发的库，在多个父项目中均有用到。在这种情况下会出现一个常见的问题：你希望将两个项目按照独立的项目对待，同时仍旧想在一个项目中使用另一个项目。

这里有一个例子。假设你正在开发一个网站，同时还要创建Atom源。你不想自己动手编写Atom生成代码，所以决定利用库来实现此类功能。你可能要么需要通过类似CPAN install或Ruby gem这类共享库来包含对应的代码，要么将源代码复制到你自己的项目代码树中。采用共享库的问题在于很难对库进行自定义，部署起来更为麻烦，因为需要确保每个客户都有可用的库。把代码复制到项目中的问题在于当上游变更可用时，你所做的自定义修改都很难合并。

Git使用子模块来解决这些问题。子模块允许你将一个Git仓库作为另一个Git仓库的子目录。这样你就可以将其他仓库克隆到你的项目中，同时保持提交的独立性。

7.11.1 开始使用子模块

我们接下来要开发一个简单的项目，该项目被拆分成一个主项目和几个子项目。

首先，添加一个已有的Git仓库，将其作为我们正在使用的仓库的子模块。要加入一个新的子模块，可以使用git submodule add命令，后面跟上你要跟踪的项目的URL。在本例中，我们加入了一个名叫DbConnector的库。

```
$ git submodule add https://github.com/chaconinc/DbConnector
Cloning into 'DbConnector'...
remote: Counting objects: 11, done.
remote: Compressing objects: 100% (10/10), done.
```

7

```
remote: Total 11 (delta 0), reused 11 (delta 0)
Unpacking objects: 100% (11/11), done.
Checking connectivity... done.
```

默认情况下，子模块会将子项目放入一个与仓库同名的目录中，在本例中，这个目录是
DbConnector。如果你希望把它放到别的地方，可以在命令末尾加上一个不同的路径。

如果现在执行git status，你会注意到几件事情。

```
$ git status
On branch master
Your branch is up-to-date with 'origin/master'.

Changes to be committed:
  (use "git reset HEAD <file>..." to unstage)

        new file:    .gitmodules
        new file:    DbConnector
```

首先应该注意到新的.gitmodules文件。这是一个配置文件，保存了项目的URL与其被拉取到
的本地子目录之间的映射关系，如下所示。

```
[submodule "DbConnector"]
        path = DbConnector
        url = https://github.com/chaconinc/DbConnector
```

如果你有多个子模块，那么该文件中就有多个对应的条目。要重点注意的是，该文件与别的
文件（如.gitignore文件）一样，也受到版本控制的影响。它同项目的其他部分一起被推送和拉取。
这样一来，克隆该项目的用户就知道去哪里获取子模块了。

注意   因为其他用户会首先尝试从.gitmodules文件中的URL处进行克隆/获取，所以要确保大家
都能访问到该URL。如果你用来推送的URL和别人拉取时用的URL不一样，那么换一个
别人能够访问到的。你可以在本地执行git config submodule.DbConnector.url PRIVATE_URL
来覆盖这个值，以供自己使用。如果可以，采用相对路径是一个不错的选择。

---

git status输出中的另一部分是项目的文件夹。如果你在上面执行git diff，会发现一些值
得留意的信息，如下所示。

```
$ git diff --cached DbConnector
diff --git a/DbConnector b/DbConnector
new file mode 160000
index 0000000..c3f01dc
--- /dev/null
+++ b/DbConnector
@@ -0,0 +1 @@
+Subproject commit c3f01dc8862123d317dd46284b05b6892c7b29bc
```

尽管DbConnector是工作目录下的一个子目录，但Git将其视为一个子模块，当你不在该目录

中时，Git并不会跟踪其中的内容，而是把它看作仓库中的一次特殊的提交。

如果你希望diff的输出美观点，可以给git diff传入--submodule选项。

```
$ git diff --cached --submodule
diff --git a/.gitmodules b/.gitmodules
new file mode 100644
index 0000000..71fc376
--- /dev/null
+++ b/.gitmodules
@@ -0,0 +1,3 @@
+[submodule "DbConnector"]
+       path = DbConnector
+       url = https://github.com/chaconinc/DbConnector
Submodule DbConnector 0000000...c3f01dc (new submodule)
```

在提交时，你会看到类似下面的内容。

```
$ git commit -am 'added DbConnector module'
[master fb9093c] added DbConnector module
 2 files changed, 4 insertions(+)
 create mode 100644 .gitmodules
 create mode 160000 DbConnector
```

注意模式为160 000的rack条目。这是Git中的一种特殊模式，它表示你将一次提交作为一个目录项（而非子目录或文件）进行记录。

最后，推送这些变更。

```
$ git push origin master
```

7.11.2 克隆含有子模块的项目

我们要克隆一个含有子模块的项目。克隆这种项目时，默认会得到含有子模块的目录，但是目录中并没有文件，如下所示。

```
$ git clone https://github.com/chaconinc/MainProject
Cloning into 'MainProject'...
remote: Counting objects: 14, done.
remote: Compressing objects: 100% (13/13), done.
remote: Total 14 (delta 1), reused 13 (delta 0)
Unpacking objects: 100% (14/14), done.
Checking connectivity... done.
$ cd MainProject
$ ls -la
total 16
drwxr-xr-x   9 schacon staff 306 Sep 17 15:21 .
drwxr-xr-x   7 schacon staff 238 Sep 17 15:21 ..
drwxr-xr-x  13 schacon staff 442 Sep 17 15:21 .git
-rw-r--r--   1 schacon staff  92 Sep 17 15:21 .gitmodules
drwxr-xr-x   2 schacon staff  68 Sep 17 15:21 DbConnector
-rw-r--r--   1 schacon staff 756 Sep 17 15:21 Makefile
drwxr-xr-x   3 schacon staff 102 Sep 17 15:21 includes
```

```
drwxr-xr-x   4 schacon staff 136 Sep 17 15:21 scripts
drwxr-xr-x   4 schacon staff 136 Sep 17 15:21 src
$ cd DbConnector/
$ ls
$
```

目录DbConnector的确存在，但却是空的。你必须分别执行两条命令，其中`git submodule init`用于初始化本地配置文件，而`git submodule update`用于从项目中获取所有数据并检出父项目中适合的提交，如下所示。

```
$ git submodule init
Submodule 'DbConnector' (https://github.com/chaconinc/DbConnector) registered for
$ git submodule update
Cloning into 'DbConnector'...
remote: Counting objects: 11, done.
remote: Compressing objects: 100% (10/10), done.
remote: Total 11 (delta 0), reused 11 (delta 0)
Unpacking objects: 100% (11/11), done.
Checking connectivity... done.
Submodule path 'DbConnector': checked out 'c3f01dc8862123d317dd46284b05b6892c7b29bc'
```

现在，DbConnector目录的状态就和早先你提交时一模一样了。

不过还有另外一种简单点的做法。如果你使用`git clone`命令的`--recursive`选项，它会自动初始化并更新仓库中的每个子模块。

```
$ git clone --recursive https://github.com/chaconinc/MainProject
Cloning into 'MainProject'...
remote: Counting objects: 14, done.
remote: Compressing objects: 100% (13/13), done.
remote: Total 14 (delta 1), reused 13 (delta 0)
Unpacking objects: 100% (14/14), done.
Checking connectivity... done.
Submodule 'DbConnector' (https://github.com/chaconinc/DbConnector) registered for path 'DbConnector'
Cloning into 'DbConnector'...
remote: Counting objects: 11, done.
remote: Compressing objects: 100% (10/10), done.
remote: Total 11 (delta 0), reused 11 (delta 0)
Unpacking objects: 100% (11/11), done.
Checking connectivity... done.
Submodule path 'DbConnector': checked out 'c3f01dc8862123d317dd46284b05b6892c7b29bc'
```

7.11.3　开发含有子模块的项目

我们现在已经拥有了一份包含子模块的项目副本，接下来将会与团队成员协作开发主项目和子模块项目。

1. 拉取上游变更

在项目中使用子模块最简单的模式就是只使用子项目，不断地从中获得更新，但却不在检出中做出任何修改。让我们来看一个简单的例子。

要想查看子模块中新的工作内容，可以进入对应的目录，执行git fetch和git merge，合并上游分支来更新本地代码。

```
$ git fetch
From https://github.com/chaconinc/DbConnector
   c3f01dc..d0354fc  master      -> origin/master
$ git merge origin/master
Updating c3f01dc..d0354fc
Fast-forward
 scripts/connect.sh | 1 +
 src/db.c           | 1 +
 2 files changed, 2 insertions(+)
```

如果你现在返回主项目，执行git diff --submodule，就会看到子模块已经得到了更新，另外还有一个新添加提交的列表。如果你不想在每次执行git diff的时候都键入--submodule，那么可以通过将diff.submodule配置值设置为log，将其设置为默认格式。

```
$ git config --global diff.submodule log
$ git diff
Submodule DbConnector c3f01dc..d0354fc:
> more efficient db routine
> better connection routine
```

如果此时提交，就会将子模块锁定成其他人所更新的新代码。

如果你不想在子目录中手动获取与合并，还有另一种更简单的方法。执行git submodule update --remote，Git会进入子模块并进行获取和更新。

```
$ git submodule update --remote DbConnector
remote: Counting objects: 4, done.
remote: Compressing objects: 100% (2/2), done.
remote: Total 4 (delta 2), reused 4 (delta 2)
Unpacking objects: 100% (4/4), done.
From https://github.com/chaconinc/DbConnector
   3f19983..d0354fc  master      -> origin/master
Submodule path 'DbConnector': checked out 'd0354fc054692d3906c85c3af05ddce39a1c06444'
```

该命令默认会假定你要将检出更新为子模块仓库的master分支。你也可以根据需要对此做出修改。比如说想要DbConnector子模块跟踪仓库的stable分支，那么可以选择在.gitmodules文件（这样其他人也可以跟踪到）或本地的.git/config文件中进行设置。让我们来看看.gitmodules文件的设置方法，如下所示。

```
$ git config -f .gitmodules submodule.DbConnector.branch stable

$ git submodule update --remote
remote: Counting objects: 4, done.
remote: Compressing objects: 100% (2/2), done.
remote: Total 4 (delta 2), reused 4 (delta 2)
Unpacking objects: 100% (4/4), done.
From https://github.com/chaconinc/DbConnector
   27cf5d3..c87d55d  stable-> origin/stable
Submodule path 'DbConnector': checked out 'c87d55d4c6d4b05ee34fbc8cb6f7bf4585ae6687'
```

如果不使用选项-f .gitmodules，那么做出的修改只对你有效。不过在仓库中保留跟踪信息可能更有意义一些，这样其他人也可以实现同样的效果。

如果此时执行git status，Git会显示我们在子模块中有"新提交"。

```
$ git status
On branch master
Your branch is up-to-date with 'origin/master'.

Changes not staged for commit:
  (use "git add <file>..." to update what will be committed)
  (use "git checkout -- <file>..." to discard changes in working directory)

    modified: .gitmodules
    modified: DbConnector (new commits)

no changes added to commit (use "git add" and/or "git commit -a")
```

如果你设置了配置项status.submodulesummary，Git会显示一个有关子模块变更的摘要，如下所示。

```
$ git config status.submodulesummary 1

$ git status
On branch master
Your branch is up-to-date with 'origin/master'.

Changes not staged for commit:
  (use "git add <file>..." to update what will be committed)
  (use "git checkout -- <file>..." to discard changes in working directory)

        modified:   .gitmodules
        modified:   DbConnector (new commits)

Submodules changed but not updated:

* DbConnector c3f01dc...c87d55d (4):
  > catch non-null terminated lines
```

如果现在执行git diff，就可以看到我们已经修改了.gitmodules文件，另外还有一些已经拉取的提交，准备提交到我们的子模块项目中。

```
$ git diff
diff --git a/.gitmodules b/.gitmodules
index 6fc0b3d..fd1cc29 100644
--- a/.gitmodules
+++ b/.gitmodules
@@ -1,3 +1,4 @@
 [submodule "DbConnector"]
        path = DbConnector
        url = https://github.com/chaconinc/DbConnector
+       branch = stable
Submodule DbConnector c3f01dc..c87d55d:
```

```
> catch non-null terminated lines
> more robust error handling
> more efficient db routine
> better connection routine
```

这棒极了，因为这样我们就可以直观地看到要提交到子模块中的提交日志。你可以在提交后使用git log -p查看这些信息。

```
$ git log -p --submodule
commit 0a24cfc121a8a3c118e0105ae4ae4c00281cf7ae
Author: Scott Chacon <schacon@gmail.com>
Date:   Wed Sep 17 16:37:02 2014 +0200

    updating DbConnector for bug fixes

diff --git a/.gitmodules b/.gitmodules
index 6fc0b3d..fd1cc29 100644
--- a/.gitmodules
+++ b/.gitmodules
@@ -1,3 +1,4 @@
 [submodule "DbConnector"]
         path = DbConnector
         url = https://github.com/chaconinc/DbConnector
+        branch = stable
Submodule DbConnector c3f01dc..c87d55d:
  > catch non-null terminated lines
  > more robust error handling
  > more efficient db routine
  > better connection routine
```

当执行git submodule update --remote时，Git默认会尝试更新所有子模块，如果子模块数量众多，那么你可以选择只传入需要更新的子模块名称。

2. 使用子模块

如果你正在使用子模块，那么很有可能是因为在使用主项目代码（或是跨多个子模块）的同时的确需要使用子模块中的代码。否则估计你就得借助某种简单的依赖管理系统了（比如Maven或Rubygems）。

现在我们通过一个例子来演示如何同时修改子模块和主项目，还有如何同时提交和发布这些变更。

到目前为止，当我们执行git submodule update命令从子模块仓库中获取变更时，Git会得到并使用这些变更来更新子目录中的文件，但是子仓库会停留在一种叫作"分离式HEAD"（detached HEAD）的状态。这意味着没有本地的工作分支（例如master）跟踪变更。因此你做出的修改也无法被跟踪。

为了使子模块能够易于进入及修改，你需要做两件事。首先进入每个子模块，检出一个分支以供使用。接着告诉Git应该怎么处理你做出的变更，随后使用git submodule update --remote从上游拉取新的工作内容。你可以选择将其合并入本地，也可以选择将本地工作变基到新的变更之上。

让我们先进入子模块目录，检出一个分支。

```
$ git checkout stable
Switched to branch 'stable'
```

然后尝试使用--merge选项。可以给update添加--merge来手动指定。在这里我们会看到服务器上有一个有关该子模块的已合并变更。

```
$ git submodule update --remote --merge
remote: Counting objects: 4, done.
remote: Compressing objects: 100% (2/2), done.
remote: Total 4 (delta 2), reused 4 (delta 2)
Unpacking objects: 100% (4/4), done.
From https://github.com/chaconinc/DbConnector
   c87d55d..92c7337  stable       -> origin/stable
Updating c87d55d..92c7337
Fast-forward
 src/main.c | 1 +
 1 file changed, 1 insertion(+)
Submodule path 'DbConnector': merged in '92c7337b30ef9e0893e758dac2459d07362ab5ea'
```

如果我们进入DbConnector目录，会发现新的变更已经合并到了本地的**stable**分支中。现在来看看当对库做出本地修改，并且其他人将别的修改推送到上游的时候会发生什么事情。

```
$ cd DbConnector/
$ vim src/db.c
$ git commit -am 'unicode support'
[stable f906e16] unicode support
 1 file changed, 1 insertion(+)
```

如果此时更新子模块，就会看到当我们做出本地修改后的结果，除此之外上游还有一个变更需要并入本地。

```
$ git submodule update --remote --rebase
First, rewinding head to replay your work on top of it...
Applying: unicode support
Submodule path 'DbConnector': rebased into '5d60ef9bbebf5a0c1c1050f242ceeb54ad58da94'
```

要是忘了使用--rebase或--merge，那么Git只会更新子模块，使其与服务器保持一致，并且将项目重置成分离式HEAD状态。

```
$ git submodule update --remote
Submodule path 'DbConnector': checked out '5d60ef9bbebf5a0c1c1050f242ceeb54ad58da94'
```

假如出现这种情况，别担心，只需要返回目录，再次检出分支（你的工作成果仍然存在于该分支中），对origin/stable进行手动合并或变基就可以了。

如果你尚未提交子模块中的变更并执行了一个会导致问题的子模块更新，Git会获取到变更，但并不会覆盖子模块目录中没有保存的工作。

```
$ git submodule update --remote
remote: Counting objects: 4, done.
remote: Compressing objects: 100% (3/3), done.
remote: Total 4 (delta 0), reused 4 (delta 0)
Unpacking objects: 100% (4/4), done.
From https://github.com/chaconinc/DbConnector
   5d60ef9..c75e92a  stable     -> origin/stable
error: Your local changes to the following files would be overwritten by checkout:
        scripts/setup.sh
Please, commit your changes or stash them before you can switch branches.
Aborting
Unable to checkout 'c75e92a2b3855c9e5b66f915308390d9db204aca' in submodule path 'DbConnector'
```

如果你做出的改动与上游的改动内容相冲突，Git会在你进行更新时告知。

```
$ git submodule update --remote --merge
Auto-merging scripts/setup.sh
CONFLICT (content): Merge conflict in scripts/setup.sh
Recorded preimage for 'scripts/setup.sh'
Automatic merge failed; fix conflicts and then commit the result.
Unable to merge 'c75e92a2b3855c9e5b66f915308390d9db204aca' in submodule path 'DbConnector'
```

你可以进入子模块目录，像平常那样修复冲突。

3. 发布子模块变更

现在，我们已经在子模块目录中做出了一些变更。其中一些是通过更新从上游引入的，另一些是本地产生的，由于我们还没发布这些本地变更，因此其他人是无法使用的。

```
$ git diff
Submodule DbConnector c87d55d..82d2ad3:
  > Merge from origin/stable
  > updated setup script
  > unicode support
  > remove unnecessary method
  > add new option for conn pooling
```

如果我们在不推送子模块变更的情况下在主项目中进行提交并推送，其他试图检出变更的用户就会碰到麻烦，因为他们无法得到所依赖的子模块变更。这些变更仅存在于我们的本地副本中。

为了确保不会出现这种情况，你可以要求Git在推送主项目之前检查所有的子模块是否已经正确推送。git push有一个叫作--recurse-submodules的选项，该选项可以设置为check或on-demand。只要提交的子模块变更没有被推送，check就会使git push的推送操作失败。

```
$ git push --recurse-submodules=check
The following submodule paths contain changes that can
not be found on any remote:
  DbConnector

Please try

	git push --recurse-submodules=on-demand
```

```
or cd to the path and use

        git push

to push them to a remote.
```

如你所见，这也给了我们一些有用的操作建议。最简单的做法就是进入每个子模块并手动推送到远端，确保其对外可用，然后再重复推送。如果想使check针对所有推送有效，可以使用**git config push.recurseSubmodules check**将其设置为默认行为。

另一种做法是将**--recurse-submodules**选项设置为on-demand，它会尝试帮你完成这些操作。

```
$ git push --recurse-submodules=on-demand
Pushing submodule 'DbConnector'
Counting objects: 9, done.
Delta compression using up to 8 threads.
Compressing objects: 100% (8/8), done.
Writing objects: 100% (9/9), 917 bytes | 0 bytes/s, done.
Total 9 (delta 3), reused 0 (delta 0)
To https://github.com/chaconinc/DbConnector
   c75e92a..82d2ad3 stable -> stable
Counting objects: 2, done.
Delta compression using up to 8 threads.
Compressing objects: 100% (2/2), done.
Writing objects: 100% (2/2), 266 bytes | 0 bytes/s, done.
Total 2 (delta 1), reused 0 (delta 0)
To https://github.com/chaconinc/MainProject
   3d6d338..9a377d1 master -> master
```

可以在这里看到，Git进入到DbConnector模块，在推送主项目之前先将其推送。如果子模块推送失败，那么主项目的推送也会失败。

4. 合并子模块变更

如果你和别人同时修改了一个子模块引用，有可能会造成一些问题。也就是说如果子模块的历史已经分叉并且在父项目中被提交到了分叉的分支上，那你就得花点功夫来修复了。

如果某次提交是其他提交的直系祖先（一个快进式合并），Git会简单地选择之后的提交进行合并，这样做没什么问题。

Git甚至连简单合并都不会去尝试。如果子模块合并出现分叉，需要进行合并，你会看到以下信息。

```
$ git pull
remote: Counting objects: 2, done.
remote: Compressing objects: 100% (1/1), done.
remote: Total 2 (delta 1), reused 2 (delta 1)
Unpacking objects: 100% (2/2), done.
From https://github.com/chaconinc/MainProject
   9a377d1..eb974f8 master       -> origin/master
Fetching submodule DbConnector
warning: Failed to merge submodule DbConnector (merge following commits not found)
Auto-merging DbConnector
```

```
CONFLICT (submodule): Merge conflict in DbConnector
Automatic merge failed; fix conflicts and then commit the result.
```

这里发生的事情基本上就是Git认为子模块历史记录中的两个分支记录点处于分叉状态，需要被合并。它将其解释为merge following commits not found，这种说法让人摸不着头脑，不过我们随后会对此加以解释。

要解决这个问题，需要搞明白子模块应该处于何种状态。奇怪的是，Git还真没有给出太多有用的信息，甚至连历史记录中两侧提交的SHA-1值都没有。好在这些信息也不难找出。执行git diff就可以得到要合并的两条分支中所记录的相关提交的SHA-1值。

```
$ git diff
diff --cc DbConnector
index eb41d76,c771610..0000000
--- a/DbConnector
+++ b/DbConnector
```

在这个例子中，eb41d76就是在子模块中大家所共有的提交，c771610是属于上游的提交。如果进入子模块目录，它应该已经在eb41d76上了，因为并没有对它进行过合并操作。如果不是这样，那么你只需创建并检出一个指向其的分支就可以了。

重要的是来自另一侧提交的SHA-1值。这是需要你合并和解决的。你要么尝试直接通过SHA-1值合并，要么为其创建一个分支，然后再进行合并。我们建议你采用后者，即便只是为了生成一条漂亮点的合并提交消息。

好了，接下来我们要进入子模块目录，根据git diff命令产生的第2个SHA-1值来创建一个分支，然后手动进行合并。

```
$ cd DbConnector

$ git rev-parse HEAD
eb41d764bccf88be77aced643c13a7fa86714135

$ git branch try-merge c771610
(DbConnector) $ git merge try-merge
Auto-merging src/main.c
CONFLICT (content): Merge conflict in src/main.c
Recorded preimage for 'src/main.c'
Automatic merge failed; fix conflicts and then commit the result.
```

这里出现了一个合并冲突，如果我们能够解决该冲突并提交，那么只需要使用结果来更新主项目就行了。

```
$ vim src/main.c  ❶
$ git add src/main.c
$ git commit -am 'merged our changes'
Recorded resolution for 'src/main.c'.
[master 9fd905e] merged our changes

$ cd ..  ❷
```

```
$ git diff  ❸
diff --cc DbConnector
index eb41d76,c771610..0000000
--- a/DbConnector
+++ b/DbConnector
@@@ -1,1 -1,1 +1,1 @@@
- Subproject commit eb41d764bccf88be77aced643c13a7fa86714135
 -Subproject commit c77161012afbbe1f58b5053316ead08f4b7e6d1d
++Subproject commit 9fd905e5d7f45a0d4cbc43d1ee550f16a30e825a
$ git add DbConnector  ❹

$ git commit -m "Merge Tom's Changes"  ❺
[master 10d2c60] Merge Tom's Changes
```

❶ 先解决冲突

❷ 然后返回主项目目录

❸ 再次检查SHA-1值

❹ 解决冲突的子模块记录

❺ 提交合并

这有点让人不太明白，不过的确不难。

值得注意的是，Git还能处理另外一种情况。如果子模块目录中存在一个合并提交，它的历史记录中包含了两侧的提交，那么Git会建议你将其作为一种可行的解决方案。它发现有人在子模块项目的某个时间点上合并了包含这两次提交的分支，因此可能你需要的就是这个。

这就是之前的错误消息为merge following commits not found的原因，因为Git实在是无能为力。这很是令人困惑：谁能知道它要这么做？

如果找到了单个可接受的合并提交，你会看到类似下面的信息。

```
$ git merge origin/master
warning: Failed to merge submodule DbConnector (not fast-forward)
Found a possible merge resolution for the submodule:
 9fd905e5d7f45a0d4cbc43d1ee550f16a30e825a: > merged our changes
If this is correct simply add it to the index for example
by using:

  git update-index --cacheinfo 160000 9fd905e5d7f45a0d4cbc43d1ee550f16a30e825a "DbConnector"

which will accept this suggestion.
Auto-merging DbConnector
CONFLICT (submodule): Merge conflict in DbConnector
Automatic merge failed; fix conflicts and then commit the result.
```

这里建议你像执行git add时那样更新索引，消除冲突后再提交。不过你最好还是别这么做。你可以很方便地进入子模块目录，查看差异，快进到该提交，进行合理的测试，然后提交。

```
$ cd DbConnector/
$ git merge 9fd905e
Updating eb41d76..9fd905e
Fast-forward
```

```
$ cd ..
$ git add DbConnector
$ git commit -am 'Fast forwarded to a common submodule child'
```

这样可以实现同样的效果，但是通过这种方式，你至少可以验证操作是否有效，在完成时可以确保子模块目录中保存有代码。

7.11.4 子模块技巧

有一些方法可以让你在使用子模块的时候轻松一点。

1. foreach命令

有一个叫作foreach的子模块命令可以在每个子模块中执行任意命令。如果项目中包含大量子模块，这会非常有用。

假设我们想启用一个新特性或是修复错误，而且需要在多个子模块中同时进行。我们可以轻而易举地储藏所有子模块中所做的全部工作。

```
$ git submodule foreach 'git stash'
Entering 'CryptoLibrary'
No local changes to save
Entering 'DbConnector'
Saved working directory and index state WIP on stable: 82d2ad3 Merge from origin/stable
HEAD is now at 82d2ad3 Merge from origin/stable
```

然后创建一个新分支，将所有子模块切换到该分支。

```
$ git submodule foreach 'git checkout -b featureA'
Entering 'CryptoLibrary'
Switched to a new branch 'featureA'
Entering 'DbConnector'
Switched to a new branch 'featureA'
```

就是这个意思。真正有用的是你可以获得一份包含主项目和所有子项目中所有变更的综合差异。

```
$ git diff; git submodule foreach 'git diff'
Submodule DbConnector contains modified content
diff --git a/src/main.c b/src/main.c
index 210f1ae..1f0acdc 100644
--- a/src/main.c
+++ b/src/main.c
@@ -245,6 +245,8 @@ static int handle_alias(int *argcp, const char ***argv)

        commit_pager_choice();

+       url = url_decode(url_orig);
+
        /* build alias_argv */
        alias_argv = xmalloc(sizeof(*alias_argv) * (argc + 1));
```

```
        alias_argv[0] = alias_string + 1;
Entering 'DbConnector'
diff --git a/src/db.c b/src/db.c
index 1aaefb6..5297645 100644
--- a/src/db.c
+++ b/src/db.c
@@ -93,6 +93,11 @@ char *url_decode_mem(const char *url, int len)
        return url_decode_internal(&url, len, NULL, &out, 0);
}

+char *url_decode(const char *url)
+{
+        return url_decode_mem(url, strlen(url));
+}
+
char *url_decode_parameter_name(const char **query)
{
        struct strbuf out = STRBUF_INIT;
```

在这里，可以看到我们在子模块中定义了一个函数并在主项目中调用了该函数。这显然是一个简化的例子，但希望你能够通过它明白这种方法的用途。

2. 有用的别名

你可能想给某些命令设置别名，一方面是因为这些命令太长，另一方面是因为无法将它们的配置选项设置成默认选项。我们之前在2.7节中讲过如何设置Git别名，但如果你要在Git中频繁地与子模块打交道，则可以参考下面给出的例子。

```
$ git config alias.sdiff '!'"git diff && git submodule foreach 'git diff'"
$ git config alias.spush 'push --recurse-submodules=on-demand'
$ git config alias.supdate 'submodule update --remote --merge'
```

这样一来，当你想更新子模块的时候，只需要执行git supdate就可以了，或是使用git spush在进行推送的同时检查子模块的依赖情况。

7.11.5   子模块的问题

子模块并不是完美无瑕的。

例如在包含子模块的分支之间切换就比较麻烦。如果你创建了一个新分支，在其中加入了子模块，然后又切换回没有子模块的分支，那么你仍然会有一个未被跟踪的子模块目录，如下所示。

```
$ git checkout -b add-crypto
Switched to a new branch 'add-crypto'

$ git submodule add https://github.com/chaconinc/CryptoLibrary
Cloning into 'CryptoLibrary'...
...

$ git commit -am 'adding crypto library'
[add-crypto 4445836] adding crypto library
 2 files changed, 4 insertions(+)
```

```
create mode 160000 CryptoLibrary

$ git checkout master
warning: unable to rmdir CryptoLibrary: Directory not empty
Switched to branch 'master'
Your branch is up-to-date with 'origin/master'.

$ git status
On branch master
Your branch is up-to-date with 'origin/master'.

Untracked files:
  (use "git add <file>..." to include in what will be committed)

        CryptoLibrary/

nothing added to commit but untracked files present (use "git add" to track)
```

删除这个目录不难，但是它出现在这里就有点让人搞不明白了。如果删除该目录，然后再切换回含有那个子模块的分支，需要执行submodule update --init来重新填充。

```
$ git clean -fdx
Removing CryptoLibrary/

$ git checkout add-crypto
Switched to branch 'add-crypto'

$ ls CryptoLibrary/

$ git submodule update --init
Submodule path 'CryptoLibrary': checked out 'b8dda6aa182ea4464f3f3264b11e0268545172af'

$ ls CryptoLibrary/
Makefile        includes        scripts         src
```

再说一遍，这真的不难，就是稍有点乱。

另一个要重点注意的地方涉及从子目录到子模块的切换，很多人都碰到过这个问题。如果你一直在跟踪项目中的文件，希望将它们移入某个子模块，那么务必要小心，否则Git就要跟你过不去了。假设项目子目录中有一些文件，你希望将其转换为子模块。如果你删除了该子目录，然后执行submodule add，Git会冲你大叫，如下所示。

```
$ rm -Rf CryptoLibrary/
$ git submodule add https://github.com/chaconinc/CryptoLibrary
'CryptoLibrary' already exists in the index
```

你得先取消暂存CryptoLibrary目录，然后添加子模块，如下所示。

```
$ git rm -r CryptoLibrary
$ git submodule add https://github.com/chaconinc/CryptoLibrary
Cloning into 'CryptoLibrary'...
remote: Counting objects: 11, done.
```

```
remote: Compressing objects: 100% (10/10), done.
remote: Total 11 (delta 0), reused 11 (delta 0)
Unpacking objects: 100% (11/11), done.
Checking connectivity... done.
```

现在假设你在一个分支下完成了这些操作。如果你尝试切换回另一个分支，该分支中的这些文件仍然保留在目录树而非子模块中，那么将会出现以下错误。

```
$ git checkout master
error: The following untracked working tree files would be overwritten by checkout:
  CryptoLibrary/Makefile
  CryptoLibrary/includes/crypto.h
  ...
Please move or remove them before you can switch branches.
Aborting
```

可以使用 checkout -f 强制进行切换，但是一定要小心，确定其中没有未保存的变更，否则会被覆盖掉。

```
$ git checkout -f master
warning: unable to rmdir CryptoLibrary: Directory not empty
Switched to branch 'master'
```

当切换回来之后，会得到一个空的 CryptoLibrary 目录，`git submodule update` 命令可能也无能为力。你需要进入子模块目录，执行 `git checkout .` 来找回所有的文件。可以把该命令放入 `submodule foreach` 脚本来处理多个子模块。

要特别注意的是，如今的子模块会将所有的 Git 数据保存在顶层项目的 .git 目录中，所以不像旧版本的 Git，现在就算是销毁了子模块目录也不会丢失任何提交或分支。

有了这些工具，子模块就成为了一种极为简单且行之有效的方法，可用于同时开发多个相关但又彼此独立的项目。

7.12 打包

我们已经讲过了一些在网络上传输 Git 数据的常见方法（如 HTTP、SSH 等），但实际上还有其他一些不太常见但却颇为管用的方法。

Git 可以将数据“打包”到单个文件中。这在很多场景下都能派上用场。也许是你的网络挂掉了，但你又需要把变更发送给合作人员。也许你远离办公地点工作，由于安全原因无法接入局域网。也许你的无线/以太网适配器不凑巧坏掉了。也许你目前不能访问共享服务器，所以希望使用电子邮件给别人发送更新，但又不想通过 format-patch 传送多达 40 个提交。

这正是 git bundle 命令大展拳脚的地方。它将所有能够通过 git push 命令在网络上推送的东西打包成一个二进制文件，你可以使用电子邮件把该文件发送给其他人或是放进 U 盘中，然后解包到其他仓库中。

让我们来看一个简单的例子。假设你有一个仓库，其中有两个提交，如下所示。

```
$ git log
commit 9a466c572fe88b195efd356c3f2bbeccdb504102
Author: Scott Chacon <schacon@gmail.com>
Date:   Wed Mar 10 07:34:10 2010 -0800

    second commit

commit b1ec3248f39900d2a406049d762aa68e9641be25
Author: Scott Chacon <schacon@gmail.com>
Date:   Wed Mar 10 07:34:01 2010 -0800

    first commit
```

如果你想把这个仓库发送给别人，但又没有别的仓库的推送权限，或者干脆就是懒得再设置一个仓库，那就可以使用git bundle create命令进行打包。

```
$ git bundle create repo.bundle HEAD master
Counting objects: 6, done.
Delta compression using up to 2 threads.
Compressing objects: 100% (2/2), done.
Writing objects: 100% (6/6), 441 bytes, done.
Total 6 (delta 0), reused 0 (delta 0)
```

现在你得到了一个名为repo.bundle的文件，其中包含了所有重建仓库master分支所需的数据。在使用bundle命令时，你需要列出全部要打包的引用或特定范围内的提交。如果你想把它们克隆到其他地方，还得加入一个HEAD引用，就像上面的例子中那样。

你可以把这个repo.bundle通过电子邮件发给别人，或是把它放到U盘中带走。

另一方面，假设你发送了repo.bundle文件并希望参与该项目。你可以从二进制文件克隆到一个目录中，就像从URL中克隆一样。

```
$ git clone repo.bundle repo
Cloning into 'repo'...
...
$ cd repo
$ git log --oneline
9a466c5 second commit
b1ec324 first commit
```

如果你没有在引用中包含HEAD，那还得指定-b master或者其他被引入的分支，否则Git将不知道该检出哪个分支。

现在假设你完成了3次提交，然后希望利用打包将新的提交通过U盘或电子邮件传回。

```
$ git log --oneline
71b84da last commit - second repo
c99cf5b fourth commit - second repo
7011d3d third commit - second repo
9a466c5 second commit
b1ec324 first commit
```

首先我们需要确定要进行打包的提交范围。不像网络协议能够计算出可以在网络上传输的最小数据量，对于我们而言，这些都得自己动手完成。你可以打包整个仓库，这当然没问题，不过最好还是只打包有差异的部分，也就是我们刚刚在本地完成的3次提交。

要完成这个目标，你得找出差异。我们在7.1.6节中讲过，指定提交范围的方法有很多。要想获得那3个位于master分支但却不在我们所克隆的原始分支中的提交，可以采用origin/master..master或master ^origin/master这类方法。你可以使用log命令来测试。

```
$ git log --oneline master ^origin/master
71b84da last commit - second repo
c99cf5b fourth commit - second repo
7011d3d third commit - second repo
```

这样就得到了一系列需要被打包的提交，接着就该打包了。我们使用git bundle create命令来完成这项操作，给出要生成的打包文件的名称以及要打包的提交范围。

```
$ git bundle create commits.bundle master ^9a466c5
Counting objects: 11, done.
Delta compression using up to 2 threads.
Compressing objects: 100% (3/3), done.
Writing objects: 100% (9/9), 775 bytes, done.
Total 9 (delta 0), reused 0 (delta 0)
```

现在我们的目录下就出现了一个commits.bundle文件。如果把这个文件发送给我们的合作对象，他就可以将其导入原始仓库，哪怕在此期间有其他工作已经提交到该仓库中。

当获得这个打包文件时，他可以在导入自己的仓库之前先检查其中的内容。第一个要用到的命令就是bundle verify，它能够确保该文件是一个合法的Git打包文件，并且你有必要的祖先来完成正确的重组。

```
$ git bundle verify ../commits.bundle
The bundle contains 1 ref
71b84daaf49abed142a373b6e5c59a22dc6560dc refs/heads/master
The bundle requires these 1 ref
9a466c572fe88b195efd356c3f2bbeccdb504102 second commit
../commits.bundle is okay
```

如果打包工具只打包了后两个提交，漏掉了另一个，那么原始仓库是无法导入这个包的，因为它丢失了必要的历史记录。这时候的verify命令的输出如下所示。

```
$ git bundle verify ../commits-bad.bundle
error: Repository lacks these prerequisite commits:
error: 7011d3d8fc200abe0ad561c011c3852a4b7bbe95 third commit - second repo
```

但是我们的第一个打包文件是没问题的，所以可以从中提取提交。如果你想知道包中可以导入哪些分支，有一个命令可以将顶端（head）列出，如下所示。

```
$ git bundle list-heads ../commits.bundle
71b84daaf49abed142a373b6e5c59a22dc6560dc refs/heads/master
```

verify子命令也可以告诉你有哪些顶端。关键在于知道可以拉入哪些内容，这样你才能够使用 fetch或pull命令从打包文件中导入提交。这里要将包中的master分支导入到仓库中名为other-master 的分支。

```
$ git fetch ../commits.bundle master:other-master
From ../commits.bundle
 * [new branch]      master     -> other-master
```

可以看到我们现在已经将提交导入到了other-master分支，除此之外还包括在此期间我们在 自己的master分支上的提交。

```
$ git log --oneline --decorate --graph --all
* 8255d41 (HEAD, master) third commit - first repo
| * 71b84da (other-master) last commit - second repo
| * c99cf5b fourth commit - second repo
| * 7011d3d third commit - second repo
|/
* 9a466c5 second commit
* b1ec324 first commit
```

因此，在没有合适的网络或共享仓库时，git bundle命令很适合共享或者依赖网络的操作。

7.13 替换

Git的对象是不能改变的，但它提供了一种有趣的方法，可以假装用其他对象替换其数据库 中的对象。

replace命令可以指定一个Git对象，声称"每次碰到这个对象的时候，就把它当作其他东西"。 该命令最适合用于替换历史记录中的某次提交。

举例来说，假设你有一份体积庞大的代码历史记录，希望将自己的仓库划分成两部分：较短 的历史记录留给新的开发者使用，较久、体积较大的历史记录留给对数据挖掘感兴趣的用户使用。 你可以通过用旧仓库中的最新提交替换新仓库中的最旧提交来实现历史嫁接，通常你只有这么做 才能将两者连接在一起（因为起源会影响SHA-1值）。

让我们来试一试。找一个已有的仓库，把它一分为二，一个是近期的仓库，一个是先前的仓 库，然后来看看如何在不修改最近仓库的SHA-1值的情况下，通过replace将两者重新合并。

下面要使用的这个简单的仓库包含了5次提交。

```
$ git log --oneline
ef989d8 fifth commit
c6e1e95 fourth commit
9c68fdc third commit
945704c second commit
c1822cf first commit
```

我们要将其分成两条历史记录线路。一条涵盖了前4次提交，另一条涵盖了第4次和第5次提 交，前者将作为先前的历史，后者则作为近期的历史。

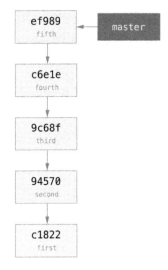

图　7-28

　　创建先前历史很容易，我们可以将分支放入历史，然后将该分支推送到新的远程仓库的master分支。

```
$ git branch history c6e1e95
$ git log --oneline --decorate
ef989d8 (HEAD, master) fifth commit
c6e1e95 (history) fourth commit
9c68fdc third commit
945704c second commit
c1822cf first commit
```

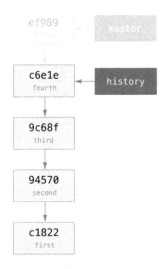

图　7-29

现在可以将新的history分支推送到新仓库的master分支，如下所示。

```
$ git remote add project-history https://github.com/schacon/project-history
$ git push project-history history:master
Counting objects: 12, done.
Delta compression using up to 2 threads.
Compressing objects: 100% (4/4), done.
Writing objects: 100% (12/12), 907 bytes, done.
Total 12 (delta 0), reused 0 (delta 0)
Unpacking objects: 100% (12/12), done.
To git@github.com:schacon/project-history.git
 * [new branch]      history -> master
```

这样一来，我们的历史记录就发布了。现在比较麻烦的地方是如何缩减近期的历史，让它变得更小。我们需要一个重叠（overlap），以便使用一个历史记录中的等价提交来替换另一个历史记录中的提交，因此我们打算缩减到第4个提交和第5个提交（如果这样，第4个提交就重叠了）。

```
$ git log --oneline --decorate
ef989d8 (HEAD, master) fifth commit
c6e1e95 (history) fourth commit
9c68fdc third commit
945704c second commit
c1822cf first commit
```

在这种情况下，创建一个能够指导历史扩展的基础提交是很有帮助的，这样其他开发人员就知道如果修改了已缩减历史中的首个提交并需要进行更多操作时该怎么做了。接下来我们要做的就是创建一个初始提交对象作为基点，然后将余下的提交（第4个提交和第5个提交）变基到基点之上。

要完成这个操作，需要找一个拆分点，在此我们选择的是第3个提交，它的SHA-1值为9c68fdc。因此，我们的基础提交将基于此树展开。基础提交可以使用commit-tree命令创建，该命令可以接受一棵树作为参数，返回一个全新的、无父节点的提交对象的SHA-1值。

```
$ echo 'get history from blah blah blah' | git commit-tree 9c68fdc^{tree}
622e88e9cbfbacfb75b5279245b9fb38dfea10cf
```

注意 有一组命令通常被称为底层命令（plumbing command），commit-tree便是其中之一。这些命令一般不直接使用，而是供其他的Git命令使用，完成更细微的工作。偶尔当需要做点类似于这种不同寻常的事情时，它们能够让我们处理一些平日里无缘碰到的真正底层的操作。有关底层命令的更多内容，请参阅10.1节。

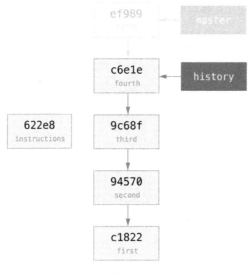

图   7-30

好了，现在我们已经有了一个基础提交，可以使用git rebase --onto命令将余下的历史记录
变基到基础提交之上了。--onto选项的参数就是commit-tree命令返回的SHA-1值，第3个提交将
作为变基点（我们要保留第1个提交的父提交9c68fdc），如下所示。

```
$ git rebase --onto 622e88 9c68fdc
First, rewinding head to replay your work on top of it...
Applying: fourth commit
Applying: fifth commit
```

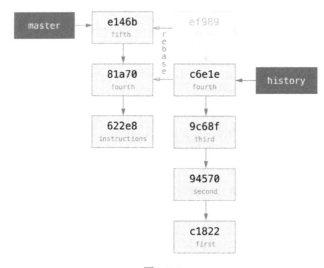

图   7-31

　　因此，我们在一个丢弃的基础提交之上重写了近期历史，这个基础提交中包括了如何重组整个历史记录的说明。我们可以将新的历史记录推送到新的项目中，当有人克隆这个仓库时，他们只会看到最近的两次提交以及一个包含操作说明的基础提交。

　　现在来转换一下角色，为了获得整个历史记录，我们要对该项目进行第一次克隆。要想在克隆过这个已缩减过的仓库之后得到历史数据，需要添加第二个远程历史仓库并执行获取操作，如下所示。

```
$ git clone https://github.com/schacon/project
$ cd project

$ git log --oneline master
e146b5f fifth commit
81a708d fourth commit
622e88e get history from blah blah blah

$ git remote add project-history https://github.com/schacon/project-history
$ git fetch project-history
From https://github.com/schacon/project-history
 * [new branch]      master      -> project-history/master
```

　　这样，协作人员就在master分支中得到了其近期的提交，在project-history/master分支中得到了历史提交。

```
$ git log --oneline master
e146b5f fifth commit
81a708d fourth commit
622e88e get history from blah blah blah

$ git log --oneline project-history/master
c6e1e95 fourth commit
9c68fdc third commit
945704c second commit
c1822cf first commit
```

　　要想合并两者，只要使用git replace命令以及需要进行替换的提交就可以了。如果我们想用project-history/master分支中的第4个提交来替换master分支中的第4个提交，那么可以执行以下命令。

```
$ git replace 81a708d c6e1e95
```

　　如果查看master分支的历史记录，将显示以下内容。

```
$ git log --oneline master
e146b5f fifth commit
81a708d fourth commit
9c68fdc third commit
945704c second commit
c1822cf first commit
```

　　酷吧？不用改变所有的上游SHA-1，就可以用另一个完全不同的提交来替换历史记录中的某一个提交，而且所有的普通工具（bisect、blame等）都可以沿用此法。

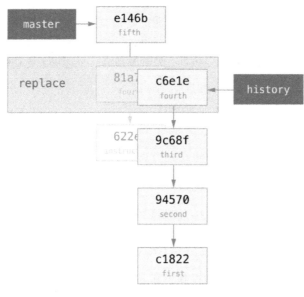

图　7-32

有意思的是，即便我们使用了提交c6e1e95来进行替换，但显示出的SHA-1值仍旧是81a708d。就算是执行cat-file命令，它仍然会显示替换过的数据，如下所示。

```
$ git cat-file -p 81a708d
tree 7bc544cf438903b65ca9104a1e30345eee6c083d
parent 9c68fdceee073230f19ebb8b5e7fc71b479c0252
author Scott Chacon <schacon@gmail.com> 1268712581 -0700
committer Scott Chacon <schacon@gmail.com> 1268712581 -0700

fourth commit
```

记住，81a708d真正的父提交是占位提交622e88e，而非这里看到的9c68fdce。
另一件值得注意的事情是，这些数据是保存在引用中的，如下所示。

```
$ git for-each-ref
e146b5f14e79d4935160c0e83fb9ebe526b8da0d commit refs/heads/master
c6e1e95051d41771a649f3145423f8809d1a74d4 commit refs/remotes/history/master
e146b5f14e79d4935160c0e83fb9ebe526b8da0d commit refs/remotes/origin/HEAD
e146b5f14e79d4935160c0e83fb9ebe526b8da0d commit refs/remotes/origin/master
c6e1e95051d41771a649f3145423f8809d1a74d4 commit refs/replace/81a708dd0e167a3f691541c7a6463343bc457040
```

这意味着可以非常方便地与他人分享我们的替换结果，因为可以将其推送到服务器上，其他用户轻而易举就可以下载到。尽管这在历史嫁接的场景下并不是那么有用（既然每个人都可以下载到近期历史版本和先前历史版本，那干吗还要拆分呢），但在其他情形下仍能发挥作用。

7.14　凭据存储

如果你使用SSH进行远程连接，有可能会选择设置一个没有口令的密钥，这样就可以在不用输入用户名和密码的情况下安全传输数据了。但是，HTTP协议不允许这么做：每个连接都需要用户名和密码。这对于双因素身份验证的系统而言会更麻烦，因为用于密码的令牌是随机生成且难以记忆的。

好在Git有一套有助于解决这个问题的凭据系统。下面是Git提供的一些选项。

❑ 默认不缓存任何内容。所有连接都会提醒你输入用户名和密码。

❑ cache模式会将凭据保存在内存中一段时间。绝不会将密码存储在磁盘上，15分钟后会将其从缓存中清除。

❑ store模式将凭据保存在磁盘上的纯文本文件中，且永不过期。这意味着除非你修改了Git主机的密码，否则你永远都不需要重新输入自己的凭据。这种方法的缺点在于密码以明文形式存储在个人主目录下的纯文本文件中。

❑ 如果你使用的是Mac，Git还有一种osxkeychain模式。在该模式下，凭据会被缓存在与个人账户相关联的安全密钥链（secure keychain）中。这种方法会把凭据存放在磁盘上，永不过期，不过是以加密的形式，这与保存HTTPS证书以及Safari的自动填表所用的方法一样。

❑ 如果你使用的是Windows，可以安装一个叫作Git Credential Manager for Windows的助手程序。它与Mac中的"密钥链"类似，只不过用的是Windows Credential Store来控制敏感信息。

你可以通过设置某个Git配置值，选择上述方法中的某一种，如下所示。

```
$ git config --global credential.helper cache
```

部分辅助工具包含一些选项。store模式可以接受--file <path>选项，该选项可以自定义存放凭据的纯文本文件的位置（默认是在~/.git-credentials下）。cache模式可以接受--timeout <seconds>选项，该选项可以改变守护进程的运行时长（默认是900，也就是15分钟）。下面的例子演示了如何使store模式使用自定义文件。

```
$ git config --global credential.helper store --file ~/.my-credentials
```

Git甚至可以让你配置多个辅助工具。在查找特定主机的凭据时，Git会依次查询这些辅助工具，只要找到结果就停止查询。保存凭据的时候，Git将用户名和密码发送给列表中的所有配置工具，它们可以选择各自的处理方法。如果你的凭据文件保存在U盘上，希望在没有插入U盘的情况下使用内存缓存来保存凭据，以此减少输入，那么.gitconfig看起来如下所示。

```
[credential]
    helper = store --file /mnt/thumbdrive/.git-credentials
    helper = cache --timeout 30000
```

7.14.1　底层实现

这是怎么实现的？Git凭据辅助工具系统的主命令是git credential，它可以接受一个命令作为参数，通过stdin接受更多的输入。

用例子可能更容易理解。假设我们已经配置好了一个凭据辅助工具，该工具保存了mygithost的凭据。下面展示了fill命令的会话过程，当Git查找主机凭据时会调用该命令。

```
$ git credential fill  ❶
protocol=https  ❷
host=mygithost
❸
protocol=https  ❹
host=mygithost
username=bob
password=s3cre7
$ git credential fill  ❺
protocol=https
host=unknownhost

Username for 'https://unknownhost': bob
Password for 'https://bob@unknownhost':
protocol=https
host=unknownhost
username=bob
password=s3cre7
```

❶ 该命令启动交互过程。

❷ git-credential等待来自stdin的输入。我们输入已知的信息：协议和主机名。

❸ 空白行表示已完成输入，凭据系统应该回应它所知道的信息。

❹ 接下来就轮到git-credential了，它将找到的信息写入stdout。

❺ 如果没有找到凭据，Git会询问用户的用户名和密码，并将这些信息显示在当前所使用的stdout中（在这里是同一个控制台）。

凭据系统实际调用的程序与Git本身是两回事，具体是哪个程序以及如何调用取决于credential.helper配置项的取值。它可以采用以下几种形式。

配　置　值	行　　为
foo	执行git-credntial-foo
foo -a --opt=bcd	执行git-credntial-foo -a --opt=bcd
/absolute/path/foo -xyz	执行/absolute/path/foo -xyz
! f() {echo "password=s3cre7";} f	在shell中运行!之后的代码

所以上面讲到的那些配置工具实际上应该叫作git-credential-cache、git-credential-store等，我们可以对其进行配置，使之接受命令行参数。一般形式是git-credential-foo [args] <action>。stdin/stdout协议与git-credential一样，但采用的行为略有不同，如下所示。

❑ get用于请求一对用户名和密码。

❑ store用于请求将一组凭据保存到辅助工具的内存中。

❑ erase将指定的凭据从配置工具的内存中清除。

store和erase行为不需要任何回应（就算有，Git也会忽略掉）。但对于get行为，Git尤其关注辅助工具返回的信息。如果辅助工具没有什么有价值的信息，它可以直接退出，不用输出任何内容；否则它应该在所提供的信息之外加入自己所拥有的信息。这些输出被视为一系列赋值语句，会替换掉Git已有的数据。

下面的例子和前面的一样，只是跳过了git-credential这一步，直接进入git-credential-store。

```
$ git credential-store --file ~/git.store store    ❶
protocol=https
host=mygithost
username=bob
password=s3cre7
$ git credential-store --file ~/git.store get    ❷
protocol=https
host=mygithost

username=bob    ❸
password=s3cre7
```

❶ 告诉git-credential-store保存凭据：使用用户名bob以及密码s3cre7访问https://mygithost。

❷ 获取凭据。我们提供了已知的部分连接（https://mygithost）和一个空行。

❸ git-credential-store输出我们之前存储的用户名和密码。

~/git.store文件的内容类似下面这样。

```
https://bobo:s3cre7@mygithost
```

该文件中就是一系列这样的文本行，每一行都是带有凭据信息的URL。osxkeychain和wincred辅助工具采用各自的原生存储格式，而cache使用的是内存中的存储格式（其他进程无法读取）。

7.14.2　自定义凭据缓存

考虑到git-credential-store及其相关工具与Git都是彼此独立的，那就不难理解为什么任何程序都可以作为Git凭据辅助工具了。Git所提供的辅助工具尽管能够应对很多常见的使用场景，但并不能满足所有的情况。例如，假设你的小组需要与整个团队共享一些凭据，可能是出于部署之用。这些凭据被存放在一个共享目录中，但因为其经常发生变化，你并不想把它们复制到自己的凭据存放处。现有的辅助工具没有一种能够办得到。来看看怎么样自己编写一个。这个程序应该拥有以下关键特性。

(1) 我们唯一需要关注的就是get、store和erase是写操作，所以当接收到这3种请求时，直接退出就行了。

(2) 共享的凭据文件的格式与git-credential-store所采用的一样。

(3) 凭据文件选用标准的存放位置，但应该允许用户自定义文件路径。

我们仍将使用Ruby来编写这个扩展，但只要Git能够执行最终的程序，任何语言都是可以的。下面是新的凭据辅助工具的完整源代码。

```ruby
#!/usr/bin/env ruby

require 'optparse'

path = File.expand_path '~/.git-credentials'   ❶
OptionParser.new do |opts|
    opts.banner = 'USAGE: git-credential-read-only [options] <action>'
    opts.on('-f', '--file PATH', 'Specify path for backing store') do |argpath|
        path = File.expand_path argpath
    end
end.parse!

exit(0) unless ARGV[0].downcase == 'get'   ❷
exit(0) unless File.exists? path

known = {}   ❸
while line = STDIN.gets
    break if line.strip == ''
    k,v = line.strip.split '=', 2
    known[k] = v
end

File.readlines(path).each do |fileline|   ❹
    prot,user,pass,host = fileline.scan(/^(.*?):\/\/(.*?):(.*?)@(.*)$/).first
    if prot == known['protocol'] and host == known['host'] then
        puts "protocol=#{prot}"
        puts "host=#{host}"
        puts "username=#{user}"
        puts "password=#{pass}"
        exit(0)
    end
end
```

❶ 我们在这里解析命令行选项，允许用户指定输入文件。默认选用~/.git-credentials。

❷ 该程序只有在接收到get行为的请求且存储文件存在时才进行处理。

❸ 这个循环从stdin读取输入，遇到首个空行的时候停止。输入内容被存储在名为known的散列中，以备后用。

❹ 这个循环读取存储文件的内容，寻找匹配的行。如果散列中的协议和主机名与某行匹配，程序就输出结果并退出。

我们将自己编写的辅助工具保存为git-credential-read-only，将其放入PATH中并赋予可执行权限。下面是一次交互式会话。

```
$ git credential-read-only --file=/mnt/shared/creds get
protocol=https
host=mygithost

protocol=https
```

```
host=mygithost
username=bob
password=s3cre7
```

因为名称是以**git-**开头的，所以我们可以在配置值中使用一种简单的语法，如下所示。

```
$ git config --global credential.helper read-only --file /mnt/shared/creds
```

如你所见，对系统进行扩展是非常简单的事情，可以为你和你的团队解决一些常见的问题。

7.15　小结

你已经见识到了不少能够更精确地操控提交和暂存区的高级工具。能够在问题出现时，轻而易举地判断出是哪些提交在何时、由何人所引发的。如果想在自己的项目中使用子项目，你也已经知道了如何满足这些需求。现在，你应该能够游刃有余地在命令行下实现大部分与Git相关的日常工作了。

7

第 8 章

自定义 Git

到目前为止，我们已经阐述了 Git 基本的运作机制以及使用方法，介绍了 Git 所提供的若干降低使用难度、提高工作效率的工具。在本章，利用一些重要的配置设置以及钩子系统，你可以使 Git 的操作方式更符合个人习惯。有了这些工具，实现 Git 与个人、公司或团队之间的完美配合就不再是难事。

8.1 配置 Git

在第 1 章中，你已经简要了解到使用 **git config** 命令来设置 Git 的配置。要做的第一件事就是设置用户名和电子邮件地址，如下所示。

```
$ git config --global user.name "John Doe"
$ git config --global user.email johndoe@example.com
```

接下来你会学到另外一些设置方法类似但更有意思的 Git 自定义选项。

先快速回顾一下：Git 使用多个配置文件来确定需要的非默认配置。Git 首先会查看 /etc/gitconfig 文件，系统中每一个用户及其仓库在该文件中都有对应的值。如果为 **git config** 命令传入 **--system** 选项，Git 就会读写这个文件。

Git 然后会查看 ~/.gitconfig（或者 ~/.config/git/config）文件，该文件针对的是单个用户。你可以传入 **--global** 选项来使得 Git 读写这个文件。

最后，Git 查看你当前所使用仓库的 Git 目录（.git/config）中配置文件的内容。其中的配置值只针对单个仓库。

这些"层级"中的每一级（系统、全局、本地）都会覆盖上一级的值，因此，文件 .git/config 优于 /etc/gitconfig。

注意 Git 的配置文件都是纯文本格式，你也可以使用正确的语法，手动编辑这些文件。不过一般来说，还是执行 **git config** 命令更容易些。

8.1.1 客户端基本配置

Git 能够识别的选项可以归为两类：客户端和服务器端。大部分选项都属于客户端类，用于配置个人工作偏好。尽管支持的选项不少，但其中很多仅在某些边界情况下才有意义。我们只在这里讲那些最常见和最有用的选项。如果你想查看当前所用Git的全部选项，可以执行以下命令。

```
$ man git-config
```

该命令会详细列出所有可用选项。

1. core.editor

默认情况下，Git使用你已经设置好的默认文本编辑器（$VISUAL或$EDITOR），或是退而使用vi编辑器创建、编辑提交及标签信息。你可以使用core.editor设置来修改默认的编辑器，如下所示。

```
$ git config --global core.editor emacs
```

现在，不管你设置了什么样的默认shell编辑器，Git都会调用Emacs编辑信息。

2. commit.template

如果你把此项设置改为系统中某个文件的路径，当你提交的时候，Git就会使用该文件作为默认的提交消息。例如，假设你创建了一个名为~/.gitmessage.txt的模板文件，内容如下所示。

```
subject line

what happened

[ticket: X]
```

要想让Git把该文件作为执行git commit命令时出现在编辑器中的默认消息，请设置commit.template配置值，如下所示。

```
$ git config --global commit.template ~/.gitmessage.txt
$ git commit
```

然后当你提交时，编辑器就会打开，显示以下用作占位符的提交消息。

```
subject line

what happened

[ticket: X]
# Please enter the commit message for your changes. Lines starting
# with '#' will be ignored, and an empty message aborts the commit.
# On branch master
# Changes to be committed:
#    (use "git reset HEAD <file>..." to unstage)
#
# modified: lib/test.rb
#
~
~
".git/COMMIT_EDITMSG" 14L, 297C
```

8

如果你的团队对于提交消息有特别的规定，那么可以将描述该规定的模板放入系统中并配置
Git默认使用它，这样有助于促进大家遵循要求。

3. core.pager

这个配置项可以决定Git在进行分页输出时（如log和diff命令）所选用的分页程序。你可以将
其设置为more或是其他惯用的程序（默认是less），也可以设置一个空串来关闭该项，如下所示。

```
$ git config --global core.pager ''
```

如果执行上面的命令，Git会将所有的命令输出全都放在一页中，不管有多少内容。

4. user.signingkey

如果你要创建签署过的附注标签（在7.4节中讨论过），那么将你的GPG签署密钥作为配置项
设置会更方便。设置密钥ID的方法如下所示。

```
$ git config --global user.signingkey <gpg-key-id>
```

以后再签署标签时，你再也不需要每次都使用git tag命令来指定密钥了，如下所示。

```
$ git tag -s <tag-name>
```

5. core.excludesfile

就像在2.2.5节中讲过的那样，你可以在项目的.gitignore文件中利用模式来指定一些文件，被
指定文件不会出现在未跟踪列表中，也不会在执行git add命令时被暂存。

但有时候你希望忽略所使用的所有仓库中的某些文件。如果你使用的操作系统是Mac OS X，
应该对.DS_Store文件不陌生。如果你首选的编辑器是Emacs或Vim，你肯定知道以~结尾的文件。

这个配置项允许你设置一种全局性质的.gitignore文件。如果按照以下内容创建一个
~/.gitignore_global文件：

```
*~
.DS_Store
```

然后执行git config --global core.excludesfile ~/.gitignore_global，Git就再也不会碰这些
文件了。

6. help.autocorrect

如果你输错了某条命令，就会看到类似下面的信息。

```
$ git chekcout master
git: 'chekcout' is not a git command. See 'git --help'.

Did you mean this?
    checkout
```

Git会好心地猜测你到底想要做什么，但并不会真的去代劳。如果你将help.autocorrect设置
为1，Git就会帮你自动执行所推测出的命令，如下所示。

```
$ git chekcout master
WARNING: You called a Git command named 'chekcout', which does not exist.
```

```
Continuing under the assumption that you meant 'checkout'
in 0.1 seconds automatically...
```

注意输出信息中的0.1 seconds。help.autocorrect接受的实际上是一个代表十分之一秒的整数。因此如果你将其设置为50，Git会在执行纠正命令前给你留出5秒钟的考虑时间。

8.1.2　Git 中的配色

Git对彩色终端输出提供了完整的支持，这为用户在视觉上快速、便捷地分析命令输出提供了很大的帮助。有不少选项可用于设置个人的色彩偏好。

1. color.ui

Git会自动着色大部分输出内容，如果你不喜欢这样，也可以禁止这种行为。要完全关闭彩色终端输出，可以执行以下命令。

```
$ git config --global color.ui false
```

默认设置是auto，它会对直接输出到终端的内容进行着色，但如果输出被重定向到管道或文件，其中的色彩控制码会被忽略。

你可以将其设置为always，以忽略终端与管道之间的差异。不过极少需要这样。在绝大多数情况下，如果你需要重定向输出中的色彩码生效，可以给Git命令传入--color选项，强制使用色彩码。默认设置基本上是符合需要的。

2. color.*

如果你希望对哪些命令需要着色以及如何着色做特定的设置，Git提供了更具体的颜色设置选项。以下每个选项都可以设置为true、false或always。

- ❑ color.branch
- ❑ color.diff
- ❑ color.interactive
- ❑ color.status

除此之外，上面的每个配置项都有子选项，可以用来设置不同输出内容的颜色（如果你想覆盖父配置项的设置）。例如，要想将diff输出中的元信息设置成蓝色前景、黑色背景和粗体文字，可以执行以下命令。

```
$ git config --global color.diff.meta "blue black bold"
```

你可以将颜色设置成以下值：normal、black、red、green、yellow、blue、magenta、cyan或white。如果你想像上例中设置粗体那样设置字体属性，可以选择：bold、dim、ul（下划线）、blink或reverse（交换前景色和背景色）。

8.1.3　外部的合并与 diff 工具

尽管Git自己在内部也实现了diff（我们之前已经看到过），但你也可以选择使用外部工具。

要是不想手动解决冲突，自己设置一个图形化的合并冲突解决工具也行。我们将演示使用一款免费的图形化工具Perforce Visual Merge Tool（P4Merge）来进行差异比较和合并操作。

P4Merge能够在所有的主流平台上运行，所以你不用担心运行环境方面的问题。我们在例子中使用的路径可以在Mac和Linux系统中工作，对于Windows，你需要将/usr/local/bin修改成环境中可执行文件所在的路径。

首先，下载P4Merge。接下来，需要创建外部的包装脚本来执行你的命令。我们使用Mac系统上的路径来指定该脚本。在其他系统中，该路径就是二进制文件p4merge所处的安装位置。新建一个名为extMerge的合并包装器脚本，由该脚本向p4merge传入所有的参数并调用该二进制文件，如下所示。

```
$ cat /usr/local/bin/extMerge
#!/bin/sh
/Applications/p4merge.app/Contents/MacOS/p4merge $*
```

diff包装器首先确保传入了7个参数，然后将其中的两个传给你的合并包装器脚本。默认情况下，Git会将以下参数传给diff程序。

```
path old-file old-hex old-mode new-file new-hex new-mode
```

因为你只需要old-file和new-file参数，所以可以利用包装器脚本来传递这些参数。

```
$ cat /usr/local/bin/extDiff
#!/bin/sh
[ $# -eq 7 ] && /usr/local/bin/extMerge "$2" "$5"
```

你还得确保这些脚本有可执行权限，如下所示。

```
$ sudo chmod +x /usr/local/bin/extMerge
$ sudo chmod +x /usr/local/bin/extDiff
```

现在你可以设置配置文件来使用自定义合并解析和diff工具了。这涉及好几处设置：merge.tool告知Git使用哪一种工具，mergetool.<tool>.cmd指定命令的执行方式，mergetool.<tool>.trustExitCode告知Git程序的返回码是否表示合并成功，diff.external告知Git在进行差异比较的时候使用什么命令。因此，你要么执行以下4条配置命令：

```
$ git config --global merge.tool extMerge
$ git config --global mergetool.extMerge.cmd \
  'extMerge \"$BASE\" \"$LOCAL\" \"$REMOTE\" \"$MERGED\"'
$ git config --global mergetool.extMerge.trustExitCode false
$ git config --global diff.external extDiff
```

要么编辑个人的~/.gitconfig文件，加入以下几行。

```
[merge]
  tool = extMerge
[mergetool "extMerge"]
  cmd = extMerge "$BASE" "$LOCAL" "$REMOTE" "$MERGED"
  trustExitCode = false
```

```
[diff]
  external = extDiff
```

设置完毕之后，你可以执行下面的`diff`命令。

```
$ git diff 32d1776b1^ 32d1776b1
```

`diff`的输出这时并不会出现在命令行中，Git会启动P4Merge，如图8-1所示。

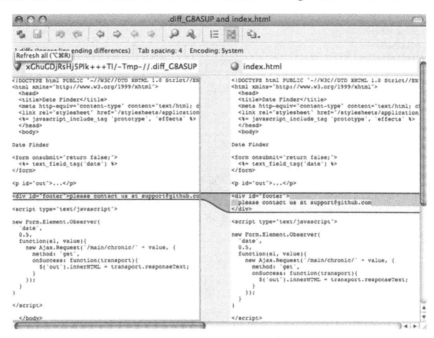

图8-1　P4Merge

　　如果你在试图合并两条分支时出现了合并冲突，那么可以执行`git mergetool`命令，该命令会启动P4Merge，让你可以通过GUI工具来解决冲突。

　　使用包装器的好处在于你可以方便地修改diff和合并工具。例如，要想把extDiff和extMerge工具修改成运行KDiff3，你只需编辑extMerge文件，如下所示。

```
$ cat /usr/local/bin/extMerge
#!/bin/sh
/Applications/kdiff3.app/Contents/MacOS/kdiff3 $*
```

现在，Git会使用KDiff3作为查看差异比较结果以及解决合并冲突的工具。

Git预设了不少其他的合并及冲突解决工具，无需你再进行命令行设置。使用以下命令来查看预设的工具列表。

```
$ git mergetool --tool-help
'git mergetool --tool=<tool>' may be set to one of the following:
      emerge
```

```
        gvimdiff
        gvimdiff2
        opendiff
        p4merge
        vimdiff
        vimdiff2

The following tools are valid, but not currently available:
        araxis
        bc3
        codecompare
        deltawalker
        diffmerge
        diffuse
        ecmerge
        kdiff3
        meld
        tkdiff
        tortoisemerge
        xxdiff

Some of the tools listed above only work in a windowed
environment. If run in a terminal-only session, they will fail.
```

假如你不打算把KDiff3作为diff工具，只是想将其用于合并及冲突解决，且kdiff3命令处于可执行文件路径中，那么可以执行以下命令。

```
$ git config --global merge.tool kdiff3
```

如果你选择执行上面的命令，而不是设置extMerge和extDiff文件，Git会用KDiff3进行合并操作，用内置的Git diff工具进行差异比较。

8.1.4 格式化与空白字符

格式化和空白字符是很多开发人员进行协作，尤其是跨平台协作时遇到的愈发令人抓狂的微妙问题。对于补丁或是协作性工作来说，极易出现一些不易察觉的空白字符变化，因为这些变化是悄无声息地由编辑器引入的，如果你的文件在Windows系统上使用过，文件中的行终止符有可能都会被替换。Git提供了一些选项来解决这个问题。

1. core.autocrlf

如果你所处的编程平台是Windows，而你的同事用的是其他系统（或是相反的情况），你可能迟早会碰上行终止符的问题。这是因为Windows使用回车符（carriage-return character，CR）和换行符（linefeed character，LF）作为一行的结束，而Mac和Linux系统只使用换行符。这一点差异尽管细微，但对于跨平台开发来说却是非常恼人的。Windows平台上的很多编辑器会悄悄地将已有的LF形式的行终止符替换成CRLF形式，或是在用户按下回车键时，插入回车符和换行符。

Git可以在将文件加入索引时自动把CRLF形式的行终止符转换成LF，在将代码检出到本地文件系统时自动将LF形式的行终止符转换成CRLF。你可以通过core.autocrlf自动启用这个功能。

如果你使用的是Windows系统，将其设置为true，这样在检出代码时就可以将LF转换成CRLF了，如下所示。

```
$ git config --global core.autocrlf true
```

如果你使用的是以LF作为行终止符的Linux或Mac系统，则不需要在检出文件时自动转换行终止符。但如果碰上一个采用CRLF的文件，你也许会想让Git帮帮忙。可以将core.autocrlf设置成input来告知Git在提交时将CRLF转换成LF，如下所示。

```
$ git config --global core.autocrlf input
```

这样设置之后，在Windows系统中检出的文件会使用CRLF，在Mac、Linux系统以及仓库中会使用LF。

如果你是一名Windows程序员，所从事开发的项目只在Windows系统下运行，那么可以将配置值设为false，关闭这个功能，以便在仓库中使用回车符，如下所示。

```
$ git config --global core.autocrlf false
```

2. core.whitespace

Git预设了一些选项来检测、修正与空白字符相关的问题。它一共有6种选项，其中3种默认启用，另外3种默认关闭，不过这些选项都可以根据需要禁用或激活。

默认启用的3个选项分别是：blank-at-eol，该选项会查找行尾的空格；blank-at-eof，该选项会查看文件末尾的空行；space-before-tab，该选项会查找行首制表符之前的空格。

默认关闭的3个选项分别是：indent-with-non-tab，该选项会查找以空格而非制表符起始的行（可以通过tabwidth选项加以控制）；tab-in-indent，该选项会观察每行缩进部分的制表符；cr-at-eol，该选项告知Git可以接受行尾的回车符。

你可以将core.whitespace设置成需要启用或关闭的值，值与值之间以逗号分隔，以此告知Git你想使用哪些选项。要想禁止某个选项，你可以忽略它，或是在它前面加上一个-。假如你想启用除cr-at-eol之外所有的选项，可以执行以下命令。

```
$ git config --global core.whitespace \
    trailing-space,space-before-tab,indent-with-non-tab
```

当你执行git diff命令并尝试给命令输出着色时，Git会检测到这些问题，这样你就可以在提交之前进行修复了。在使用git apply打补丁的时候，你也能够从中受益。如果要应用的补丁有相关的空白字符问题，你可以让Git发出警告，如下所示。

```
$ git apply --whitespace=warn <patch>
```

你也可以在应用补丁之前让Git尝试自动修复这些问题，如下所示。

```
$ git apply --whitespace=fix <patch>
```

这些选项也适用于git rebase命令。如果提交了存在空白字符问题的文件，但是尚未推送到上游，可以执行git rebase --whitespace=fix来让Git在重写补丁时自动修复这些问题。

8.1.5　服务器配置

Git服务器端的配置并不是特别多，但其中有几个值得留意。

1. receive.fsckObjects

Git能够确认在推送过程中接收到的每一个对象的有效性以及是否匹配其SHA-1校验和。但这并非默认行为，因为这样的代价太高，有可能会拖慢其他操作，尤其是在处理大型仓库或推送大文件的时候。如果你希望Git在每次推送时检查对象的一致性，可以将receive.fsckObjects设置为true来强制执行，如下所示。

```
$ git config --system receive.fsckObjects true
```

现在，Git会在每次推送生效前检查仓库的完整性，避免有问题的（或是恶意的）客户端引入受损的数据。

2. receive.denyNonFastForwards

如果你对已经推送的提交执行变基操作，然后尝试再次推送，或是向某远程分支推送提交，而该提交并未包含在这个远程分支中，你会遭到拒绝。这一般来说是一个不错的策略，但是在变基的时候，如果你确定自己的操作没问题，可以在push命令后加上-f选项来强制更新远程分支。

要想让Git拒绝这种强制推送，可以设置receive.denyNonFastForwards，如下所示。

```
$ git config --system receive.denyNonFastForwards true
```

另一种实现方法是通过服务器端的接收钩子，这方面的内容我们随后会提及。这种方法能够让你完成一些更复杂的操作，例如禁止对某些用户做非快进式（non-fast-forwards）推送。

3. receive.denyDeletes

有一种方法可以绕开denyNonFastForwards策略：先删除某个分支，然后将其连同新的引用一起推回。为了避免这种情况，可以将receive.denyDeletes设置为true，如下所示。

```
$ git config --system receive.denyDeletes true
```

这样一来，用户就无法删除分支和标签了。要想删除远程分支，你必须从服务器上手动删除引用文件。还有另外一些方法可以利用ACL（访问控制列表）在用户层面上实现同样的功能，你将在8.4节中学到具体的做法。

8.2　Git 属性

也可以为上面讲到的部分设置指定路径，这样Git就可以将这些设置应用于目录或一组文件了。针对路径的设置被称为Git属性，可以在个人目录（通常是项目的根目录）下的.gitattributes文件中进行设置；如果你不希望将属性文件连同项目一起提交，也可以在.git/info/attributes文件中设置。

利用属性，你可以为项目中个别文件或目录指定独立的合并方法，告诉Git如何对非文本文件进行差异比较，或是让Git在文件提交或检出前进行内容过滤。在本节中，你会学到一些能够在项目路径上设置的属性，看到几个实际应用的例子。

8.2.1　二进制文件

Git属性有一个挺酷的技巧，就是可以告诉Git哪些文件是二进制格式（在无法正确推测出文件类型的情况下）并特别指示Git如何处理这些文件。比如说有些文本文件是机器生成的，无法比较差异，但一些二进制文件是可以比较的。你将了解到怎样让Git进行区分。

1. 识别二进制文件

有些文件看似文本文件，但实际上应当被作为二进制文件来处理。比如说，Mac上的Xcode项目包含了一个以.pbxproj结尾的文件，该文件基本上是一个记录了项目构建设置等信息的JSON（纯文本形式的JavaScript数据格式）数据集，由IDE写入到磁盘中。尽管从技术上来说，这是个文本文件（因为采用的是UTF-8编码），但你并不希望按照文本文件来处理，因为它实际上是一个轻量级的数据库：如果有两个人修改了它，你不能去合并内容，进行diff操作通常也没什么用。这个文件本该是由机器来处理的。说到底，你希望将其作为二进制文件来处理。

要想让Git将所有的pbxproj文件视为二进制文件，可以将下面一行加入你的.gitattributes文件中。

```
*.pbxproj binary
```

现在，Git不会再尝试转换或修复CRLF问题，当你在项目中执行**git show**或**git diff**时，也不会再计算或输出文件的差异变化。

2. 比较二进制文件

你也可以利用Git属性功能来有效地对二进制文件进行差异比较。要想做到这一点，需要告诉Git如何将你的二进制文件转换成文本文件格式，从而能够通过普通的diff进行比较。

首先来利用这项技术解决一个已知的最恼人的问题：Microsoft Word文档的版本控制。如果你想对Word文件进行版本控制，可以把文件放进Git仓库中，修改后提交即可，但这么做有什么意义呢？执行**git diff**命令后，你只能看到下面这些信息。

```
$ git diff
diff --git a/chapter1.docx b/chapter1.docx
index 88839c4..4afcb7c 100644
Binary files a/chapter1.docx and b/chapter1.docx differ
```

你无法直接比较两个不同版本的Word文件，除非你将它们检出，然后人工比对，只能这样了吗？其实利用Git属性就可以很好地解决这个问题。把下面一行放入你的.gitattributes文件中。

```
*.docx diff=word
```

这告诉Git在查看包含变更的差异比较结果时，所有匹配.docx模式的文件都应该使用word过滤器。什么是word过滤器？你得自己设置。我们需要配置Git，让它使用docx2txt程序将Word文档转换成可读的文本文件，这样才能进行正确的差异比较。

　　首先，你得安装docx2txt。按照INSTALL文件中的说明将其安装到shell能够查找到的路径下。然后，需要编写一个包装器脚本将输出转换成Git支持的格式，在shell的PATH路径下创建一个名为docx2txt的文件，加入以下内容。

```
#!/bin/bash
docx2txt.pl $1 -
```

　　别忘了用chmod a+x给文件加上可执行权限。最后，配置Git来使用这个脚本，如下所示。

```
$ git config diff.word.textconv docx2txt
```

　　现在如果要在两份快照之间进行差异比较，并且有文件是以.docx结尾，Git就知道应该对其应用word过滤器，也就是docx2txt程序。这相当于在进行diff操作之前将Word文件转换成了对应的文本文件。

　　来看一个例子：本书的第1章被转换成了Word格式并提交到了Git仓库中。然后又添加了一段新的内容。下面是git diff的显示结果。

```
$ git diff
diff --git a/chapter1.docx b/chapter1.docx
index 0b013ca..ba25db5 100644
--- a/chapter1.docx
+++ b/chapter1.docx
@@ -2,6 +2,7 @@
 This chapter will be about getting started with Git. We will begin at the beginning by explaining some
 background on version control tools, then move on to how to get Git running on your system and finally
 how to get it setup to start working with. At the end of this chapter you should understand why Git
 is around, why you should use it and you should be all setup to do so.
 1.1. About Version Control
 What is "version control", and why should you care? Version control is a system that records changes
 to a file or set of files over time so that you can recall specific versions later. For the examples
 in this book you will use software source code as the files being version controlled, though in reality
 you can do this with nearly any type of file on a computer.
+Testing: 1, 2, 3.
 If you are a graphic or web designer and want to keep every version of an image or layout (which you
 would most certainly want to), a Version Control System (VCS) is a very wise thing to use. It allows
 you to revert files back to a previous state, revert the entire project back to a previous state, compare
 changes over time, see who last modified something that might be causing a problem, who introduced
 anissue and when, and more. Using a VCS also generally means that if you screw things up or lose files,
 you can easily recover. In addition, you get all this for very little overhead.
 1.1.1. Local Version Control Systems
 Many people's version-control method of choice is to copy files into another directory (perhaps a
 time-stamped directory, if they're clever). This approach is very common because it is so simple, but
 it is also incredibly error prone. It is easy to forget which directory you're in and accidentally
 writeto the wrong file or copy over files you don't mean to.
```

　　Git成功完成了比对并简明扼要地指出添加了字符串Testing: 1, 2, 3.，这和我们的改动是一致的。不过还算不上完美：格式上的改动并没有显示出来，不过这已经足够了。

　　可以用这种方法解决的另一个有意思的问题是比对图像文件。一种实现手段是通过一个能够提取图像EXIF信息（在绝大多数图像格式中都会保存的一种元数据）的过滤器来进行比对。如果你下载并安装了exiftool程序，可以用它将图像转换成元数据相关的文本信息，这样在进行差异比对的时候至少能够以文本的形式显示出发生过的改动。将下面一行添加到你的.gitattributes文件中。

```
*.png diff=exif
```

配置Git使用该工具，如下所示。

```
$ git config diff.exif.textconv exiftool
```

如果将一个图像文件放入项目中，然后执行git diff，你会看到如下结果。

```
diff --git a/image.png b/image.png
index 88839c4..4afcb7c 100644
--- a/image.png
+++ b/image.png
@@ -1,12 +1,12 @@
 ExifTool Version Number        : 7.74
-File Size                      : 70 kB
-File Modification Date/Time     : 2009:04:21 07:02:45-07:00
+File Size                      : 94 kB
+File Modification Date/Time     : 2009:04:21 07:02:43-07:00
 File Type                      : PNG
 MIME Type                      : image/png
-Image Width                    : 1058
-Image Height                   : 889
+Image Width                    : 1056
+Image Height                   : 827
 Bit Depth                      : 8
 Color Type                     : RGB with Alpha
```

很容易就能看出来图像文件的大小以及尺寸都发生了变化。

8.2.2 关键字扩展

习惯于SVN或CVS系统的开发人员经常会用到这些系统上的关键字扩展功能。在Git中，这项功能的主要问题在于当你完成提交操作之后，无法修改带有提交消息的文件，因为Git会先对该文件计算校验和。但是你可以在检出文件时向其中注入文本，然后在提交前再把这些文本删掉。Git属性提供了两种实现方法。

在第一种方法中，你可以将blob对象的SHA-1校验和自动注入到文件的Id字段。如果在单个或一组文件上设置了该属性，在下次检出相关分支时，Git会将blob对象的SHA-1写入Id字段。注意，这并非提交对象的SHA-1，而是blob对象本身的。将下面一行放入你的.gitattributes文件中。

```
*.txt ident
```

将Id引用加入到test文件中。

```
$ echo '$Id$' > test.txt
```

在下次检出该文件时，Git会注入blob对象的SHA-1，如下所示。

```
$ rm test.txt
$ git checkout -- test.txt
$ cat test.txt
$Id: 42812b7653c7b88933f8a9d6cad0ca16714b9bb3 $
```

但这种结果的用途比较有限。如果你在CVS或Subversion中使用过关键字替换，那么可以加入一个时间戳。而SHA-1就完全派不上用场了，因为这个值相当随机，如果单凭观察，那么无法知道一个SHA-1在时间上的先后关系。

因此你可以编写自己的过滤器，在文件提交或检出时进行关键字替换。这种过滤器叫作clean和smudge。在.gitattributes文件中，你可以对特定的路径设置过滤器，然后编写脚本，在文件检出前（smudge，见图8-2）和暂存前（clean，见图8-3）进行处理。这两种过滤器可以用来做各种有意思的事情。

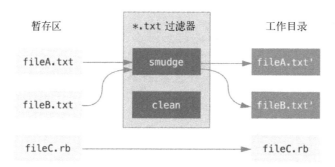

图8-2   在文件检出时运行的smudge过滤器

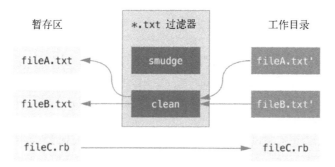

图8-3   在文件暂存时运行的clean过滤器

该特性的原始提交消息中给出了一个简单的例子：使用indent程序在提交前过滤所有的C源代码。你可以在.gitattributes文件中将filter属性设置为使用indent过滤器过滤*.c文件，如下所示。

```
*.c filter=indent
```

然后，告诉Git在smudge和clean的时候，indent过滤器分别应该做什么，如下所示。

```
$ git config --global filter.indent.clean indent
$ git config --global filter.indent.smudge cat
```

这样，当你提交的文件匹配*.c时，Git会在暂存这些文件之前对其使用indent程序，在将这些文件检回到磁盘之前对其使用cat程序。cat程序实际上什么都没有做：它只是将获得的输入信息又原封不动地输出而已。这样的组合会在提交前将所有的C源代码通过indent进行过滤。

另一个有意思的例子是获得RCS风格的$Date$关键字扩展。要实现这一目标，你需要编写一个可以接受文件名作为参数的小脚本，得到项目最后一次提交的日期，然后将日期插入文件中。下面就是这个小脚本的Ruby实现。

```
#! /usr/bin/env ruby
data = STDIN.read
last_date = `git log --pretty=format:"%ad" -1`
puts data.gsub('$Date$', '$Date: ' + last_date.to_s + '$')
```

这个脚本所做的就是从git log命令中获得最近的提交日期，将其填入出现在stdin中的$Date$字符串，然后输出结果。你可以选用自己用得最顺手的语言来实现该脚本，一点都不难。可以将脚本命名为expand_date，将其放入可执行文件查找路径中。现在，你需要在Git中设置一个过滤器（可以叫做dater），让它使用expand_date过滤器在检出时对文件执行smudge操作。可以在提交时使用一行Perl表达式执行clean操作，如下所示。

```
$ git config filter.dater.smudge expand_date
$ git config filter.dater.clean 'perl -pe "s/\\\$Date[^\\\$]*\\\$/\\\$Date\\\$/"'
```

这段Perl代码会将$Date$字符串中所有的内容都删除，恢复$Date$的原貌。目前，你的过滤器已经准备就绪，可以进行测试了：创建一个带有$Date$关键字的文件，然后为它设置一个采用了新过滤器的属性，如下所示。

```
date*.txt filter=dater

$ echo '# $Date$' > date_test.txt
```

如果提交文件，然后再次检出，你就会发现关键字已经被正确替换了，如下所示。

```
$ git add date_test.txt .gitattributes
$ git commit -m "Testing date expansion in Git"
$ rm date_test.txt
$ git checkout date_test.txt
$ cat date_test.txt
# $Date: Tue Apr 21 07:26:52 2009 -0700$
```

你已经见识到了这项技术对于自定义应用程序的强大之处。但是在使用的时候一定要留心，因为.gitattributes文件会随着项目一并提交，但是过滤器（在这里是dater）却不会，所以它并非处处都能使用。当你设计过滤器的时候，应该能够优雅地处理失效情况，以便项目仍然能正常运行。

8.2.3　导出仓库

Git属性在导出项目档案时也能发挥出一些值得留意的作用。

1. export-ignore

在生成项目档案时，你可以让Git不导出某些文件或目录。对于那些你不想包含在项目档案文件中，但是又希望能够检入到项目中的子目录或文件，可以通过export-ignore属性来指定。

举例来说，假设在test/子目录下有一些测试文件，没必要把这些文件包含在项目导出的档案中。你可以在Git属性文件中加入下面一行。

```
test/ export-ignore
```

现在，当你执行git archive来创建项目档案时，这个目录就不会再被包含进来了。

2. export-subst

当导出文件用于部署时，你可以将git log的格式化和关键字扩展功能应用于使用export-subst属性所标出的部分文件。

举例来说，假如你想将一个名为LAST_COMMIT的文件放入到项目中，并在执行git archive时自动向其注入最新提交的相关元数据，可以按照以下方法设置文件.gitattributes和LAST_COMMIT。

```
LAST_COMMIT export-subst

$ echo 'Last commit date: $Format:%cd by %aN$' > LAST_COMMIT
$ git add LAST_COMMIT .gitattributes
$ git commit -am 'adding LAST_COMMIT file for archives'
```

在执行git archive时，档案文件的内容如下所示。

```
$ git archive HEAD | tar xCf ../deployment-testing -
$ cat ../deployment-testing/LAST_COMMIT
Last commit date: Tue Apr 21 08:38:48 2009 -0700 by Scott Chacon
```

你也可以使用诸如提交消息和任何git注释等进行替换，git log可以进行简单的单词包装，如下所示。

```
$ echo '$Format:Last commit: %h by %aN at %cd%n%+w(76,6,9)%B$' > LAST_COMMIT
$ git commit -am 'export-subst uses git log's custom formatter

git archive uses git log's `pretty=format:` processor
directly, and strips the surrounding `$Format:` and `$`
markup from the output.
'
$ git archive @ | tar xfO - LAST_COMMIT
Last commit: 312ccc8 by Jim Hill at Fri May 8 09:14:04 2015 -0700
```

```
export-subst uses git log's custom formatter

git archive uses git log's `pretty=format:` processor directly, and
strips the surrounding `$Format:` and `$` markup from the output.
```

由此得到的档案适用于部署工作，与其他导出的档案一样，它并不适合随后的开发工作。

8.2.4　合并策略

你也可以利用Git属性让Git针对项目中的特定文件采用不同的合并策略。有一个非常有用的选项告诉Git在特定文件存在冲突时不要尝试合并它们，而要在其他人的合并之上使用你这一方的合并。

如果你的项目中有一个已经分叉或是特殊的分支，但是你希望能够将该分支上的变更合并回去，同时忽略某些文件，那就用得上合并策略了。假设有一个叫作database.xml的数据库设置文件，它在两个分支中的内容各不相同，你希望在不搞乱数据库文件的情况下合并到另一个分支中。你可以像下面这样设置一个属性。

```
database.xml merge=ours
```

然后定义一个伪合并策略ours，如下所示。

```
$ git config --global merge.ours.driver true
```

如果合并到另一个分支，database.xml文件没有出现合并冲突，那么你会看到以下信息。

```
$ git merge topic
Auto-merging database.xml
Merge made by recursive.
```

这时候，database.xml依然还是最初的版本。

8.3　Git 钩子

与很多其他的版本控制系统一样，Git可以在某些重要的事件发生时触发自定义脚本。这种钩子分为两种：客户端和服务器端。客户端钩子可由提交、合并这类操作触发，而服务器端钩子则由接收被推送的提交这类网络操作触发。你可以根据需要使用这些钩子。

8.3.1　安装钩子

这些钩子都保存在Git目录下的hooks子目录中。在绝大多数项目中，也就是在目录.git/hooks下。当你使用git init初始化一个新仓库时，Git会生成hooks目录，其中包含了一些样例脚本，其中很多都可以直接拿来使用。另外，这些脚本中还写明了所能够接受的输入值。这些例子都是shell脚本，其中还掺杂了一些Perl代码，不过只要是正确命名的可执行脚本都没问题，不管你使用用的是Ruby、Python还是其他语言。如果你想使用自带的钩子脚本，需要对其进行重命名，因为这些脚本的名称都是以.sample结尾的。

要想启用一个钩子脚本，需要将正确命名（不使用扩展名）的可执行文件放入.git目录下的hooks子目录内。这样，就可以调用该钩子脚本了。接下来，我们会讲解大部分主要的钩子脚本。

8.3.2　客户端钩子

客户端钩子数量众多。本节将其划分为提交工作流钩子、电子邮件工作流钩子和其他钩子。

注意　要特别注意的是，客户端钩子在克隆仓库的时候并不会被一同复制。如果你打算使用这些脚本强制实施某一策略，建议在服务器端实现。请参见8.4节中的例子。

---

1. 提交工作流钩子

前4种钩子被用于提交过程。

甚至在你键入提交消息之前，pre-commit钩子就已经先运行了。它的任务是检查要提交的快照，看看你是否忘记了什么，确保测试运行或是检查代码。如果这个钩子以非零值退出，提交会被中止，但可以使用git commit --no-verify来绕过这个环节。你还可以利用它来检查代码风格（运行lint或其他类似的程序）、检查结尾的空白字符（自带的钩子就是这么做的）或是检查新方法的文件是否齐备。

prepare-commit-msg钩子的运行时机是在提交消息编辑器启动之前，默认消息被创建之后。它允许你在提交者看到默认消息之前对其进行编辑。这个钩子接受一些参数：保存提交消息的文件路径、提交类型以及提交的SHA-1（如果是修补提交）。prepare-commit-msg钩子对于普通提交并没有什么用；但对于那些自动生成默认消息的提交（如提交消息模板、合并提交、压缩提交和修正提交）来说，就大有用处了。你还可以将它和提交模板配合使用，实现编程化的信息插入。

commit-msg钩子接受一个参数，这个参数指向某个临时文件的路径，该文件包含由开发者所编写的提交消息。如果钩子脚本以非零值退出，Git会中止提交过程，因此你可以利用它在提交通过前验证项目状态或提交消息。在8.4节中，我们将演示使用这个钩子来检查提交消息是否符合要求的样式。

post-commit钩子会在整个提交过程结束之后运行。它不接受任何参数，但是你可以很容易地使用git log -1 HEAD获得最后一次提交消息。这个钩子通常用于通知之类的操作。

2. 电子邮件工作流钩子

你可以为基于电子邮件的工作流设置3个客户端钩子。它们都是由git am命令调用的，如果你的工作流中没有用到该命令，那么你可以放心地跳过这一节。如果需要通过电子邮件接收由git format-patch生成的补丁，其中的一些钩子可能会派上用场。

第一个运行的钩子是applypatch-msg。它接受单个参数：包含请求提交消息的临时文件名。如果脚本返回非零值，Git会弃用该补丁。你可以用它来确保提交消息采用了正确的格式，或是用脚本就地纠正消息中的错误。

下一个在通过git am应用补丁时被调用的钩子是pre-applypatch。它的运行时机是在应用补丁之后和进行提交之前，这多少有些让人困惑，你可以利用这个钩子在提交之前检查快照。该脚本可以用来运行测试或是检查工作树。如果有什么遗漏或是测试没有通过，脚本会以非零值退出，中止git am操作，停止提交补丁。

在git am操作期间最后被调用的钩子是post-applypatch，它会在提交完成之后运行。可以将其用于提醒小组成员或是补丁的作者，告诉他们拉取操作已经完成。该脚本无法中止补丁应用过程。

3. 其他客户端钩子

pre-rebase钩子会在执行变基操作之前运行，如果以非零值退出，那么变基过程就会被挂起。你可以利用这个钩子禁止对已经推送的提交变基。Git自带的pre-rebase钩子就是这么做的，不过它所基于的一些假设可能与你的工作流并不相符。

post-rewrite钩子由那些执行提交替换的命令调用，如git commit --amend和git rebase（不包括git filter-branch）。该脚本的唯一参数是触发重写的命令名称，它从stdin中接收一系列重写的提交。这个钩子的用户与post-checkout和post-merge钩子的差不多。

在git checkout成功执行之后，post-checkout钩子会被调用。你可以用它来妥当设置项目环境的工作目录。这可能涉及移入不想纳入版本控制的大型二进制文件、自动生成的文档或其他类似的内容。

post-merge钩子会在merge命令成功执行之后运行。你可以用它来恢复Git无法跟踪的工作树中的数据，比如权限数据。这个钩子还可以用来验证是否有不受Git控制的文件存在，你可能希望在工作树发生变化的时候将这些文件复制进来。

pre-push钩子会在git push运行期间被调用，它的调用时间是在远程引用被更新之后，尚未传输对象之前。它接受两个参数：远程分支的名称和位置，另外还会从stdin中获取一系列待更新的引用。你可以用这个钩子在推送之前验证更新引用操作（如果退出码为非零值，则中止推送过程）。

Git的日常操作有时候可以通过调用git gc --auto来进行垃圾回收。pre-auto-gc钩子会在开始回收垃圾之前被调用，它可以用来提醒什么时候要回收垃圾，如果时机不合适，还能够中止垃圾回收操作。

8.3.3　服务器端钩子

除了客户端钩子，系统管理员还可以使用一些重要的服务器端钩子来强制执行几乎所有种类的项目策略。这些脚本会在向服务器推送之前和之后运行。在推送之前运行的钩子可以随时以非零值退出，拒绝推送操作，并在客户端输出错误提示；你可以根据需要，设置出复杂的推送策略。

1. pre-receive

在处理客户端推送时，首先会运行的脚本是pre-receive。它会从stdin处接收一系列被推送的引用，如果以非零值退出，所有的推送内容都会被拒绝。你可以使用这个钩子来确保所有更新的引用都是快进式的，或是对推送所修改的引用和文件实施访问控制。

2. update

update脚本和pre-receive脚本非常类似，不同之处在于前者会为每一个要更新的分支都运行
一次。如果试图推送多个分支，pre-receive只会运行一次，而update会为每个推送分支运行一次。
该脚本不会从stdin处读取内容，它接受3个参数：引用名称（分支）、引用所指向内容的SHA-1（在
推送之前），以及用户要推送内容的SHA-1。如果更新脚本以非零值退出，只有对应的引用会被
拒绝，其他引用仍然会被更新。

3. post-receive

post-receive钩子会在整个过程结束之后运行，它可以用来更新其他服务或是提醒用户。与
pre-receive钩子一样，post-receive也会从stdin处获取数据。这个钩子的用途包括群发邮件，通
知持续集成服务器，或是更新问题跟踪系统，你甚至可以解析提交消息，查看是否有问题需要进
行跟踪、修改或是关闭。该脚本无法阻止推送过程，但是客户端在推送结束之前一直都会保持连
接，因此如果你需要进行一些耗时较长的操作，那么一定得谨慎。

8.4　Git 强制策略示例

在本节中，你将应用之前所学的知识建立一套Git工作流：检查提交消息的格式，只允许特
定的用户修改项目中特定的子目录。你还要编写客户端脚本，帮助开发人员了解推送是否被拒绝，
以及用于实施这种策略的服务器端脚本。

我们要展示的脚本是用Ruby编写的。之所以选择Ruby，一个原因是习惯使然，另一个原因
是Ruby代码的易读性，就算你没写过也能很容易看明白。不过其他任何语言也都没有问题。Git
自带的示例钩子脚本都是用Perl或Bash编写的，所以在阅读这些示例脚本的时候，你也会看到这
两种语言。

8.4.1　服务器端钩子

所有服务器端的工作都由hooks目录下的update脚本文件来完成。对于每个推送的分支，
update钩子都会运行一次，它接受以下3个参数。

❑ 被推送的引用的名称
❑ 该分支原先的内容
❑ 被推送的新内容

如果推送是通过SSH进行的，你还可以获取到执行此次推送的用户信息。如果你允许所有人
通过公钥身份验证关联到单一账号上（如git），那么就需要设置shell包装程序根据公钥来确定进
行连接的用户身份，并根据情况设置环境变量。在这里我们假设环境变量$USER中保存了当前连
接的用户，那么你的update脚本首先要做的就是收集所有需要的信息，如下所示。

```
#!/usr/bin/env ruby

$refname = ARGV[0]
$oldrev  = ARGV[1]
```

```
$newrev  = ARGV[2]
$user    = ENV['USER']

puts "Enforcing Policies..."
puts "(#{$refname}) (#{$oldrev[0,6]}) (#{$newrev[0,6]})"
```

没错，你看到的这些都是全局变量。别品头论足了，这么做只不过是为了方便演示而已。

1. 强制特定的提交消息格式

你的第一个难题就是要强制每条提交消息都必须遵循特定的格式。举例来说，假设每条提交消息都需要包含一个类似ref:1234的字符串，因为你想把每一次提交都与问题跟踪系统中的一个工作条目联系起来。如果这样，就必须查看所有被推送的提交，看看提交消息中是否包含所要求的字符串，如果没有，则以非零值退出，拒绝此次提交。

将变量$newrev和$oldrev的值传给一个叫作git rev-list的底层命令，你就可以得到一个包含所有提交的SHA-1值的列表。这基本上与git log命令一样，只不过前者默认只输出SHA-1值。要想获得两次提交之间所有提交的SHA-1值，可以像下面这样做。

```
$ git rev-list 538c33..d14fc7
d14fc7c847ab946ec39590d87783c69b031bdfb7
9f585da4401b0a3999e84113824d15245c13f0be
234071a1be950e2a8d078e6141f5cd20c1e61ad3
dfa04c9ef3d5197182f13fb5b9b1fb7717d2222a
17716ec0f1ff5c77eff40b7fe912f9f6cfd0e475
```

你可以获取输出内容，遍历其中每一个提交的SHA-1值，找出与其对应的提交消息，然后利用正则表达式进行测试。

接着要做的是如何从提交中获取提交消息以供测试。你可以利用另一个底层命令git cat-file来得到原始提交数据。我们会在第10章详细讲解这些底层命令。现在先看看这个命令可以提供什么信息，如下所示。

```
$ git cat-file commit ca82a6
tree cfda3bf379e4f8dba8717dee55aab78aef7f4daf
parent 085bb3bcb608e1e8451d4b2432f8ecbe6306e7e7
author Scott Chacon <schacon@gmail.com> 1205815931 -0700
committer Scott Chacon <schacon@gmail.com> 1240030591 -0700

changed the version number
```

如果有了SHA-1值，从提交中获取提交消息的一种简单方法就是找到第一个空行，然后提取其后的所有内容。这可以使用Unix系统中的sed命令来实现，如下所示。

```
$ git cat-file commit ca82a6 | sed '1,/^$/d'
changed the version number
```

你可以用这个技巧提取所有待推送提交中的提交消息，如果发现有不匹配的地方，退出即可。退出的时候选择非零值的退出码以拒绝此次推送。完整的实现方法如下所示。

```
$regex = /\[ref: (\d+)\]/

# 强制的自定义提交信息格式
def check_message_format
  missed_revs = `git rev-list #{$oldrev}..#{$newrev}`.split("\n")
  missed_revs.each do |rev|
    message = `git cat-file commit #{rev} | sed '1,/^$/d'`
    if !$regex.match(message)
      puts "[POLICY] Your message is not formatted correctly"
      exit 1
    end
  end
end
check_message_format
```

将上面的代码放入update脚本中，所有包含不符合制定规则信息的提交都会被拒绝。

2. 强制应用基于用户的ACL系统

假设你想添加一套采用了访问控制列表（ACL）的机制，可以用来指定哪些用户能够向项目中的哪些部分推送变更。一些人拥有全部的访问权限，而另一些人只能够对某些子目录或特定的文件推送。要想强制实施这种策略，你需要将相关规则写入一个名为acl的文件中，该文件位于服务器上的裸Git仓库中。另外还得用update钩子查看这些规则，看看推送的提交都涉及哪些文件并确定进行提交的用户是否有权限访问这些文件。

你要做的第一件事就是编写ACL。其格式与CVS的ACL机制非常类似：由若干行组成，每行的第一个字段是avail或unavail；接下来是一个由逗号分隔的用户列表，指明该规则应用于哪些用户；最后一个字段是应用该规则的路径（空缺意味着没有路径限制）。各个字段之间以管道符号（|）分隔。

在本例中，有几名管理员，一些能够访问doc目录的文档编写人员以及一名只能访问lib和tests目录的开发人员，对应的ACL文件如下所示。

```
avail|nickh,pjhyett,defunkt,tpw
avail|usinclair,cdickens,ebronte|doc
avail|schacon|lib
avail|schacon|tests
```

你首先要将这些数据读入一种可用的结构中。在这里，为了简化示例，我们只采用avail规则。下面的方法利用了一个关联数组，其中键是用户名，对应的值是一个路径数组，包含了用户拥有写权限的所有路径。

```
def get_acl_access_data(acl_file)
  # 读入ACL数据
  acl_file = File.read(acl_file).split("\n").reject { |line| line == '' }
  access = {}
  acl_file.each do |line|
    avail, users, path = line.split('|')
    next unless avail == 'avail'
    users.split(',').each do |user|
      access[user] ||= []
```

```
      access[user] << path
    end
  end
  access
end
```

对于之前看到的那个ACL文件，这个`get_acl_access_data`方法返回的数据结构如下所示。

```
{"defunkt"=>[nil],
 "tpw"=>[nil],
 "nickh"=>[nil],
 "pjhyett"=>[nil],
 "schacon"=>["lib", "tests"],
 "cdickens"=>["doc"],
 "usinclair"=>["doc"],
 "ebronte"=>["doc"]}
```

现在你已经获得了用户对应的权限信息，接下来需要知道提交都涉及了哪些路径，这样才能确定发起推送的用户是否有足够的访问权限。你可以使用`git log`命令的`--name-only`选项（第2章中曾经简要地提到过）轻而易举地找出单次提交中都修改了哪些文件，如下所示。

```
$ git log -1 --name-only --pretty=format:'' 9f585d

README
lib/test.rb
```

使用`get_acl_access_data`方法返回的ACL结构来检查每次提交中所涉及的文件，这样就能够知道用户是否有权限推送所有的提交，如下所示。

```
# 仅允许特定用户修改项目中的特定子目录
def check_directory_perms
  access = get_acl_access_data('acl')

  # 是否有人试图推送其无法推送的内容
  new_commits = `git rev-list #{$oldrev}..#{$newrev}`.split("\n")
  new_commits.each do |rev|
    files_modified = `git log -1 --name-only --pretty=format:'' #{rev}`.split("\n")
    files_modified.each do |path|
      next if path.size == 0
      has_file_access = false
      access[$user].each do |access_path|
        if !access_path # 用户拥有访问权限
           || (path.start_with? access_path) # 访问该路径
          has_file_access = true
        end
      end
      if !has_file_access
        puts "[POLICY] You do not have access to push to #{path}"
        exit 1
      end
    end
  end
end
```

```
end
```

```
check_directory_perms
```

利用 `git rev-list` 获得推送到服务器的所有提交。接着找出每次提交所修改的文件，确定发起推送的用户是否有权限访问所有涉及修改的路径。

这样一来，用户便不能够推送任何不符合要求的提交，无论是提交消息格式不正确，还是修改了权限范围以外的文件。

3. 测试

如果你将以上代码放入 .git/hooks/update 文件中，执行 chmod u+x .git/hooks/update，然后尝试推送一个包含错误消息格式的提交，就会看到以下提示信息。

```
$ git push -f origin master
Counting objects: 5, done.
Compressing objects: 100% (3/3), done.
Writing objects: 100% (3/3), 323 bytes, done.
Total 3 (delta 1), reused 0 (delta 0)
Unpacking objects: 100% (3/3), done.
Enforcing Policies...
(refs/heads/master) (8338c5) (c5b616)
[POLICY] Your message is not formatted correctly
error: hooks/update exited with error code 1
error: hook declined to update refs/heads/master
To git@gitserver:project.git
 ! [remote rejected] master -> master (hook declined)
error: failed to push some refs to 'git@gitserver:project.git'
```

这里有一些值得注意的地方。首先，你会看到钩子什么时候开始运行。

```
Enforcing Policies...
(refs/heads/master) (8338c5) (c5b616)
```

这段输出来自 update 脚本的开头部分。记住，脚本向 stdout 输出的所有信息都会发送给客户端。接下来要注意的是错误消息。

```
[POLICY] Your message is not formatted correctly
error: hooks/update exited with error code 1
error: hook declined to update refs/heads/master
```

第一行是脚本输出的，另外两行是由 Git 输出的，告诉你 update 脚本以非零值退出了，此次推送因此被拒绝。最后，输出将如下所示。

```
To git@gitserver:project.git
 ! [remote rejected] master -> master (hook declined)
error: failed to push some refs to 'git@gitserver:project.git'
```

你会看到每一个被钩子拒绝的引用都收到了一个 remote rejected 消息，另外还告知你被拒绝的原因在于钩子没能正常运行。

而且，如果有人试图编辑一个他没有权限操作的文件并试图推送包含该文件的提交，那么也会出现类似的消息。例如，如果一名文档作者要推送的提交修改了lib目录下的内容，那么他会看到以下消息。

```
[POLICY] You do not have access to push to lib/test.rb
```

从现在起，只要update脚本存在且可执行，你的仓库中就不会出现不符合要求的提交消息，所有的用户也不会彼此影响。

8.4.2　客户端钩子

服务器端钩子的缺点在于当提交被拒绝时，不可避免地会引发用户的抱怨。自己仔仔细细写成的代码在最后一刻被拒绝了，这实在是让人沮丧不已、心生困惑；更令人崩溃的是，还得修改提交历史来解决问题，一般人未必受得了这种折腾。

摆脱这种困境的方法是提供一些客户端钩子，当用户的操作有可能会被服务器拒绝时，这些钩子能够提醒他们。这样一来，用户就能够在提交之前修复错误，避免问题变得愈发棘手。因为在克隆项目时，钩子不会随之转移，所以你必须采用某种方法来分发这些钩子脚本，使得用户可以将其复制到各自的.git/hooks目录中并加上可执行权限。你可以在单个项目中分发，也可以在不同的项目中分发，但不管怎么样，Git都不会帮你自动设置。

首先，你要在每次提交前检查提交消息，这样才能确保服务器不会因为格式上的问题而拒绝你的变更。要做到这一点，你可以添加commit-msg钩子。将文件作为钩子脚本的第一个参数传入，让脚本读取提交消息并比对样式，就可以在出现不匹配的情况时强制Git中止此次提交，如下所示。

```ruby
#!/usr/bin/env ruby
message_file = ARGV[0]
message = File.read(message_file)

$regex = /\[ref: (\d+)\]/

if !$regex.match(message)
  puts "[POLICY] Your message is not formatted correctly"
  exit 1
end
```

如果钩子脚本存放的位置没有问题（位于.git/hooks/commit-msg）并具备可执行权限，而你的提交消息格式上存在问题，那么就会看到以下消息。

```
$ git commit -am 'test'
[POLICY] Your message is not formatted correctly
```

在这种情况下，是无法完成提交操作的。如果提交消息符合要求，Git就会允许你提交，如下所示。

```
$ git commit -am 'test [ref: 132]'
[master e05c914] test [ref: 132]
 1 file changed, 1 insertions(+), 0 deletions(-)
```

接下来，要确保不会修改ACL范围之外的文件。如果项目的.git目录中包含之前用过的ACL
文件的副本，下面的pre-commit钩子就可以帮助你实施这些限制。

```
#!/usr/bin/env ruby

$user = ENV['USER']
# [插入get_acl_access_data方法 ]

# 仅允许特定用户修改项目中的特定子目录
def check_directory_perms
  access = get_acl_access_data('.git/acl')

  files_modified = `git diff-index --cached --name-only HEAD`.split("\n")
  files_modified.each do |path|
    next if path.size == 0
    has_file_access = false
    access[$user].each do |access_path|
    if !access_path || (path.index(access_path) == 0)
      has_file_access = true
    end
    if !has_file_access
      puts "[POLICY] You do not have access to push to #{path}"
      exit 1
    end
  end
end

check_directory_perms
```

这与服务器端的脚本基本上一样，但是有两处重要的不同。首先，ACL文件的位置不同，因
为这个脚本是在工作目录下运行的，而不是在.git目录下。你需要将ACL文件的路径从下面这样：

```
access = get_acl_access_data('acl')
```

更改为下面这样。

```
access = get_acl_access_data('.git/acl')
```

另一处重要的差别在于获得已变更文件列表的方式。服务器端采用的方法是查看提交日志，
但目前提交尚未完成，自然也就没被记录下来，你必须从暂存区中获得该列表。不能再使用之前
的，如下所示。

```
files_modified = `git log -1 --name-only --pretty=format:'' #{ref}`
```

现在只能使用下面的。

```
files_modified = `git diff-index --cached --name-only HEAD`
```

　　这是仅有的两处区别，除此之外，其他地方完全一样。要注意的一点是，它假定在本地运行该脚本的用户和推送到远端服务器的用户是同一个人。如果不是这样，则必须要手动设置 $user变量。

　　我们要做的另一件事是确保用户不会去推送非快进式引用。要获得一个非快进式引用，你可以在某个已经推送过的提交上进行变基，或是将另一个不同的本地分支推送到同一个远程分支中。

　　假设服务器已经配置了receive.denyDeletes和receive.denyNonFastForwards来实施这种策略，因此唯一需要防范的就是在某个已经推送的提交上执行变基操作。

　　这里是一个检查该问题的pre-rebase示例。它获取到所有待重写的提交，检查是否有提交存在于远程引用中。一旦发现某个提交对于远程引用来说是可访问的，则中止此次变基操作，如下所示。

```ruby
#!/usr/bin/env ruby

base_branch = ARGV[0]
if ARGV[1]
  topic_branch = ARGV[1]
else
  topic_branch = "HEAD"
end

target_shas = `git rev-list #{base_branch}..#{topic_branch}`.split("\n")
remote_refs = `git branch -r`.split("\n").map { |r| r.strip }

target_shas.each do |sha|
  remote_refs.each do |remote_ref|
    shas_pushed = `git rev-list ^#{sha}^@ refs/remotes/#{remote_ref}`
    if shas_pushed.split("\n").include?(sha)
      puts "[POLICY] Commit #{sha} has already been pushed to #{remote_ref}"
      exit 1
    end
  end
end
```

　　这个脚本使用了一种在7.1节中未介绍过的语法。你可以执行以下命令得到已推送过的提交列表。

```
`git rev-list ^#{sha}^@ refs/remotes/#{remote_ref}`
```

　　语法SHA^@会解析为此次提交的所有父提交。你要查找的提交对于远程分支上的最近提交来说，是可访问的；但对于你所尝试推送提交的SHA-1的所有父提交来说，是无法访问的，这意味着此次提交是一种快进式提交。

　　这种方法的主要缺陷在于运行速度非常缓慢，而且经常毫无必要。如果你不使用-f强制推送，服务器就会发出警告并拒绝接受推送。不过，这算是一次值得动手的练习，在理论上能够帮助你避免随后可能不得不返工修补的变基操作。

8

8.5 小结

我们已经讲过了大多数主要的Git客户端和服务器端的自定义方法，你可以利用它们来充分适应自己的工作流和项目。你已经学会了各种配置设置、基于文件的属性以及事件钩子，还构建了一个用于演示强制策略的示例服务器。现在无论是什么样的工作流，你应该都可以使用Git应对自如了。

## 第 9 章

Git与其他系统

世界并不完美。你通常不可能立刻将手边所有的项目都切换到Git中。有时候你苦于项目使用的是另一种VCS，希望它能改用Git。在9.1节中，我们将学习到当项目托管在其他系统上时，如何将Git作为客户端来使用。

在某个时刻，你可能想把现有的项目转换到Git。9.2节介绍了将项目从某些特定的系统上迁移到Git中的方法，以及在缺乏先期构造好的导入工具的情况下如何应对。

9.1 作为客户端的 Git

Git为开发人员提供了良好的使用体验，很多人已经学会了如何在自己的工作站上使用Git，即便是团队中的其他人用的是完全不同的VCS。有很多被称为"桥接"（bridge）的适配程序（adapter）存在。下面我们要介绍几个在实践过程中最有可能用到的桥接。

9.1.1 Git 与 Subversion

有很大一部分开源项目和大量公司项目都使用Subversion来管理源代码。这种使用历史已经有十余年之久了，在其中的大部分时间里，Subversion已然是开源项目的VCS选择标准。它在很多方面都与曾经的源代码管理世界里的重量级角色CVS非常相似。

Git最棒的特性之一就是与Subversion的双向桥接，它被称为`git svn`。这个工具允许将Git作为Subversion服务器的合法客户端使用，这样你就可以使用Git的所有本地功能，然后向Subversion服务器推送，就好像在本地使用Subversion一样。这意味着你可以在本地创建、合并分支、使用暂存区、进行变基和优选（cherry-picking）等，而你的协作者仍然可以继续使用那些古老陈旧的方法。当你游说公司将基础设施修改为完全支持Git时，可以先不动声色地将Git引入公司环境，借此提高同事的工作效率，这也不失为一个好法子。Subversion桥接就是步入DVCS世界的诱饵。

1. git svn

在Git中，所有Subversion桥接命令的基础命令是`git svn`。能和它配合使用的命令有很多，我们会通过一些简单的工作流来展示其中大部分常用命令。

要注意的是，当你使用`git svn`时，你是在和Subversion打交道，后者是一个与Git几乎完全不同的系统。尽管你可以在本地创建、合并分支，但最好还是通过变基尽可能地保持历史记录的线性化，避免同时与Git远程仓库交互这类操作。

不要重写历史后再重复推送，也不要同时推送到平行的 Git 仓库来与其他 Git 用户协作。Subversion 只有一条线性的历史记录，一不小心就会被搞糊涂。如果你从事的是团队工作，团队中有些人用 SVN，有些人用 Git，一定要确保大家都通过 SVN 服务器进行协作，这样你的日子会轻松不少。

2. 设置

要演示这个功能，需要一个有写入权限的典型 SVN 仓库。要是想复制这些例子，你需要一份测试仓库的可写副本。为了便于操作，可以使用 Subversion 自带的工具 svnsync。为了进行测试，我们在 Google Code 上创建了一个新的 Subversion 仓库，其内容是 protobuf 项目的部分副本，该项目是一个编码结构化数据以进行网络传输的工具。

接下来，需要先创建一个新的本地 Subversion 仓库，如下所示。

```
$ mkdir /tmp/test-svn
$ svnadmin create /tmp/test-svn
```

然后，允许所有的用户修改 revprops，最简单的方法就是添加一个返回值一直为 0 的 pre-revprop-change 脚本，如下所示。

```
$ cat /tmp/test-svn/hooks/pre-revprop-change
#!/bin/sh
exit 0;
$ chmod +x /tmp/test-svn/hooks/pre-revprop-change
```

你现在可以调用 svnsync init 命令（使用目标仓库和源仓库作为命令参数）将项目同步到本地机器上。

```
$ svnsync init file:///tmp/test-svn \
  http://progit-example.googlecode.com/svn/
```

这样就完成了同步属性的设置。接着就可以克隆代码了，如下所示。

```
$ svnsync sync file:///tmp/test-svn
Committed revision 1.
Copied properties for revision 1.
Transmitting file data ...........................[...]
Committed revision 2.
Copied properties for revision 2.
[…]
```

这个操作估计只需要几分钟时间，但如果你试图将原始仓库复制到另一个非本地的远程仓库，就算只有不足 100 个提交，也可能要花费近一个小时。Subversion 一次只能克隆一个修订版本，然后将其推送到另一个仓库中，这个过程低效得令人不可思议，但这是唯一简单的方法。

3. 开始动手

有了具备写权限的 Subversion 仓库之后，就可以着手开始一个典型的工作流了。我们可以从 git svn clone 命令开始，该命令会将整个 Subversion 仓库导入到本地 Git 仓库。记住，如果你是从一个真正的 Subversion 托管仓库中导入，记得将 file:///tmp/test-svn 替换成你所使用的 Subversion 仓库的URL，如下所示。

```
$ git svn clone file:///tmp/test-svn -T trunk -b branches -t tags
Initialized empty Git repository in /private/tmp/progit/test-svn/.git/
r1 = dcbfb5891860124cc2e8cc616cded42624897125 (refs/remotes/origin/trunk)
    A   m4/acx_pthread.m4
    A   m4/stl_hash.m4
    A   java/src/test/java/com/google/protobuf/UnknownFieldSetTest.java
    A   java/src/test/java/com/google/protobuf/WireFormatTest.java
…
r75 = 556a3e1e7ad1fde0a32823fc7e4d046bcfd86dae (refs/remotes/origin/trunk)
Found possible branch point: file:///tmp/test-svn/trunk => file:///tmp/test-svn/branches/my-calc-
branch,75 Found branch parent: (refs/remotes/origin/my-calc-branch)
556a3e1e7ad1fde0a32823fc7e4d046bcfd86dae
Following parent with do_switch
Successfully followed parent
r76 = 0fb585761df569eaecd8146c71e58d70147460a2 (refs/remotes/origin/my-calc-branch)
Checked out HEAD:
  file:///tmp/test-svn/trunk r75
```

这相当于在给定的URL上执行了两条命令：`git svn init`和`git svn fetch`。这会花些时间。测试项目只有大概75个提交，代码库并不大，但是Git还是得一次一个地检查所有版本并单独提交。对于那些包含成百上千个提交的项目，这肯定得花上数小时，甚至是数天才能完成。

命令选项`-T trunk -b branches -t tags`部分告诉Git，该Subversion仓库遵循的是基本的分支与标签惯例。如果你命名主干、分支或标签的方式不同，可以修改这些选项。因为这些都是常用的命名方式，你可以将整个命名选项部分使用`-s`来代替，这表示标准布局（standard layout）并指代所有这些选项。以下命令的作用是相同的。

```
$ git svn clone file:///tmp/test-svn -s
```

至此，你应该获得了一个有效的Git仓库，其中已经导入了分支与标签，如下所示。

```
$ git branch -a
* master
  remotes/origin/my-calc-branch
  remotes/origin/tags/2.0.2
  remotes/origin/tags/release-2.0.1
  remotes/origin/tags/release-2.0.2
  remotes/origin/tags/release-2.0.2rc1
  remotes/origin/trunk
```

注意这个工具是如何将Subversion标签当作远程引用来管理的。让我们使用Git的底层命令`show-ref`来仔细观察一下。

```
$ git show-ref
556a3e1e7ad1fde0a32823fc7e4d046bcfd86dae refs/heads/master
0fb585761df569eaecd8146c71e58d70147460a2 refs/remotes/origin/my-calc-branch
bfd2d79303166789fc73af4046651a4b35c12f0b refs/remotes/origin/tags/2.0.2
285c2b2e36e467dd4d91c8e3c0c0e1750b3fe8ca refs/remotes/origin/tags/release-2.0.1
cbda99cb45d9abcb9793db1d4f70ae562a969f1e refs/remotes/origin/tags/release-2.0.2
```

9

```
a9f074aa89e826d6f9d30808ce5ae3ffe711feda refs/remotes/origin/tags/release-2.0.2rc1
556a3e1e7ad1fde0a32823fc7e4d046bcfd86dae refs/remotes/origin/trunk
```

从 Git 服务器进行克隆操作时，Git 并不会这样做；下面是在刚完成克隆后，一个带有标签的仓库的样子。

```
$ git show-ref
c3dcbe8488c6240392e8a5d7553bbffcb0f94ef0 refs/remotes/origin/master
32ef1d1c7cc8c603ab78416262cc421b80a8c2df refs/remotes/origin/branch-1
75f703a3580a9b81ead89fe1138e6da858c5ba18 refs/remotes/origin/branch-2
23f8588dde934e8f33c263c6d8359b2ae095f863 refs/tags/v0.1.0
7064938bd5e7ef47bfd79a685a62c1e2649e2ce7 refs/tags/v0.2.0
6dcb09b5b57875f334f61aebed695e2e4193db5e refs/tags/v1.0.0
```

Git 将标签直接获取到 `refs/tags`，而不是将其视为远程分支。

4. 提交回 Subversion

现在你已经有了可用的仓库，可以做一些项目工作，然后将 Git 作为 SVN 客户端向上游推送提交。一旦编辑了某个文件并提交，这个提交将存在于本地 Git 仓库中，而非 Subversion 服务器上，如下所示。

```
$ git commit -am 'Adding git-svn instructions to the README'
[master 4af61fd] Adding git-svn instructions to the README
 1 file changed, 5 insertions(+)
```

接下来，你需要将变更推送至上游。注意，这会改变 Subversion 的使用方式：你可以进行多次离线提交，然后将这些提交一次性推送到 Subversion 服务器。使用 `git svn dcommit` 命令来完成这个推送操作，如下所示。

```
$ git svn dcommit
Committing to file:///tmp/test-svn/trunk ...
    M    README.txt
Committed r77
    M    README.txt
r77 = 95e0222ba6399739834380eb10afcd73e0670bc5 (refs/remotes/origin/trunk)
No changes between 4af61fd05045e07598c553167e0f31c84fd6ffe1 and refs/remotes/origin/trunk
Resetting to the latest refs/remotes/origin/trunk
```

对于在原 Subversion 服务器代码基础上所做的所有提交，都会逐个进行 Subversion 提交操作，然后再重写本地的 Git 提交，加入一个唯一的标识符。这一点很重要，因为它意味着所有提交的 SHA-1 校验和都会发生变化。部分出于这方面的原因，将项目基于 Git 的远程版本与 Subversion 服务器同时使用并不是一个好主意。如果观察最后一次提交，你会发现加入了新的 `git-svn-id`，如下所示。

```
$ git log -1
commit 95e0222ba6399739834380eb10afcd73e0670bc5
Author: ben <ben@0b684db3-b064-4277-89d1-21af03df0a68>
Date:   Thu Jul 24 03:08:36 2014 +0000
```

```
Adding git-svn instructions to the README

git-svn-id: file:///tmp/test-svn/trunk@77 0b684db3-b064-4277-89d1-21af03df0a68
```

注意，当你提交时，最初以4af61fd开头的SHA-1校验和现在以95e0222开头。如果你想同时推送到Git服务器和Subversion服务器，必须先推送（dcommit）到后者，因为这个操作会改变你的提交数据。

5. 拉取新的变更

如果你和其他开发人员共事，那么总会出现多人推送导致冲突的情况。这些变更在合并之前会一直被拒绝。在git svn中，类似下面这样。

```
$ git svn dcommit
Committing to file:///tmp/test-svn/trunk ...

ERROR from SVN:
Transaction is out of date: File '/trunk/README.txt' is out of date
W: d5837c4b461b7c0e018b49d12398769d2bfc240a and refs/remotes/origin/trunk differ,using rebase:
:100644 100644 f414c433af0fd6734428cf9d2a9fd8ba00ada145 c80b6127dd04f5fcda218730ddf3a2da4eb39138
    M    README.txt
Current branch master is up to date.
ERROR: Not all changes have been committed into SVN, however the committed
ones (if any) seem to be successfully integrated into the working tree.
Please see the above messages for details.
```

要解决这个问题，你可以执行git svn rebase，该命令会在服务器上拉取本地尚没有的变更，并将你的工作变基到服务器的内容之上，如下所示。

```
$ git svn rebase
Committing to file:///tmp/test-svn/trunk ...

ERROR from SVN:
Transaction is out of date: File '/trunk/README.txt' is out of date
W: eaa029d99f87c5c822c5c29039d19111ff32ef46 and refs/remotes/origin/trunk differ, using rebase:
:100644 100644 65536c6e30d263495c17d781962cfff12422693a b34372b25ccf4945fe5658fa381b075045e7702a
    M    README.txt
First, rewinding head to replay your work on top of it...
Applying: update foo
Using index info to reconstruct a base tree...
M    README.txt
Falling back to patching base and 3-way merge...
Auto-merging README.txt
ERROR: Not all changes have been committed into SVN, however the committed
ones (if any) seem to be successfully integrated into the working tree.
Please see the above messages for details.
```

现在，你所有的工作都已经是在Subversion服务器的内容之上了，因此就可以顺利地执行dcommit操作，如下所示。

```
$ git svn dcommit
Committing to file:///tmp/test-svn/trunk ...
```

```
    M    README.txt
Committed r85
    M    README.txt
r85 = 9c29704cc0bbbed7bd58160cfb66cb9191835cd8 (refs/remotes/origin/trunk)
No changes between 5762f56732a958d6cfda681b661d2a239cc53ef5 and refs/remotes/origin/trunk
Resetting to the latest refs/remotes/origin/trunk
```

注意，这与 Git 不同，后者要求在提交之前必须合并本地尚没有的上游工作内容，而 git svn
只会在出现变更冲突的时候（与 Subversion 的做法很像）才会要求你这么做。如果有人推送了某
个文件的变更，然后你推送了另一个文件的变更，dcommit 也不会有问题，如下所示。

```
$ git svn dcommit
Committing to file:///tmp/test-svn/trunk ...
    M    configure.ac
Committed r87
    M    autogen.sh
r86 = d8450bab8a77228a644b7dc0e95977ffc61adff7 (refs/remotes/origin/trunk)
    M    configure.ac
r87 = f3653ea40cb4e26b6281cec102e35dcba1fe17c4 (refs/remotes/origin/trunk)
W: a0253d06732169107aa020390d9fefd2b1d92806 and refs/remotes/origin/trunk differ, using rebase:
:100755 100755 efa5a59965fbbb5b2b0a12890f1b351bb5493c18 e757b59a9439312d80d5d43bb65d4a7d0389ed6d
    M    autogen.sh
First, rewinding head to replay your work on top of it...
```

这一点很重要，因为推送后的结果就是项目所处的状态不存在于任何一台主机上。如果做出
的变更无法兼容，但也没造成冲突，可能会引发一些难以诊断的问题。如果使用的是 Git 服务器，
那么情况就不一样了。在 Git 中，你可以在发布之前全面测试客户端系统的状态；然而在 SVN 中，
你甚至无法立刻确定提交前后的状态是否一致。

从 Subversion 服务器中拉取变更的时候，你也应该执行这个命令，哪怕你自己并不打算
提交什么。你可以执行 git svn fetch 来抓取新的数据，而 git svn rebase 会获取并更新你的
本地提交。

```
$ git svn rebase
    M    autogen.sh
r88 = c9c5f83c64bd755368784b444bc7a0216cc1e17b (refs/remotes/origin/trunk)
First, rewinding head to replay your work on top of it...
Fast-forwarded master to refs/remotes/origin/trunk.
```

每隔一段时间执行 git svn rebase，可以确保你的代码始终保持最新状态。不过这要求你的
工作目录是干净的。如果有本地变更，则必须在执行 git svn rebase 之前暂存当前的工作或是先
进行临时提交。否则，当变基导致合并冲突时，命令就会终止。

6. Git 的分支问题

一旦适应了 Git 的工作流，你可能会想要创建 topic 分支，在该分支上开展工作，然后将其合
并入主分支。如果你通过 git svn 向 Subversion 服务器上推送，最好是每次都在单个分支上变基，
而不是将分支合并到一起。选择变基的原因在于 Subversion 的历史记录是线性的，无法像 Git 那样
处理合并，所以在将快照转换成 Subversion 提交时，git svn 只能保留第一个父提交。

假设你的历史记录如下: 创建了一个experiment分支, 进行了两次提交, 然后合并到master分支。在执行dcommit时会看到下面的输出。

```
$ git svn dcommit
Committing to file:///tmp/test-svn/trunk ...
    M   CHANGES.txt
Committed r89
    M   CHANGES.txt
r89 = 89d492c884ea7c834353563d5d913c6adf933981 (refs/remotes/origin/trunk)
    M   COPYING.txt
    M   INSTALL.txt
Committed r90
    M   INSTALL.txt
    M   COPYING.txt
r90 = cb522197870e61467473391799148f6721bcf9a0 (refs/remotes/origin/trunk)
No changes between 71af502c214ba13123992338569f4669877f55fd and refs/remotes/origin/trunk
Resetting to the latest refs/remotes/origin/trunk
```

在包含合并历史记录的分支上执行dcommit是没问题的, 除了在查看Git项目仓库时, 它不会重写在experiment分支上的提交。相反, 所有的这些变更都会出现在单个合并提交的SVN版本中。

当其他人克隆工作内容时, 他们看到的只是一个塞入了所有变更的合并提交, 就像执行了git merge --squash一样。无从得知变更来自哪里或是何时提交的。

7. Subversion分支

在Subversion中创建分支和在Git中并不一样, 最好还是避免大量使用。不过你可以使用git svn在Subversion中创建和提交分支。

8. 创建新的SVN分支

要在Subversion中创建新分支, 可以执行git svn branch [branch-name], 如下所示。

```
$ git svn branch opera
Copying file:///tmp/test-svn/trunk at r90 to file:///tmp/test-svn/branches/opera...
Found possible branch point: file:///tmp/test-svn/trunk => file:///tmp/test-svn/branches/opera,90
Found branch parent: (refs/remotes/origin/opera) cb522197870e61467473391799148f6721bcf9a0
Following parent with do_switch
Successfully followed parent
r91 = f1b64a3855d3c8dd84ee0ef10fa89d27f1584302 (refs/remotes/origin/opera)
```

这相当于在Subversion服务器中执行了svn copy trunk branches/opera命令。重要的是要注意它并不会将你检出到对应的分支; 如果你这时候提交, 那么该提交将会进入服务器的trunk分支, 而非opera分支。

9. 切换活动分支

Git可以通过查找历史记录中Subversion分支的顶端(tip)来判断dcommit命令的目的分支, 目的分支应该只有一个, 而且应该是当前分支历史记录中包含git-svn-id的最后那个。

如果你想同时处理多个分支, 可以通过导入某个分支的Subversion提交来建立本地分支, 以便使用dcommit命令提交到特定的Subversion分支。如果你想要一个能够独立使用的opera分支, 可以执行以下命令。

```
$ git branch opera remotes/origin/opera
```

如果现在想将opera分支合并入trunk（你的master分支），可以使用一个普通的git merge命令。但是你需要提供一段描述性的提交消息（通过-m），否则此次合并的结果只会输出一些没用的内容，如Merge branch opera。

记住，尽管你使用git merge完成了这次操作，而且合并过程可能也要比在Subversion中容易得多（因为Git会自动检测适合的合并基点），但这并不是一次普通的Git合并提交。你只能将数据推送回Subversion服务器，而Subversion服务器无法处理跟踪多个父节点的提交。因此，在完成推送之后，它看起来就像是单个提交，里面塞入了另一个分支下的所有工作内容。在将一个分支合并到另一个分支之后，你无法像在Git中那样轻而易举地返回到原先的分支上工作。dcommit命令会擦除所有合并入分支的信息，所以后续的合并基点计算都是错误的。dcommit命令会使得git merge得到的结果看起来像是执行了git merge --squash一样。不幸的是，并没有什么好的方法能够避免这种情况，Subversion无法存储这些信息，如果用它来作为服务器，那么你也只能被这种局限性所折磨了。为了避免这种问题，应该在合并到主干后把本地分支删除掉（在这个例子中是opera）。

10. Subversion命令

git svn工具集中有不少命令提供了与Subversion相似的一些功能，能够帮助我们简化迁移至Git的过程。下面的命令提供了Subversion中的常用功能。

● **SVN风格的历史记录**

如果你用惯了Subversion，希望输出SVN风格的历史记录，可以执行git svn log命令，如下所示。

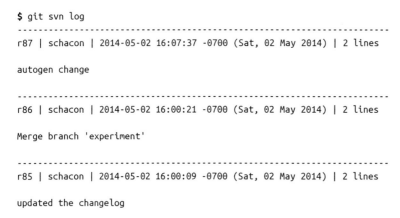

```
$ git svn log
------------------------------------------------------------------------
r87 | schacon | 2014-05-02 16:07:37 -0700 (Sat, 02 May 2014) | 2 lines

autogen change

------------------------------------------------------------------------
r86 | schacon | 2014-05-02 16:00:21 -0700 (Sat, 02 May 2014) | 2 lines

Merge branch 'experiment'

------------------------------------------------------------------------
r85 | schacon | 2014-05-02 16:00:09 -0700 (Sat, 02 May 2014) | 2 lines

updated the changelog
```

关于git svn log命令，有两件重要的事情需要知道。首先，它的工作方式是离线的，并非像真正的svn log命令那样能够向Subversion服务器查询数据。其次，它只能够显示出已经提交到Subversion服务器上的提交。尚未使用dcommit命令的本地提交以及在此期间推送到Subversion服务器上的提交都不会显示。它输出的更像是Subversion服务器上已知的当前提交状态。

● **SVN注解**

就像git svn log命令以离线方式模拟了svn log命令，你也可以将git svn blame [FILE]作为

svn annotate的等效命令。其输出结果如下所示。

```
$ git svn blame README.txt
  2   temporal Protocol Buffers - Google's data interchange format
  2   temporal Copyright 2008 Google Inc.
  2   temporal http://code.google.com/apis/protocolbuffers/
  2   temporal
 22   temporal C++ Installation - Unix
 22   temporal =======================
  2   temporal
 79    schacon Committing in git-svn.
 78    schacon
  2   temporal To build and install the C++ Protocol Buffer runtime and the Protocol
  2   temporal Buffer compiler (protoc) execute the following:
  2   temporal
```

该命令仍旧不会显示Git中的本地提交以及在此期间推送到Subversion上的提交。

● **SVN服务器信息**

你还可以通过git svn info命令获得一些原本需要使用svn info才能获得的信息，如下所示。

```
$ git svn info
Path: .
URL: https://schacon-test.googlecode.com/svn/trunk
Repository Root: https://schacon-test.googlecode.com/svn
Repository UUID: 4c93b258-373f-11de-be05-5f7a86268029
Revision: 87
Node Kind: directory
Schedule: normal
Last Changed Author: schacon
Last Changed Rev: 87
Last Changed Date: 2009-05-02 16:07:37 -0700 (Sat, 02 May 2009)
```

与前面的blame和log一样，这个命令也是离线执行的，输出的只是最近一次与Subversion服务器通信后获得的信息。

● **忽略Subversion所忽略的**

如果你克隆了一个Subversion仓库，仓库中设置了svn:ignore属性，你可能也会想要设置对应的.gitignore文件，避免不小心提交不想提交的文件。git svn有两个命令可以帮助你解决这个问题。第一个命令是git svn create-ignore，它可以帮你自动创建相应的.gitignore文件，这样一来，下次提交的时候就可以将其包含进去。

第二个命令是git svn show-ignore，它可以将需要放入.gitignore文件中的内容输出到stdout，你可以将输出重定向到项目的排除文件中，如下所示。

```
$ git svn show-ignore > .git/info/exclude
```

这样你就不会因为.gitignore文件而把项目弄得乱七八糟了。如果你是Subversion团队中唯一的Git用户，而且你的团队成员也不想在项目中出现.gitignore文件，那么这会是个不错的选择。

11. Git-SVN小结

如果你不得不使用Subversion服务器或是开发环境离不开Subversion服务器，`git svn`工具能够助你一臂之力。你可以将其视为弱化版的Git，没有它，你会在转换过程中碰上很多令人困扰的问题。下面是一些能够帮你摆脱麻烦的行动指南。

- ❏ 保持Git历史记录的线性化，不要在其中包含`git merge`产生的合并提交。将所有在主线分支之外所做的工作全部变基回主线，但不要合并入主线。
- ❏ 不要设置单独的Git服务器并在之上展开协作。可以有一台Git服务器来帮助新的开发人员加快克隆的速度，但是不要向其推送任何不包含`git-svn-id`条目的内容。你可能还需要加入一个`pre-receive`钩子来检查提交消息中是否包含`git-svn-id`，拒绝不包含该条目的提交。

只要遵守这些指南，跟Subversion服务器打交道就会好得多。但如果能够转移到真正的Git服务器上，那就别犹豫，马上转移，这么做能让你的团队获益良多。

9.1.2　Git 与 Mercurial

DVCS领域中的成员可绝非只有Git。实际上，还存在很多其他系统，它们各自对于如何正确地进行分布式版本管理都有自己的一套方法。除了Git之外，最流行的就是Mercurial了，两者在很多方面都非常相似。

如果你更喜欢Git的客户端行为，但所从事的项目采用的源代码控制系统却是Mercurial，那么一个好消息就是：对于由Mercurial托管的项目，有一种方法可以使用Git作为客户端。因为Git与服务器之间采用的是远程交互，所以由远程辅助程序（remote helper）来实现桥接也就不足为奇了。这个项目叫作git-remote-hg，可以在网页https://github.com/felipec/git-remote-hg上找到。

1. git-remote-hg

首先需要安装git-remote-hg。基本上就是把文件放到`$PATH`变量中的某个路径下就可以了，如下所示。

```
$ curl -o ~/bin/git-remote-hg \
  https://raw.githubusercontent.com/felipec/git-remote-hg/master/git-remote-hg
$ chmod +x ~/bin/git-remote-hg
```

以上例子假定~/bin处于`$PATH`变量中。git-remote-hg还存在另一处依赖：由Python所编写的mercurial库。如果你安装过Python，那么只需执行以下命令。

```
$ pip install mercurial
```

（如果尚未安装Python，请先到网站https://www.python.org/进行下载。）

要做的最后一件事就是安装Mercurial客户端。如果还没安装过，可以到网站https://www.mercurial-scm.org/下载并安装。

现在就万事俱备了。你所需要的就是一个可以向其推送的Mercurial仓库。幸运的是，所有的Mercurial仓库都可以这样做，所以我们打算使用大家学习Mercurial时所用的hello world仓库，如下所示。

```
$ hg clone http://selenic.com/repo/hello /tmp/hello
```

2. 开始动手

现在我们已经有了适合的服务器端仓库，接着就可以着手开始一个典型的工作流了。你将会看到，Git和Mercurial这两种系统相似度很高，没有太多的差别。

与Git一样，我们先来进行克隆，如下所示。

```
$ git clone hg::/tmp/hello /tmp/hello-git
$ cd /tmp/hello-git
$ git log --oneline --graph –decorate
* ac7955c (HEAD, origin/master, origin/branches/default, origin/HEAD, refs/hg/origin/branches/
default,refs/hg/origin/bookmarks/master,master)Create a makefile
* 65bb417 Create a standard "hello, world" program
```

你会发现在与Mercurial打交道的时候，使用的是标准的**git clone**命令。这是因为git-remote-hg工作在相当低的层面，采用的机制与Git的HTTP/HTTPS协议实现类似（远程辅助程序）。因为Git和Mercurial的设计使得每一个客户端都拥有仓库历史记录的完整副本，因此这个命令会生成一份包括所有项目历史记录在内的完整克隆，而且生成速度飞快。

log命令显示出了两次提交，其中最近的提交被一大堆引用所指向。实际上有一部分引用并不存在。让我们来看看.git目录下究竟有些什么，如下所示。

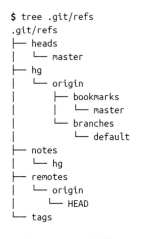

```
$ tree .git/refs
.git/refs
├── heads
│   └── master
├── hg
│   └── origin
│       ├── bookmarks
│       │   └── master
│       └── branches
│           └── default
├── notes
│   └── hg
├── remotes
│   └── origin
│       └── HEAD
└── tags

9 directories, 5 files
```

git-remote-hg试图让操作更Git化，但是在底层，它负责在这两种略有不同的系统之间进行概念上的映射。refs/hg目录中保存着实际的远程引用。举例来说，refs/hg/origin/branches/default是一个Git引用文件，其中包含了以ac7955c开头的SHA-1，这是**master**分支所指向的提交。所以refs/hg目录更像是一个假的refs/remotes/origin，但这两者之间的差别要比书签和分支之间的更大。

文件notes/hg是git-remote-hg在Git提交散列与Mercurial变更集ID之间建立映射的起点。让我们来研究一下，如下所示。

```
$ cat notes/hg
d4c10386...
```

```
$ git cat-file -p d4c10386...
tree 1781c96...
author remote-hg <> 1408066400 -0800
committer remote-hg <> 1408066400 -0800

Notes for master

$ git ls-tree 1781c96...
100644 blob ac9117f... 65bb417...
100644 blob 485e178... ac7955c...

$ git cat-file -p ac9117f
0a04b987be5ae354b710cefeba0e2d9de7ad41a9
```

从上面可以看出，refs/notes/hg指向的是一棵树，在Git的对象数据库中，这是一个由带有名称的其他对象所构成的列表。git ls-tree可以输出树中所有节点的模式、类型、对象散列以及文件名。如果查看树中某个节点，会发现其中是一个名为ac9117f的blob对象（由master所指向的提交的SHA-1散列值），该对象的内容是0a04b98（这是位于default分支顶端的Mercurial变更集的ID）。

好消息是，在绝大部分时间里，我们根本无需关注这些。典型的工作流与使用Git远程仓库没有太多不同。

在往下继续之前，还有一件事需要注意：忽略（ignore）。Mercurial和Git对此采用的实现机制非常相似，你估计不会想把.gitignore文件提交到Mercurial仓库中吧。好在Git有一种方法可以忽略本地仓库中的文件，而且Mercurial使用的格式与Git兼容，因此你只用把这个文件复制过去就行了，如下所示。

```
$ cp .hgignore .git/info/exclude
```

.git/info/exclude文件的作用与.gitignore差不多，但是前者并不会被包含在提交中。

3. 工作流

假设我们已经完成了一部分工作并在master分支上做了几次提交，接着打算将其推送到远程仓库中。下面是我们的仓库现在的样子。

```
$ git log --oneline --graph --decorate
* ba04a2a (HEAD, master) Update makefile
* d25d16f Goodbye
* ac7955c (origin/master, origin/branches/default, origin/HEAD, refs/hg/origin/branches/default,
refs/hg/origin/bookmarks/master)Create a makefile
* 65bb417 Create a standard "hello, world" program
```

我们的master分支比origin/master分支多了两次提交，但这两次提交仅存在于本地机器上。来看看在同一时刻里有没有人正在做一些重要的工作，如下所示。

```
$ git fetch
From hg::/tmp/hello
  ac7955c..df85e87 master     -> origin/master
```

```
    ac7955c..df85e87 branches/default -> origin/branches/default
$ git log --oneline --graph --decorate --all
* 7b07969 (refs/notes/hg) Notes for default
* d4c1038 Notes for master
* df85e87 (origin/master, origin/branches/default, origin/HEAD, refs/hg/origin/branches/default,
refs/hg/origin/bookmarks/master)Add some documentation
| * ba04a2a (HEAD, master) Update makefile
| * d25d16f Goodbye
|/
* ac7955c Create a makefile
* 65bb417 Create a standard "hello, world" program
```

因为我们使用了--all选项，所以看到了git-remote-hg在内部使用了notes引用，不过这可以忽略。剩下的就与预计的一样了。一次提交增加了origin/master分支的长度，我们的历史记录因而也出现了分叉。与本章用过的其他系统不同，Mercurial能够处理合并，所以我们无需使用什么技巧。

```
$ git merge origin/master
Auto-merging hello.c
Merge made by the 'recursive' strategy.
 hello.c | 2 +-
 1 file changed, 1 insertion(+), 1 deletion(-)
$ git log --oneline --graph --decorate
*   0c64627 (HEAD, master) Merge remote-tracking branch 'origin/master'
|\
| * df85e87 (origin/master, origin/branches/default, origin/HEAD, refs/hg/origin/branches/default,
refs/hg/origin/bookmarks/master)Add some documentation
* | ba04a2a Update makefile
* | d25d16f Goodbye
|/
* ac7955c Create a makefile
* 65bb417 Create a standard "hello, world" program
```

棒极了。运行测试，一切都没问题，因此我们打算将工作成果与团队的其他成员分享，如下所示。

```
$ git push
To hg::/tmp/hello
    df85e87..0c64627 master -> master
```

就是这样！如果你查看Mercurial仓库，会看到结果与我们预期的一样，如下所示。

```
$ hg log -G --style compact
o    5[tip]:4,2   dc8fa4f932b8   2014-08-14  19:33 -0700   ben
|\      Merge remote-tracking branch 'origin/master'
| |
| o  4    64f27bcefc35   2014-08-14  19:27 -0700   ben
| |    Update makefile
| |
| o  3:1    4256fc29598f   2014-08-14  19:27 -0700   ben
| |    Goodbye
| |
```

```
@ |  2   7db0b4848b3c   2014-08-14  19:30 -0700  ben
|/     Add some documentation
|
o  1   82e55d328c8c   2005-08-26  01:21 -0700  mpm
|    Create a makefile
|
o  0   0a04b987be5a   2005-08-26  01:20 -0700  mpm
     Create a standard "hello, world" program
```

编号为 2 的变更集是由 Mercurial 生成的，3 号和 4 号变更集是由 git-remote-hg 通过推送 Git 生成的提交而得到的。

4. 分支与书签

Git 只有一种分支：提交分支时产生移动的引用。在 Mercurial 中，这种引用叫作 "书签"（bookmark），它与 Git 分支的作用很像。

对于 Mercurial 来说，"分支" 概念的内涵要更丰富。变更集生成时所处的分支会被记录在变更集中，这意味着它也会一直留在仓库的历史记录中。下面的例子是一个在 develop 分支上的提交。

```
$ hg log -l 1
changeset:   6:8f65e5e02793
branch:      develop
tag:         tip
user:        Ben Straub <ben@straub.cc>
date:        Thu Aug 14 20:06:38 2014 -0700
summary:     More documentation
```

注意以 branch 开头的行。Git 无法真正的重现这种结果（也不需要重现；两种类型的分支都可以使用 Git 引用来描述），但是 git-remote-hg 必须了解其中的区别，因为 Mercurial 需要关注。

创建 Mercurial 书签就像创建 Git 分支一样容易。在 Git 中，执行以下命令。

```
$ git checkout -b featureA
Switched to a new branch 'featureA'
$ git push origin featureA
To hg::/tmp/hello
 * [new branch]      featureA -> featureA
```

这就算完事了。在 Mercurial 中，看起来是下面这样的。

```
$ hg bookmarks
   featureA               5:bd5ac26f11f9
$ hg log --style compact -G
@ 6[tip] 8f65e5e02793 2014-08-14 20:06 -0700 ben
|   More documentation
|
o   5[featureA]:4,2   bd5ac26f11f9   2014-08-14 20:02 -0700       ben
|\   Merge remote-tracking branch 'origin/master'
| |
| o  4   0434aaa6b91f 2014-08-14 20:01 -0700       ben
| |   update makefile
```

```
| |
| o   3:1    318914536c86 2014-08-14 20:00 -0700      ben
| |    goodbye
| |
o | 2  f098c7f45c4f 2014-08-14 20:01 -0700      ben
|/    Add some documentation
|
o 1  82e55d328c8c 2005-08-26 01:21 -0700      mpm
|   Create a makefile
|
o 0  0a04b987be5a 2005-08-26 01:20 -0700      mpm
     Create a standard "hello, world" program
```

注意修订版本5上新的[featureA]标签。对于Git而言，其作用就像是Git分支，但除了一点：你不能从Git中删除书签（这是远程辅助程序的限制）。

你也可以使用"功能更丰富"的Mercurial分支：只需要把一个分支放在branches命名空间中即可，如下所示。

```
$ git checkout -b branches/permanent
Switc hed to a new branch 'branches/permanent'
$ vi Makefile
$ git commit -am 'A permanent change'
$ git push origin branches/permanent
To hg::/tmp/hello
 * [new branch]      branches/permanent -> branches/permanent
```

在Mercurial中看起来如下所示。

```
$ hg branches
permanent                       7:a4529d07aad4
develop                         6:8f65e5e02793
default                         5:bd5ac26f11f9 (inactive)
$ hg log -G
o  changeset:    7:a4529d07aad4
|  branch:       permanent
|  tag:          tip
|  parent:       5:bd5ac26f11f9
|  user:         Ben Straub <ben@straub.cc>
|  date:         Thu Aug 14 20:21:09 2014 -0700
|  summary:      A permanent change
|
| @  changeset:    6:8f65e5e02793
|/   branch:       develop
|    user:         Ben Straub <ben@straub.cc>
|    date:         Thu Aug 14 20:06:38 2014 -0700
|    summary:      More documentation
|
o    changeset:    5:bd5ac26f11f9
|\   bookmark:     featureA
| |  parent:       4:0434aaa6b91f
| |  parent:       2:f098c7f45c4f
| |  user:         Ben Straub <ben@straub.cc>
```

```
| |  date:         Thu Aug 14 20:02:21 2014 -0700
| |  summary:       Merge remote-tracking branch 'origin/master'
[...]
```

名为permanent的分支被记录在编号为7的变更集中。

就Git来说，这两种形式的分支用起来都一样：像平常一样检出、提交、获取、合并和推送就行了。还有件事需要知道：Mercurial不支持重写历史记录，只能进行添加。下面是Mercurial仓库进行过交互式变基与强制推送后的样子。

```
$ hg log --style compact -G
o  10[tip]   99611176cbc9    2014-08-14 20:21 -0700      ben
|    A permanent change
|
o  9   f23e12f939c3 2014-08-14 20:01 -0700      ben
|    Add some documentation
|
o  8:1   c16971d33922 2014-08-14 20:00 -0700      ben
|    goodbye
|
| o  7:5   a4529d07aad4 2014-08-14 20:21 -0700      ben
| |    A permanent change
| |
| | @  6    8f65e5e02793 2014-08-14 20:06 -0700      ben
| |/    More documentation
| |
| o  5[featureA]:4,2   bd5ac26f11f9 2014-08-14 20:02 -0700      ben
| |\    Merge remote-tracking branch 'origin/master'
| | |
| | o  4   0434aaa6b91f 2014-08-14 20:01 -0700      ben
| | |    update makefile
| | |
+---o  3:1   318914536c86 2014-08-14 20:00 -0700      ben
| |    goodbye
| |
| o  2   f098c7f45c4f 2014-08-14 20:01 -0700      ben
|/    Add some documentation
|
o  1   82e55d328c8c 2005-08-26 01:21 -0700      mpm
|    Create a makefile
|
o  0   0a04b987be5a 2005-08-26 01:20 -0700      mpm
     Create a standard "hello, world" program
```

变更集8、9和10已经被创建且均属于permanent分支，但是旧的变更集仍旧存在。这会极大地困扰使用Mercurial的团队成员，所以要避免这种行为。

5. Mercurial小结

Git与Mercurial之间极大的相似性使得我们在使用后者的时候不存在什么障碍。如果你不去修改个人机器上的历史记录（就像通常建议的那样），那么甚至可能不会注意到另一端是Mercurial。

9.1.3 Git 与 Perforce

Perforce是一种在公司环境中非常流行的版本控制工具。作为本章中所介绍的最古老的系统，它出现于1995年左右。Perforce的设计中带有一些时代的局限：它假设用户始终连接在一台单独的中央服务器上，本地磁盘上只保存了一个版本。的确，这些特性和限制对于某些特定的问题也没有什么不妥，但是如果把大量项目中使用的Perforce换成Git，表现则会更好。

如果你想混用Perforce和Git，那么有两种选择。第一个选择是使用来自Perforce官方的Git Fusion桥接，它可以将Perforce仓库中的子树展现成一个可读写的Git仓库，我们随后会讲到这部分内容。另一个选择是使用git-p4，这是一个客户端桥接，可以让你使用Git作为Perforce的客户端，同时也不需要重新配置Perforce服务器。

1. Git Fusion

Perforce提供了一个名为Git Fusion的产品，它可以在服务器端使用Git仓库来同步Perforce服务器。

● **设置**

针对书中的例子，我们采用最简单的方法来安装Git Fusion：下载运行着Perforce守护进程和Git Fusion的虚拟机。下载完成后，将其导入你惯用的虚拟机软件中即可（我们打算使用VirtualBox）。

第一次启动虚拟机后，它会要求你设置三个Linux用户的密码（root、perforce和git），并提供一个实例名，用于区分同一网络中的不同安装。一切都完成之后，你会看到如图9-1所示的画面。

图9-1　Git Fusion虚拟机启动画面

要留意显示在这里的IP地址，我们随后会用到。接下来，要创建一个Perforce用户。在屏幕底部选择Login选项并按回车键（或者使用SSH连接到这台机器上），以root身份登录。然后使用以下命令创建一个用户。

```
$ p4 -p localhost:1666 -u super user -f john
$ p4 -p localhost:1666 -u john passwd
$ exit
```

第一条命令会打开VI编辑器来自定义用户信息，不过你也可以通过键入:wq并按回车键来接受默认设置。第二条命令会提示你输入两次密码。在shell提示符下，我们只需要做这两件事，接下来就可以退出本次会话了。

要做的下一件事就是告诉Git不用验证SSL证书。Git Fusion镜像自带了一个证书，但是这个证书对应的域和虚拟机的IP地址并不匹配，因此Git会拒绝HTTPS连接。如果要进行永久安装，请查阅Perforce Git Fusion使用手册来安装不同的证书；就我们的例子而言，下面的设置就足够了。

```
$ export GIT_SSL_NO_VERIFY=true
```

现在我们可以测试一下是否一切都已就绪。

```
$ git clone https://10.0.1.254/Talkhouse
Cloning into 'Talkhouse'...
Username for 'https://10.0.1.254': john
Password for 'https://john@10.0.1.254':
remote: Counting objects: 630, done.
remote: Compressing objects: 100% (581/581), done.
remote: Total 630 (delta 172), reused 0 (delta 0)
Receiving objects: 100% (630/630), 1.22 MiB | 0 bytes/s, done.
Resolving deltas: 100% (172/172), done.
Checking connectivity... done.
```

虚拟机镜像中自带了一个可以克隆的样例项目。在这里我们使用之前创建的用户john，通过HTTPS进行克隆。Git会询问此次连接的凭据，不过凭据缓存允许我们跳过后续请求中的这一步。

● **Fusion配置**

安装好Git Fusion之后，需要调整一下相关配置。使用你惯用的Perforce客户端很容易就可以做到。只需要将Perforce服务器上的//.git-fusion目录映射到你的工作区就行了。文件结构如下所示。

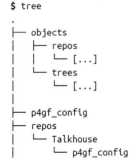

```
$ tree
.
├── objects
│   ├── repos
│   │   └── [...]
│   └── trees
│       └── [...]
│
├── p4gf_config
├── repos
│   └── Talkhouse
│       └── p4gf_config
```

```
└── users
    └── p4gf_usermap

498 directories, 287 files
```

Git Fusion在内部使用objects目录对Perforce对象和Git对象进行双向映射，这里面的东西不要乱动。在这个目录中有一个全局的p4gf-config文件，另外每个仓库中也会有一份。这些配置文件决定了Git Fusion的行为方式。来看一下根目录下面的文件，如下所示。

```
[repo-creation]
charset = utf8

[git-to-perforce]
change-owner = author
enable-git-branch-creation = yes
enable-swarm-reviews = yes
enable-git-merge-commits = yes
enable-git-submodules = yes
preflight-commit = none
ignore-author-permissions = no
read-permission-check = none
git-merge-avoidance-after-change-num = 12107

[perforce-to-git]
http-url = none
ssh-url = none

[@features]
imports = False
chunked-push = False
matrix2 = False
parallel-push = False

[authentication]
email-case-sensitivity = no
```

我们不打算在这里解释这些标志的含义，但是要注意的是，这只是一个INI格式的文本文件，与Git的配置文件很像。该文件指定的都是全局选项，不过这些选项可以被特定仓库的配置文件所覆盖，例如repos/Talkhouse/p4gf_config。如果打开这个文件，你会看到在[@repo]区域的一些选项设置与全局默认值不同。另外你还会看到一些像下面这样的区域。

```
[Talkhouse-master]
git-branch-name = master
view = //depot/Talkhouse/main-dev/... ...
```

这是Perforce分支和Git分支之间的一个映射。你可以根据需要给该区域命名，只要保证名称唯一就可以了。git-branch-name可以将Git下不易于处理的仓库路径转换成更友好的名称。view设置使用标准视图映射语法来控制如何将Perforce文件映射到Git仓库。可以指定多个映射关系，比如在本例中，如下所示。

9

```
[multi-project-mapping]
git-branch-name = master
view = //depot/project1/main/... project1/...
       //depot/project2/mainline/... project2/...
```

按照这种方法，如果正常的工作区映射包含目录结构上的变更，你可以将其复制成一个Git仓库。

我们要讨论的最后一个文件是users/p4gf_usermap，它负责将Perforce用户映射到Git用户，你可能并不会用到这个文件。如果要将Perforce变更集转换成Git提交，Git Fusion的默认操作是查找Perforce用户，然后使用该用户的电子邮件地址和全名作为Git的author/committer字段内容。在做相反的转换时，默认操作是根据保存在Git提交中author字段内的电子邮件地址来查找Perforce用户，以该用户的身份（以及相应的权限）提交变更集。在大多数情况下，这样做都没问题，但是考虑下面的映射文件。

```
john john@example.com "John Doe"
john johnny@appleseed.net "John Doe"
bob employeeX@example.com "Anon X. Mouse"
joe employeeY@example.com "Anon Y. Mouse"
```

每一行采用的格式都是<user><email> "<full name>"，同时创建了一个单独的用户映射。前两行将两个不同的电子邮件地址映射到了同一个Perforce用户账号。如果你在多个不同的电子邮件地址（或是更改了电子邮件地址）下生成了Git提交，但是想将它们映射到同一个Perforce账号上，这种形式的映射就很有意义了。当从Perforce变更集创建Git提交时，匹配Perforce用户的第一行文本会被用作Git的作者信息。

最后两行遮盖了所创建的Git提交中Bob和Joe的真实姓名以及电子邮件地址。如果你想将内部项目开源，但又不希望将雇员目录公之于众，这会是一个不错的解决方法。注意，电子邮件地址和用户全名必须是唯一的，除非你想将所有的Git提交划归到某个不存在的作者头上。

- **工作流**

Perforce Git Fusion是一种工作在Perforce和Git版本控制之间的双向桥接。让我们来看看如何在Git这端操作。假设我们已经使用上面的配置文件在项目Jam中完成了映射，这样就可以执行下面的克隆操作了。

```
$ git clone https://10.0.1.254/Jam
Cloning into 'Jam'...
Username for 'https://10.0.1.254': john
Password for 'https://ben@10.0.1.254':
remote: Counting objects: 2070, done.
remote: Compressing objects: 100% (1704/1704), done.
Receiving objects: 100% (2070/2070), 1.21 MiB | 0 bytes/s, done.
remote: Total 2070 (delta 1242), reused 0 (delta 0)
Resolving deltas: 100% (1242/1242), done.
Checking connectivity... done.
$ git branch -a
* master
  remotes/origin/HEAD -> origin/master
  remotes/origin/master
```

```
remotes/origin/rel2.1
$ git log --oneline --decorate --graph --all
* 0a38c33 (origin/rel2.1) Create Jam 2.1 release branch.
| * d254865 (HEAD, origin/master, origin/HEAD, master) Upgrade to latest metrowerks on Beos -- the Intel one
| * bd2f54a Put in fix for jam's NT handle leak.
| * c0f29e7 Fix URL in a jam doc
| * cc644ac Radstone's lynx port.
[...]
```

第一次执行这个操作会花费一些时间。在此期间，Git Fusion会将Perforce历史记录中所有适合的变更集转换成Git提交。这是发生在服务器端本地的，因此相对较快，但如果你有大量的历史记录，那还是得费点时间的。之后的获取操作会做增量转换，在速度上更接近Git的本来速度。

如你所见，仓库看起来就像你使用的其他Git仓库一样。这里有3个分支，Git已经帮忙创建了一个跟踪origin/master的本地master分支。我们来动动手，生成几个新提交，如下所示。

```
# ...
$ git log --oneline --decorate --graph --all
* cfd46ab (HEAD, master) Add documentation for new feature
* a730d77 Whitespace
* d254865 (origin/master, origin/HEAD) Upgrade to latest metrowerks on Beos -- the Intel one.
* bd2f54a Put in fix for jam's NT handle leak.
[...]
```

我们有了两个新提交。现在来检查一下有没有其他人在工作，如下所示。

```
$ git fetch
remote: Counting objects: 5, done.
remote: Compressing objects: 100% (3/3), done.
remote: Total 3 (delta 2), reused 0 (delta 0)
Unpacking objects: 100% (3/3), done.
From https://10.0.1.254/Jam
   d254865..6afeb15 master        -> origin/master
$ git log --oneline --decorate --graph --all
* 6afeb15 (origin/master, origin/HEAD) Update copyright
| * cfd46ab (HEAD, master) Add documentation for new feature
| * a730d77 Whitespace
|/
* d254865 Upgrade to latest metrowerks on Beos -- the Intel one.
* bd2f54a Put in fix for jam's NT handle leak.
[...]
```

看起来还真有！从这里并不能看出来这点，但是提交6afeb15实际上是使用Perforce客户端生成的。从Git的角度来看，它的确是另一个提交，这也正是我们想要的。下面来看看Perforce服务器是如何处理合并提交的。

```
$ git merge origin/master
Auto-merging README
Merge made by the 'recursive' strategy.
 README | 2 +-
 1 file changed, 1 insertion(+), 1 deletion(-)
$ git push
```

```
Counting objects: 9, done.
Delta compression using up to 8 threads.
Compressing objects: 100% (9/9), done.
Writing objects: 100% (9/9), 917 bytes | 0 bytes/s, done.
Total 9 (delta 6), reused 0 (delta 0)
remote: Perforce: 100% (3/3) Loading commit tree into memory...
remote: Perforce: 100% (5/5) Finding child commits...
remote: Perforce: Running git fast-export...
remote: Perforce: 100% (3/3) Checking commits...
remote: Processing will continue even if connection is closed.
remote: Perforce: 100% (3/3) Copying changelists...
remote: Perforce: Submitting new Git commit objects to Perforce: 4
To https://10.0.1.254/Jam
   6afeb15..89cba2b master -> master
```

Git 认为这已经奏效了。让我们使用 p4v 的修订版本图特性，从 Perforce 的角度来看看 README 文件的历史记录，如图 9-2 所示。

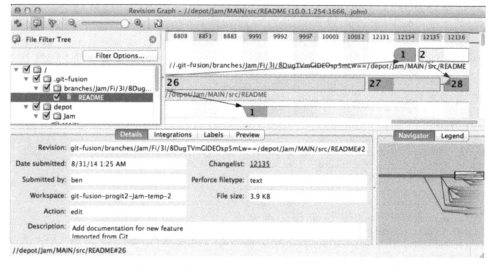

图9-2　Git推送后所形成的Perforce修订版本图

如果你之前从未见过这个界面，可能会摸不着头脑，但是它与图形化的 Git 历史记录一样，展现的是相同的概念。我们查看的是 README 文件的历史，因此左上方的目录树只显示出了不同分支中的该文件。在右上方，以可视化的方式描述了文件各个修订版之间的关系，在右下方是对应的全局视图。界面中剩下的部分显示了所选择的修订版（在本例中是 2）的详细信息。

有件事要注意：这张图与 Git 历史记录中的图很像。Perforce 并没有存储 1、2 提交的命名分支，因此它在 .git-fusion 目录中创建了一个 anonymous 分支来保存提交。这种情况同样会发生在 Git 命名分支和 Perforce 命名分支不对应的时候（你随后可以使用配置文件将这些 Git 命名分支映射到 Perforce 分支）。

这一切大多都发生在幕后，但最终的结果就是团队中的一个人可以使用 Git，另一个人可以使用 Perforce，他们彼此都不知道对方用的是什么。

● **GitFusion小结**

如果你有权（或者能够获得授权）访问你的Perforce服务器，那么Git Fusion是一种可以让Git
与Perforce相互沟通的好方法。这多少得做一些配置，但并不难学。本节并没有提醒你Git的全部
功能会受到限制。但这并不是说Perforce能够满足你所有的要求（如果试图重写已经推送过的历
史记录，Git Fusion就会拒绝），尽管Git Fusion会竭尽全力使你察觉不到这种差异。你甚至还可以
使用Git子模块（Perforce用户对此会比较陌生），进行分支合并（在Perforce一端，这将作为一次
整合被记录下来）。

如果无论你怎么劝说，服务器管理员都不愿意设置Git Fusion，那么还有另一个方法可以使
用这些工具。

2. git-p4

git-p4是一种工作在Git和Perforce之间的双向桥接。它完全在Git仓库中运行，因此并不需
要任何Perforce服务器的访问权限（当然，除了用户凭据）。git-p4并不像Git Fusion那样灵活，
也没有提供一整套完整的解决方案，但是它允许你在不修改服务器环境的情况下实现大部分需
要的操作。

注意　要想使用git-p4，需要将p4工具加入到PATH环境变量中。在本书撰写之时，这个工具可以
从网页http://www.perforce.com/downloads/Perforce/20-User上免费下载。

● **设置**

我们将在之前演示过的Git Fusion OVA上运行Perforce服务器，但是会绕过Git Fusion服务器，
直接进行Perforce版本管理。

要想使用p4命令行客户端（git-p4依赖此客户端），需要设置几个环境变量，如下所示。

```
$ export P4PORT=10.0.1.254:1666
$ export P4USER=john
```

● **开始动手**

和Git一样，第一个命令就是克隆操作，如下所示。

```
$ git p4 clone //depot/www/live www-shallow
Importing from //depot/www/live into www-shallow
Initialized empty Git repository in /private/tmp/www-shallow/.git/
Doing initial import of //depot/www/live/ from revision #head into refs/remotes/p4/master
```

用Git中的术语来说，这创建出了一个"浅"（shallow）克隆，只有最近的Perforce修订版本
会被导入到Git中。记住，Perforce并未设计成将所有的修订版本交给每一个用户。将Git作为
Perforce客户端是没有问题的，但如果还要用作其他用途，就难以胜任了。

完成克隆之后，我们就得到了一个功能完善的Git仓库，如下所示。

```
$ cd myproject
$ git log --oneline --all --graph -decorate
* 70eaf78 (HEAD, p4/master, p4/HEAD, master) Initial import of //depot/www/live/ from the state
```

```
at revision  # head
```

注意有一个p4的远程仓库对应着Perforce服务器，除此之外，和标准的克隆没有什么两样。这么说实际上有点误导，其实这里并没有远程仓库。

```
$ git remote -v
```

在当前仓库中并不存在远程仓库。git-p4创建了一些远程引用来描述服务器状态，它们看起来类似git log命令所显示的远程引用，但是Git自身并不对其进行管理，因此你也无法推送。

● **工作流**

好了，让我们来动手做点事情吧。假设你在某项非常重要的特性上已经取得了一些进展，打算向团队成员展示。

```
$ git log --oneline --all --graph --decorate
* 018467c (HEAD, master) Change page title
* c0fb617 Update link
* 70eaf78 (p4/master, p4/HEAD) Initial import of //depot/www/live/ from the state at revision # head
```

我们生成了两个新的提交，准备把它们推送到Perforce服务器。来检查一下今天是否有其他人也在工作，如下所示。

```
$ git p4 sync
git p4 sync
Performing incremental import into refs/remotes/p4/master git branch
Depot paths: //depot/www/live/
Import destination: refs/remotes/p4/master
Importing revision 12142 (100%)
$ git log --oneline --all --graph --decorate
* 75cd059 (p4/master, p4/HEAD) Update copyright
| * 018467c (HEAD, master) Change page title
| * c0fb617 Update link
|/
* 70eaf78 Initial import of //depot/www/live/ from the state at revision #head
```

看起来像先前一样，master和p4/master已经分叉过了。Perforce的分支系统完全不同于Git的，递交合并提交没有任何意义。git-p4的建议是对提交进行变基，为此甚至还提供了一种快捷的操作方式，如下所示。

```
$ git p4 rebase
Performing incremental import into refs/remotes/p4/master git branch
Depot paths: //depot/www/live/
No changes to import!
Rebasing the current branch onto remotes/p4/master
First, rewinding head to replay your work on top of it...
Applying: Update link
Applying: Change page title
 index.html | 2 +-
 1 file changed, 1 insertion(+), 1 deletion(-)
```

你大概能从输出中看出一二，git p4 rebase是作为git p4 sync和git rebase p4/master的一个快捷命令。尤其是在处理多个分支时，它用起来更顺手，能够获得差不多的效果。

现在我们的历史记录又是线性的了，接下来我们打算将变更交回Perforce。git p4 submit命令会尝试为p4/master和master之间的每一个Git提交创建一个新的Perforce修订版本。执行之后会打开我们惯用的编辑器，文件的内容类似下面这样。

```
# A Perforce Change Specification.
#
#  Change:       The change number. 'new' on a new changelist.
#  Date:         The date this specification was last modified.
#  Client:       The client on which the changelist was created. Read-only.
#  User:         The user who created the changelist.
#  Status:       Either 'pending' or 'submitted'. Read-only.
#  Type:         Either 'public' or 'restricted'. Default is 'public'.
#  Description:  Comments about the changelist. Required.
#  Jobs:         What opened jobs are to be closed by this changelist.
#                You may delete jobs from this list. (New changelists only.)
#  Files:        What opened files from the default changelist are to be added
#                to this changelist. You may delete files from this list.
#                (New changelists only.)

Change: new

Client: john_bens-mbp_8487

User: john

Status: new

Description:
  Update link

Files:
  //depot/www/live/index.html      # edit

######## git author ben@straub.cc does not match your p4 account.
######## Use option --preserve-user to modify authorship.
######## Variable git-p4.skipUserNameCheck hides this message.
######## everything below this line is just the diff #######
--- //depot/www/live/index.html 2014-08-31 18:26:05.000000000 0000
+++ /Users/ben/john_bens-mbp_8487/john_bens-mbp_8487/depot/www/live/index.html 2014-08-31
18:26:05.000000000 000
@@ -60,7 +60,7 @@
 </td>
 <td valign=top>
 Source and documentation for
-<a href="http://www.perforce.com/jam/jam.html">
+<a href="jam.html">
 Jam/MR</a>,
 a software build tool.
 </td>
```

内容基本上和执行p4 submit之后看到的一样，除了git-p4在结尾处加入的一些帮助性信息。当git-p4必须为提交或变更集提供名称的时候，它会尽可能沿用Git以及Perforce各自的设置，不过有时候这种行为并不合适。例如，如果你当前正在导入的Git提交是由一位没有Perforce用户账号的贡献者创建的，但你仍希望最终的变更集看起来是属于他的（而不是你的）。

git-p4将Git提交中的信息导入到了Perforce变更集中，因此我们要做两次保存和退出（一次一个提交）。最终的shell输出结果类似下面这样。

```
$ git p4 submit
Perforce checkout for depot path //depot/www/live/ located at /Users/ben/john_bens-mbp_8487/john_bens-
mbp_8487/depot/www/live/
Synchronizing p4 checkout...
... - file(s) up-to-date.
Applying dbac45b Update link
//depot/www/live/index.html#4 - opened for edit
Change 12143 created with 1 open file(s).
Submitting change 12143.
Locking 1 files ...
edit //depot/www/live/index.html#5
Change 12143 submitted.
Applying 905ec6a Change page title
//depot/www/live/index.html#5 - opened for edit
Change 12144 created with 1 open file(s).
Submitting change 12144.
Locking 1 files ...
edit //depot/www/live/index.html#6
Change 12144 submitted.
All commits applied!
Performing incremental import into refs/remotes/p4/master git branch
Depot paths: //depot/www/live/
Import destination: refs/remotes/p4/master
Importing revision 12144 (100%)
Rebasing the current branch onto remotes/p4/master
First, rewinding head to replay your work on top of it...
$ git log --oneline --all --graph --decorate
* 775a46f (HEAD, p4/master, p4/HEAD, master) Change page title
* 05f1ade Update link
* 75cd059 Update copyright
* 70eaf78 Initial import of //depot/www/live/ from the state at revision #head
```

结果就像是刚刚执行过git push命令，这是对整个实际过程所做出的最恰当的类比。

注意，每一个Git提交在此期间都被转变成了一个Perforce变更集；如果你想将它们压进一个单独的变更集，可以在执行git p4 submit之前进行一次交互式变基。另外还要注意的是作为变更集递交的所有提交，其SHA-1散列值发生了变化；这是因为git-p4在每一个所转化的提交结尾都添加了一行内容，如下所示。

```
$ git log -1
commit 775a46f630d8b46535fc9983cf3ebe6b9aa53145
Author: John Doe <john@example.com>
Date:   Sun Aug 31 10:31:44 2014 -0800
```

```
Change page title

[git-p4: depot-paths = "//depot/www/live/": change = 12144]
```

如果你试图递交一个合并提交会怎样？可以来试试。下面是我们所面对的情形。

```
$ git log --oneline --all --graph --decorate
* 3be6fd8 (HEAD, master) Correct email address
*   1dcbf21 Merge remote-tracking branch 'p4/master'
|\
| * c4689fc (p4/master, p4/HEAD) Grammar fix
* | cbacd0a Table borders: yes please
* | b4959b6 Trademark
|/
* 775a46f Change page title
* 05f1ade Update link
* 75cd059 Update copyright
* 70eaf78 Initial import of //depot/www/live/ from the state at revision #head
```

　　Git与Perforce的历史记录在775a46f之后就分叉了。在Git一侧有两次提交，接着是同Perforce头部的一次合并提交，然后是另一次提交。我们打算尝试着将这些提交递交到Perforce一侧的某个单独的变更集之上。如果递交，结果会如下所示。

```
$ git p4 submit -n
Perforce checkout for depot path //depot/www/live/ located at /Users/ben/john_bens-mbp_8487/john_bens-
mbp_8487/depot/www/live/
Would synchronize p4 checkout in /Users/ben/john_bens-mbp_8487/john_bens-mbp_8487/depot/www/live/
Would apply
  b4959b6 Trademark
  cbacd0a Table borders: yes please
  3be6fd8 Correct email address
```

　　-n是--dry-run的缩写，该选项会报告如果递交的命令真的执行，会出现什么情况。在本例中，这显示出我们创建了3个Perforce变更集，分别对应着尚未存在于Perforce服务器上的3个非合并提交。结果和预期的一样，如下所示。

```
$ git p4 submit
[…]
$ git log --oneline --all --graph --decorate
* dadbd89 (HEAD, p4/master, p4/HEAD, master) Correct email address
* 1b79a80 Table borders: yes please
* 0097235 Trademark
* c4689fc Grammar fix
* 775a46f Change page title
* 05f1ade Update link
* 75cd059 Update copyright
* 70eaf78 Initial import of //depot/www/live/ from the state at revision #head
```

　　我们的历史记录已经线性化了，就好像在递交之前已经做过了变基操作一样（实际上也的确是这样）。这意味着你可以在Git一侧随意地创建、使用、丢弃、合并分支，无需担心历史记录会与Perforce不兼容。如果能够进行变基，就可以将其贡献到Perforce服务器。

● **分支**

如果你的Perforce项目有多个分支，也算不上什么麻烦事；git-p4可以像Git那样处理这些分支。假设你的Perforce仓库结构如下所示。

```
//depot
  └─ project
       ├─ main
       └─ dev
```

你拥有一个dev分支，其视图规格（view spec）如下所示。

```
//depot/project/main/... //depot/project/dev/...
```

git-p4能够自动检测到这种情况并采取有效的措施，如下所示。

```
$ git p4 clone --detect-branches //depot/project@all
Importing from //depot/project@all into project
Initialized empty Git repository in /private/tmp/project/.git/
Importing revision 20 (50%)
    Importing new branch project/dev

    Resuming with change 20
Importing revision 22 (100%)
Updated branches: main dev
$ cd project; git log --oneline --all --graph --decorate
* eae77ae (HEAD, p4/master, p4/HEAD, master) main
| * 10d55fb (p4/project/dev) dev
| * a43cfae Populate //depot/project/main/... //depot/project/dev/....
|/
* 2b83451 Project init
```

注意在仓库路径中的规格指示符@all，它告诉git-p4不仅要克隆指定子树的最新变更集，还要克隆这些路径中尚未访问过的所有变更集。这比较接近于Git的克隆概念，但如果你所在的项目的历史记录很长，这个操作就要花上一些时间了。

--detect-branches选项指示git-p4使用Perforce的分支规格来完成分支和Git引用之间的映射。如果在Perforce服务器上没有这些映射（这是Perforce的一种很正常的使用方法），你可以告知git-p4所映射到的分支，这样也可以得到相同的结果，如下所示。

```
$ git init project
Initialized empty Git repository in /tmp/project/.git/
$ cd project
$ git config git-p4.branchList main:dev
$ git clone --detect-branches //depot/project@all .
```

将git-p4.branchList配置变量设置成main:dev，以此告诉git-p4这两者（main和dev）都是分支，后者是前者的子分支。

如果现在执行git checkout -b dev p4/project/dev并进行一些提交，那么在执行git p4 submit

时，git-p4会非常聪明地选择正确的分支。遗憾的是，git-p4不能混用浅克隆和多个分支；如果你手边有一个庞大的项目，需要使用多个分支，那就只能对每个需要递交的分支执行一次`git p4 clone`了。

要想创建或整合分支，需要借助Perforce客户端。git-p4只能同步或递交已有的分支，而且一次只能处理一个线性的变更集。如果你在Git中合并了两个分支并尝试递交新的变更集，被记录下来的只会是多个文件的变更；关于整合过程中涉及哪些分支之类的元数据都会丢失。

3. Git与Perforce小结

git-p4使得我们可以搭配使用Git工作流和Perforce服务器，而且效果还非常不错。但是，要记住的重要一点是：Perforce负责源头，你只能在本地使用Git。共享Git提交时一定得小心：如果你的远程仓库也在被其他人使用，不要推送任何尚未递交到Perforce服务器的提交。

如果你想不受限制地使用Perforce以及Git客户端进行源代码控制，可以说服服务器管理员安装Git Fusion，它可以使得Git成为Perforce服务器的头等版本控制客户端。

9.1.4　Git 与 TFS

Git在Windows开发人员中也开始愈发流行，如果你从事的是Windows平台上的软件开发工作，那么这是一个使用微软的Team Foundation Server（TFS）的好机会。TFS是一个包含了缺陷与工作项目跟踪、Scrum与其他流程管理方法支持、代码审核以及版本控制的协作套件。这里有一个地方会让人有点困惑：TFS是服务器，它支持使用Git和自有的一套VCS来进行源代码控制，这称为TFVC（Team Foundation Version Control）。对于Git的支持是TFS一个比较新的特性（2013版引入的），因此之前的所有工具都将版本控制部分称为TFS，尽管它们绝大部分使用的都是TFVC。

如果你发现你所在的团队使用的是TFVC，而你自己更愿意使用Git作为版本控制客户端，那么有一个项目可以帮到你。

1. 选择工具

实际上，这样的工具有两个：git-tf和git-tfs。

git-tfs是一个只能够在Windows上运行（截至本书编写之时）的.NET项目。它使用了Libgit2的.NET绑定来处理Git仓库，这是一个面向库的Git实现，性能优秀、灵活性高。Libgit2并非Git的完整实现，为了弥补由此带来的差异，它其实会调用Git的命令行客户端来完成某些操作，所以在处理Git仓库时并没有什么功能上的限制。由于使用了Visual Studio程序集来进行服务器操作，因而对于TFVC特性的支持非常成熟。这意味着要想使用git-tfs，你必须能够访问这些程序集，因此需要安装最近的Visual Studio版本（2010版之后的任何版本，包括2012版之后的Express版）或者Visual Studio SDK。

git-tf是一个Java项目，可以在安装了Java运行时环境的任何计算机上运行。它使用JGit（一个Git的JVM实现）作为与Git仓库的接口，因此在Git功能上并没有什么限制。但与git-tfs相比，git-tf对于TFVC的支持很有限，例如，它并不支持分支。

所以说这两个工具各有利弊，各自都有适用的场景。我们在本书中会介绍它们的基本用法。

注意   你需要有一个基于TFVC的仓库来练习随后的命令。这种仓库不像Git或Subversion仓库
那么好找，所以你可能需要自己创建一个。Codeplex或Visual Studio Online都是不错的
选择。

---

2. 使用git-tf
与Git项目一样，你要做的第一件事就是克隆。git-tf的操作方式如下所示。

```
$ git tf clone https://tfs.codeplex.com:443/tfs/TFS13 $/myproject/Main project_git
```

第一个参数是TFVC集合的URL，第二个参数形如$/project/branch，第三个参数是要创建的
本地Git仓库的路径（这个参数是可选的）。git-tf一次只能处理一个分支；如果你想检入另一个
TFVC分支，那就需要为该分支创建一份新的克隆。

这样可以创建出一个功能完备的Git仓库，如下所示。

```
$ cd project_git
$ git log --all --oneline --decorate
512e75a (HEAD, tag: TFS_C35190, origin_tfs/tfs, master) Checkin message
```

这叫作浅克隆，也就是说只会下载最新的变更集。TFVC本身并没有设计成为每一个客户端
提供一份完整的历史记录副本，因此git-tf默认只获得最新的历史版本，这样速度要快得多。

如果你有时间，使用--deep选项克隆整个项目历史可能更有价值，如下所示。

```
$ git tf clone https://tfs.codeplex.com:443/tfs/TFS13 $/myproject/Main \
  project_git --deep
Username: domain\user
Password:
Connecting to TFS...
Cloning $/myproject into /tmp/project_git: 100%, done.
Cloned 4 changesets. Cloned last changeset 35190 as d44b17a
$ cd project_git
$ git log --all --oneline --decorate
d44b17a (HEAD, tag: TFS_C35190, origin_tfs/tfs, master) Goodbye
126aa7b (tag: TFS_C35189)
8f77431 (tag: TFS_C35178) FIRST
0745a25 (tag: TFS_C35177) Created team project folder $/tfvctest via the \
          Team Project Creation Wizard
```

注意带有类似于TFS_C35189名称的标签，这个特性可以帮助你知道与TFVC变更集相关联的
Git提交。这种表示方式效果很好，因为你可以使用一条简单的log命令看出与TFVC上已有快照
相关联的那些提交。这些标签不是必须的（实际上你可以使用git config git-tf.tag false来关
闭这个特性），git-tf会在.git/git-tf文件中保留真正的"提交-变更集"映射。

3. 使用git-tfs
git-tfs的克隆操作略有不同，观察下面的输出。

```
PS> git tfs clone --with-branches \
    https://username.visualstudio.com/DefaultCollection \
    $/project/Trunk project_git
Initialized empty Git repository in C:/Users/ben/project_git/.git/
C15 = b75da1aba1ffb359d00e85c52acb261e4586b0c9
C16 = c403405f4989d73a2c3c119e79021cb2104ce44a
Tfs branches found:
- $/tfvc-test/featureA
The name of the local branch will be : featureA
C17 = d202b53f67bde32171d5078968c644e562f1c439
C18 = 44cd729d8df868a8be20438fdeeefb961958b674
```

注意--with-branches选项。git-tfs可以将TFVC分支映射到Git分支，这个选项告诉它为每一个TFVC分支设置一个本地的Git分支。如果你曾经在TFS中创建或合并过分支，强烈建议使用该选项，但它无法在TFS 2010之前的服务器中使用，因为对于老版本来说，"分支"只不过是文件夹而已，git-tfs无法将其与普通的文件夹区分开。

让我们来看看最终的Git仓库，如下所示。

```
PS> git log --oneline --graph --decorate --all
* 44cd729 (tfs/featureA, featureA) Goodbye
* d202b53 Branched from $/tfvc-test/Trunk
* c403405 (HEAD, tfs/default, master) Hello
* b75da1a New project
PS> git log -1
commit c403405f4989d73a2c3c119e79021cb2104ce44a
Author: Ben Straub <ben@straub.cc>
Date:   Fri Aug 1 03:41:59 2014 +0000

    Hello

    git-tfs-id: [https://username.visualstudio.com/DefaultCollection]$/myproject/Trunk;C16
```

有两个本地分支：master和featureA，它们分别代表着克隆的初始起点（TFVC中的Trunk）和子分支（TFVC中的featureA）。你可以看到tfs的remote也有一对引用：default和featureA，代表着TFVC分支。git-tfs映射从tfs/default克隆的分支，其他的也各有自己的名称。

要注意的另一件事是提交消息中的git-tfs-id一行。git-tfs并没有使用标签，而是用这些标记将TFVC变更集与Git提交联系起来。这意味着你的Git提交在推送到TFVC前后会有不同的SHA-1散列值。

4. git-tf[s]工作流

注意 不管你使用哪种工具，都需要设置两项Git配置，以免遇到麻烦。

```
$ git config set --local core.ignorecase=true
$ git config set --local core.autocrlf=false
```

接下来显然要开始着手项目了。TFVC和TFS的以下几个特性有可能会增加工作流的复杂性。

(1) 没有在TFVC中描述的特性分支会有点麻烦。这意味着需要使用与TFVC和Git截然不同的描述方式来处理。

(2) 要留意的是TFVC允许用户从服务器上"检出"并锁定文件,以避免他人编辑。这显然无法阻止你从本地仓库中编辑这些文件,但是在向TFVC服务器推送变更时会造成问题。

(3) TFS有一个"封闭"检入的概念,意思是说在检入被允许前,必须顺利完成一个TFS的"构建–测试"周期。这需要使用TFVC的shelve功能,我们不打算在此对其进行详述。你可以使用git-tf来手动模拟这项功能,git-tfs也提供了能够处理封闭的checkintool命令。

出于简洁性的考虑,我们在这里所讲的都是一帆风顺下的情况,回避了大部分问题。

5. 工作流:git-tf

假设我们的工作已经有了一些进展,在master分支上完成了几次Git提交,接着打算在TFVC服务器上共享工作成果。下面是我们的Git仓库。

```
$ git log --oneline --graph --decorate --all
* 4178a82 (HEAD, master) update code
* 9df2ae3 update readme
* d44b17a (tag: TFS_C35190, origin_tfs/tfs) Goodbye
* 126aa7b (tag: TFS_C35189)
* 8f77431 (tag: TFS_C35178) FIRST
* 0745a25 (tag: TFS_C35177) Created team project folder $/tfvctest via the \
          Team Project Creation Wizard
```

我们想要得到4178a82提交的快照并将其推送到TFVC服务器。先捡重要的说,让我们看看自上一次连接之后有没有其他同事做过什么别的事情,如下所示。

```
$ git tf fetch
Username: domain\user
Password:
Connecting to TFS...
Fetching $/myproject at latest changeset: 100%, done.
Downloaded changeset 35320 as commit 8ef06a8. Updated FETCH_HEAD.
$ git log --oneline --graph --decorate --all
* 8ef06a8 (tag: TFS_C35320, origin_tfs/tfs) just some text
| * 4178a82 (HEAD, master) update code
| * 9df2ae3 update readme
|/
* d44b17a (tag: TFS_C35190) Goodbye
* 126aa7b (tag: TFS_C35189)
* 8f77431 (tag: TFS_C35178) FIRST
* 0745a25 (tag: TFS_C35177) Created team project folder $/tfvctest via the \
          Team Project Creation Wizard
```

看起来的确有其他人也进行了变更,现在我们的历史记录就出现了分叉。这正是Git发挥作用的地方,但是我们有以下两种处理选择。

(1) 像Git用户惯常的那样生成一个合并提交(毕竟这也是git pull所要做的),git-tf可以使用一个简单的git tf pull命令完成这一操作。但是要注意,TFVC并不这么认为,如果推送了合并提交,你的历史记录就会在两侧出现不一致的情况,这就会引发困惑。如果将所有的变更作为一个变更集来递交，这可能是最简单的选择。

(2) 变基能够使得提交历史线性化，这意味着我们可以将每一个Git提交转换成一个TFVC变更集。因为这种方式能够保留最大的选择余地，我们推荐你采用这种方法。git-tf甚至可以使用git tf pull --rebase让这个操作变得更简单。

至于采用哪种选择，就由你来决定了。在本例中，我们选择使用变基，如下所示。

```
$ git rebase FETCH_HEAD
First, rewinding head to replay your work on top of it...
Applying: update readme
Applying: update code
$ git log --oneline --graph --decorate --all
* 5a0e25e (HEAD, master) update code
* 6eb3eb5 update readme
* 8ef06a8 (tag: TFS_C35320, origin_tfs/tfs) just some text
* d44b17a (tag: TFS_C35190) Goodbye
* 126aa7b (tag: TFS_C35189)
* 8f77431 (tag: TFS_C35178) FIRST
* 0745a25 (tag: TFS_C35177) Created team project folder $/tfvctest via the \
          Team Project Creation Wizard
```

现在我们打算检入到TFVC服务器。git-tf能够让你创建一个可以代表自上次修改之后（--shallow，默认选项）所出现的所有变更的变更集，并为每一个Git提交（--deep）生成一个新的变更集。在本例中，我们将会创建一个变更集，如下所示。

```
$ git tf checkin -m 'Updating readme and code'
Username: domain\user
Password:
Connecting to TFS...
Checking in to $/myproject: 100%, done.
Checked commit 5a0e25e in as changeset 35348
$ git log --oneline --graph --decorate --all
* 5a0e25e (HEAD, tag: TFS_C35348, origin_tfs/tfs, master) update code
* 6eb3eb5 update readme
* 8ef06a8 (tag: TFS_C35320) just some text
* d44b17a (tag: TFS_C35190) Goodbye
* 126aa7b (tag: TFS_C35189)
* 8f77431 (tag: TFS_C35178) FIRST
* 0745a25 (tag: TFS_C35177) Created team project folder $/tfvctest via the \
          Team Project Creation Wizard
```

有一个新的TFS_C35348标签，表明TFVC存储了与5a0e25e提交一模一样的快照。要注意的重要一点是，并不是每个Git提交都需要在TFVC中有一个严格的对应。比如说6eb3eb5提交在服务器上就不存在。

这就是主要的工作流。下面是需要你牢记的一些其他考虑事项。

(1) 没有分支。git-tf一次只能从一个TFVC分支中创建Git仓库。

(2) 使用TFVC或Git进行协作，但不要同时使用两者。同一个TFVC仓库的不同git-tf克隆可能会拥有不一样的SHA-1散列值，这会导致没完没了的麻烦。

(3) 如果你的团队工作流中包括使用Git协作以及定期与TFVC同步，那么只使用单个Git仓库连接到TFVC。

6. 工作流：git-tfs

让我们使用git-tfs来体验一遍相同的情景。以下是几个在Git仓库中master分支上生成的新提交。

```
PS> git log --oneline --graph --all --decorate
* c3bd3ae (HEAD, master) update code
* d85e5a2 update readme
| * 44cd729 (tfs/featureA, featureA) Goodbye
| * d202b53 Branched from $/tfvc-test/Trunk
|/
* c403405 (tfs/default) Hello
* b75da1a New project
```

现在来看看在我们忙碌的时候有没有人做了一些其他的工作，如下所示。

```
PS> git tfs fetch
C19 = aea74a0313de0a391940c999e51c5c15c381d91d
PS> git log --all --oneline --graph --decorate
* aea74a0 (tfs/default) update documentation
| * c3bd3ae (HEAD, master) update code
| * d85e5a2 update readme
|/
| * 44cd729 (tfs/featureA, featureA) Goodbye
| * d202b53 Branched from $/tfvc-test/Trunk
|/
* c403405 Hello
* b75da1a New project
```

果然，我们的同事添加了一个新的TFVC变更集，显示为新的aea74a0提交，并且tfs/default远程分支也被移走了。

与git-tf一样，我们有以下两种基本的选择来解决历史分叉问题。

(1) 通过变基来保持历史记录的线性化。

(2) 通过合并来保留改动。

在本例中，我们打算做一次"深度"检入，也就是说每一个Git提交都会变成一个TFVC变更集，因此我们需要进行变基操作，如下所示。

```
PS> git rebase tfs/default
First, rewinding head to replay your work on top of it...
Applying: update readme
Applying: update code
PS> git log --all --oneline --graph --decorate
* 10a75ac (HEAD, master) update code
* 5cec4ab update readme
* aea74a0 (tfs/default) update documentation
```

```
| * 44cd729 (tfs/featureA, featureA) Goodbye
| * d202b53 Branched from $/tfvc-test/Trunk
|/
* c403405 Hello
* b75da1a New project
```

现在我们已经准备好向TFVC服务器检入代码了。对于从HEAD到第一个tfs远程分支之间的每一个Git提交，我们会使用rcheckin命令为其创建一个TFVC变更集（checkin命令只能创建单个变更集，与压缩Git提交有些类似），如下所示。

```
PS> git tfs rcheckin
Working with tfs remote: default
Fetching changes from TFS to minimize possibility of late conflict...
Starting checkin of 5cec4ab4 'update readme'
 add README.md
C20 = 71a5ddce274c19f8fdc322b4f165d93d89121017
Done with 5cec4ab4b213c354341f66c80cd650ab98dcf1ed, rebasing tail onto new TFS-commit...
Rebase done successfully.
Starting checkin of b1bf0f99 'update code'
 edit .git\tfs\default\workspace\ConsoleApplication1/ConsoleApplication1/Program.cs
C21 = ff04e7c35dfbe6a8f94e782bf5e0031cee8d103b
Done with b1bf0f9977b2d48bad611ed4a03d3738df05ea5d, rebasing tail onto new TFS-commit...
Rebase done successfully.
No more to rcheckin.
PS> git log --all --oneline --graph --decorate
* ff04e7c (HEAD, tfs/default, master) update code
* 71a5ddc update readme
* aea74a0 update documentation
| * 44cd729 (tfs/featureA, featureA) Goodbye
| * d202b53 Branched from $/tfvc-test/Trunk
|/
* c403405 Hello
* b75da1a New project
```

注意在每次成功检入到TFVC服务器之后，git-tfs是如何将余下的工作变基为已完成的。这是因为它将git-tfs-id字段添加到了提交消息的底部，这改变了SHA-1散列值。不用担心，就是这样设计的，但是你应该注意到发生了什么，尤其是在与他人共享Git提交时。

TFS的很多特性是与其版本控制系统整合到一起的，例如工作项（work item）、指派审核员（designated reviewer）、封闭检入（gated checkin）等。如果仅凭命令行工具来使用这些特性，那么不免有些笨拙，好在git-tfs提供了一款非常好用的图形化检入工具，如下所示。

```
PS> git tfs checkintool
PS> git tfs ct
```

该工具的界面如图9-3所示。

9

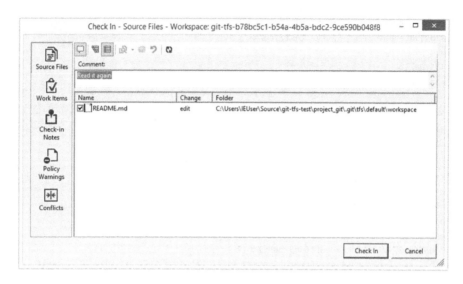

图9-3   git-tfs检入工具

TFS用户会觉得很熟悉，因为这就是从Visual Studio中运行的相同的对话窗口。

git-tfs也可以让你从Git仓库控制TFVC分支。作为演示，我们来创建一个，如下所示。

```
PS> git tfs branch $/tfvc-test/featureBee
The name of the local branch will be : featureBee
C26 = 1d54865c397608c004a2cadce7296f5edc22a7e5
PS> git log --oneline --graph --decorate --all
* 1d54865 (tfs/featureBee) Creation branch $/myproject/featureBee
* ff04e7c (HEAD, tfs/default, master) update code
* 71a5ddc update readme
* aea74a0 update documentation
| * 44cd729 (tfs/featureA, featureA) Goodbye
| * d202b53 Branched from $/tfvc-test/Trunk
|/
* c403405 Hello
* b75da1a New project
```

在TFVC中创建分支意味着添加一个使分支存在的变更集，这会被表现为一个Git提交。还要注意的是，git-tfs创建了tfs/featureBee远程分支，但是HEAD仍旧指向master。如果你想在新建成的分支上工作，需要将1d54865提交作为新提交的基础，这可以通过在该提交上创建一个topic分支来实现。

7. Git与TFS小结

git-tf和git-tfs都是非常不错的TFVC服务器交互工具。它们允许你在本地发挥Git的作用，避免与中央TFVC服务器之间的频繁通信，减轻开发人员的负担，并且不需要强制整个团队都迁移到Git。如果你在Windows平台上工作（如果你的团队使用的是TFS，那么这就有可能），那么大概会想要使用git-tfs，因为它的功能特性更完备；但如果你在其他平台上工作，就只能使用功能有限的git-tf了。与本章介绍过的大部分工具一样，你应该选择其中一种作为正式的版本控制系统，再选择另一种作为次用版本控制系统，Git或TFVC都可以当作协作中心，但不要两者皆用。

9.2 迁移到 Git

如果你在其他VCS中有代码库，但是已经决定转用Git，那就必须通过某种方法迁移项目。本节将介绍一些常用系统的导入工具，演示如何开发自定义导入工具。你会学到如何从一些大型的专业SCM系统中导入数据，因为大部分要进行迁移的用户使用的都是这些系统，而且相关的高质量工具也易于获得。

9.2.1 Subversion

如果你之前读过有关git svn用法的相关章节，那么就可以很轻松地依据其用法对仓库执行git svn clone了；然后，停止使用Subversion服务器，向新的Git服务器推送并开始使用Git。如果需要保留历史记录，只用把相关数据从Subversion服务器上拉取出来就行了（这可能得花点时间）。

不过，导入并非完美无缺，因为耗时不短，你也可以用别的更直接的方法。第一个问题就是作者信息。在Subversion中，每个人在提交时都有对应的系统用户，该用户会被记录在提交消息中。在上节的例子中就有多处出现了schacon，例如blame的输出以及git svn log。如果你想将此映射成内容更丰富的Git作者信息，需要建立Subversion用户与Git作者之间的映射关系。创建一个名为users.txt的文件，在其中写入以下格式的映射。

```
schacon = Scott Chacon <schacon@geemail.com>
selse = Someo Nelse <selse@geemail.com>
```

要获得SVN使用的作者姓名列表，可以执行下面的命令。

```
$ svn log --xml | grep author | sort -u | \
  perl -pe 's/.*>(.*?)<.*/$1 = /'
```

该命令首先会生成XML格式的日志输出，然后只保存含有作者信息的那些行，最后去掉重复的信息以及XML标签。（显然这条命令只能在安装了grep、sort和perl的机器上工作。）将命令输出重定向到users.txt文件，这样就可以在每一条记录之后添加对应的Git用户数据了。

你可以将该文件提供给git svn以帮助它更准确地映射作者数据。通过将--no-metadata选项传给clone或init命令，还可以告诉git svn不要包括Subversion通常会导入的元数据。这样一来，你所用的import命令看起来就是下面这个样子了。

```
$ git svn clone http://my-project.googlecode.com/svn/ \
    --authors-file=users.txt --no-metadata --prefix "" -s my_project
$ cd my_project
```

在你的my_project目录下现在应该已经出现了一个更好的Subversion导入。提交不再是下面这样：

```
commit 37efa680e8473b615de980fa935944215428a35a
Author: schacon <schacon@4c93b258-373f-11de-be05-5f7a86268029>
Date:    Sun May 3 00:12:22 2009 +0000

    fixed install - go to trunk

    git-svn-id: https://my-project.googlecode.com/svn/trunk@94 4c93b258-373f-11debe05-
    5f7a86268029
```

而是下面这样。

```
commit 03a8785f44c8ea5cdb0e8834b7c8e6c469be2ff2
Author: Scott Chacon <schacon@geemail.com>
Date:    Sun May 3 00:12:22 2009 +0000

    fixed install - go to trunk
```

不仅是Author字段好看了不少，而且git-svn-id也没有了。

除此之外，你还要做一些导入后的清理工作。第一件事就是要把git svn设置的那些怪异的引用给弄干净。首先移动标签，使其成为具有实际意义的标签，而非奇怪的远程分支；然后将剩下的分支移动到本地。

要把标签移动成为合适的Git标签，可以执行以下命令。

```
$ for t in $(git for-each-ref --format='%(refname:short)' refs/remotes/tags); do git tag ${t/tags\//}
$t && git branch -D -r $t; done
```

以上命令将以refs/remotes/tags/开头的远程分支引用变成真正的轻量标签。

接下来，移动refs/remotes下剩余的引用，使其成为本地分支，如下所示。

```
$ for b in $(git for-each-ref --format='%(refname:short)' refs/remotes); do git branch $b
refs/remotes/$b && git branch -D -r $b; done
```

你可能会发现多出了一些后缀为@xxx（xxx是数字）的分支，而在Subversion中只能看到一个分支。这实际上是Subversion的一个叫作peg修订版本的特性，Git并没有与之等效的语法。因此，git svn只是简单地将svn的版本号添加到分支名中，其书写方式和在svn中寻址分支的peg修订版本是一样的。如果你并不关心peg修订版本，只需要把它们删除即可。

```
$ for p in $(git for-each-ref --format='%(refname:short)' | grep @); do git branch -D $p; done
```

现在，所有的旧分支都已经是真正的Git分支了，所有的旧标签也成为了真正的Git标签。

还需要做一些清理工作。遗憾的是，git svn多创建了一个名为trunk的分支，该分支被映射到Subversion的默认分支，但是trunk分支的引用指向的位置和master分支一样。因为在Git中使用master分支更为地道，所以下面的命令可用于删除这个多余的分支。

```
$ git branch -d trunk
```

最后一件事就是将新的Git服务器添加为远程仓库并向其推送。下面的例子演示了如何将服务器添加为远程仓库。

```
$ git remote add origin git@my-git-server:myrepository.git
```

因为你想要推送所有的分支和标签，所以执行以下命令。

```
$ git push origin --all
$ git push origin --tags
```

所有的分支和标签应该已经被干净利落地导入新的Git服务器了。

9.2.2 Mercurial

因为Mercurial和Git在表示版本时采用的模型极其相似，而且相比之下，Git要更加灵活，所以将仓库从Mercurial转换到Git就是自然而然的选择了，这要用到一个叫作hg-fast-export的工具，可以执行下面的命令取得该工具的一份副本。

```
$ git clone http://repo.or.cz/r/fast-export.git /tmp/fast-export
```

转换的第一步就是得到需要转换的Mercurial仓库的完整克隆，如下所示。

```
$ hg clone <remote repo URL> /tmp/hg-repo
```

下一步是创建一个作者映射文件。与Git相比，Mercurial对于变更集中作者字段的内容限制较少，所以正好借此清理不必要的信息。这一步使用一条单行bash shell命令就行了，如下所示。

```
$ cd /tmp/hg-repo
$ hg log | grep user: | sort | uniq | sed 's/user: *//' > ../authors
```

这一般也就是花费几秒钟时间，不过具体还是要看项目的历史记录有多少，最终的/tmp/authors文件内容如下所示。

```
bob
bob@localhost
bob <bob@company.com>
bob jones <bob <AT> company <DOT> com>
Bob Jones <bob@company.com>
Joe Smith <joe@company.com>
```

在本例中，一个人（Bob）使用4个不同的名字创建了多个变更集，其中有一个是正确的，另一个根本就不是正常的Git提交。hg-fast-export可以帮助我们修正这些问题：在待修改行的行尾加上`={new name and email address}`，删除含有我们想要保留的用户名的行。如果用户名看起来都没问题，就用不着这个文件了。在这个例子中，我们希望文件是下面这样。

```
bob=Bob Jones <bob@company.com>
bob@localhost=Bob Jones <bob@company.com>
bob <bob@company.com>=Bob Jones <bob@company.com>
bob jones <bob <AT> company <DOT> com>=Bob Jones <bob@company.com>
```

下一步是创建新的Git仓库，运行导出脚本，如下所示。

```
$ git init /tmp/converted
$ cd /tmp/converted
$ /tmp/fast-export/hg-fast-export.sh -r /tmp/hg-repo -A /tmp/authors
```

　　-r选项告诉hg-fast-export到哪里去寻找要转换的Mercurial仓库，-A选项告诉它到哪里去寻找作者映射文件。脚本会分析Mercurial变更集，将其转换成适合Git"快速导入"功能（我们随后会详述）的脚本。这会花点时间（但这要比通过网络操作快得多），最后的输出信息非常详尽，如下所示。

```
$ /tmp/fast-export/hg-fast-export.sh -r /tmp/hg-repo -A /tmp/authors
Loaded 4 authors
master: Exporting full revision 1/22208 with 13/0/0 added/changed/removed files
master: Exporting simple delta revision 2/22208 with 1/1/0 added/changed/removed files
master: Exporting simple delta revision 3/22208 with 0/1/0 added/changed/removed files
[…]
master: Exporting simple delta revision 22206/22208 with 0/4/0 added/changed/removed files
master: Exporting simple delta revision 22207/22208 with 0/2/0 added/changed/removed files
master: Exporting thorough delta revision 22208/22208 with 3/213/0 added/changed/removed files
Exporting tag [0.4c] at [hg r9] [git :10]
Exporting tag [0.4d] at [hg r16] [git :17]
[…]
Exporting tag [3.1-rc] at [hg r21926] [git :21927]
Exporting tag [3.1] at [hg r21973] [git :21974]
Issued 22315 commands
git-fast-import statistics:
---------------------------------------------------------------------
Alloc'd objects:       120000
Total objects :        115032 ( 208171 duplicates )
      blobs  :          40504 ( 205320 duplicates      26117 deltas of     39602 attempts)
      trees  :          52320 (   2851 duplicates      47467 deltas of     47599 attempts)
      commits:          22208 (      0 duplicates          0 deltas of         0 attempts)
      tags   :              0 (      0 duplicates          0 deltas of         0 attempts)
Total branches:          109 (      2 loads )
      marks  :        1048576 (  22208 unique )
      atoms  :           1952
Memory total:          7860 KiB
       pools:          2235 KiB
     objects:          5625 KiB
---------------------------------------------------------------------
pack_report: getpagesize()            =          4096
pack_report: core.packedGitWindowSize = 1073741824
pack_report: core.packedGitLimit      = 8589934592
pack_report: pack_used_ctr            =         90430
pack_report: pack_mmap_calls          =         46771
pack_report: pack_open_windows        =             1 /            1
pack_report: pack_mapped              = 340852700 / 340852700
---------------------------------------------------------------------

$ git shortlog -sn
   369  Bob Jones
   365  Joe Smith
```

　　基本上就是这样了。所有的Mercurial标签都已经被转换成了Git标签，Mercurial分支和书签也都被转换成了Git分支。现在你可以将仓库推送到新服务器上了，如下所示。

```
$ git remote add origin git@my-git-server:myrepository.git
$ git push origin --all
```

9.2.3　Perforce

　　下一个要导入的系统是Perforce。与之前讨论的一样，有两种方式可以让Git和Perforce互通有无：Perforce Git Fusion和git-p4。

1. Perforce Git Fusion

　　Git Fusion使得导入过程轻松惬意。只需要配置项目设置、用户映射和使用配置文件的分支（我们之前在9.1.3节中讨论过），然后克隆仓库就可以了。Git Fusion可以为你创建一个类似原生Git仓库的环境，可以根据需要将它推送到原生的Git托管主机中。如果你愿意，甚至可以将Perforce作为你的Git托管主机。

2. git-p4

　　git-p4也可以作为导入工具。比如说，我们要从Perforce公开仓库中导入项目Jam。为了设置客户端，你必须导出P4PORT环境变量，使其指向Perforce仓库，如下所示。

```
$ export P4PORT=public.perforce.com:1666
```

注意　你需要连接到一个Perforce仓库来继续后面的操作，我们在本例中将使用位于public.perforce.com的公开仓库，但是你可以使用任何你能够访问的仓库。

　　执行git p4 clone命令从Perforce服务器导入项目Jam，需要提供仓库以及项目的路径，还有存放导入项目的路径，如下所示。

```
$ git-p4 clone //guest/perforce_software/jam@all p4import
Importing from //guest/perforce_software/jam@all into p4import
Initialized empty Git repository in /private/tmp/p4import/.git/
Import destination: refs/remotes/p4/master
Importing revision 9957 (100%)
```

　　这个项目只有一个分支，但如果你使用分支视图（或者只是一组目录）配置了一些分支，可以将--detect-branches选项传入git p4 clone命令来导入所有的项目分支。参考9.1.3节来了解更多的细节。
　　这时候基本上算是大功告成了。如果进入p4import目录，执行git log，你就会看到所导入的内容，如下所示。

```
$ git log -2
commit e5da1c909e5db3036475419f6379f2c73710c4e6
Author: giles <giles@giles@perforce.com>
```

```
Date:     Wed Feb 8 03:13:27 2012 -0800

    Correction to line 355; change </UL> to </OL>.

    [git-p4: depot-paths = "//public/jam/src/": change = 8068]

commit aa21359a0a135dda85c50a7f7cf249e4f7b8fd98
Author: kwirth <kwirth@perforce.com>
Date:   Tue Jul 7 01:35:51 2009 -0800

    Fix spelling error on Jam doc page (cummulative -> cumulative).

    [git-p4: depot-paths = "//public/jam/src/": change = 7304]
```

你可以看到git-p4在每一个提交消息中留下了一个标识符。在其中包含标识符是一个不错的方法，避免你随后需要引用Perforce的变更号。但如果你不想要这些标识符，那么现在就是一个好时机，即在开始使用新仓库之前动手。你可以使用**git filter-branch**删除标识符，如下所示。

```
$ git filter-branch --msg-filter 'sed -e "/^\[git-p4:/d"'
Rewrite e5da1c909e5db3036475419f6379f2c73710c4e6 (125/125)
Ref 'refs/heads/master' was rewritten
```

如果执行**git log**，你会发现所有提交的SHA-1校验和都发生了变化，但是字符串git-p4在提交消息中已经消失了，如下所示。

```
$ git log -2
commit b17341801ed838d97f7800a54a6f9b95750839b7
Author: giles <giles@giles@perforce.com>
Date:   Wed Feb 8 03:13:27 2012 -0800

    Correction to line 355; change </UL> to </OL>.

commit 3e68c2e26cd89cb983eb52c024ecdfba1d6b3fff
Author: kwirth <kwirth@perforce.com>
Date:   Tue Jul 7 01:35:51 2009 -0800

    Fix spelling error on Jam doc page (cummulative -> cumulative).
```

现在就可以将导入推送到新的Git服务器上了。

9.2.4 TFS

如果你的团队正在将源码控制从TFVC转换为Git，你肯定希望获得最佳的转换效果。这意味着尽管我们在之前的操作章节中讲到了git-tfs和git-tf，但是在这里只会用到git-tfs，因为它支持分支；如果使用git-tf，难度太大了。

注意 这是一种单向转换。经转换得到的Git仓库无法与原先的TFVC项目连接。

要做的第一件事情就是映射用户名。TFVC对于变更集中作者字段的内容没有太多限制，但是Git希望其中的内容是用户可读的名称及电子邮件地址。你可以通过tf命令行客户端获得这个信息，如下所示。

```
PS> tf history $/myproject -recursive > AUTHORS_TMP
```

以上命令会抓取项目历史记录中所有的变更集并将其放入AUTHOR_TMP文件，我们会从中提取User列（第二列）的数据。打开这个文件，找到该列的起止字符并替换，在下面的命令中，cut命令的参数11-20就是我们找到的字符位置。

```
PS> cat AUTHORS_TMP | cut -b 11-20 | tail -n+3 | uniq | sort > AUTHORS
```

cut命令只保留每行第11个到第20个字符。tail命令会跳过前两行，因为这两行是字段头部和ASCII艺术画形式（ASCII-art）的下划线。余下的部分会通过管道交给uniq命令，由它来去除重复内容，然后将结果保存成名为AUTHORS的文件。下一步需要手动处理。为了git-tfs能够有效地利用该文件，文件中的每一行必须采用以下格式。

```
DOMAIN\username = User Name <email@address.com>
```

左边的部分是取自TFVC的User字段，等号右边的部分是用于Git提交的用户名。

一旦得到了这个文件，接下来就是创建一份你所感兴趣的TFVC项目的完整克隆，如下所示。

```
PS> git tfs clone --with-branches --authors=AUTHORS
https://username.visualstudio.com/DefaultCollection $/project/Trunk project_git
```

你需要从提交消息的底部清理git-tfs-id区域。下面的命令可以完成这个操作。

```
PS> git filter-branch -f --msg-filter 'sed "s/^git-tfs-id:.*$//g"' '--' --all
```

Git-bash环境中的sed命令会将所有以git-tfs-id:起始的行替换成Git会忽略的空白。

全部做完之后，你就可以添加一个新的远程仓库，将所有的分支推送过去，之后你的团队就可以开始使用Git工作了。

9.2.5 自定义导入工具

如果你没有采用上面讲到的那些系统，应该在网上找一款导入工具，有一些针对许多其他系统的高质量导入工具，其中包括CVS、Clear Case、Visual Source Safe，甚至还有归档目录。如果这些工具都解决不了你的问题，或者是找到的工具很不顺手，抑或是你需要自定义程度更高的导入过程，那就应该试试git fast-import。这个命令从stdin中读取简单的指令来写入特定的Git数据。比起执行原始的Git命令或是编写原始对象（参阅第10章以了解更多信息），使用这种方法来创建Git对象要容易得多。通过这种方式，你可以创建一个导入脚本，从要导入的系统中读取必要的信息，然后将直观的指令输出到stdout。接着执行这个脚本，将输出通过管道传给git fast-import。

我们通过编写一个简单的导入工具来做一个快速的演示。假设你在current下工作，有时候会将项目复制到以时间戳格式命名（back_YYYY_MM_DD）的备份目录中，你现在想将它们导入到Git中。目录结构如下所示。

```
$ ls /opt/import_from
back_2014_01_02
back_2014_01_04
back_2014_01_14
back_2014_02_03
current
```

要导入Git目录，你需要了解Git是如何存储它的数据的。你可能还记得，Git基本上就是一个提交对象的链接表，其中每个提交对象都指向一份内容快照。你所要做的就是告诉fast-import内容快照是什么、指向它们的是什么样的提交数据及其在链接表中的顺序。我们采用的策略就是逐次逐个处理快照，为每一个目录中的内容创建提交，将每一个提交链接到前一个提交之后。

就像在8.4节中那样，我们还是采用Ruby来实现，因为这是我们平常使用的编程语言，而且Ruby也易于阅读。你可以毫不费力地将这个例子用其他熟悉的语言来重写，只需要把适当的信息输出到stdout就可以了。如果你使用的是Windows平台，特别要注意别在行尾引入回车符，git fast-import对于这一点要求非常严格，它只接受换行符（LF），不接受Windows所使用的回车换行符（CRLF）。

首先进入目标目录并识别其中每一个子目录，这些子目录都是需要作为提交导入的快照。你还得进入每个子目录，输出必要的命令将其导出。基本的主循环如下所示。

```
last_mark = nil

# 遍历目录
Dir.chdir(ARGV[0]) do
  Dir.glob("*").each do |dir|
    next if File.file?(dir)

    # 进入目标目录
    Dir.chdir(dir) do
      last_mark = print_export(dir, last_mark)
    end
  end
end
```

在每个目录中执行print_export，它使用上一个快照的清单及标记作为参数，返回当前快照的清单和标记；利用这种方式，就可以将它们正确地链接在一起。"标记"是一个fast-import术语，用于指明一个提交标识符。在创建提交时，你可以给每个提交赋予一个标记，这些标记可以用来将提交彼此链接起来。所以print_export方法要做的第一件事就是根据目录名生成标记，如下所示。

```
mark = convert_dir_to_mark(dir)
```

至于实现方法，可以通过创建一个目录数组，然后使用元素索引作为标记（因为标记必须是整数）。具体实现代码如下所示。

```
$marks = []
def convert_dir_to_mark(dir)
  if !$marks.include?(dir)
    $marks << dir
  end
  ($marks.index(dir) + 1).to_s
end
```

有了整数表示的提交，还需要与提交相关的元数据的日期。因为日期包含在目录名中，所以得把它给解析出来。print_export文件中的下一行如下所示。

```
date = convert_dir_to_date(dir)
```

其中convert_dir_to_date的实现代码如下所示。

```
def convert_dir_to_date(dir)
  if dir == 'current'
    return Time.now().to_i
  else
    dir = dir.gsub('back_', '')
    (year, month, day) = dir.split('_')
    return Time.local(year, month, day).to_i
  end
end
```

上面的代码会以整数的形式返回每个目录的日期。与提交相关的最后一部分元数据是提交者信息，我们把这部分信息硬编码到一个全局变量中，如下所示。

```
$author = 'John Doe <john@example.com>'
```

现在就可以输出导入工具要用到的提交数据了。第一项信息表明所定义的是一个提交对象以及其所在的分支，接下来是生成的标记、提交者以及提交消息，最后是可能存在的上一个提交。实现代码如下所示。

```
# 输出导入信息
puts 'commit refs/heads/master'
puts 'mark :' + mark
puts "committer #{$author} #{date} -0700"
export_data('imported from ' + dir)
puts 'from :' + last_mark if last_mark
```

出于简化实现的考虑，对于时区（-0700）采用了硬编码的方式。如果从其他系统导入，必须指定作为偏差量（offset）的时区。提交消息需要采用特定的格式，如下所示。

```
data (size)\n(contents)
```

格式中包含了单词data、待读取的数据量、换行符以及数据。因为随后还要为文件内容指定相同的格式，所以你可以创建一个辅助方法export_data，如下所示。

```
def export_data(string)
  print "data #{string.size}\n#{string}"
end
```

剩下的就是为每个快照指定文件内容了。这很简单，因为每一个目录中都有一个快照，你可以在目录中的文件内容之后输出deleteall命令。Git会正确记录每个快照，如下所示。

```
puts 'deleteall'
Dir.glob("**/*").each do |file|
  next if !File.file?(file)
  inline_data(file)
end
```

注意：因为很多系统将两次提交之间的变更视为一次修订，所以fast-import也可以为每个提交使用多条命令来指出添加、删除或修改了哪些文件以及新的内容是什么。你可以计算快照之间的差异并只提供差异数据，但这样做太复杂了；也可以把所有的数据都交给Git，让它自己搞定。如果这种方式更适合你的数据，请查看fast-import的手册页来了解如何按要求提供数据。

下面就是列出新文件内容或指明带有新内容的已修改文件所采用的格式。

```
M 644 inline path/to/file
data (size)
(file contents)
```

这里的644表示模式（如果有可执行文件，需要进行检测并指定模式为755），inline表明会在本行之后立即列出文件的内容。inline_data方法如下所示。

```
def inline_data(file, code = 'M', mode = '644')
  content = File.read(file)
  puts "#{code} #{mode} inline #{file}"
  export_data(content)
end
```

我们重用了之前定义的export_data方法，因为它和指定提交消息数据所采用的方式一样。要做的最后一件事是返回当前标记，以便将其传给下一次迭代，如下所示。

```
return mark
```

> **注意**　如果你用的是Windows平台，一定不要忘记加上另外一个步骤。我们之前提到过，Windows使用CRLF作为换行符，而git fast-import只接受LF。要解决这个问题，使得git fast-import能够正常执行，你得告诉Ruby使用LF代替CRLF，如下所示。
>
> ```
> $stdout.binmode
> ```

好了，就是这样了。下面是完整的脚本。

```
#!/use/bin/env ruby

$stdout.binmode
$author = "John Doe <john@example.com>"
```

```ruby
$marks = []
def convert_dir_to_mark(dir)
    if !$marks.include?(dir)
        $marks << dir
    end
    ($marks.index(dir)+1).to_s
end

def convert_dir_to_date(dir)
    if dir == 'current'
        return Time.now().to_i
    else
        dir = dir.gsub('back_', '')
        (year, month, day) = dir.split('_')
        return Time.local(year, month, day).to_i
    end
end

def export_data(string)
    print "data #{string.size}\n#{string}"
end

def inline_data(file, code='M', mode='644')
    content = File.read(file)
    puts "#{code} #{mode} inline #{file}"
    export_data(content)
end

def print_export(dir, last_mark)
    date = convert_dir_to_date(dir)
    mark = convert_dir_to_mark(dir)


    puts 'commit refs/heads/master'
    puts "mark :#{mark}"
    puts "committer #{$author} #{date} -0700"
    export_data("imported from #{dir}")
    puts "from :#{last_mark}" if last_mark

    puts 'deleteall'
    Dir.glob("**/*").each do |file|
        next if !File.file?(file)
        inline_data(file)
    end
    mark
end

# 遍历目录
last_mark = nil
Dir.chdir(ARGV[0]) do
    Dir.glob("*").each do |dir|
        next if File.file?(dir)

        # 进入目标目录
        Dir.chdir(dir) do
            last_mark = print_export(dir, last_mark)
        end
    end
end
```

9

如果运行该脚本，会得到如下内容。

```
$ ruby import.rb /opt/import_from
commit refs/heads/master
mark :1
committer John Doe <john@example.com> 1388649600 -0700
data 29
imported from back_2014_01_02deleteall
M 644 inline README.md
data 28
# Hello

This is my readme.
commit refs/heads/master
mark :2
committer John Doe <john@example.com> 1388822400 -0700
data 29
imported from back_2014_01_04from :1
deleteall
M 644 inline main.rb
data 34
#!/bin/env ruby

puts "Hey there"
M 644 inline README.md
(...)
```

要运行这个导入工具，可以在需要导入的目录中利用管道将上面的输出传给git fast-import。你可以创建一个新目录，然后在其中执行git init，以此作为开始，然后运行脚本，如下所示。

```
$ git init
Initialized empty Git repository in /opt/import_to/.git/
$ ruby import.rb /opt/import_from | git fast-import
git-fast-import statistics:
---------------------------------------------------------------------
Alloc'd objects:       5000
Total objects:           13 (         6 duplicates                  )
      blobs  :           5 (         4 duplicates   3 deltas of      5 attempts)
      trees  :           4 (         1 duplicates   0 deltas of      4 attempts)
      commits:           4 (         1 duplicates   0 deltas of      0 attempts)
      tags   :           0 (         0 duplicates   0 deltas of      0 attempts)
Total branches:          1 (         1 loads        )
      marks:          1024 (         5 unique       )
      atoms:             2
Memory total:          2344 KiB
       pools:          2110 KiB
     objects:           234 KiB
---------------------------------------------------------------------
pack_report: getpagesize()            =       4096
pack_report: core.packedGitWindowSize = 1073741824
pack_report: core.packedGitLimit      = 8589934592
pack_report: pack_used_ctr            =         10
```

```
pack_report: pack_mmap_calls           =           5
pack_report: pack_open_windows         =           2 /           2
pack_report: pack_mapped               =        1457 /        1457
---------------------------------------------------------------
```

如你所见，脚本成功执行完成之后，它会给出一堆关于完成情况的统计数据。在本例中，我们将4次提交的共13个对象导入了1个分支。现在可以执行git log来查看新的历史记录，如下所示。

```
$ git log -2
commit 3caa046d4aac682a55867132ccdfbe0d3fdee498
Author: John Doe <john@example.com>
Date:   Tue Jul 29 19:39:04 2014 -0700

    imported from current

commit 4afc2b945d0d3c8cd00556fbe2e8224569dc9def
Author: John Doe <john@example.com>
Date:   Mon Feb 3 01:00:00 2014 -0700

    imported from back_2014_02_03
```

一个漂亮、整洁的仓库就在你的眼前了。注意，现在没有检出任何东西，工作目录中刚开始没有任何文件。要想得到它们，你必须将分支重置到master所在的位置，如下所示。

```
$ ls
$ git reset --hard master
HEAD is now at 3caa046 imported from current
$ ls
README.md main.rb
```

fast-import工具能做的事很多：处理不同的模式、二进制数据、多分支与合并、标签、进度指示器等。在Git源代码目录下的contrib/fast-import子目录中可以找到很多更复杂场景下的例子。

9.3 小结

无论是作为其他版本控制系统的客户端，还是将几乎任何一种现有的仓库无损地导入Git，你现在应该都得心应手了。在第10章中，我们会接触到Git的内部实现，如果有必要，你可以打造其中的每一字节。

第 10 章

Git内幕

无论你是从前面跳到了这一章，还是按部就班地读到了这里，我们都会在此向你展示Git的内部工作细节以及实现。学习本章的内容对于理解Git所展现出的功用和强大至关重要，不过有人对此也持反对意见，认为这会造成初学者的困惑，增加不必要的复杂性。所以我们才把这个主题留作本书的最后一章，你早读或晚读都可以，自己根据需要决定就行了。

既然已经到了这里，我们就开始吧。首先澄清一下，Git从本质上而言就是一个可按内容寻址的文件系统，在其之上建立了一套VCS用户界面。随后你会学到有关于此的更多含义。

早期的Git（主要是1.5版本之前）用户界面要复杂得多，因为它更侧重于作为文件系统，而非一套精致漂亮的VCS。Git的用户界面近几年已经得到了改善，变得和其他系统一样清晰易用。但经常还是有一些关于早期Git用户界面复杂难学的陈词滥调挥之不去。

可按内容寻址的文件系统层令人惊艳，所以我们打算先讲述这一部分。然后你将学习到传输机制以及仓库维护任务，你迟早都要跟它们打交道。

10.1 底层命令和高层命令

关于Git的用法，以动词形式出现在书中的命令有30个左右，如checkout、branch、remote等。但由于Git最初的角色只是作为一个面向VCS的工具集，而非一个完整的、用户友好的VCS，因此它包含了大量用于执行底层操作的动词形式命令，这些命令在设计时遵循了Unix风格，可以相互串连在一起，也可以从脚本中调用。此类命令通常称为"底层"（plumbing）命令，另一类更友好的命令称为"高层"（porcelain）命令。

本书的前9章基本上专注于高层命令。但在这一章中，你就得主要和底层命令打交道了，因为它们能够让你探访到Git内部的工作状态，有助于演示Git是如何工作的以及为什么要这么做。其中很多底层命令并不会出现在命令行中，而是作为新工具和自定义脚本的组成部分。

如果在一个新目录或已有目录中执行git init，Git会创建.git目录，其中几乎包含了Git存储和操作的所有内容。如果你想备份或克隆仓库，只需要把这个目录复制到别处，基本上就可以了。本章要讨论的内容基本上都在该目录下。下面是.git目录的结构。

```
$ ls -F1
HEAD
config*
description
```

```
hooks/
info/
objects/
refs/
```

你在目录下还会看到一些其他的文件，但这就是一个全新git init仓库中的默认内容。description文件仅限于GitWeb程序使用，不用关心它。config文件中包含了项目特定的配置选项。info目录中保存了一个全局性排除文件，用于放置那些不希望被记录在.gitignore文件中的忽略模式。hooks目录中包含了客户端或服务器端钩子脚本，我们在8.3节中已经讨论过这方面的话题。

剩下的4项很重要：HEAD文件和index文件（尚未创建）、objects目录和refs目录。它们是Git的核心组成部分。objects目录存储了个人数据库的所有内容；refs目录存储的是指针，这些指针指向数据（分支）中的提交对象；HEAD文件指向当前已检出的分支；index文件是Git用来保存暂存区信息的。我们将详细检视其中的每一部分内容，以此了解Git的运作方式。

10.2　Git 对象

Git是一个可以按照内容寻址的文件系统。很不错。不过这意味着什么？这意味着Git的核心就是一个简单的"键–值"数据存储。你可以向其中插入任意内容，它会返回一个键值，你可以使用这个键值随时检索出相应的内容。可以使用底层命令hash-object进行演示，该命令可以将数据保存到.git目录中，返回对应的键值。首先初始化一个新仓库，确认objects目录为空，如下所示。

```
$ git init test
Initialized empty Git repository in /tmp/test/.git/
$ cd test
$ find .git/objects
.git/objects
.git/objects/info
.git/objects/pack
$ find .git/objects -type f
```

Git初始化objects目录，在其中创建两个空子目录：pack和info。现在，将一些文本保存到Git数据库中，如下所示。

```
$ echo 'test content' | git hash-object -w --stdin
d670460b4b4aece5915caf5c68d12f560a9fe3e4
```

-w选项指示hash-object存储数据对象；否则该命令只返回键值。--stdin指示命令从stdin处读取内容，如果不指定这个选项，hash-object要求在命令尾部给出一个文件路径。命令的输出是一个长度为40个字符的校验和。这是个SHA-1散列值，是由存储的内容加上头部信息所计算得到的校验和，随后我们会讲到。现在你就可以看到Git是如何存储数据的，如下所示。

```
$ find .git/objects -type f
.git/objects/d6/70460b4b4aece5915caf5c68d12f560a9fe3e4
```

在objects目录下有一个文件。这就是Git最初存储内容的方式：一份内容一个文件，以内容和头部的SHA-1校验和作为文件名。子目录采用SHA-1的前两个字符为名，文件名采用余下的38个字符为名。

你可以使用cat-file命令将内容从Git中取回。这个命令用于检视Git对象。将选项-p传递给该命令，会指示cat-file命令弄清楚内容的类型并为你很好地显示该内容，如下所示。

```
$ git cat-file -p d670460b4b4aece5915caf5c68d12f560a9fe3e4
test content
```

你现在可以向Git中添加内容，然后再次取回。这些操作也可以应用于文件内容。例如，你可以对文件做一些简单的版本控制。首先，创建一个新文件并将其内容存入数据库，如下所示。

```
$ echo 'version 1' > test.txt
$ git hash-object -w test.txt
83baae61804e65cc73a7201a7252750c76066a30
```

然后，向文件中写入一些新内容，再次保存，如下所示。

```
$ echo 'version 2' > test.txt
$ git hash-object -w test.txt
1f7a7a472abf3dd9643fd615f6da379c4acb3e3a
```

数据库中现在包含了文件的两个新版本，之前的第一份内容也在，如下所示。

```
$ find .git/objects -type f
.git/objects/1f/7a7a472abf3dd9643fd615f6da379c4acb3e3a
.git/objects/83/baae61804e65cc73a7201a7252750c76066a30
.git/objects/d6/70460b4b4aece5915caf5c68d12f560a9fe3e4
```

现在可以将文件恢复到第一个版本，如下所示。

```
$ git cat-file -p 83baae61804e65cc73a7201a7252750c76066a30 > test.txt
$ cat test.txt
version 1
```

或者将文件恢复到第二个版本，如下所示。

```
$ git cat-file -p 1f7a7a472abf3dd9643fd615f6da379c4acb3e3a > test.txt
$ cat test.txt
version 2
```

记住文件每一个版本的SHA-1键值并不现实，另外，你并没有在系统中存储文件名，保存的只是文件内容而已。这种类型的对象叫作blob对象。可以利用cat-file -t命令加上Git对象的SHA-1键值来获得对象的类型，如下所示。

```
$ git cat-file -t 1f7a7a472abf3dd9643fd615f6da379c4acb3e3a
blob
```

10.2.1　树对象

接下来要讨论的另一种类型是树类型，它解决了存储文件名的问题，还允许你将多个文件保存在一起。Git存储内容的方式类似Unix文件系统，但有一些简化。所有的内容被存储为树对象和blob对象，其中树对象对应于Unix目录项，blob对象基本上对应于i节点或文件内容。单个树对象包含一个或多个树条目，每个条目包含一个指向blob对象或子树的指针以及相关的模式、类型和文件名。举例来说，项目中最新的树对象如下所示。

```
$ git cat-file -p master^{tree}
100644 blob a906cb2a4a904a152e80877d4088654daad0c859    README
100644 blob 8f94139338f9404f26296befa88755fc2598c289    Rakefile
040000 tree 99f1a6d12cb4b6f19c8655fca46c3ecf317074e0    lib
```

master^{tree}语法指定了由master分支中最后一次提交所指向的树对象。注意，lib子目录并不是blob对象，而是一个指向其他树对象的指针，如下所示。

```
$ git cat-file -p 99f1a6d12cb4b6f19c8655fca46c3ecf317074e0
100644 blob 47c6340d6459e05787f644c2447d2595f5d3a54b      simplegit.rb
```

从概念上讲，Git存储的数据如图10-1所示。

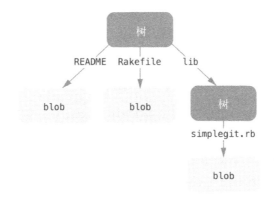

图10-1　简化版的Git数据模型

你可以轻而易举地创建自己的树对象。Git通常会根据暂存区的状态或索引创建一个树对象，并据此生成一系列树对象。因此，要想创建树对象，首先必须通过暂存一些对象来建立索引。你可以使用底层命令update-index为单个文件（test.txt文件的第一个版本）创建索引。利用该命令人为地将test.txt文件的早期版本加入到新的暂存区中。由于暂存区中之前并没有这个文件（连暂存区甚至都还没建立呢），因此必须传入--add选项，而且因为要添加的文件并不在目录下，而是在数据库中，所以--cacheinfo选项也得一并传入。然后再指定模式、SHA-1以及文件名，如下所示。

```
$ git update-index --add --cacheinfo 100644 \
  83baae61804e65cc73a7201a7252750c76066a30 test.txt
```

在本例中指定的模式是100644，表示这是个普通的文件。其他可选的模式还有100755，表示可执行文件；120000表示符号链接。这种模式记法取自Unix，但灵活性就差远了：这3种模式仅对Git中的文件（即blob对象）有效（尽管还有其他模式可用于目录和子模块）。

现在可以使用write-tree命令将暂存区写成一个树对象了。此处不需要使用-w选项，如果树对象尚不存在，那么write-tree会根据索引状态自动创建树对象，如下所示。

```
$ git write-tree
d8329fc1cc938780ffdd9f94e0d364e0ea74f579
$ git cat-file -p d8329fc1cc938780ffdd9f94e0d364e0ea74f579
100644 blob 83baae61804e65cc73a7201a7252750c76066a30      test.txt
```

你还可以验证这是否的确是树对象，如下所示。

```
$ git cat-file -t d8329fc1cc938780ffdd9f94e0d364e0ea74f579
tree
```

接下来我们使用test.txt文件的第二个版本和另一个新文件创建一个新的树对象，如下所示。

```
$ echo 'new file' > new.txt
$ git update-index test.txt
$ git update-index --add new.txt
```

暂存区中现在包含test.txt文件的新版本以及新文件new.txt。创建树对象（将暂存区状态或索引记录到一个树对象），然后观察，如下所示。

```
$ git write-tree
0155eb4229851634a0f03eb265b69f5a2d56f341
$ git cat-file -p 0155eb4229851634a0f03eb265b69f5a2d56f341
100644 blob fa49b077972391ad58037050f2a75f74e3671e92      new.txt
100644 blob 1f7a7a472abf3dd9643fd615f6da379c4acb3e3a      test.txt
```

注意，该树对象中包含了两条文件记录，test.txt的SHA-1是早先"第二版"的SHA-1（1f7a7a）。来点有趣的，你可以将第一个树对象作为子目录添加到这个树对象中。使用read-tree将树对象读入暂存区。在本例中，利用read-tree的--prefix选项，你能够将已有的树对象作为子树读入暂存区中，如下所示。

```
$ git read-tree --prefix=bak d8329fc1cc938780ffdd9f94e0d364e0ea74f579
$ git write-tree
3c4e9cd789d88d8d89c1073707c3585e41b0e614
$ git cat-file -p 3c4e9cd789d88d8d89c1073707c3585e41b0e614
040000 tree d8329fc1cc938780ffdd9f94e0d364e0ea74f579      bak
100644 blob fa49b077972391ad58037050f2a75f74e3671e92      new.txt
100644 blob 1f7a7a472abf3dd9643fd615f6da379c4acb3e3a      test.txt
```

如果从生成的新的树对象创建一个工作目录，在工作目录的顶层会有两个文件和一个名为bak的子目录，其中包含了test.txt文件的第一个版本。你可以认为Git用于标识上述结构的数据如图10-2所示。

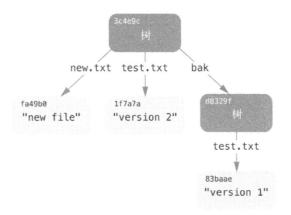

图10-2　当前Git数据的内容结构

10.2.2　提交对象

　　现在有3个树对象，分别指定了待跟踪项目的不同快照，然而问题依旧：为了获得这些快照，你必须记得它们的SHA-1值。你也不知道是谁保存的快照，什么时候保存的，以及为什么要保存。这类基本信息，提交对象都已经为你存储好了。

　　要创建提交对象，需要使用commit-tree命令，指定单个树对象的SHA-1以及父提交对象（如果有）。从之前创建的第一个树对象开始，如下所示。

```
$ echo 'first commit' | git commit-tree d8329f
fdf4fc3344e67ab068f836878b6c4951e3b15f3d
```

可以使用cat-file来查看新的提交对象，如下所示。

```
$ git cat-file -p fdf4fc3
tree d8329fc1cc938780ffdd9f94e0d364e0ea74f579
author Scott Chacon <schacon@gmail.com> 1243040974 -0700
committer Scott Chacon <schacon@gmail.com> 1243040974 -0700

first commit
```

　　提交对象的格式很简单：它指定了此刻项目快照的顶层树对象、作者/提交者信息（依据你的user.name和user.email配置来决定，另外还有一个时间戳）、一个空行以及提交消息。

　　接下来，我们要创建另外两个提交对象，分别引用各自的父提交对象，如下所示。

```
$ echo 'second commit' | git commit-tree 0155eb -p fdf4fc3
cac0cab538b970a37ea1e769cbbde608743bc96d
$ echo 'third commit' | git commit-tree 3c4e9c -p cac0cab
1a410efbd13591db07496601ebc7a059dd55cfe9
```

　　这3个提交对象各自指向所创建的3个快照树对象中的一个。你会很奇怪地发现已经有了一个

货真价实的仓库，如果对最后那个提交对象的SHA-1使用git log命令，就可以浏览该仓库，如下
所示。

```
$ git log --stat 1a410e
commit 1a410efbd13591db07496601ebc7a059dd55cfe9
Author: Scott Chacon <schacon@gmail.com>
Date:   Fri May 22 18:15:24 2009 -0700

        third commit

 bak/test.txt | 1 +
 1 file changed, 1 insertion(+)

commit cac0cab538b970a37ea1e769cbbde608743bc96d
Author: Scott Chacon <schacon@gmail.com>
Date:   Fri May 22 18:14:29 2009 -0700

        second commit

 new.txt  | 1 +
 test.txt | 2 +-
 2 files changed, 2 insertions(+), 1 deletion(-)

commit fdf4fc3344e67ab068f836878b6c4951e3b15f3d
Author: Scott Chacon <schacon@gmail.com>
Date:   Fri May 22 18:09:34 2009 -0700

    first commit

 test.txt | 1 +
 1 file changed, 1 insertion(+)
```

太神奇了。你在没有使用任何前端命令的情况下，只靠底层操作就创建了一个Git仓库。这
实际上也正是当你执行git add和git commit命令时，Git所执行的操作：存储已修改文件的blob
对象，更新索引，创建树对象以及提交对象，这些提交对象指向顶层的树对象和在其之前的提交
对象。这3类主要的Git对象（blob对象、树对象和提交对象）最初都以独立文件的形式保存
在.git/objects目录中。下面列出了示例目录中目前所有的对象，用注释标明了其所存储的内容。

```
$ find .git/objects -type f
.git/objects/01/55eb4229851634a0f03eb265b69f5a2d56f341 # tree 2
.git/objects/1a/410efbd13591db07496601ebc7a059dd55cfe9 # commit 3
.git/objects/1f/7a7a472abf3dd9643fd615f6da379c4acb3e3a # test.txt v2
.git/objects/3c/4e9cd789d88d8d89c1073707c3585e41b0e614 # tree 3
.git/objects/83/baae61804e65cc73a7201a7252750c76066a30 # test.txt v1
.git/objects/ca/c0cab538b970a37ea1e769cbbde608743bc96d # commit 2
.git/objects/d6/70460b4b4aece5915caf5c68d12f560a9fe3e4 # 'test content'
.git/objects/d8/329fc1cc938780ffdd9f94e0d364e0ea74f579 # tree 1
.git/objects/fa/49b077972391ad58037050f2a75f74e3671e92 # new.txt
.git/objects/fd/f4fc3344e67ab068f836878b6c4951e3b15f3d # commit 1
```

如果跟随所有的内部指针，你可以得到像图10-3这样的一张对象图示。

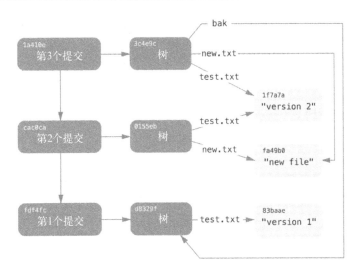

图10-3　Git目录中的所有对象

10.2.3　对象存储

前文中曾提及过，在存储内容的同时，头部信息也一道被保存下来了。让我们花点时间看看Git是如何存储其对象的。你可以通过交互的方式在Ruby脚本中看到Git存储blob对象（在本例中是字符串"what is up, doc?"）的方式。

使用irb命令启动Ruby的交互模式，如下所示。

```
$ irb
>> content = "what is up, doc?"
=> "what is up, doc?"
```

Git构造出以对象类型作为开头的头部信息，在本例中是一个blob字符串。然后加上一个空格，随后是内容的长度以及一个空字节，如下所示。

```
>> header = "blob #{content.length}\0"
=> "blob 16\u0000"
```

Git将头部信息和原始内容拼接在一起，然后计算新内容的SHA-1校验和。如果需要在Ruby中计算某个字符串的SHA-1值，可以使用require命令导入SHA-1摘要库，然后在该字符串上调用Digest::SHA1.hexdigest()，如下所示。

```
>> store = header + content
=> "blob 16\u0000what is up, doc?"
>> require 'digest/sha1'
=> true
>> sha1 = Digest::SHA1.hexdigest(store)
=> "bd9dbf5aae1a3862dd1526723246b20206e5fc37"
```

10

Git会使用zlib压缩新内容，你可以在Ruby中通过zlib库来实现。首先需要导入该库，然后在新内容上调用Zlib::Deflate.deflate()，如下所示。

```
>> require 'zlib'
=> true
>> zlib_content = Zlib::Deflate.deflate(store)
=> "x\x9CK\xCA\xC9OR04c(\xCFH,Q\xC8,V(-\xD0QH\xC9O\xB6\a\x00_\x1C\a\x9D"
```

最后，将经过zlib压缩的内容写入到磁盘上的对象中。你需要确定该对象所在的路径（SHA-1值的前2个字符作为子目录名，后38个字符作为此目录下的文件名）。在Ruby中，你可以使用FileUtils.mkdir_p()函数来创建子目录（如果不存在）。然后使用File.open()打开文件，通过返回的文件句柄，调用write()写入之前由zlib压缩过的内容，如下所示。

```
>> path = '.git/objects/' + sha1[0,2] + '/' + sha1[2,38]
=> ".git/objects/bd/9dbf5aae1a3862dd1526723246b20206e5fc37"
>> require 'fileutils'
=> true
>> FileUtils.mkdir_p(File.dirname(path))
=> ".git/objects/bd"
>> File.open(path, 'w') { |f| f.write zlib_content }
=> 32
```

这就是整个操作过程了。你现在已经创建了一个有效的Git blob对象。所有的Git对象除了类型不同，存储方法都一样，另外两种类型的Git对象的头部信息以字符串commit或tree作为起始，而非blob。另外，blob对象的内容基本上没有什么限制，而提交对象和树对象的内容只能是特定的格式。

10.3   Git 引用

你可以执行git log 1a410e来浏览整个历史记录，但为了在历史记录中找到所有的相关对象，你仍然需要记得1a410e是最后一次提交。我们需要一个命名简单的文件来保存这个SHA-1值，这样你就可以使用该文件作为指针来代替原始的SHA-1值了。

在Git中，这被称为"引用"（reference或ref），你可以在.git/refs目录下找到一些包含SHA-1值的文件。在我们目前的项目中，这个目录里什么都没有，但是它具备一个简单的结构，如下所示。

```
$ find .git/refs
.git/refs
.git/refs/heads
.git/refs/tags
$ find .git/refs -type f
```

要创建新的引用来帮助记忆最新提交的位置，只需要做一些简单的技术工作就行了，如下所示。

```
$ echo "1a410efbd13591db07496601ebc7a059dd55cfe9" > .git/refs/heads/master
```

现在，你就可以在Git命令中使用刚才创建的引用来代替SHA-1值了，如下所示。

```
$ git log --pretty=oneline master
1a410efbd13591db07496601ebc7a059dd55cfe9 third commit
cac0cab538b970a37ea1e769cbbde608743bc96d second commit
fdf4fc3344e67ab068f836878b6c4951e3b15f3d first commit
```

不要直接编辑引用文件。如果你想更新某个引用，Git提供了一个更安全的命令update-ref，如下所示。

```
$ git update-ref refs/heads/master 1a410efbd13591db07496601ebc7a059dd55cfe9
```

这基本上就是Git中的分支：一个简单的指针或引用，指向一系列工作内容的头部。如果要在第2个提交上创建分支，可以像下面这样做。

```
$ git update-ref refs/heads/test cac0ca
```

该分支只包含从第2个提交开始向前的工作内容，如下所示。

```
$ git log --pretty=oneline test
cac0cab538b970a37ea1e769cbbde608743bc96d second commit
fdf4fc3344e67ab068f836878b6c4951e3b15f3d first commit
```

至此，你的Git数据库从概念上来说就像图10-4这样。

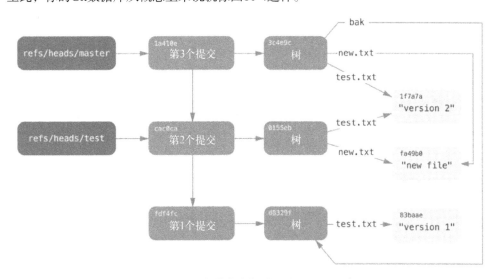

图10-4 包含分支头部引用的Git目录对象

如果执行类似git branch (branchname)这样的命令，Git基本上都会使用update-ref命令将当前所在分支中最后一次提交的SHA-1添加到你要创建的新引用中。

10

10.3.1   HEAD

现在的问题在于当你执行git branch (branchname)时，Git怎么知道最后一次提交的SHA-1
值呢？答案是HEAD文件。

HEAD文件是一个到当前所在分支的符号引用。符号引用不像普通的引用，它其中包含的并
不是SHA-1值，而是指向其他引用的指针。如果查看文件，那么通常会看到以下内容。

```
$ cat .git/HEAD
ref: refs/heads/master
```

如果执行git checkout test命令，Git会将该文件更新为下面这样。

```
$ cat .git/HEAD
ref: refs/heads/test
```

当你执行git commit命令时，该命令会创建一个提交对象，并将该提交对象的父对象设置为
HEAD文件中引用所指向的SHA-1值。

你也可以手动编辑HEAD文件，不过还是有一个更安全的命令可以完成同样的事情：
symbolic-ref。你可以利用这个命令读取HEAD的值，如下所示。

```
$ git symbolic-ref HEAD
refs/heads/master
```

也可以设置HEAD的值，如下所示。

```
$ git symbolic-ref HEAD refs/heads/test
$ cat .git/HEAD
ref: refs/heads/test
```

但是不能设置refs以外的符号引用，如下所示。

```
$ git symbolic-ref HEAD test
fatal: Refusing to point HEAD outside of refs/
```

10.3.2   标签对象

我们刚刚讨论完了Git的3种主要对象类型，但其实还有第4种。标签对象与提交对象非常类
似，它包含了一个标签创建者、一个日期、一条消息和一个指针。两者的主要不同在于标签对象
通常指向的是提交对象，而非树对象。它像是一个永远不变的分支引用，总是指向相同的提交对
象，无非是提供了一个更友好的名称。

正如我们在第2章中所讨论过的，有两种类型的标签：注释标签和轻量标签。可以像下面这
样创建一个轻量标签。

```
$ git update-ref refs/tags/v1.0 cac0cab538b970a37ea1e769cbbde608743bc96d
```

这就是轻量标签：一个固定的引用。注释标签要更复杂。如果你创建了一个注释标签，Git会先创建一个标签对象，然后会创建一个指向其的引用，而不是指向提交对象。你可以通过创建一个注释标签进行观察（-a选项指明要创建的是一个注释标签），如下所示。

```
$ git tag -a v1.1 1a410efbd13591db07496601ebc7a059dd55cfe9 -m 'test tag'
```

下面是所创建对象的SHA-1值。

```
$ cat .git/refs/tags/v1.1
9585191f37f7b0fb9444f35a9bf50de191beadc2
```

现在对该SHA-1值执行cat-file命令，如下所示。

```
$ git cat-file -p 9585191f37f7b0fb9444f35a9bf50de191beadc2
object 1a410efbd13591db07496601ebc7a059dd55cfe9
type commit
tag v1.1
tagger Scott Chacon <schacon@gmail.com> Sat May 23 16:48:58 2009 -0700

test tag
```

我们注意到输出内容中object条目指向的是打了标签的那个提交对象的SHA-1值。另外要注意的是，标签对象不需要指向提交对象，你可以给任何Git对象打标签。例如，在Git源代码中，维护人员可以将他们的GPG公钥作为blob对象添加并打标签。你可以在克隆的Git仓库中执行以下命令来查看相应的公钥。

```
$ git cat-file blob junio-gpg-pub
```

Linux内核仓库也有一个不指向提交对象的标签对象，首个被创建的标签对象指向的是所导入源代码的初始树。

10.3.3　远程引用

你将看到的第3种引用类型是远程引用。如果你添加了一个远程仓库并向其推送，Git会将最后一次推送到该远程仓库的每个分支的值保存在refs/remotes目录中。举例来说，你可以添加一个远程仓库origin，将你的master分支推送过去，如下所示。

```
$ git remote add origin git@github.com:schacon/simplegit-progit.git
$ git push origin master
Counting objects: 11, done.
Compressing objects: 100% (5/5), done.
Writing objects: 100% (7/7), 716 bytes, done.
Total 7 (delta 2), reused 4 (delta 1)
To git@github.com:schacon/simplegit-progit.git
  a11bef0..ca82a6d  master -> master
```

然后通过查看refs/remotes/origin/master文件，你就会发现origin远程仓库上的master分支就是你最后一次与服务器的通信，如下所示。

10

```
$ cat .git/refs/remotes/origin/master
ca82a6dff817ec66f44342007202690a93763949
```

远程引用与分支（refs/heads 目录下的引用）的主要不同在于前者是只读的。你可以对其使用
git checkout，但是 Git 不会使 HEAD 指向它，因此也就无法使用 commit 命令更新远程引用。Git
将这些远程引用作为记录服务器上各分支最后已知状态的书签来管理。

10.4　包文件

让我们把话题转回示例 Git 仓库中的对象数据库。到目前为止，共有 11 个对象：4 个 blob 对象、
3 个树对象、3 个提交对象以及 1 个标签对象，如下所示。

```
$ find .git/objects -type f
.git/objects/01/55eb4229851634a0f03eb265b69f5a2d56f341 # tree 2
.git/objects/1a/410efbd13591db07496601ebc7a059dd55cfe9 # commit 3
.git/objects/1f/7a7a472abf3dd9643fd615f6da379c4acb3e3a # test.txt v2
.git/objects/3c/4e9cd789d88d8d89c1073707c3585e41b0e614 # tree 3
.git/objects/83/baae61804e65cc73a7201a7252750c76066a30 # test.txt v1
.git/objects/95/85191f37f7b0fb9444f35a9bf50de191beadc2 # tag
.git/objects/ca/c0cab538b970a37ea1e769cbbde608743bc96d # commit 2
.git/objects/d6/70460b4b4aece5915caf5c68d12f560a9fe3e4 # 'test content'
.git/objects/d8/329fc1cc938780ffdd9f94e0d364e0ea74f579 # tree 1
.git/objects/fa/49b077972391ad58037050f2a75f74e3671e92 # new.txt
.git/objects/fd/f4fc3344e67ab068f836878b6c4951e3b15f3d # commit 1
```

Git 利用 zlib 压缩了这些文件的内容，因此所有这些文件只占用了 925 字节的磁盘空间。你需
要向仓库中添加更多的内容来演示一个有趣的 Git 特性。我们打算加入 Grit 库中的 repo.rb 文件，这
是一个大小约为 22KB 的源代码文件，如下所示。

```
$ curl https://raw.githubusercontent.com/mojombo/grit/master/lib/grit/repo.rb > repo.rb
$ git add repo.rb
$ git commit -m 'added repo.rb'
[master 484a592] added repo.rb
 3 files changed, 709 insertions(+), 2 deletions(-)
 delete mode 100644 bak/test.txt
 create mode 100644 repo.rb
 rewrite test.txt (100%)
```

如果查看生成的树对象，会看到 repo.rb 文件所对应的二进制文件的 SHA-1 值，如下所示。

```
$ git cat-file -p master^{tree}
100644 blob fa49b077972391ad58037050f2a75f74e3671e92    new.txt
100644 blob 033b4468fa6b2a9547a70d88d1bbe8bf3f9ed0d5    repo.rb
100644 blob e3f094f522629ae358806b17daf78246c27c007b    test.txt
```

你可以使用 git cat-file 命令查看该对象有多大，如下所示。

```
$ git cat-file -s 033b4468fa6b2a9547a70d88d1bbe8bf3f9ed0d5
22044
```

现在，稍微修改一下这个文件，看看会发生什么，如下所示。

```
$ echo '# testing' >> repo.rb
$ git commit -am 'modified repo a bit'
[master 2431da6] modified repo.rb a bit
1 file changed, 1 insertion(+)
```

检查此次提交生成的树对象，你会发现一些有意思的内容，如下所示。

```
$ git cat-file -p master^{tree}
100644 blob fa49b077972391ad58037050f2a75f74e3671e92    new.txt
100644 blob b042a60ef7dff760008df33cee372b945b6e884e    repo.rb
100644 blob e3f094f522629ae358806b17daf78246c27c007b    test.txt
```

这是另一个不同的blob对象，这意味着尽管你只是在一个400行的文件结尾处添加了一行，Git也会将这部分新内容存储成一个全新的对象，如下所示。

```
$ git cat-file -s b042a60ef7dff760008df33cee372b945b6e884e
22054
```

现在在磁盘上有两个大小为22KB、几乎一模一样的对象。如果Git将其中一个以完整的形式保存，另一个只保存与前一个版本之间的差异，这样岂不更好？

当然可以做到。Git在磁盘上保存对象所采用的原始格式叫作"松散式"对象格式。但有时候为了节省磁盘空间和提高操作效率，Git会将多个这种格式的对象打包塞进一个叫作"包文件"的二进制文件中。当仓库中存在过多的松散对象时，如果你手动执行git gc命令或向远程服务器推送，Git就会这么做。要想看到整个过程，你可以手动执行git gc命令，要求Git打包这些对象，如下所示。

```
$ git gc
Counting objects: 18, done.
Delta compression using up to 8 threads.
Compressing objects: 100% (14/14), done.
Writing objects: 100% (18/18), done.
Total 18 (delta 3), reused 0 (delta 0)
```

如果查看objects目录，你会发现大多数对象已经不见了，同时出现了两个新文件，如下所示。

```
$ find .git/objects -type f
.git/objects/bd/9dbf5aae1a3862dd1526723246b20206e5fc37
.git/objects/d6/70460b4b4aece5915caf5c68d12f560a9fe3e4
.git/objects/info/packs
.git/objects/pack/pack-978e03944f5c581011e6998cd0e9e30000905586.idx
.git/objects/pack/pack-978e03944f5c581011e6998cd0e9e30000905586.pack
```

剩下的对象都是没有被任何提交所引用的blob对象，在本例中，分别是先前所创建的"what is up, doc?"和"test content"这两个示例blob对象。因为你从未将它添加到任何提交中，所以它们被认为是悬空的，没有被打包进新的包文件中。

另外的文件是新的包文件和索引文件。这个包文件中包含了从文件系统中删除的所有对象。

10

索引文件包含了针对包文件内容的偏移，以便快速查找到特定的对象。最酷的是在执行gc命令之前，这些对象共占据了22KB的磁盘空间，而新的包文件只有7KB。通过打包，我们降低了三分之二的磁盘占用量。

　　Git是如何做到的？当Git打包对象时，它会查找名称和大小相近的文件，只保存不同版本文件之间的差异。你可以查看包文件，观察Git是如何节省空间的。底层命令git verify-pack可以用来查看打包的内容，如下所示。

```
$ git verify-pack -v .git/objects/pack/pack-978e03944f5c581011e6998cd0e9e30000905586.idx
2431da676938450a4d72e260db3bf7b0f587bbc1 commit 223 155 12
69bcdaff5328278ab1c0812ce0e07fa7d26a96d7 commit 214 152 167
80d02664cb23ed55b226516648c7ad5d0a3deb90 commit 214 145 319
43168a18b7613d1281e5560855a83eb8fde3d687 commit 213 146 464
092917823486a802e94d727c820a9024e14a1fc2 commit 214 146 610
702470739ce72005e2edff522fde85d52a65df9b commit 165 118 756
d368d0ac0678cbe6cce505be58126d3526706e54 tag    130 122 874
fe879577cb8cffcdf25441725141e310dd7d239b tree   136 136 996
d8329fc1cc938780ffdd9f94e0d364e0ea74f579 tree   36 46 1132
deef2e1b793907545e50a2ea2ddb5ba6c58c4506 tree   136 136 1178
d982c7cb2c2a972ee391a85da481fc1f9127a01d tree   6 17 1314 1 \
  deef2e1b793907545e50a2ea2ddb5ba6c58c4506
3c4e9cd789d88d8d89c1073707c3585e41b0e614 tree   8 19 1331 1 \
  deef2e1b793907545e50a2ea2ddb5ba6c58c4506
0155eb4229851634a0f03eb265b69f5a2d56f341 tree   71 76 1350
83baae61804e65cc73a7201a7252750c76066a30 blob   10 19 1426
fa49b077972391ad58037050f2a75f74e3671e92 blob   9 18 1445
b042a60ef7dff760008df33cee372b945b6e884e blob   22054 5799 1463
033b4468fa6b2a9547a70d88d1bbe8bf3f9ed0d5 blob   9 20 7262 1 \
  b042a60ef7dff760008df33cee372b945b6e884e
1f7a7a472abf3dd9643fd615f6da379c4acb3e3a blob   10 19 7282
non delta: 15 objects
chain length = 1: 3 objects
.git/objects/pack/pack-978e03944f5c581011e6998cd0e9e30000905586.pack: ok
```

　　在这里，blob对象033b4是repo.rb文件的第一个版本（如果你还记得），引用的是二进制文件b042a，后者是repo.rb的第二个版本。输出中的第三列是打包后对象的大小，你可以看到b042a占用了22KB的磁盘空间，而033b4只占用了9字节。同样有趣的地方在于第二个版本完整地保存了文件内容，而原始版本是以差异方式保存的，这是因为大部分时候需要快速访问文件的最新版本。

　　最棒的地方在于你可以随时重新打包。Git有时候会自动重新打包数据库以节省更多的空间，不过你也可以手动执行git gc命令来完成同样的操作。

10.5　引用规格

　　在整本书中，我们使用的都是远程分支到本地引用的简单映射，但实际情况要更复杂。假设你添加了一个远程仓库，如下所示。

```
$ git remote add origin https://github.com/schacon/simplegit-progit
```

该命令会在.git/config文件中添加一个部分，指明远程仓库的名称（origin）、URL以及用于进行获取的引用规格，如下所示。

```
[remote "origin"]
        url = https://github.com/schacon/simplegit-progit
        fetch = +refs/heads/*:refs/remotes/origin/*
```

引用规格的格式是由一个可选的+号和紧随其后的<src>:<dst>组成的，其中<src>是远程端引用的样式，<dst>是远程引用在本地要写入的位置。+号指示Git更新引用，即便是在不能快进的情况下。

在默认情况下，上述引用规格是由git remote add命令自动写入的，Git获取服务器端refs/heads/下的所有引用，然后将其写入到本地的refs/remotes/origin/。因此，如果服务器上有一个master分支，我们可以通过以下方式在本地访问该分支的日志记录。

```
$ git log origin/master
$ git log remotes/origin/master
$ git log refs/remotes/origin/master
```

这些命令都是等效的，因为Git会把它们都扩展成refs/remotes/origin/master。

如果你希望Git每次只从远程服务器上拉取master分支，可以将用来获取的那行改成下面这样。

```
fetch = +refs/heads/master:refs/remotes/origin/master
```

这是仅针对该远程仓库的git fetch命令的默认引用规格。如果你只想在特定时候执行某些操作，也可以在命令行中指定引用规格。如果想将远程服务器上的master分支拉取到本地的origin/mymaster，可以执行以下命令。

```
$ git fetch origin master:refs/remotes/origin/mymaster
```

你也可以指定多个引用规格。在命令行中，像下面这样拉取多个分支。

```
$ git fetch origin master:refs/remotes/origin/mymaster \
    topic:refs/remotes/origin/topic
From git@github.com:schacon/simplegit
 ! [rejected]        master        -> origin/mymaster (non fast forward)
 * [new branch]      topic         -> origin/topic
```

在本例中，拉取master分支的操作被拒绝了，因为它并非快进式引用。可以通过在引用规格之前指定+号来禁止这种行为。

你也可以在配置文件中为获取操作指定多个引用规格。如果希望一直获取master和experiment分支，请加上下面这两行。

```
[remote "origin"]
        url = https://github.com/schacon/simplegit-progit
        fetch = +refs/heads/master:refs/remotes/origin/master
        fetch = +refs/heads/experiment:refs/remotes/origin/experiment
```

你不能在模式中使用部分通配符，因此下面的写法是无效的。

```
fetch = +refs/heads/qa*:refs/remotes/origin/qa*
```

但是可以利用命名空间（或目录）来实现类似的功能。如果你有一个QA团队，推送了一系列分支，你只想得到master分支以及QA团队的分支，那么可以使用以下配置。

```
[remote "origin"]
        url = https://github.com/schacon/simplegit-progit
        fetch = +refs/heads/master:refs/remotes/origin/master
        fetch = +refs/heads/qa/*:refs/remotes/origin/qa/*
```

如果涉及的工作流比较复杂，其中有推送分支的QA团队和开发人员，还有推送分支并在远程分支上协作的集成团队，你可以利用这种方法轻松地为其创建各自的命名空间。

10.5.1　推送引用规格

可以像这样获取命名空间中的引用的确很不错，但是QA团队最初应该怎样将他们的分支放入命名空间qa/中呢？可以使用引用规格进行推送来实现。

如果QA团队希望将其master分支推送到远程服务器上的qa/master，可以执行以下命令。

```
$ git push origin master:refs/heads/qa/master
```

如果希望每次执行git push origin来进行命名的时候，Git都能够自动完成上述操作，可以在配置文件中加入一个push值，如下所示。

```
[remote "origin"]
        url = https://github.com/schacon/simplegit-progit
        fetch = +refs/heads/*:refs/remotes/origin/*
        push = refs/heads/master:refs/heads/qa/master
```

这会使得git push origin命令将推送本地master分支到远程qa/master分支作为默认操作。

10.5.2　删除引用

也可以使用引用规格从远程服务器中删除引用，只需要执行以下命令。

```
$ git push origin :topic
```

因为引用规格的格式是<src>:<dst>，所以不写<src>部分就意味着不保留远程服务器上的topic分支，也就是将其删除。

10.6　传输协议

Git可以利用两种主要的方法在两个仓库之间传输数据："哑"（dumb）协议和"智能"（smart）协议。本节将带你快速浏览这两种协议的操作方法。

10.6.1 哑协议

如果你搭建了一个基于HTTP的只读型仓库，通常应该采用哑协议。之所以称之为"哑"协议，是因为在传输过程中，服务器端不需要有针对Git的代码；获取过程就是一系列的HTTP GET请求，客户端能够假定服务器端Git仓库的布局。

注意　如今已经极少用到哑协议了。因为很难保证安全和隐私，所以大多数Git主机（无论是基于云还是预置环境）都拒绝使用该协议。通常建议使用智能协议，随后我们会进行介绍。

让我们来看看simplegit库的http-fetch过程，如下所示。

```
$ git clone http://server/simplegit-progit.git
```

这条命令做的第一件事就是拉取info/refs文件。该文件是由update-server-info命令生成的，这也解释了为了HTTP传输能够正常工作，必须将其设置为post-receive钩子的原因，如下所示。

```
=> GET info/refs
ca82a6dff817ec66f44342007202690a93763949    refs/heads/master
```

现在你得到了一个远程引用与SHA-1的列表。接下来是查找HEAD引用的指向，这样就知道在完成后应该检出什么内容了，如下所示。

```
=> GET HEAD
ref: refs/heads/master
```

完成处理之后，你需要检出master分支。这时就可以开始遍历操作了。因为是从info/refs文件中的提交对象ca82a6开始的，所以你可以先获取它，如下所示。

```
=> GET objects/ca/82a6dff817ec66f44342007202690a93763949
(179 bytes of binary data)
```

这样就取回了一个对象,该对象在服务器端采用的是松散格式,你通过一个静态的HTTP GET请求获取到了它。可以使用zlib解压缩，去掉头部信息，然后查看提交内容，如下所示。

```
$ git cat-file -p ca82a6dff817ec66f44342007202690a93763949
tree cfda3bf379e4f8dba8717dee55aab78aef7f4daf
parent 085bb3bcb608e1e8451d4b2432f8ecbe6306e7e7
author Scott Chacon <schacon@gmail.com> 1205815931 -0700
committer Scott Chacon <schacon@gmail.com> 1240030591 -0700

changed the version number
```

接下来，还有另外两个对象要检索，一个是cfda3b，它是我们刚刚获取到的提交对象所指向内容的树对象；另一个是085bb3，它是父提交对象，如下所示。

```
=> GET objects/08/5bb3bcb608e1e8451d4b2432f8ecbe6306e7e7
(179 bytes of data)
```

10

这样就得到了你的下一个提交对象。然后再抓取树对象，如下所示。

```
=> GET objects/cf/da3bf379e4f8dba8717dee55aab78aef7f4daf
(404 - Not Found)
```

看起来这个树对象在服务器端并没有采用松散格式，因此你得到了一个404响应。造成这种结果的原因不一：这个对象可能在替代仓库中，或者是在当前仓库的包文件中。Git会首先检查所有列出的替代仓库，如下所示。

```
=> GET objects/info/http-alternates
(empty file)
```

如果这返回了一个替代仓库URL列表，Git会检查其中的松散格式文件以及包文件。这是一种让派生项目共享对象的好办法。但是在本例中并没有替代仓库，那么所需要的对象肯定是在某个包文件中。要查看服务器上可用的包文件，需要得到objects/info/packs文件，它包含了一个包文件列表（这个文件也是通过update-server-info生成的），如下所示。

```
=> GET objects/info/packs
P pack-816a9b2334da9953e530f27bcac22082a9f5b835.pack
```

服务器上只有一个包文件，对象肯定就在其中，不过还是要检查索引文件再确认一下。如果服务器上有多个包文件，这样做也是有必要的，以便你知道所需的对象在哪个包文件中，如下所示。

```
=> GET objects/pack/pack-816a9b2334da9953e530f27bcac22082a9f5b835.idx
(4k of binary data)
```

现在已经得到了包文件的索引，因为索引列出了包含在包文件中对象的SHA-1及其偏移，你可以检查对象是否在内。要找的对象的确在其中，接下来要获取整个包文件，如下所示。

```
=> GET objects/pack/pack-816a9b2334da9953e530f27bcac22082a9f5b835.pack
(13k of binary data)
```

有了树对象，就可以继续遍历提交对象了。它们也全都在刚才下载的包文件中，所以无需再向服务器发送请求了。Git会将开始时下载的HEAD引用所指向的master分支检出。

10.6.2　智能协议

哑协议尽管简单，但是效率不高，客户端无法使用它向服务器端写入数据。智能协议是一种更常用的数据传送方法，但是需要远端有一个通晓Git的进程，这个进程能够读取本地数据，推测客户端有什么样的功能和需求，为其生成自定义的包文件。共有两组进程用于传输数据：一组负责上传，一组负责下载。

1. 上传数据

Git使用send-pack和receive-pack进程将数据上传到远端进程。send-pack进程在客户端运行，连接到远端的receive-pack进程。

- **SSH**

举个例子，假设你在项目中执行了`git push origin master`，origin被定义为使用SSH协议的URL。Git启动send-pack进程，该进程通过SSH向服务器发起连接。它会尝试以SSH的方式在远程服务器上执行命令，就像下面这样。

```
$ ssh -x git@server "git-receive-pack 'simplegit-progit.git'"
00a5ca82a6dff817ec66f4437202690a93763949 refs/heads/master report-status \
        delete-refs side-band-64k quiet ofs-delta \
        agent=git/2:2.1.1+github-607-gfba4028 delete-refs
0000
```

`git-receive-pack`命令会立刻为其目前所拥有的每一个引用回应一行文本。在本例中，只有master分支及其SHA-1值。第一行还有一个服务器能力列表（这里有`report-status`、`delete-refs`和其他一些内容，还包括了客户端的标识符）。

每行文本均以4位十六进制数开头，指明本行余下内容的长度。上例中的第一行起始是`00a5`，对应十进制数165，也就是说余下的内容还有165字节。下一行是`0000`，意味着服务器发送的引用列表已经结束了。

现在已经知道了服务器的状态，send-pack进程就能够确定哪些提交是自己拥有但服务器却没有的。send-pack进程会将此次推送要更新的各个引用告知receive-pack进程。举例来说，如果你正在更新master分支，又添加了experiment分支，则send-pack的回应如下所示。

```
0076ca82a6dff817ec66f44342007202690a93763949 15027957951b64cf874c3557a0f3547bd83b3ff6 \
        refs/heads/master report-status
006c0000000000000000000000000000000000000000 cdfdb42577e2506715f8cfeacdbabc092bf63e8d \
        refs/heads/experiment
0000
```

Git为更新的每个引用都发送了一行文本，其中包括文本行的长度、旧的SHA-1值、新的SHA-1值以及被更新的引用。第一行还写明了客户端的能力。全0的SHA-1值表示之前没有SHA-1值，因为你正在添加新的experiment引用。如果你删除了一个引用，就会看到相反的结果：右侧的SHA-1值全部为0。

接下来，客户端会发送一个包文件，其中包含了服务器端还没有的对象。最后，服务器会提示成功（或失败），如下所示。

```
000eunpack ok
```

- **HTTP(S)**

HTTPS的使用过程与HTTP基本上一样，只不过握手过程有点不同，如下所示。

```
=> GET http://server/simplegit-progit.git/info/refs?service=git-receive-pack
001f# service=git-receive-pack
00abc6c5f0e45abd7832bf23074a333f739977c9e8188 refs/heads/master report-status \
        delete-refs side-band-64k quiet ofs-delta \
        agent=git/2:2.1.1~vmg-bitmaps-bugaloo-608-g116744e
0000
```

这就是客户端和服务器端之间的第一次数据交换。客户端接着发起另一个POST请求，其中包含了send-pack提供的数据。

```
=> POST http://server/simplegit-progit.git/git-receive-pack
```

POST请求内容包括send-pack的输出以及包文件。服务器然后使用HTTP响应来表明是否成功。

2. 下载数据

下载数据时会涉及fetch-pack和upload-pack进程。客户端启动fetch-pack进程，连接到远端的upload-pack进程，协商要下载的数据。

● SSH

如果你是通过SSH来获取数据，那么fetch-pack的执行方式如下所示。

```
$ ssh -x git@server "git-upload-pack 'simplegit-progit.git'"
```

fetch-pack连接后，upload-pack会返回以下内容。

```
00dfca82a6dff817ec66f44342007202690a93763949 HEAD multi_ack thin-pack \
        side-band side-band-64k ofs-delta shallow no-progress include-tag \
        multi_ack_detailed symref=HEAD:refs/heads/master \
        agent=git/2:2.1.1+github-607-gfba4028
003fe2409a098dc3e53539a9028a94b6224db9d6a6b6 refs/heads/master
0000
```

除了能力信息之外，这与receive-pack的响应信息几乎一模一样。除此之外，还返回了HEAD的指向（symref=HEAD:refs/heads/master），这样客户端就知道如果这是克隆，应该检出什么内容。

这时候，fetch-pack进程会查看自己所拥有的对象，通过发送单词want以及所需对象的SHA-1值作为响应。它还会发送单词have以及所有已有对象的SHA-1值。在列表的最后，写入done告知upload-pack进程开始发送所需数据的包文件，如下所示。

```
003cwant ca82a6dff817ec66f44342007202690a93763949 ofs-delta
0032have 085bb3bcb608e1e8451d4b2432f8ecbe6306e7e7
0009done
0000
```

● HTTP(S)

获取操作的握手过程需要使用两个HTTP请求。第一个是发送到与哑协议中使用的同一端点的GET请求，如下所示。

```
=> GET $GIT_URL/info/refs?service=git-upload-pack
001e# service=git-upload-pack
00e7ca82a6dff817ec66f44342007202690a93763949 HEAD multi_ack thin-pack \
        side-band side-band-64k ofs-delta shallow no-progress include-tag \
        multi_ack_detailed no-done symref=HEAD:refs/heads/master \
        agent=git/2:2.1.1+github-607-gfba4028
003fca82a6dff817ec66f44342007202690a93763949 refs/heads/master
0000
```

这与在SSH连接上使用`git-upload-pack`非常相似，除了第二次数据交换是在独立的请求上完成的，如下所示。

```
=> POST $GIT_URL/git-upload-pack HTTP/1.0
0032want 0a53e9ddeaddad63ad106860237bbf53411d11a7
0032have 441b40d833fdfa93eb2908e52742248faf0ee993
0000
```

这次的输出格式还是与前面的一样。请求的响应指明了成功或失败，另外包含了所需的包文件。

10.6.3　协议小结

本节简要地概括了传输协议。该协议还包括很多其他特性，例如`multi_ack`和`side-band`，但这些内容超出了本书的范围。我们尝试为你介绍客户端与服务器端之间一般的通信过程，如果你需要了解更多这方面的知识，可以参阅Git的源代码。

10.7　维护与数据恢复

有时候，你可能需要做一些清理工作，以使仓库内容变得更紧凑，清理导入的仓库，或是恢复丢失的工作内容。本节将介绍其中一些场景。

10.7.1　维护

Git会不时地执行一个叫作自动gc的命令。这个命令在大部分时间里什么都不会做。但如果存在过多的松散对象（不在包文件中的对象）或包文件，Git就会执行一个全功能的`git gc`命令。gc是garbage collect（垃圾回收）的缩写，该命令要做的事情不止一件：收集所有的松散对象并将其放到包文件中，将多个包文件合并成一个大的包文件，删除没有与任何提交关联的陈旧对象（数月未访问过）。

你可以手动执行自动gc，如下所示。

```
$ git gc --auto
```

这个命令还是没什么效果。必须有7000个左右的松散对象或50个以上的包文件才会让Git触发真正的gc命令。你可以分别修改`gc.auto`和`gc.autopacklimit`配置设置来修改这些限制。

gc要做的另一件事是将你的引用打包成一个单独的文件。假设你的仓库中包含以下分支和标签。

```
$ find .git/refs -type f
.git/refs/heads/experiment
.git/refs/heads/master
.git/refs/tags/v1.0
.git/refs/tags/v1.1
```

你如果执行`git gc`，那么这些文件就会从refs目录中消失。出于效率的考虑，Git会将它们移动到名为.git/packed-refs的文件中，如下所示。

```
$ cat .git/packed-refs
# pack-refs with: peeled fully-peeled
cac0cab538b970a37ea1e769cbbde608743bc96d refs/heads/experiment
ab1afef80fac8e34258ff41fc1b867c702daa24b refs/heads/master
cac0cab538b970a37ea1e769cbbde608743bc96d refs/tags/v1.0
9585191f37f7b0fb9444f35a9bf50de191beadc2 refs/tags/v1.1
^1a410efbd13591db07496601ebc7a059dd55cfe9
```

如果更新引用，那么Git不会编辑这个文件，而是会向refs/heads中写入一个新的文件。要得到给定引用对应的SHA-1值，Git会先在refs目录中检查该引用，然后再检查packed-refs文件。如果你没有在refs目录中找到引用，那它可能在packed-refs文件中。

注意文件中以^开头的最后一行。这表示它上面的标签是一个注释标签，那一行是注释标签所指向的提交。

10.7.2　数据恢复

在你使用Git的过程中，有可能会不小心丢失了某次提交。通常这是因为你强行删除了正在使用的分支，但事后发现还需要这个分支；或是硬重置（hard-reset）了分支，丢弃了要用到的提交。假如出现了这些情况，你该如何挽回你的提交？

在下面的例子中，测试仓库中的master分支被硬重置到一个旧的提交，然后来恢复丢失的提交。首先，我们来查看一下当前的仓库状态，如下所示。

```
$ git log --pretty=oneline
ab1afef80fac8e34258ff41fc1b867c702daa24b modified repo a bit
484a59275031909e19aadb7c92262719cfcdf19a added repo.rb
1a410efbd13591db07496601ebc7a059dd55cfe9 third commit
cac0cab538b970a37ea1e769cbbde608743bc96d second commit
fdf4fc3344e67ab068f836878b6c4951e3b15f3d first commit
```

现在，将master分支移回到中间的那次提交，如下所示。

```
$ git reset --hard 1a410efbd13591db07496601ebc7a059dd55cfe9
HEAD is now at 1a410ef third commit
$ git log --pretty=oneline
1a410efbd13591db07496601ebc7a059dd55cfe9 third commit
cac0cab538b970a37ea1e769cbbde608743bc96d second commit
fdf4fc3344e67ab068f836878b6c4951e3b15f3d first commit
```

你实际上已经丢失了顶部的两次提交，与这些提交对应的分支已经没有了。你需要找出最后一次提交的SHA-1值，然后添加一个指向它的分支。这里的技巧在于找到最后一次提交的SHA-1值，估计你已经记不起来该怎么做了，是吧？

通常最快的方法是利用一个叫作git reflog的工具，这个工具用起来颇为不错。在工作的时候，如果你修改了HEAD，Git会悄悄地记录下它的值。每次提交或修改分支，引用日志（reflog）都会更新。git update-ref命令也会更新引用日志，这也正是我们使用该命令而不是直接将SHA-1值写入引用文件的原因，这在10.3节中也讲到过。你可以随时利用git reflog命令查看你所处的位置，如下所示。

```
$ git reflog
1a410ef HEAD@{0}: reset: moving to 1a410ef
ab1afef HEAD@{1}: commit: modified repo.rb a bit
484a592 HEAD@{2}: commit: added repo.rb
```

我们可以看到已经检出了两次提交，但除此之外就没有太多的信息了。要想查看更丰富的信息，可以执行git log -g，该命令会将引用日志按照正常的日志格式输出，如下所示。

```
$ git log -g
commit 1a410efbd13591db07496601ebc7a059dd55cfe9
Reflog: HEAD@{0} (Scott Chacon <schacon@gmail.com>)
Reflog message: updating HEAD
Author: Scott Chacon <schacon@gmail.com>
Date:   Fri May 22 18:22:37 2009 -0700

             third commit

commit ab1afef80fac8e34258ff41fc1b867c702daa24b
Reflog: HEAD@{1} (Scott Chacon <schacon@gmail.com>)
Reflog message: updating HEAD
Author: Scott Chacon <schacon@gmail.com>
Date:   Fri May 22 18:15:24 2009 -0700

         modified repo.rb a bit
```

看起来最下面那个就是你丢失的提交，你可以在该提交上创建一个新分支来恢复它。比如创建一个名为recover-branch的分支（ab1afef），如下所示。

```
$ git branch recover-branch ab1afef
$ git log --pretty=oneline recover-branch
ab1afef80fac8e34258ff41fc1b867c702daa24b modified repo a bit
484a59275031909e19aadb7c92262719cfcdf19a added repo.rb
1a410efbd13591db07496601ebc7a059dd55cfe9 third commit
cac0cab538b970a37ea1e769cbbde608743bc96d second commit
fdf4fc3344e67ab068f836878b6c4951e3b15f3d first commit
```

不错，现在你有了一个recover-branch分支，它的指向与master分支一样，这样一来，前两次提交就又找回来了。接下来，假设你丢失的提交出于某些原因没有在引用日志中找到，你可以通过删除recover-branch和引用日志来模拟这种情况。现在，前两次提交又丢失了，如下所示。

```
$ git branch -D recover-branch
$ rm -Rf .git/logs/
```

由于引用日志数据保存在.git/logs/目录中，因此你现在已经没有引用日志了。那如今该如何恢复丢失的提交呢？一种方法是使用git fsck工具，该工具会检查数据的完整性。如果加上--full选项，它会显示出所有没有被其他对象指向的对象，如下所示。

```
$ git fsck --full
Checking object directories: 100% (256/256), done.
```

```
Checking objects: 100% (18/18), done.
dangling blob d670460b4b4aece5915caf5c68d12f560a9fe3e4
dangling commit ab1afef80fac8e34258ff41fc1b867c702daa24b
dangling tree aea790b9a58f6cf6f2804eeac9f0abbe9631e4c9
dangling blob 7108f7ecb345ee9d0084193f147cdad4d2998293
```

在这个例子中，你可以在字符串dangling commit之后看到丢失的提交。恢复提交的方法与之前一样，就是添加一个指向其SHA-1值的分支。

10.7.3　移除对象

Git有很多不错的功能，但其中有一项功能会造成麻烦：`git clone`会下载项目的整个历史记录，包括每一个文件的每一个版本。如果项目包含的都是源代码，那么这么做没有任何问题，高度优化过的Git能够有效地压缩这类数据。但如果有人在项目中添加了一个体积巨大的文件，每次克隆都会被迫下载这个大文件，即便是紧接着就将其从项目中移除了。因为它存在于历史记录中，所以也就会一直在那里。

当你从Subversion或Perforce转换到Git时，这就是一个大问题了。因为这些版本控制系统并不会下载完整的历史记录，所以上述行为基本上不会带来不良后果。但如果你从其他系统导入或是发现仓库的大小远超预期，可以用下面的方法查找并移除大体积的对象。

警告：此方法会破坏提交历史。它会从最早的树对象开始，重写每一个提交对象来移除某个大体积文件的引用。如果在导入之后且在其他人开始使用提交之前立即执行该操作，则不会有任何问题。否则，你必须提醒所有的贡献者，告诉他们必须将其工作变基到新的提交上。

作为演示，我们将向测试仓库中添加一个大文件，然后在下次提交时删除，接着再找到它并将其从仓库中永久移除。首先，添加一个大文件，如下所示。

```
$ curl https://www.kernel.org/pub/software/scm/git/git-2.1.0.tar.gz > git.tgz
$ git add git.tgz
$ git commit -m 'add git tarball'
[master 7b30847] add git tarball
1 file changed, 0 insertions(+), 0 deletions(-)
create mode 100644 git.tgz
```

哎呀！这么大的压缩文件其实用不着加进项目中的。还是去掉它吧，如下所示。

```
$ git rm git.tgz
rm 'git.tgz'
$ git commit -m 'oops - removed large tarball'
[master dadf725] oops - removed large tarball
 1 file changed, 0 insertions(+), 0 deletions(-)
 delete mode 100644 git.tgz
```

现在，对数据库执行gc操作，查看占用了多少空间，如下所示。

```
$ git gc
Counting objects: 17, done.
Delta compression using up to 8 threads.
```

```
Compressing objects: 100% (13/13), done.
Writing objects: 100% (17/17), done.
Total 17 (delta 1), reused 10 (delta 0)
```

你也可以执行count-objects命令快速查看磁盘空间使用情况，如下所示。

```
$ git count-objects -v
count: 7
size: 32
in-pack: 17
packs: 1
size-pack: 4868
prune-packable: 0
garbage: 0
size-garbage: 0
```

size-pack条目表示包文件的大小（以KB为单位），因此你占用了大概5MB的空间。在最后一次提交之前，你使用了不足2KB。显然，从之前的提交中移除文件并不能将其从历史记录中删除。每次只要有人克隆该仓库，就不得不克隆全部5MB的内容，仅仅就为了得到这个微型项目，只因为你无意间添加了一个大块头的文件。接下来，让我们移除这个文件。

你首先得找到它。在本例中，你已经知道了是哪个文件。但是，如果你不知道，那么该怎样识别是哪个（哪些）文件占用了如此多的存储空间？如果执行git gc，那么所有对象都会被放到包文件中。你可以利用另外一个叫作git verify-pack的底层命令并对其输出的第三列（文件大小）进行排序来找出大体积对象。也可以将命令输出通过管道传给tail命令，因为我们只对最后的几个最大的文件感兴趣，如下所示。

```
$ git verify-pack -v .git/objects/pack/pack-29…69.idx \
  | sort -k 3 -n \
  | tail -3
dadf7258d699da2c8d89b09ef6670edb7d5f91b4 commit 229 159 12
033b4468fa6b2a9547a70d88d1bbe8bf3f9ed0d5 blob   22044 5792 4977696
82c99a3e86bb1267b236a4b6eff7868d97489af1 blob   4975916 4976258 1438
```

最大的对象位于底部：5MB。要找出具体是哪个文件，要使用rev-list命令，我们在8.4.1节中简要介绍过该命令。如果传入--objects选项，它会列出所有提交的SHA-1值和blob对象的SHA-1值及其相关的文件路径。你可以借此找出blob对象的名称，如下所示。

```
$ git rev-list --objects --all | grep 82c99a3
82c99a3e86bb1267b236a4b6eff7868d97489af1 git.tgz
```

现在，需要从过去所有的树对象中移除这个文件。你可以很方便地看到是哪些提交修改了该文件，如下所示。

```
$ git log --oneline --branches -- git.tgz
dadf725 oops - removed large tarball
7b30847 add git tarball
```

你必须重写7b30847下游的所有提交来从Git历史记录中完全移除这个文件。这需要使用

10

filter-branch命令（我们在7.6节中用到过该命令），如下所示。

```
$ git filter-branch --index-filter \
  'git rm --ignore-unmatch --cached git.tgz' -- 7b30847^..
Rewrite 7b30847d080183a1ab7d18fb202473b3096e9f34 (1/2)rm 'git.tgz'
Rewrite dadf7258d699da2c8d89b09ef6670edb7d5f91b4 (2/2)
Ref 'refs/heads/master' was rewritten
```

--index-filter选项与7.6节用过的--tree-filter选项类似，但传入的命令并非是去修改磁盘上已经检出的文件，而是修改暂存区或索引。

你必须使用git rm --cached来移除特定的文件，而不是通过类似rm file这样的命令，因为你得将文件从索引中移除，而不是从磁盘上。这样做的原因是为了速度，在运行过滤器之前，Git并不会将每一个修订版本检出到磁盘，所以整个过程非常快。如果需要，你也可以使用--tree-filter选项实现同样的效果。git rm命令的--ignore-unmatch选项指明待删除的内容不匹配给定的模式时，不显示错误。最后，使用filter-branch重写自7b30847提交之后的历史记录，因为这是问题的源头。否则，这个命令会从头开始处理，花费不必要的时间。

历史记录中现在就不再包含指向那个文件的引用了。但是你的引用日志以及在执行filter-branch时由Git添加到.git/refs/original目录下的一组新的引用中仍有对该文件的引用，必须将其移除，然后重新打包数据库。在重新打包之前，只要有指针指向这些旧提交，不管是什么，统统都要清除，如下所示。

```
$ rm -Rf .git/refs/original
$ rm -Rf .git/logs/
$ git gc
Counting objects: 15, done.
Delta compression using up to 8 threads.
Compressing objects: 100% (11/11), done.
Writing objects: 100% (15/15), done.
Total 15 (delta 1), reused 12 (delta 0)
```

来看看节省了多少空间，如下所示。

```
$ git count-objects -v
count: 11
size: 4904
in-pack: 15
packs: 1
size-pack: 8
prune-packable: 0
garbage: 0
size-garbage: 0
```

打包后仓库的大小跌至8KB，这要比之前的5MB好上太多了。从size-pack的值可以看出大体积的对象仍存在于松散对象中，并未消失；但它不会再随着推送操作或随后的克隆操作转移了，这才是重点。如果你真的想把这个对象完全删除，可以执行带有--expire选项的git prune命令，如下所示。

```
$ git prune --expire now
$ git count-objects -v
count: 0
size: 0
in-pack: 15
packs: 1
size-pack: 8
prune-packable: 0
garbage: 0
size-garbage: 0
```

10.8　环境变量

　　Git始终在bash shell中运行，使用了大量的shell环境变量来决定自身的行为方式。有时候，知道都有哪些环境变量以及如何利用这些环境变量使Git符合自己的需要，还是有益处的。本节并不会列出所有Git环境变量，而是只会介绍其中最常用到的那些。

10.8.1　全局行为

　　作为计算机程序，Git的某些一般行为依赖环境变量。

　　GIT_EXEC_PATH决定了Git从哪里查找它的子程序（如git-commit、git-diff等）。可以通过执行git --exec-path检查当前设置。

　　HOME通常不会被修改（太多其他的东西都要依赖该变量），这是Git查找全局配置文件的地方。如果你希望制作一份包含全局配置的真正的便携版Git，可以在便携版Git的shell配置中覆盖HOME。

　　PREFIX的作用类似，但只应用于系统范围的配置。Git在$PREFIX/etc/gitconfig中查找该文件。

　　如果设置了GIT_CONFIG_NOSYSTEM，就会禁用系统范围的配置文件。如果系统配置影响了你的命令，但是你又无权修改或移除相关配置，那么这个环境变量就能派上用场了。

　　GIT-PAGER用于控制在命令行上显示多页输出的程序。如果没有设置该环境变量，将使用PAGER。

　　当用户需要编辑文本（例如提交消息）的时候，Git会运行GIT_EDITOR作为编辑器。如果没有设置，则会使用EDITOR。

10.8.2　仓库位置

　　Git使用一些环境变量来决定如何与当前仓库交互。

　　GIT_DIR是.git目录的位置。如果没有指定，Git会沿着目录树向上查找.git目录，直到遇到~或/。

　　GIT_CEILING_DIRECTORIES控制.git目录的查找行为。如果你访问到加载速度缓慢的目录（例如存放在磁带机上的目录或是通过慢速的网络连接访问），你可能会想要Git趁早停止，尤其是在shell提示符上调用Git的时候。

10

GIT_WORK_TREE是非裸仓库工作目录的根路径。如果没有指定，则使用$GIT_DIR的父目录。

GIT_INDEX_FILE是索引文件的路径（针对非裸仓库）。

GIT_OBJECT_DIRECTORY可以用于指定.git/objects目录的位置。

GIT_ALTERNATE_OBJECT_DIRECTORIES是一个由冒号分隔的列表（形如/dir/one:/dir/two:...），该列表告诉Git，如果对象不在GIT_OBJECT_DIRECTORY中，应该去哪里检查对象。如果你有大量的项目，并且其中都包含了相同内容的大文件，这可以避免存储过多的副本。

10.8.3　路径规格

路径规格（pathspec）指的是如何在Git中指定路径（包括通配符的使用）。在.gitignore文件和命令行中（git add *.c）都会用到这方面的知识。

GIT_GLOB_PATHSPECS和GIT_NOGLOB_PATHSPECS控制着路径规格中通配符的匹配行为。如果将GIT_GLOB_PATHSPECS设置为1，那么通配符用作模式匹配（默认设置）；如果将GIT_NOGLOB_PATHSPECS设置为1，那么通配符只匹配其字面含义，也就是说*.c只匹配名为*.c的文件，而非所有以.c结尾的文件。你可以在路径规格前加上:(glob)或:(literal)来覆盖这种行为，如:(glob)*.c。

GIT_LITERAL_PATHSPECS禁用上面的两种行为；通配符和前缀覆盖都不能够使用。

GIT_ICASE_PATHSPECS将路径规格设置为忽略大小写。

10.8.4　提交

创建Git提交对象的最后一步通常是由git-commit-tree来完成的，它使用下列环境变量作为主要的信息来源，如果这些环境变量不存在，则回退到预设值。

GIT_AUTHOR_NAME是author字段中可读的名称。

GIT_AUTHOR_EMAIL是author字段的电子邮件地址。

GIT_AUTHOR_DATE是author字段的时间戳。

GIT_COMMITTER_NAME用于设置committer字段的人名。

GIT_COMMITTER_EMAIL是committer字段的电子邮件地址。

GIT_COMMITTER_DATE是committer字段的时间戳。

如果user.email没有设置，则会使用EMAIL作为备用的电子邮件地址。如果该环境变量也没有设置，则会使用系统用户名和主机名。

10.8.5　网络

Git使用curl库通过HTTP进行网络操作，GIT_CURL_VERBOSE告诉Git显示由curl库生成的所有信息。这基本上相当于在命令行中输入curl -v。

GIT_SSL_NO_VERIFY告诉Git不验证SSL证书。如果你使用自签名证书通过HTTPS提供Git仓库服务，或是正在搭建Git服务器，还没有安装完整的证书，这个选项就很有必要了。

如果HTTP操作的数据速率低于GIT_HTTP_LOW_SPEED_LIMIT字节/秒、持续时间超过GIT_HTTP_

LOW_SPEED_TIME秒，Git将中止该操作。这些值会覆盖http.lowSpeedLimit和http.lowSpeedTime配置值。

　　当Git通过HTTP通信时，GIT_HTTP_USER_AGENT设置其所使用的user-agent字符串。默认值是一个类似git/2.0.0这样的值。

10.8.6　差异与合并

　　GIT_DIFF_OPTS环境变量的名称起得有点不太合适。有效值仅支持-u<n> 或 --unified=<n>，它用于控制git diff命令中显示的相关内容行数。

　　GIT_EXTERNAL_DIFF可以用来覆盖diff.external配置值。如果设置，那么在执行git diff命令时会调用指定的程序。

　　GIT_DIFF_PATH_COUNTER和GIT_DIFF_PATH_TOTAL的作用体现在由GIT_EXTERNAL_DIFF或diff.external所指定的程序中。前者记录了一批文件中的哪个文件正在进行差异比较（从1开始），后者是这批文件的总个数。

　　GIT_MERGE_VERBOSITY控制递归合并策略的输出。下面列出了允许设置的值。

- 0除了可能出现的单条错误消息，什么都不输出。
- 1只显示冲突。
- 2还显示文件变更。
- 3显示因为未发生变更而跳过的文件。
- 4显示处理时的所有路径。
- 5（包括以上的值）显示详细的调试信息。

默认值是2。

10.8.7　调试

　　想真正了解Git正在做什么吗？Git内置了相当完备的跟踪机制，你要做的就是将其启用。这些变量可用的值如下所示。

- true、1或2，写入stderr的跟踪分类。
- 以/作为起始的绝对路径，写入指定文件的跟踪输出。

GIT_TRACE控制一般的跟踪，这种跟踪不属于任何特定的分类。包括别名扩展和其他子程序委托。

```
$ GIT_TRACE=true git lga
20:12:49.877982 git.c:554              trace: exec: 'git-lga'
20:12:49.878369 run-command.c:341      trace: run_command: 'git-lga'
20:12:49.879529 git.c:282              trace: alias expansion: lga => 'log' '--graph' '--pretty=oneline'
20:12:49.879885 git.c:349              trace: built-in: git 'log' '--graph' '--pretty=oneline'
20:12:49.899217 run-command.c:341      trace: run_command: 'less'
20:12:49.899675 run-command.c:192      trace: exec: 'less'
```

GIT_TRACE_PACK_ACCESS控制包文件访问的跟踪。第一个字段是被访问的包文件，第二个字段是文件中的偏移，如下所示。

```
$ GIT_TRACE_PACK_ACCESS=true git status
20:10:12.081397 sha1_file.c:2088            .git/objects/pack/pack-c3fa...291e.pack 12
20:10:12.081886 sha1_file.c:2088            .git/objects/pack/pack-c3fa...291e.pack 34662
20:10:12.082115 sha1_file.c:2088            .git/objects/pack/pack-c3fa...291e.pack 35175
# […]
20:10:12.087398 sha1_file.c:2088            .git/objects/pack/pack-e80e...e3d2.pack 56914983
20:10:12.087419 sha1_file.c:2088            .git/objects/pack/pack-e80e...e3d2.pack 14303666
On branch master
Your branch is up-to-date with 'origin/master'.
nothing to commit, working directory clean
```

GIT_TRACE_PACKET允许在数据包层面上对网络操作进行跟踪。

```
$ GIT_TRACE_PACKET=true git ls-remote origin
20:15:14.867043 pkt-line.c:46        packet:        git< # service=git-upload-pack
20:15:14.867071 pkt-line.c:46        packet:        git< 0000
20:15:14.867079 pkt-line.c:46        packet:        git< 97b8860c071898d9e162678ea1035a8
ced2f8b1f HEAD\0multi_ack thin-pack side-band side-band-64k ofs-delta shallow no-progress include-tag
multi_ack_detailed no-done symref=HEAD:refs/heads/master agent=git/2.0.4
20:15:14.867088 pkt-line.c:46        packet:        git< 0f20ae29889d61f2e93ae00fd34f1cd
b53285702 refs/heads/ab/add-interactive-show-diff-func-name
20:15:14.867094 pkt-line.c:46        packet:        git< 36dc827bc9d17f80ed4f326de21247a5
d1341fbc refs/heads/ah/doc-gitk-config
# […]
```

GIT_TRACE_PERFORMANCE控制着性能相关数据的日志记录。输出中显示了每次git调用花费了多少时间。

```
$ GIT_TRACE_PERFORMANCE=true git gc
20:18:19.499676 trace.c:414          performance: 0.374835000 s: git command: 'git' 'pack-refs'
'--all' '--prune'
20:18:19.845585 trace.c:414          performance: 0.343020000 s: git command: 'git' 'reflog' 'expire'
'--all'
Counting objects: 170994, done.
Delta compression using up to 8 threads.
Compressing objects: 100% (43413/43413), done.
Writing objects: 100% (170994/170994), done.
Total 170994 (delta 126176), reused 170524 (delta 125706)
20:18:23.567927 trace.c:414          performance: 3.715349000 s: git command: 'git' 'pack-objects'
'--keep-true-parents' '--honor-pack-keep' '--non-empty' '--all' '--reflog'
'--unpack-unreachable=2.weeks.ago' '--local' '--delta-base-offset'
'.git/objects/pack/.tmp-49190-pack'
20:18:23.584728 trace.c:414          performance: 0.000910000 s: git command: 'git' 'prune-packed'
20:18:23.605218 trace.c:414          performance: 0.017972000 s: git command: 'git' 'update-server
-info'
20:18:23.606342 trace.c:414          performance: 3.756312000 s: git command: 'git' 'repack' '-d'
'-l' '-A' '--unpack-unreachable=2.weeks.ago'
Checking connectivity: 170994, done.
20:18:25.225424 trace.c:414          performance: 1.616423000 s: git command: 'git' 'prune'
'--expire' '2.weeks.ago'
20:18:25.232403 trace.c:414          performance: 0.001051000 s: git command: 'git' 'rerere' 'gc'
20:18:25.233159 trace.c:414          performance: 6.112217000 s: git command: 'git' 'gc'
```

GIT_TRACE_SETUP显示了Git所了解到的有关仓库以及交互环境的相关信息。

```
$ GIT_TRACE_SETUP=true git status
20:19:47.086765 trace.c:315              setup: git_dir: .git
20:19:47.087184 trace.c:316              setup: worktree: /Users/ben/src/git
20:19:47.087191 trace.c:317              setup: cwd: /Users/ben/src/git
20:19:47.087194 trace.c:318              setup: prefix: (null)
On branch master
Your branch is up-to-date with 'origin/master'.
nothing to commit, working directory clean
```

10.8.8 杂项

GIT_SSH是一个程序，如果指定，那么当Git试图连接到一台SSH主机时会调用该程序来代替ssh。调用方式类似$GIT_SSH [username@]host [-p <port>] <command>。注意，这并不是自定义ssh调用方式最简单的方法，它不支持额外的命令行参数，因此你需要编写一个包装脚本，让GIT_SSH指向该脚本。可能使用~/.ssh/config文件会更简单一些。

GIT_ASKPASS能够覆盖core.askpass配置值。当Git向用户询问凭据时，就会调用该环境变量指定的程序，它接受一段文本提示作为命令行参数，并将回答返回到stdout。（有关此子系统的更多信息，请参阅7.14节。）

GIT_NAMESPACE控制访问命名空间中的引用，等价于--namespace选项。它的主要作用发挥在服务器端，如果你想在一个仓库中存储单个仓库的多个派生，只需要保持引用分离就可以了。

GIT_FLUSH强制Git在向stdout中增量写入的时候使用非缓冲I/O。取值为1会使得Git更频繁地刷新，取值为0会缓存所有的输出。默认值（如果该环境变量没有设置）会根据活动情况和输出模式来选择适合的缓冲方案。

GIT_REFLOG_ACTION允许你指定写入到引用日志中的描述性文本。下面是一个示例。

```
$ GIT_REFLOG_ACTION="my action" git commit --allow-empty -m 'my message'
[master 9e3d55a] my message
$ git reflog -1
9e3d55a HEAD@{0}: my action: my message
```

10.9 小结

你现在应该已经很好地了解了Git在幕后的操作以及实现方法（一定程度上）。本章介绍了大量底层命令，这些命令比你在本书中其他部分学到的高层命令所处的层面更低，也更简单。理解了Git在更低层级上的工作方式有助于搞明白Git行为的出发点，也方便编写自己的工具和帮助脚本，以使特定的工作流适合你。

作为一套可根据内容寻址的文件系统，Git的功能极其强大、用法简单，绝不仅仅是一个版本控制系统。我们希望你可以利用新学到的Git内部原理知识实现你自己的应用程序，在今后使用Git的过程中更加得心应手。

10

其他环境中的Git

A

如果你通读了本书，肯定已经学到了不少以命令行方式使用Git的方法。你可以用Git处理本地文件，通过网络连接仓库，以及与他人高效地协作。但是故事还没结束。Git通常是更大的生态系统中的一部分，终端也并非总是Git的最佳使用方式。现在我们要介绍Git能够发挥功用的其他一些环境，以及别的应用程序（包括你自己的）如何与Git配合工作。

A.1 图形界面

Git的原生环境是在终端中。新的特性总是首先出现在命令行中，也只有在命令行中才能随心所欲地施展Git的全部能力。但是纯文本并不是所有任务的最佳选择，有时候可视化形式才是你需要的，有些用户也更习惯于点击方式的图形界面。

要注意的是，不同的界面针对的是不同的工作流。为了支持作者认为有效的工作方式，有些客户端只向用户展现了一个经过精心组织的Git功能子集。从这个角度来看，没有哪个工具可以说自己比别的工具"更好"，只能说是更适合既定目标罢了。另外要注意的是，命令行客户端做不了的事情，图形界面客户端同样无能为力。在与仓库打交道的时候，命令行始终是能够尽其所能的方式。

A.1.1 gitk 和 git-gui

在安装Git时，配套的可视化工具gitk和git-gui也会一并被安装。

gitk是一款图形化历史记录查看工具。可以把它看作基于git log和git grep的一个功能强大的GUI shell。如果你要翻看过去发生的某个事件或是将项目的历史记录可视化，就可以使用这个工具。

从命令行中调用gitk最简单。只需要使用cd命令进入Git仓库，然后键入以下命令即可。

```
$ gitk [git log options]
```

gitk可接受很多命令行选项，其中大部分都传给了底层的git log命令。最有用的选项之一就是--all，它告诉gitk显示所有引用中的提交（而不仅仅是HEAD）。gitk的界面如图A-1所示。

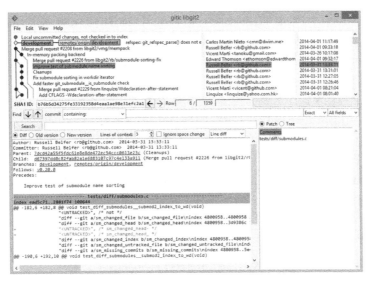

图A-1　gitk历史记录查看器

窗口上方看起来有点像git log --graph的输出，每个点代表一次提交，线代表父子关系，彩色的方块①表示各个引用。黄色的点代表HEAD，红色的点代表尚未提交的变更。窗口下方是当前选中的提交的视图。左边是评论和补丁，右边是摘要信息。窗口中间是用来搜索历史记录的控件。

git-gui主要用于生成提交。与gitk一样，调用它最简单的方法也是从命令行，如下所示。

```
$ git gui
```

git-gui的界面如图A-2所示。

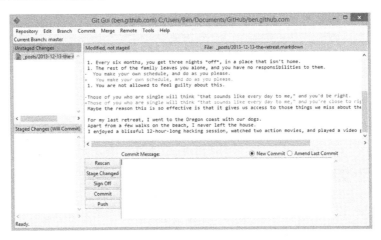

图A-2　git-gui提交工具

① 若需要查看彩色图片，请访问图灵社区：http://www.ituring.com.cn/book/1608，并点击"随书下载"。——编者注

窗口左边是索引区，尚未暂存的变更显示在上方，已暂存的变更显示在下方。你可以点击文件的图标使其在两种状态之间切换，也可以点击文件名进行查看。

右上方是差异视图，其中显示了当前选中文件的变更之处。你可以通过在此区域中点击右键来暂存区块或个别行。

右下方是提交消息及操作区域。在文本框中键入信息并点击Commit，其效果与`git commit`类似。你也可以通过选中Amend Last Commit来修正上一次提交，这会使得上一次提交的内容显示在Staged Changes区域中。然后你就只需要选择暂存或不暂存变更，更改提交消息并再次点击Commit，用新的提交替换旧提交。

`gitk`和`git-gui`都属于面向任务的工具，各自适用于特定的用途（查看历史记录和生成提交），忽略了任务用不上的特性。

A.1.2 Mac 和 Windows 环境下的 GitHub

GitHub有两种面向工作流的Git客户端，分别对应Windows平台和Mac平台。这些客户端是面向工作流工具的良好范例，它们并不具有Git的所有功能，而是专注于一组经过挑选的、能够相互搭配的常用特性。其界面如图A-3和图A-4所示。

图A-3   Mac版GitHub

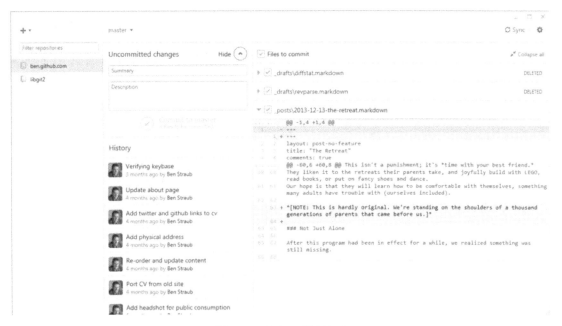

图A-4　Windows版GitHub

　　两者在外观和操作方式上非常相像，因此本附录会将它们作为一个产品来介绍。我们不会详细地讲述工具的用法（它们都有自己的文档），而是按照以下顺序，快速了解一下"变更"视图。

□ 左边是客户端正在跟踪的仓库列表。你可以点击该区域上方的+图标来添加仓库（通过克隆或从本地添加）。

□ 中间是"提交–输入"区，你可以在其中输入提交消息，选择要提交的文件。（在Windows中，提交历史直接显示在下方；在Mac中，提交历史有单独的标签。）

□ 右边是差异视图，其中显示了工作目录中发生的变更，或是选中的提交中有哪些变更。

□ 要注意的最后一件事是右上方的Sync按钮，你主要通过这个按钮来进行网络操作。

注意　这些工具不需要GitHub账号。尽管它们的设计初衷是突出GitHub的服务以及推荐的工作流，但是在其他仓库上也能够正常工作，与任何的Git主机都可以进行网络操作。

1. 安装

　　Windows版的GitHub可以从https://windows.github.com下载，Mac版的GitHub可以从https://mac.github.com下载。应用程序第一次运行的时候，需要进行首次设置，例如配置姓名和电子邮件地址，它还会帮你设置很多常用配置选项的默认值，例如凭据缓存和CRLF的处理方式。

　　这两个版本的GitHub都能够快速迭代更新，更新过程可以在程序运行时于后台完成。另外还非常方便地加入了Git的绑定版，这意味着你再也不用操心手动更新了。在Windows中，客户端还提供了启动带有Posh-Git的Powershell的快捷方式，我们会在本附录随后部分详细讨论这方面的内容。

接下来需要设置工具所使用的仓库。客户端会显示出你当前在GitHub上能够访问的仓库列表，你可以一键克隆这些仓库。如果你已经有了一个本地仓库，只需要将仓库目录从Finder或Windows资源管理器中拖入GitHub客户端窗口，它就会出现在左侧的仓库列表中了。

2. 推荐的工作流

安装并配置好客户端之后，就可以使用它来完成很多常见的Git任务了。这类工具所预期的工作流有时被称为"GitHub流程"。对于该工作流，我们在6.2.2节中做过详述，其要点有两个：(a) 向单个分支提交；(b) 经常与远程仓库同步。

分支管理是这两个平台客户端存在的差异之一。在Mac上，创建新分支的按钮位于窗口上方，如图A-5所示。

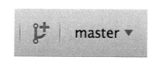

图A-5　Mac上的创建分支按钮

在Windows平台上，创建新分支需要通过在分支切换部件中键入新的分支名来完成，如图A-6所示。

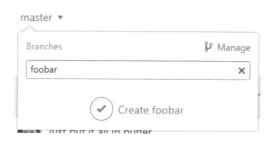

图A-6　在Windows上创建分支

创建好分支之后，发起新的提交就很直截了当了。在工作目录中做一些修改，然后切换到GitHub客户端窗口，其中会显示出哪些文件发生了变化。输入提交消息，选择本次提交需要的文件，点击Commit按钮（也可以按ctrl-enter或⌘-enter组合键）。

与其他仓库通过网络进行交互的主要途径是Sync（同步）功能。推送、合并和变基在Git内部都是独立的操作，但是Git客户端会将这些操作合并成一个功能。当你点击Sync按钮时，会发生以下操作。

(1) git pull --rebase。如果因为合并冲突造成失败，请退而执行git pull --no-rebase。

(2) git push。

如果遵循推荐的工作流，那么这就是最常见的网络命令序列，因此将其合并成单个命令能够节省大量的时间。

3. 小结

这些工具非常适合为其量身定做的工作流。开发人员和非开发人员都能够很快地就某个项目展开协作，很多有关工作流的最佳实践已经内置在工具中了。但如果你采用的工作流有所不同，或是希望对网络操作的方式和时机有更多的控制权，我们推荐你采用其他的客户端或命令行。

A.1.3 其他图形用户界面

还有很多各种各样的图形化Git客户端，从专门的、单一用途的工具到试图涵盖Git所有功能的应用。Git的官方站点中列出了一份经过挑选的最流行的客户端清单：http://git-scm.com/downloads/guis。更全面的清单可以在Git wiki站点上找到：https://git.wiki.kernel.org/index.php/Interfaces,_frontends,_and_tools#Graphical_Interfaces。

A.2 Visual Studio 中的 Git

从Visual Studio 2013 Update 1开始，Visual Studio就将Git客户端内置到了IDE中。Visual Studio很久之前就集成了源码控制功能，但面向的是集中型文件锁定式系统，Git并不能很好地适应这种工作流。Visual Studio 2013中对于Git的支持与之前的旧功能是相互独立的，使得两者之间得到了更好的适应。

要想找到这个功能，打开一个由Git管理的项目（或者对已有的项目执行`git init`），然后从菜单中选择View > Team Explorer。你就会看到如图A-7所示的Connect视图。

图A-7　从Team Explorer中连接Git仓库

Visual Studio记得曾经打开过的所有用Git管理的项目，这些项目都可以在下方的列表中找到。如果你没有发现需要的项目，可以点击Add链接，输入工作目录的路径。双击其中一个本地仓库会将你带入Home视图，如图A-8所示。这是Git的操作中心：在编写代码的时候，你的大部分时

间会花在Changes视图中，如果要拉取团队同事的改动，你需要使用Unsynced Commits和Branches
视图。

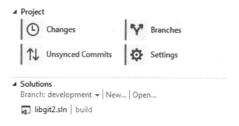

图A-8   Visual Studio中Git仓库的Home视图

　　Visual Studio如今有了一套功能强大且致力于任务的Git用户界面。它包括线性的历史视图、
差异查看工具、远程命令以及其他大量功能。若想查看完整的相关文档（不适合放在这里），请
访问http://msdn.microsoft.com/en-us/library/hh850437.aspx。

A.3   Eclipse 中的 Git

　　Eclipse有一个叫作EGit的插件，提供了一套相当完备的Git操作界面。可以通过切换到Git
Perspective来使用该插件（Window > Open Perspective > Other…，然后选择Git）。

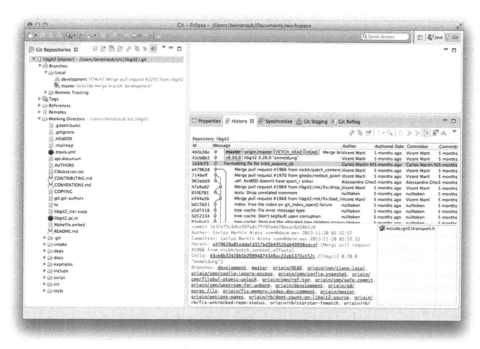

图A-9   Eclipse的EGit环境

EGit提供了大量良好的文档，这些文档可以通过转到Help > Help Contents然后从内容列表中选择EGit Documentation节点来查阅。

A.4　Bash 中的 Git

如果你是Bash用户，可以利用一些shell特性大幅提升你的Git使用体验。Git实际上包含了很多可用于各种shell的插件，只不过这些插件在默认设置下并没有打开。

首先，你需要从Git的源代码中获得contrib/completion/git-completion.bash的副本。将其复制到一个方便的地方（比如你的主目录下），然后在.bashrc中加入下面一行代码。

```
. ~/git-completion.bash
```

然后将目录切换到Git仓库并键入以下命令。

```
$ git chec<tab>
```

Bash会自动补全git checkout命令。该功能适用于所有Git子命令、命令行参数以及远程仓库和引用名。

自定义命令行提示符来显示当前目录所属仓库的相关信息也是一种不错的做法。根据需要不同，实现方法可易可难，不过通常会有一些关键性信息是大多数用户都希望看到的，例如当前分支和工作目录的状态。要想在提示符中加入这些内容，只需要将文件contrib/completion/git-prompt.sh从Git的源代码仓库中复制到你的主目录下，在.bashrc中加入以下代码。

```
. ~/git-prompt.sh
export GIT_PS1_SHOWDIRTYSTATE=1
export PS1='\w$(__git_ps1 " (%s)")\$ '
```

\w表示输出当前工作目录，\$会输出提示符中的$，__git_ps1 " (%s)"使用格式化参数调用由git-prompt.sh提供的函数。现在如果你处于Git所管理项目中的任何位置，那么你的Bash命令行提示符会如图A-10所示。

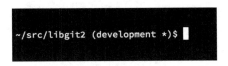

图A-10　自定义的Bash提示符

这两个脚本都提供了有用的文档。可以阅读git-completion.bash和git-prompt.sh的内容获取更多的信息。

A.5　Zsh 中的 Git

Zsh也提供了用于Git的"tab键补全"（tab-completion）库。只需要在你的.zshrc中加入autoload

-Uz compinit && compinit就可以使用了。Zsh所提供的接口要比Bash更强大，如下所示。

```
$ git che<tab>
check-attr          -- display gitattributes information
check-ref-format    -- ensure that a reference name is well formed
checkout            -- checkout branch or paths to working tree
checkout-index      -- copy files from index to working directory
cherry              -- find commits not merged upstream
cherry-pick         -- apply changes introduced by some existing commits
```

意义不确定的tab键补全内容并没有列出。已列出的补全内容还包括帮助性描述信息，你可以通过不断地敲击tab键以图形化方式浏览补全列表。该功能不仅适用于Git命令、命令参数以及仓库中的内容名称（比如引用、远程仓库），也适用于文件名和Zsh知道如何进行补全的其他内容。

Zsh提供了一个叫作vcs_info的框架，用于获取版本控制系统的相关信息。要想将分支名放入提示符的右侧，可以在~/.zshrc文件中加入以下代码。

```
autoload -Uz vcs_info
precmd_vcs_info() { vcs_info }
precmd_functions+=( precmd_vcs_info )
setopt prompt_subst
RPROMPT=\$vcs_info_msg_0_
# PROMPT=\$vcs_info_msg_0_'%# '
zstyle ':vcs_info:git:*' formats '%b'
```

这段代码会在终端窗口的右边（也可以在左边，只需要将PROMPT赋值语句前面的注释符号去掉就可以了）显示出当前的分支（只要shell处于Git仓库目录中）。效果如图A-11所示。

图A-11　自定义的Zsh提示符

有关vcs_info的更多信息，请参阅zshcontrib(1)的手册页或在线文档http://zsh.sourceforge.net/Doc/Release/User-Contributions.html#Version-Control-Information。

与vcs_info相比，你可能更喜欢Git自带的命令行提示符自定义脚本git-prompt.sh。git-prompt.sh可以兼容Bash和Zsh。

Zsh非常强大，它有很多专门用于完善其功能的框架。其中有一个框架叫作oh-my-zsh。oh-my-zsh插件系统包含功能丰富的Git命令补全特性，它包含各种提示符"主题"，有很多都可以显示版本控制信息。图A-12就是其中一种主题。

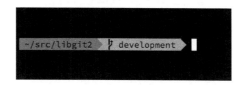

图A-12　oh-my-zsh主题的一个示例

A.6　Powershell 中的 Git

Windows中的标准命令行终端（cmd.exe）实在是无法自定义Git使用体验，但如果你用的是Powershell，恭喜你了。有一个叫作Posh-Git的包提供了强大的命令补全功能，另外还增强了命令行提示符效果，可以帮助你关注仓库的状态。其界面如图A-13所示。

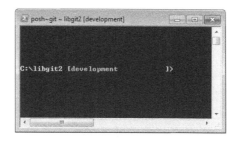

图A-13　使用了Posh-Git的Powershell

如果你安装过Windows版的GitHub，Posh-Git就已经默认包含在内了，你要做的就是将下面的代码加入文件profile.ps1（该文件通常位于C:\Users\<username>\Documents\WindowsPowershell）。

```
. (Resolve-Path "$env:LOCALAPPDATA\GitHub\shell.ps1")
. $env:github_posh_git\profile.example.ps1
```

如果你没有使用Windows版的GitHub，只需要下载Posh-Git的发行版，将其解压缩到WindowsPowershell目录中，然后以管理员身份打开Powershell，执行以下命令。

```
> Set-ExecutionPolicy RemoteSigned -Scope CurrentUser -Confirm
> cd ~\Documents\WindowsPowershell\posh-git
> .\install.ps1
```

这样就会在文件profile.ps1中加入相应的内容，等到下一次打开命令行提示符时就可以使用Posh-Git了。

A.7   小结

至此，你已经学会了如何在常用工具中发挥Git的威力，以及如何从自己的程序中访问Git仓库。

附录 B

在应用程序中嵌入Git

如果你的应用程序面向的是开发人员，整合源码控制功能是一个很好的获益机会。即便是针对非开发人员的应用程序，例如文档编辑器，也有可能从版本控制特性中得到好处，Git的工作模型能够很好地适应很多不同的场景。

如果需要将Git集成到你的应用程序中，通常有3种方法：生成一个shell来使用Git命令行工具；使用Libgit2和使用JGit。

B.1 命令行 Git

方法之一就是生成一个shell进程，然后使用Git命令行工具进行处理。作为一种标准方法，这自然有其优点，它能够支持Git的所有特性。另外使用起来也非常简单，因为大多数运行时环境都有一种比较简单的机制来调用带有命令行参数的进程。不过这种方法也有一些缺点。

其中一个缺点就是所有的输出都是纯文本。这意味着你必须去解析由Git产生的、时而还会发生变化的输出格式，以获得进度及结果信息，这种方式效率低下且容易出现错误。

另一个缺点是缺少错误恢复。如果仓库被损坏，或是用户使用了不合法的配置值，Git就会拒绝执行很多操作。

还有就是进程管理。Git要求你在另一个独立进程中维护shell环境，这就增加了不必要的复杂性。要想在多个进程之间进行协调（尤其是需要从多个进程中访问同一个仓库）将会是一次不小的挑战。

B.2 Libgit2

另一种方法是使用Libgit2。Libgit2是Git的一个独立实现，致力于为其他应用程序提供更好的API。

首先让我们来看看C API是什么样子。下面来快速了解一下。

```
// 打开仓库
git_repository *repo;
int error = git_repository_open(&repo, "/path/to/repository");

// 将HEAD解引用至某个提交
```

```
git_object *head_commit;
error = git_revparse_single(&head_commit, repo, "HEAD^{commit}");
git_commit *commit = (git_commit*)head_commit;

// 输出部分提交属性
printf("%s", git_commit_message(commit));
const git_signature *author = git_commit_author(commit);
printf("%s <%s>\n", author->name, author->email);
const git_oid *tree_id = git_commit_tree_id(commit);

// 清理
git_commit_free(commit);
git_repository_free(repo);
```

前两行代码打开了一个Git仓库。`git_repository`类型表示一个内存中有缓存的仓库句柄。如果你知道仓库工作目录或.git目录的具体路径，这是最简单的方法。此外，还有`git_repository_open_ext`（包含用于搜索的选项）、`git_clone`及其同类（用于创建远程仓库的本地克隆），以及`git_repository_init`（可创建一个全新的仓库）。

第二段利用rev-parse语法（有关此语法的更多信息，请参阅7.1.3节）来获得HEAD最终所指向的分支。返回类型是一个`git_object`指针，它描述了仓库的Git对象数据库中的内容。`git_object`实际上是几种不同对象的"父"类型；每种"子"类型在内存中的布局都与`git_object`相同，因此你可以将其安全地转换成正确的类型。在本例中，`git_object_type(commit)`会返回GIT_OBJ_COMMIT，因此可以放心地转换成`git_commit`指针。

接下来的代码块展示了如何访问提交的各种属性。最后一行用到了`git_oid`类型，Libgit2就是用该类型来表示SHA-1散列。

从这个例子中，可以发现一些模式，如下所示。

❑ 如果你声明了一个指针并向Libgit2调用传递了一个该指针的引用，调用有可能会返回一个整数类型的错误代码。0表示成功，其他小于0的值表示失败。

❑ 如果Libgit2为你生成了一个指针，你得负责释放它。

❑ 如果Libgit2从调用中返回了一个const指针，你不需要释放它，但是如果其所指向的对象被释放，该指针就会变成非法指针。

❑ 用C来编写实在有点麻烦。

最后一点意味着在使用Libgit2时，你不大可能会使用C语言编写。好在有很多其他的绑定语言可用，你可以使用特定的语言和环境轻松地处理Git仓库。下面来看看上面这个用Libgit2的Ruby绑定重写的例子，我们称其为Rugged，可以在网页https://github.com/libgit2/rugged上找到。

```
repo = Rugged::Repository.new('path/to/repository')
commit = repo.head.target
puts commit.message
puts "#{commit.author[:name]} <#{commit.author[:email]}>"
tree = commit.tree
```

如你所见，代码要规整多了。首先，Rugged采用了异常，它能够抛出类似ConfigError或ObjectError之类的信息来告知出现的错误。另外，它也不需要释放资源，因为Ruby支持垃圾回收。让我们再来看一个略微复杂的例子：从头构造一个提交。

```
blob_id = repo.write("Blob contents", :blob)    ❶

index = repo.index
index.read_tree(repo.head.target.tree)
index.add(:path => 'newfile.txt', :oid => blob_id)    ❷

sig = {
    :email => "bob@example.com",
    :name => "Bob User",
    :time => Time.now,
}

commit_id = Rugged::Commit.create(repo,
    :tree => index.write_tree(repo),    ❸
    :author => sig,
    :committer => sig,    ❹
    :message => "Add newfile.txt",    ❺
    :parents => repo.empty? ? [] : [ repo.head.target ].compact,    ❻
    :update_ref => 'HEAD',    ❼
)
commit = repo.lookup(commit_id)    ❽
```

❶ 创建一个新的二进制对象，其中包含了新文件的内容。
❷ 使用HEAD提交树填充索引，向路径中添加新文件newfile.txt。
❸ 在ODB中创建一棵新树，将其用于新的提交。
❹ 在author字段和committer字段中使用相同的签名。
❺ 提交消息。
❻ 在创建提交时必须指定新提交的父提交。这里将HEAD的尾端作为单一的父提交。
❼ 在生成提交时，Rugged（以及Libgit2）可以选择更新引用。
❽ 返回值是新的提交对象的SHA-1散列值，你可以随后用它来获得一个Commit对象。

　　Ruby代码简洁美观，因为Libgit2完成了大量的工作，所以这段代码的运行速度还是相当快的。如果你不热衷于Ruby，在B.2.2节中我们还会介绍其他一些绑定语言。

B.2.1　高级功能

　　Libgit2还有一些功能超出了核心Git的范围。其中之一就是插件功能：Libgit2允许为不同类型的操作提供自定义"后端"，因此就可以采用与Git不同的方式来存储内容。Libgit2可以为配置、引用存储以及对象数据库自定义后端。

　　来看看后端是如何工作的。下面的代码取自Libgit2团队所提供的后端样例集（https://github.com/libgit2/libgit2-backends）。下面是一个对象数据库自定义后端的建立方法。

```
git_odb *odb;
int error = git_odb_new(&odb);    ❶
```

```
git_odb_backend *my_backend;
error = git_odb_backend_mine(&my_backend, /*…*/);  ❷
error = git_odb_add_backend(odb, my_backend, 1);  ❸

git_repository *repo;
error = git_repository_open(&repo, "some-path");
error = git_repository_set_odb(odb);  ❹
```

（注意，我们只捕获了错误，但并没有做错误处理。希望你写的代码比我们的更好。）

❶ 初始化一个空的对象数据库（ODB）"前端"，它将作为负责实际工作的"后端"的容器。

❷ 初始化一个自定义ODB后端。

❸ 将后端添加至前端。

❹ 打开一个仓库，让它使用我们的ODB查找对象。

但是git_odb_backend_mine是什么呢？它是你自己的ODB实现的构造函数，你可以在其中做任何想做的事情，只要你能够填入正确的git_odb_backend结构。其实现如下所示。

```
typedef struct {
    git_odb_backend parent;

    // 其他部分内容
    void *custom_context;
} my_backend_struct;

int git_odb_backend_mine(git_odb_backend **backend_out, /*…*/)
{
    my_backend_struct *backend;

    backend = calloc(1, sizeof (my_backend_struct));

    backend->custom_context = …;

    backend->parent.read = &my_backend__read;
    backend->parent.read_prefix = &my_backend__read_prefix;
    backend->parent.read_header = &my_backend__read_header;
    // …

    *backend_out = (git_odb_backend *) backend;
    return GIT_SUCCESS;
}
```

这里有一个很不起眼的限制：my_backend_struct的第一个成员必须是git_odb_backend结构，这样才能符合Libgit2所要求的内存布局。余下的成员顺序就可以随意了，这个结构的大小没有限制，根据你的需要来决定。

初始化函数会为该结构分配内存，建立自定义的上下文环境，填充所支持的parent结构成员。可以查看Libgit2源代码中的include/git2/sys/odb_backend.h文件了解所有的调用签名，特定的使用情况有助于决定支持哪一种调用签名。

B.2.2 其他绑定

Libgit2还有很多其他语言的绑定。在这里我们选取了其中几种更加完备的绑定包（截至本书撰写之际）来展示一个小例子。很多语言都有对应的库，包括C++、Go、Node.js、Erlang和JVM，成熟度各不相同。要查看官方的绑定列表，可以浏览网页https://github.com/libgit2。我们编写的代码会返回由HEAD所指向的提交的提交消息（与`git log -1`类似）。

1. LibGit2Sharp

如果你编写的是.NET或Mono应用，LibGit2Sharp（https://github.com/libgit2/libgit2sharp）正是你需要的。这个绑定是用C#编写的，它下了很大功夫去使用原生风格的CLR API包装了原始的Libgit2调用。下面是我们的示例程序。

```
new Repository(@"C:\path\to\repo").Head.Tip.Message;
```

对于Windows桌面应用来说，还有一个NuGet可以帮助你快速上手。

2. Objective-Git

如果你的应用在Apple平台上运行，你可能会使用Objective-C作为实现语言。Objective-Git（https://github.com/libgit2/objective-git）是该环境下的Libgit2绑定。示例程序如下所示。

```
GTRepository *repo =
    [[GTRepository alloc] initWithURL:[NSURL fileURLWithPath: @"/path/to/repo"] error:NULL];
NSString *msg = [[[repo headReferenceWithError:NULL] resolvedTarget] message];
```

Objective-Git与Swift配合得天衣无缝，就算你不用Objective-C也不用怕。

3. Pygit2

Python的Libgit2绑定叫作Pygit2，可以在网站http://www.pygit2.org/上找到。我们的示例程序如下所示。

```
pygit2.Repository("/path/to/repo")  # open repository
    .head                            # get the current branch
    .peel(pygit2.Commit)             # walk down to the commit
    .message                         # read the message
```

B.2.3 扩展阅读

当然，完整地介绍Libgit2的所有功能超出了本书的范围。如果你希望了解有关Libgit2的更多信息，可以参阅其API文档（https://libgit2.github.com/libgit2）以及一系列使用指南（https://libgit2.github.com/docs）。对于其他绑定，请检查自带的README和测试文件，其中通常会给出一些小型教程以及扩展阅读资料的地址。

B.3 JGit

如果你想在Java中使用Git，有一个功能丰富的Git库，叫作JGit。JGit是一个使用Java编写的功能较为完善的Git实现，广泛用于Java社区。JGit项目隶属于Eclipse，其主页位于http://www.
eclipse.org/jgit。

B.3.1　上手

有很多方法可以用于在你的项目中引入JGit并编写相关的代码。可能最简单的方法就是使用
Maven。整合过程只需要将下面的代码片段加入到pom.xml文件中的标签下，如下所示。

```
<dependency>
    <groupId>org.eclipse.jgit</groupId>
    <artifactId>org.eclipse.jgit</artifactId>
    <version>3.5.0.201409260305-r</version>
</dependency>
```

当你读到这里时，version部分很可能已经更新了，请检查网页http://mvnrepository.com/artifact/
org.eclipse.jgit/org.eclipse.jgit获取更新的仓库信息。完成这一步之后，Maven就能够自动获取并使
用你所需要的JGit库了。

如果你想自己动手管理二进制依赖，可以从网页http://www.eclipse.org/jgit/download上获得预
构建的JGit二进制文件，并通过下面的命令将其构建进你的项目。

```
javac -cp .:org.eclipse.jgit-3.5.0.201409260305-r.jar App.java
java -cp .:org.eclipse.jgit-3.5.0.201409260305-r.jar App
```

B.3.2　底层 API

JGit的API可以划分为两个层面：底层和高层。这两个术语都取自Git，而JGit也可以粗略地分
成相同的两类：高层API作为易用的前端，面向的是常见的用户级操作（普通用户可以使用Git命令
行工具完成的功能），而底层API则是直接与底层仓库对象进行交互。

大多数JGit会话都是从Repository类开始，你要做的第一件事情就是创建该类的一个实例。对于
基于文件系统的仓库（没错，JGit还可以使用其他的存储模型），可以通过FileRepositoryBuilder来实
现，如下所示。

```
// 创建一个新仓库
Repository newlyCreatedRepo = FileRepositoryBuilder.create(
    new File("/tmp/new_repo/.git"));
newlyCreatedRepo.create();

// 打开一个已有的仓库
Repository existingRepo = new FileRepositoryBuilder()
    .setGitDir(new File("my_repo/.git"))
    .build();
```

该对象有一个用法灵活的API，无论你的程序是否知道仓库的确切位置，它都可以给出查找
Git仓库所需的所有信息。该API能够使用环境变量（.readEnvironment()），从工作目录中的某个

位置开始搜索(.setWorkTree(...).findGitDir()),或者是像上面那样仅打开一个已知的.git目录。

一旦有了一个Repository实例,你就可以利用它做各种事情了。接着来看一个例子,如下所示。

```
// 获得引用
Ref master = repo.getRef("master");

// 获得引用所指向的对象
ObjectId masterTip = master.getObjectId();

// rev-parse
ObjectId obj = repo.resolve("HEAD^{tree}");

// 载入原始对象的内容
ObjectLoader loader = repo.open(masterTip);
loader.copyTo(System.out);

// 创建分支
RefUpdate createBranch1 = repo.updateRef("refs/heads/branch1");
createBranch1.setNewObjectId(masterTip);
createBranch1.update();

// 删除分支
RefUpdate deleteBranch1 = repo.updateRef("refs/heads/branch1");
deleteBranch1.setForceUpdate(true);
deleteBranch1.delete();

// 配置
Config cfg = repo.getConfig();
String name = cfg.getString("user", null, "name");
```

这段代码完成了不少操作,所以让我们来逐项讲解。

第一行代码获得了一个指向master引用的指针。JGit能够自动取得位于refs/heads/master中实际的master引用并返回一个对象,你可以从中得到有关该引用的所有信息。其中包括名称(.getName())、直接引用的目标对象(.getObjectId())或由符号引用所指向的引用(.getTarget())。Ref对象还用于描述标签引用和对象,因此你可以询问标签是否被"删除",也就是说它指向一连串(可能很长)标签对象的最终目标。

第二行代码获得了master引用的目标,该目标以ObjectId实例的形式返回。无论对象是否存在于Git的对象数据库中,ObjectId都描述了对象的SHA-1散列。第三行代码与此类似,但是它展示了JGit处理rev-parse语法(更多的相关内容请参阅7.1.3节)的方法,你可以传入任何Git能够理解的对象指示符(object specifier),JGit会返回该对象有效的ObjectId或null。

接下来的两行代码展示了如何载入一个对象的原始内容。在本例中,我们调用了ObjectLoader.copyTo()将对象内容直接输出到stdout,除此之外,ObjectLoader还有一些方法可以读取对象的类型和大小,并将对象作为字节数组返回。对于大体积对象(.isLarge()返回true),你可以调用.openStream()来获得一个与InputStream类似的对象,可以在不需要将其一次性全部读入内存的情况下读取原始对象数据。

下面几行代码展示了如何创建一个新分支。我们生成了一个RefUpdate实例，配置了一些参数，然后调用.update()进行变更操作。紧跟其后的代码删除了相同的分支。注意，必须使用.setForceUpdate(true)，否则.delete()调用会返回REJECTED，一切照旧。

最后一个例子展示了如何从Git配置文件中得到user.name的值。Config实例使用之前打开的仓库作为本地配置，但是会自动检测全局和系统配置文件并从中读取数值。

这里用到的只是所有底层API中的一小部分，还有更多的方法和类没有介绍。上面的例子也没有演示JGit处理错误的方法，这通常是利用异常来实现的。JGit API有时会抛出标准的Java异常（例如IOException），但除此之外，还有大量JGit特定的异常类型（例如NoRemoteReposi-tory Exception、CorruptObjectException和NoMergeBaseException）。

B.3.3   高层 API

底层API的确完备，但是要把它们组合起来完成一些常见任务（例如向索引中添加文件或创建新提交）就很繁琐了。JGit提供了一组高层API来帮助你摆脱这种局面，这些API都属于Git类，如下所示。

```
Repository repo;
// 构造repo...
Git git = new Git(repo);
```

Git类有一组非常不错的高阶构建器风格的方法，可以用来实现一些非常复杂的操作。让我们来看一个例子，它可以实现类似git ls-remote的效果，如下所示。

```
CredentialsProvider cp = new UsernamePasswordCredentialsProvider("username", "p4ssw0rd");
Collection<Ref> remoteRefs = git.lsRemote()
    .setCredentialsProvider(cp)
    .setRemote("origin")
    .setTags(true)
    .setHeads(false)
    .call();
for (Ref ref : remoteRefs) {
    System.out.println(ref.getName() + " -> " + ref.getObjectId().name());
}
```

这是Git类的一种常用模式。类的方法会返回一个命令对象，你可以利用该对象将方法调用串联在一起来设置参数，当调用.call()时，就会执行这些方法。在本例中，我们请求的是origin远程分支的标签。另外还要注意使用了CredentialsProvider对象进行身份验证。

Git类可用的命令还有很多，其中包括add、blame、commit、clean、push、rebase、revert和reset。

B.3.4   扩展阅读

这里展示的只是JGit全部功能中的一小部分。如果你对此感兴趣，希望了解更多的相关内容，下面是一些可用的参考资源。

❑ JGit API的官方文档: http://download.eclipse.org/jgit/docs/latest/apidocs。这些文档都是标准的Javadoc,你可以使用喜欢的JVM IDE将其安装到本地。

❑ JGit Cookbook: https://github.com/centic9/jgit-cookbook,其中包含了很多利用JGit实现特定任务的例子。

❑ 网页http://stackoverflow.com/questions/6861881上还有很多不错的资源。

附录 C

Git命令

本书介绍了大量Git命令,对于这些命令,我们尽可能以叙事的方式进行讲解,并逐渐引入更多命令。但这种方式也造成了命令的相关示例在书中四处散落。

在这个附录中,我们将仔细检查所有Git命令,将其按用途进行大致的划分。我们会泛泛叙述每个命令的作用,然后指出书中哪些地方用到过该命令。

C.1 设置与配置

从第一次调用Git到日常的微调和参考,用得最多的就是config和help命令。

C.1.1 git config

Git有很多默认操作,其中大部分都可以更改,也可以指定成你的偏好方式。这涉及方方面面的设置,从告诉Git你的姓名到特定的终端颜色或是使用的编辑器。该命令会读取并写入多个文件,因此你可以选择全局设置或者针对某些仓库进行设置。

本书几乎每一章都用到了git config命令。

- 在1.6节中,我们在使用Git之前用它来指定姓名、电子邮件地址和编辑器偏好。
- 在2.7节中,我们展示了如何使用它创建能够扩展成一长串选项的命令简写,以此来简化输入。
- 在3.6节中,我们利用它使得--rebase成为git pull命令的默认选项。
- 在7.14节中,我们利用它设置HTTP密码的默认存储。
- 在8.2.2节中,我们演示了如何在Git的内容增加或减少时设置smudge和clean过滤器。
- 最后,8.1节整节差不多都是在讨论该命令。

C.1.2 git help

git help命令用于显示Git自带的所有命令文档。在本附录中,我们将粗略概览大多数常用的命令,而每条命令完整的可用选项,可以通过执行git help <command>来查看。

我们在1.7节中介绍过git help命令,在4.4节中向你展示了如何使用该命令查找有关git shell的详细信息。

C.2 获取与创建项目

有两种方法可以得到一个Git仓库。一种方法是从网络或其他地方复制现有仓库，另一种方法是在目录中创建一个新的仓库。

C.2.1 git init

你只需要简单地执行git init就可以将一个目录变成新的Git仓库并对其进行版本控制。
- 我们在2.1节中第一次介绍了使用该命令创建全新的仓库。
- 在3.5节中，我们简要讨论了如何更改默认分支。
- 在4.2.1节中，我们使用该命令为服务器创建了一个空的裸仓库。
- 最后，在10.1节中，我们仔细检查了该命令的一些工作细节。

C.2.2 git clone

git clone命令其实有些像是多条命令的包装器。它创建一个新目录，进入该目录并执行git init来初始化一个空的新仓库，为指定的URL添加（git remote add）一个远程仓库（默认名是origin），对远程仓库执行git fetch，然后通过git checkout将最新的提交检出到工作目录。

书中很多地方都用到了git clone命令，我们在这里仅列出值得注意的几处。
- 在2.1.2节中，我们对该命令进行了基本的介绍和解释，并给出了一些示例。
- 在4.2节中，我们使用--bare选项创建了一个没有工作目录的Git仓库副本。
- 在7.12节中，我们使用该命令解包了一个打包好的Git仓库。
- 最后，在7.11.2节中，我们学到了使用--recursive选项简化带有子模块项目的克隆操作。

尽管在本书的其他地方也用到过此命令，但是上面提到的这些用法有其独特之处，应用场景也各不相同。

C.3 快照基础

对于暂存工作内容然后提交至历史记录这种基本的工作流，只涉及少数基础命令。

C.3.1 git add

git add命令将工作目录中的内容添加到暂存区（或"索引"），以备下次提交。git commit命令在执行时，默认只查看暂存区，因此git add的执行结果与下次提交的快照一模一样。

该命令在Git中极为重要，在书中也多次提到或用到过。接下来我们将快速回顾其中一些独特的用法。
- 在2.2.2节中，我们首次介绍并详细讲解了git add的用法。
- 在3.2.3节中，我们谈到了如何利用该命令解决合并冲突。

❏ 在7.2节中，我们讲述了利用该命令以交互方式暂存已修改文件的某些部分。

❏ 最后，在10.2.1节中，我们从底层模拟了该命令，以便了解其工作原理。

C.3.2　git status

git status命令可以显示出工作目录和暂存区中文件的不同状态。其中包括哪些文件已修改但未暂存，哪些已暂存但尚未提交。在正常的显示形式中，该命令还会包含一些有关如何在暂存区之间移动文件的提示。

我们第一次接触git status是在2.2.1节中，其中介绍了它的基本形式和简化形式。尽管在全书中都用到了该命令，但绝大部分功能都已经在2.2.1节中讲到了。

C.3.3　git diff

git diff命令可用于查看任意两棵树之间的差异。这种差异可以存在于工作环境与暂存区之间（git diff）、暂存区与最后一次提交之间（git diff --staged）或是两次提交之间（git diff master branchB）。

❏ 我们首先在2.2.6节中讲述了git diff的基本用法，展示了如何查看哪些变更已经暂存，哪些还没有。

❏ 在5.2.1节中，我们在提交前使用--check选项查找可能存在的空白字符问题。

❏ 在5.3.4节中，我们讲到了使用git diff A..B语法来更有效地比较分支间的差异。

❏ 在7.8节中，我们使用-b选项来过滤掉空白字符造成的差异，使用--theirs、--ours和--base选项比较冲突文件的不同版本。

❏ 最后，在7.11.1节中，我们使用该命令以及--submodule选项有效地比较了子模块的变化。

C.3.4　git difftool

如果你不想使用内建的git diff命令，可以选择git difftool命令，该命令只是运行一个外部工具来为你展示两棵树之间的差异。

我们只是在2.2.6节中简要提及过这个命令。

C.3.5　git commit

git commit命令接受由git add暂存的所有文件内容，并在数据库中记录一份新的永久性快照，然后将当前分支的指针指向它。

❏ 我们首先在2.2.7节中介绍了提交操作的基本知识，另外还演示了如何使用-a选项跳过日常工作流中的git add这一步，如何使用-m选项在不启动编辑器的情况下在命令行中传入提交消息。

❏ 在2.4节中，我们使用--amend选项重做了大多数最近的提交。

❏ 在3.1节中，我们深入讲解了git commit命令的操作细节以及工作原理。

❏ 在7.4.4节中，我们讲到了如何使用-S选项加密提交。

❏ 最后，我们在10.2.2节中看到了git commit命令在幕后的操作及其实现方式。

C.3.6 git reset

git reset命令主要用于撤销操作，从命令中的动词就能够猜出个大概。它能够移动HEAD指针，更改索引或暂存区，如果你使用--hard，那么还可以更改工作目录。最后一项功能如果使用不当，那么有可能会造成工作成果的丢失，所以在使用之前一定要确定自己完全理解了用法。

❏ 在2.4.1节中，我们介绍了git reset最简单的用法，用它取消暂存了执行过git add命令的文件。

❏ 在7.7节中，我们用整节篇幅详细讲解了该命令。

❏ 在7.8.1节中，我们使用git reset --hard中止了一次合并，另外还用到了git merge --abort，它是git reset命令的简单封装。

C.3.7 git rm

git rm命令用于从Git的暂存区和工作目录中移除文件。与git add类似，它会暂存下一次提交的文件删除操作。

❏ 我们在2.2.9节中较为详细地介绍了git rm命令，其中包括以递归方式移除文件以及利用--cached选项只删除暂存区中的文件，但保留工作目录中的文件。

❏ git rm在本书中仅有的其他用法出现在10.7.3节中，在执行git filter-branch时，我们使用并简要解释了--ignore-unmatch，当要移除的文件不存在时，该选项可以避免出现错误消息。这可以在编写脚本时派上用场。

C.3.8 git mv

git mv是一个便捷命令，它可以移动文件，然后分别在新文件上执行git add，在旧文件上执行git rm。

我们只在2.2.10节中简要提及过这个命令。

C.3.9 git clean

git clean命令用于移除工作目录中不需要的文件。这些文件包括项目构建过程中产生的临时文件或是合并冲突文件。

我们在7.3.4节中讲述了该命令的各种选项以及使用场景。

C.4 分支与合并

在Git中，少数命令实现了大部分的分支与合并功能。

C.4.1 git branch

git branch实际上类似一个分支管理工具。它可以列出你拥有的分支、创建新分支、删除分支以及重命名分支。

- □ 第3章中的大部分篇幅都是在讲述该命令，在整章中都用到了它。我们在3.1.1节中首次介绍了这个命令，随后在3.3节中讲解了其大部分特性（列举及删除）。
- □ 在3.5.2节中，我们使用git branch的-u选项设置了一个跟踪分支。
- □ 最后，我们在10.3节中讲解了该命令背后的一些操作细节。

C.4.2 git checkout

git checkout命令用于切换分支并将内容检出到工作目录中。

- □ 我们在3.1.2节中第一次用到了该命令以及git branch命令。
- □ 在3.5.2节中，我们看到了如何使用该命令及其--track选项来启用跟踪分支。
- □ 在7.8.1节中，我们利用它以及--confict=diff3选项重新介绍了文件冲突。
- □ 在7.7节中，我们深入讲解了其与git reset之间的联系。
- □ 最后，在10.3.1节中，我们深入了解了该命令的一些实现细节。

C.4.3 git merge

git merge命令用于将一个或多个分支合并到已检出的分支，然后将合并结果设为当前分支。

- □ git merge命令首次出现在3.2.1节。尽管本书中多处用到过该命令，但其用法基本上固定，极少有什么变化，一般都是git merge <branch>跟上要并入的单个分支名称。
- □ 在5.2.4节的结尾，我们讲到了如何实现压缩合并（是指Git在合并时将其当作一个新的提交，而不记录并入分支的历史）。
- □ 在7.8节中，我们讲述了大量有关合并过程及命令的内容，其中包括-Xignore-space-change命令以及用于中止有问题合并的--abort选项。
- □ 如果你的项目使用了GPG签名，在7.4.4节中学到了如何在合并之前验证签名。
- □ 最后，在7.8.3节中，我们学习了如何进行子树合并。

C.4.4 git mergetool

如果你在Git中实施合并的时候碰到了麻烦，git mergetool命令可以启动一个外部合并助手工具。

我们在3.2.3节中粗略介绍了该命令，在8.1.3节中深入讲解了如何实现你自己的外部合并工具。

C.4.5 git log

git log命令可以从最近的提交快照开始，向后显示项目的可访问历史记录。它默认只显示当前所在分支的历史记录，但是也可以提供进行遍历的其他分支，甚至是多个头部或分支。该命令还经常用于显示两个或多个分支在提交层面上的差异。

几乎每一章都要用到这个命令来演示项目的历史记录。

- ❏ 我们在2.3节中介绍并较为深入地讲解了该命令。我们使用-p和--stat选项来获悉每次提交所引入的变化，使用--pretty和--oneline选项查看更简洁的历史记录，除此之外还有另外一些简单的日期以及作者过滤选项。
- ❏ 在3.1.1节中，我们使用该命令及其--decorate选项轻松地实现了分支指针位置可视化，还利用--graph选项来查看分叉历史究竟是什么样子。
- ❏ 在5.2.2节和7.1.6节中，我们介绍了在使用git log命令时利用branchA..branchB语法来查看哪些提交对于某个分支来说是唯一的。在7.1.6节中，我们对此展开了相当全面的讨论。
- ❏ 在7.8.1节和7.1.6节中，我们使用branchA..branchB语法以及--left-right选项查看只属于某个分支的内容。在7.8.1节中，还讲解了如何使用--merge选项来协助排查合并冲突以及使用-cc选项查看历史记录中的合并提交冲突。
- ❏ 在7.1.4节中，我们不再通过分支遍历，而是利用该命令的-g选项查看Git的reflog。
- ❏ 在7.5节中，我们使用-S和-L选项执行了一些非常复杂的代码历史搜索，例如查看某个函数的使用历史。
- ❏ 在7.4.4节中，我们介绍了如何依据git log输出中的提交是否具备有效的签名来使用--show-signature选项为其添加验证字符串。

C.4.6 git stash

git stash命令用于临时存储未提交的工作，这样做为的是在无需提交未完成工作的情况下清理工作目录。

7.3节基本上讲的都是这个命令。

C.4.7 git tag

git tag命令可以给代码历史记录中的某个历史点指定一个永久性的书签。它通常用于发布相关的事项。

- ❏ 我们在2.6节中介绍并详细讲解了该命令，在5.3.6节中将其用于实践。
- ❏ 在7.4节中，我们还讲述了如何使用-s选项和-v选项分别创建并验证一个GPG签名的标签。

C.5 项目共享及更新

在Git中，访问网络的命令并不多，基本上所有命令的操作对象都是本地数据库。如果你打算共享工作成果或是从别处拉取变更，有几个命令可以用于处理远程仓库。

C.5.1 git fetch

git fetch命令与远程仓库通信，获取该仓库中尚未拥有的所有内容，并将其保存在本地数据库中。

- 我们在2.5.3节中初次见到该命令，接着在3.5节中又碰到了一些用例。
- 5.2节的几个例子也都用到了这个命令。
- 在6.3.3节中，我们用它来获取默认空间之外的单个特定引用；在7.12节中，我们讲解了如何从一个包中获取内容。
- 在10.5节中，为了使git fetch能够执行一些非默认操作，我们设置了自定义程度很高的引用规格。

C.5.2 git pull

git pull命令基本上就是git fetch和git merge命令的组合，Git先从指定的远程仓库中获取内容，然后立刻尝试将其合并入你所在的分支。

- 我们在2.5.3节中简要介绍了该命令，并在2.5.5节中演示了如何查看有哪些内容在执行此命令时被合并。
- 在3.6.4节中，我们讲解了如何用该命令协助解决变基的难题。
- 在5.3.3节中，我们展示了如何利用该命令以及一个URL来一次性拉取变更。
- 最后，我们在7.4.4节中提到了可以通过--verify-signatures选项验证所拉取的提交是否具有GPG签名。

C.5.3 git push

git push命令能够与其他仓库通信，确定本地数据库与远程仓库在内容上存在的不同，然后将差异推送到其他仓库。这要求对这些仓库有写权限，因此通常需要进行身份验证。

- 该命令一开始出现在2.5.4节中。我们在其中讲述了向远程仓库推送分支的基础知识。在3.5.1节中，我们略微深入地介绍了如何推送特定的分支，并在3.5.2节中讲解了如何设置可以自动推送的跟踪分支。在3.5.4节中，我们使用git push的--delete选项来删除服务器上的分支。
- 在整个5.2节中，我们看到了一些使用git push在多个远程仓库上共享分支工作成果的例子。
- 2.6.6节展示了如何使用该命令的--tags选项来实现标签共享。
- 在7.11.3节中，我们使用--recurse-submodules选项在推送大型项目之前检查所有子模块是否已经发布。在使用子模块时，这项功能非常有用。
- 在8.3.2节中，我们简要讨论了pre-push钩子。它是一个脚本，我们可以将其设置为在推送操作完成之前运行，用以验证是否允许此次推送。
- 最后，在10.5.1节中，我们介绍了使用完整引用规格的推送（而非通常使用的简写形式）。这有助于指定待分享的具体内容。

C.5.4 git remote

git remote命令可用于管理远程仓库记录。它可以将很长的URL保存成一个简短的句柄，比如origin，这样就不用总是输入一长串内容了。你可以拥有多个这样的句柄，并且可以使用git remote命令添加、更改和删除句柄。

在2.5节中，我们详细介绍了该命令，包括列举、添加、移除和重命名功能。

随后的每一章基本上都用到这个命令，但采用的都是git remote add <name> <url>这种标准格式。

C.5.5 git archive

git archive命令用于创建项目特定快照的归档文件。

我们在5.3.8节中使用该命令创建了一个项目的归档文件，以作共享之用。

C.5.6 git submodule

git submodule命令用于管理普通仓库中涉及的外部仓库。这些外部仓库可以用于库或其他类型的共享资源。该命令有若干子命令（add、update、sync等），可以管理这些资源。

这个命令只出现在7.11节中。

C.6 检视与比较

C.6.1 git show

git show命令能够以一种简单易读的形式显示Git对象。通常可以使用该命令来显示标签或提交的相关信息。

- ❑ 我们第一次是在2.6.3节中用它来显示注释标签的信息。
- ❑ 随后，我们在7.1节中大量使用该命令来显示各种修订版本解析出的提交。
- ❑ 在7.8.1节中，特别值得一提的事情之一就是我们使用git show来提取合并冲突期间各个暂存区中指定的文件内容。

C.6.2 git shortlog

git shortlog命令用于归纳git log命令的输出。它使用的很多选项与git log命令一样，但是该命令并不会列出所有提交，而是展示按作者进行分组的提交汇总信息。

我们在5.3.9节中演示了如何使用该命令创建一份美观的变更日志。

C.6.3 git describe

git describe命令可以接受任何能够解析为提交的内容，然后生成一个比较易读且不会改变的字符串。这可以用来获取提交的描述信息，与提交的SHA-1值一样，它也是无歧义的，但更容易理解。

我们分别在5.3.7节和5.3.8节中使用git describe获得了一个字符串，并在随后用其命名所发布的文件。

C.7   调试

Git有一些命令可以帮助排除代码中存在的问题。从判断故障源到找出故障的始作俑者，不一而足。

C.7.1   git bisect

git bisect是一款极为有用的调试工具，它通过自动二分查找来找出究竟是哪一个提交首先引入了bug或造成了问题。

我们仅在7.10.2节中全面讲解过该命令。

C.7.2   git blame

git blame命令会标注文件中的行，标注内容包括文件中每一行最后的变更是哪一次提交引入的以及该提交的作者。这有助于找出具体的个人，以便询问有关特定代码的详细信息。

我们仅在7.10.1节中提及并讲解过该命令。

C.7.3   git grep

git grep命令可以帮助你在源代码的所有文件，甚至是项目的旧版本中找到任意字符串。

我们仅在7.5.1节中提及并讲解过该命令。

C.8   打补丁

Git中有少数命令将提交视为引入的变更，一连串提交就是一系列补丁。这些命令可以帮助你以此种方式管理分支。

C.8.1   git cherry-pick

git cherry-pick命令可以使用单个Git提交所引入的变更，并尝试将其作为当前分支上的一个新提交重新引入。选择从分支中单独提取一到两个提交，而不是将所有变更都合并到分支中，这种做法还是有用处的。

在5.3.5节中，我们描述并演示了挑拣过程。

C.8.2　git rebase

git rebase命令基本上就是一个自动化的git cherry-pick命令。它确定一系列提交，然后在别处以相同的顺序逐个对其挑拣。

- ❏ 我们在3.6节中详细讲述了变基操作，包括对公共分支进行变基时涉及的协作问题。
- ❏ 在7.13节中，我们把该命令应用在了一个将历史记录分割成两个独立仓库的例子中，另外还用到了--onto选项。
- ❏ 在7.9节中，我们研究了变基过程中出现的合并冲突问题。
- ❏ 在7.6.2节中，我们利用-i选项将其应用于交互式脚本中。

C.8.3　git revert

git revert命令的效果与git cherry-pick命令相反。它将你提交的变更以完全相反的方式应用，实际上就是将变更撤销或还原。

我们在7.8.2节中用该命令撤销了一个合并提交。

C.9　电子邮件

包括Git本身在内的很多Git项目都是完全通过邮件列表维护的。无论是生成可以通过电子邮件轻松发送的补丁，还是应用电子邮箱中的补丁，Git内建了大量的工具以简化这类操作过程。

C.9.1　git apply

git apply命令可以应用由git diff或者甚至是GNU diff命令生成的补丁。除了少数差异之外，它的功能与git patch命令类似。

我们在5.3.2节中演示了该命令及其使用场景。

C.9.2　git am

git am命令可以应用电子邮箱中的补丁，特别是经由mbox格式化过的那些。如果是通过电子邮件接收补丁，该命令就有用武之地了，它可以轻松地将这些补丁应用到你的项目中。

- ❏ 在5.3.2节中，我们讲述了这个命令的用法及其工作流，还包括--resolved、-i以及-3选项。
- ❏ 在8.3.2节中，我们介绍了一些可用于协助git am相关工作流的钩子。
- ❏ 在6.3.3节中，我们还使用该命令为格式化过的GitHub合并请求变更应用补丁。

C.9.3　git format-patch

git format-patch命令可用于生成一系列发送到邮件列表中的mbox格式的补丁。

我们在5.2.5节中看到过一个使用该命令来为项目做贡献的例子。

C.9.4　git imap-send

git imap-send可以将git format-patch生成的邮箱上传到IMAP草稿箱文件夹。

我们在5.2.5节中看到过一个通过该命令发送补丁来为项目做贡献的例子。

C.9.5　git send-email

git send-email命令可以利用电子邮件发送由git format-patch生成的补丁。

我们在5.2.5节中看到过一个通过该命令发送补丁来为项目做贡献的例子。

C.9.6　git request-pull

git request-pull只是用来生成待发送的电子邮件正文示例。如果你在公共服务器上拥有一个分支，希望在不使用邮件发送补丁的情况下，让别人知道如何整合变更，就可以执行该命令，然后将输出发送给你希望能够合并其变更的用户。

我们在5.2.4节中演示了如何使用git request-pull来生成推送消息。

C.10　外部系统

Git有几个能够整合其他版本控制系统的命令。

C.10.1　git svn

git svn可作为客户端与Subversion版本控制系统通信。这意味着你可以使用Git从Subversion服务中检出或是向其提交。

该命令在9.1.1节中有过详述。

C.10.2　git fast-import

对于别的版本控制系统或是其他格式的导入，都可以使用git fast-import快速地将不同的格式映射成Git易于记录的形式。

该命令在9.2.5节中有过详述。

C.11　管理

如果你正在管理一个Git仓库或是需要大刀阔斧地进行修整，Git提供了一些能助你一臂之力的管理命令。

C.11.1　git gc

git gc命令会在你的仓库中执行"垃圾回收"，删除数据库中无用的文件，将余下的文件打包成一种更有效的格式。

　　该命令通常在后台执行，如果需要，你也可以手动执行它。我们在10.7.1节中看到了一些相关的例子。

C.11.2　git fsck

　　git fsck命令用于检查内部数据库存在的问题或不一致性。

　　我们仅在10.7.2节中简单地用过该命令搜索悬挂对象。

C.11.3　git reflog

　　git reflog检查所有分支头部指针所在位置的日志，找出在重写历史记录时可能丢失的提交。

　　❑ 我们主要在7.1.4节中讲解了该命令，其中展示了它的一般用法以及如何使用git log -g 查看与git log格式相同的输出信息。

　　❑ 我们还在10.7.2节中研究了一个恢复丢失分支的实例。

C.11.4　git filter-branch

　　git filter-branch可以根据一些模式来重写多个提交，例如删除所有位置上的某个文件，或是在仓库中的某个子目录中提取一个项目。

　　❑ 在7.6.6节中，我们讲解了该命令并探究了一些选项，例如--commit-filter、 --subdirectory-filter和--tree-filter。

　　❑ 在9.2.3节和9.2.4节中，我们使用它修复了导入的外部仓库。

C.12　底层命令

　　本书还讲到了大量底层命令。

　　❑ 我们在6.3.3节中碰到了第一个底层命令ls-remote，并用它查看了服务器端的原始引用。

　　❑ 在7.7.1节、7.8.1节及7.9节中，我们使用ls-files更进一步地查看了暂存区的原始形态。

　　❑ 我们在7.1.3节中还提及了rev-parse，该命令可以接受任意字符串并将其转换成一个对象的SHA-1值。

　　大多数底层命令都是在第10章中介绍的，这基本上也是该章的重点。我们尽量避免在书中的其他部分使用底层命令。

技术改变世界 · 阅读塑造人生

GitHub 实践

◆ 活学活用GitHub，轻松构建属于你的软件工具

作者： Chris Dawson，Ben Straub
译者： 安道

Git 团队协作

◆ 掌握Git精髓，解决版本控制、工作流问题，实现高效开发

作者： Emma Jane Hogbin Westby
译者： 童仲毅

GitHub 入门与实践

◆ 内容全面，系统讲解GitHub的功能和实用技巧
◆ 图文直观，一步步演示GitHub的使用方法
◆ 实战导向，专门搭建实践仓库，邀请读者进行Pull Request并共同维护

作者： 大塚弘记
译者： 支鹏浩 刘斌